# 마이크로파 공학의 기초

陳 年 鋼 著

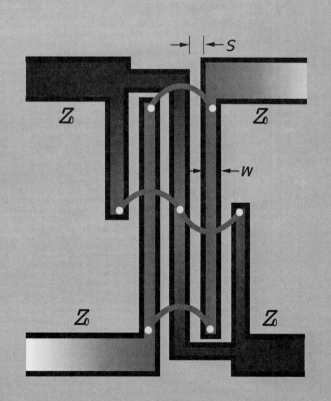

교문사

# 머 리 말

　오늘날 경제사회의 발전과 더불어 언제, 어디에서나, 누구와도 통신이 가능한 전파의 이용이 급속도로 발전함에 따라 국내에서도 마이크로파 응용기술에 대한 연구의 필요성이 절실히 요구되고 있다. 저자는 이러한 필요성에 따라 지난 수 년간 대학에서 강의해 온 강의노트와 경험을 토대로 이 책을 집필하게 되었다.

　이 책은 전자기학과 전기회로의 기초를 이해하는 공학도라면 누구나 쉽게 마이크로파 회로의 설계기술을 배울 수 있도록 내용을 구성·전개하였다. 학생들의 이해를 돕기 위하여 많은 예제와 정선된 문제를 해답과 함께 게재하였다. 이 책에 포함된 내용의 수준은 정규대학의 전기, 전자, 전파 및 정보통신공학과의 공학도를 위한 교과과정에 적합하도록 선정하였으나 장의 선정 여하에 따라서는 전문대학 교재에도 적합하도록 편집하였다. 또한 대학원생, 연구원 및 현장기술자의 참고서로도 도움이 되도록 엮었다.

　이 책은 특히 마이크로파 집적회로(MIC ; microwave integrated circuits)와 모노리식 마이크로파 집적회로(MMIC ; monolithic MIC)의 실현에 필수적인 마이크로스트립 선로, 코프레이너 선로, 스트립 선로 및 슬롯 선로 등의 평면형 전송선로와 이에 의한 분배기/합성기 및 트랜지스터와 같은 능동소자를 사용한 증폭기 설계방법을 예를 들어 쉽게 설명하였다. 마이크로파 수동·능동회로의 해석과 설계는 회로이론에 기초를 두고 있으므로 분포정수회로에 관한 이론을 넓게 다루었다.

　이 책의 내용을 요약하면 다음과 같다.

제 1 장, 제 2 장은 전자파의 기초이론
제 3 장은 전송선로의 일반적 방정식과 디지털전송
제 4 장은 스미스 도표와 임피던스정합
제 5 장, 제 7 장은 마이크로파 도파관, 동축선로 및 공진기
제 6 장은 마이크로파 집적회로용 전송선로
제 8 장은 마이크로파 회로
제 9 장은 마이크로파 증폭기
제 10 장은 전력 분배기/합성기
제 11 장은 비가역성소자
제 12 장은 마이크로파 능동소자

이 책은 위에서 설명한 바와 같이 마이크로파 응용기술에 필요한 기초이론을 비롯하여 마이크로파 소자에 이르기까지 광범위한 내용을 포함하고 있으나, 혼자서도 공부할 수 있도록 내용을 전개하였으므로 형편에 따라서 학기 단위에 적합하도록 각 장을 효율적으로 가감할 수 있다. 예를 들면, 전문대학인 경우에는 제 10 장, 제 11 장은 생략하고 제 5 장, 제 6 장은 결과식만을 이용할 수 있으면 마이크로파 회로의 설계기술을 쉽게 이해할 수 있다.

이 책은 독자들이 쉽게 이해할 수 있도록 최대한 노력하였으나 미흡한 내용이 있으리라고 생각한다. 독자들의 많은 충고와 조언을 토대로 이를 계속 수정·보완하여 독자들에게 유익한 책자가 되도록 노력하고자 한다.

끝으로 이 책을 탈고하기까지 시종일관 원고를 정리하는 데 수고해 준 단국대 정보통신연구실의 박사과정 장상건, 이승대, 이병선, 백주기 군과 석사과정 대학원생들의 노고에 감사하며 이 책의 출판을 맡으신 청문각의 김홍석 사장님을 비롯한 편집부 여러분께 감사를 드립니다. ▲ ■

1998. .

저자 陳 年 鋼

# 차 례

# 1 장

# 전자파의 기초이론

## 1. 1 전하의 보존법칙 또는 전류 · 전하의 연속방정식

실험 결과에 의하면, 전하(electric charge)는 생성(generation)되거나 소멸(dissipation)되지 않는 것이다. 전하가 증가하는 것은 주어진 영역에 전류가 유입되는 것이고 전하가 감소하는 것은 그 영역에서 전류가 유출하는 것이다. 즉, 임의의 폐곡면(closed surface) $S$ 를 생각할 때, 그 면에서 단위시간 동안에 유출하는 전류의 총합은 그 폐곡면으로 싸인 체적 $V$에 저장된 총 전하 $Q$가 단위시간에 감소하는 율(rate)과 같다. 즉,

$$\oint_s \mathscr{J} \cdot d\mathbf{s} = -\frac{\partial Q}{\partial t}$$

이다.

일반적인 경우 체적 $V$ 내의 총 전하는 스칼라 체적 전하밀도함수(scalar volume charge-density function) $\rho$로 분포되어 있다고 생각할 수 있으므로 윗식을

$$\oint_s \mathscr{J} \cdot d\mathbf{s} = -\frac{\partial}{\partial t} \int_v \rho \, dv$$

로 표시할 수 있다. 윗식의 좌변에 발산정리를 적용하면

$$\int_v \nabla \cdot \mathscr{J} \, dv = -\frac{\partial}{\partial t} \int_v \rho \, dv$$

가 된다. 이 식은 적분형 전하의 보존법칙(conservation law of charge) 또는 전류의 연속방정식(equation of current continuity)이라 한다. 체적 $V$가 매우 적은 극한에 이르면 전류의 연속방정식은 다음과 같은 미분형 방정식이 된다.

$$\nabla \cdot \mathscr{J} = -\frac{\partial \rho}{\partial t}$$

## 1.2  Maxwell 방정식

시간적으로 변화하고 있는 전자계(electromagnetic field)는 모두 전자파(electromagnetic wave)이다. 우리의 일상생활에 이용되고 있는 전자파는 60 Hz 의 전력용 교류로부터 위로는 $10^{24}$ Hz 의 감마선(gamma ray)에 이른다. 이들은 모두 유사한 성질을 갖고 있다. Maxwell 은 실험적으로 발견된 Coulomb 의 법칙, Biot-Savart 의 법칙, Ampere 의 법칙 및 Faraday 의 법칙 등에서 서로간에 존재하는 수학적 모순을 시정하기 위하여 변위전류(displacement current)라는 가상적 전류를 도입하여 전자파의 존재를 추론하였다. 즉, Maxwell 은 Ampere 의 법칙, $\nabla \times \mathscr{H} = \mathscr{J}$ 가 시간적으로 변하는 전류·전하의 연속방정식 $\nabla \cdot \mathscr{J} = -\partial \rho / \partial t$ 와 모순이 있음을 착안하여 변위전류 $\partial \mathscr{D} / \partial t$ 가 전도전류 $\mathscr{J}$ 와 동일하게 작용한다고 가정하고서 이를 도입한 결과, 전자계는 파동(wave)으로 전파(propagation)한다고 추론하였다. Hertz 는 실험 결과를 갖고 이 추론을 입증하였으며, 그 후 통신과 방송을 비롯한 광범위한 분야로 응용범위가 확대되었다. Maxwell 이 제안한 변위전류의 개념이 전자파 이론의 기초를 이룸에 따라 이와 관련된 전자계의 기본법칙들이 Maxwell 의 이름으로 한 묶음이 되었다. 즉, 시간에 따라 변하고 있는 전류나 전하에 의하여 발생된 전자계(electromagnetic field)는 다음과 같은 **Maxwell** 방정식을 만족한다.

$$\nabla \times \mathscr{E} = -\frac{\partial \mathscr{B}}{\partial t} \qquad \text{(Faraday 법칙)} \qquad\qquad (1\text{-}1)$$

$$\nabla \times \mathscr{H} = \mathscr{J} + \frac{\partial \mathscr{D}}{\partial t} \qquad \text{(Ampere-Maxwell 방정식)} \qquad (1\text{-}2)$$

$$\nabla \cdot \mathscr{J} = -\frac{\partial \rho}{\partial t} \qquad \text{(전하의 보존법칙)} \qquad\qquad (1\text{-}3)$$

여기서 위의 각 벡터량은 다음과 같은 국제단위계(SI ; international system of units)로 정의한다.

$$
\begin{aligned}
&\mathscr{E} = \text{전계강도(벡터)}, && \text{V/m} \\
&\mathscr{H} = \text{자계강도(벡터)}, && \text{A/m} \\
&\mathscr{D} = \text{전속밀도(벡터)}, && \text{C/m}^2 \\
&\mathscr{B} = \text{자속밀도(벡터)}, && \text{Wb/m}^2 \text{ (또는 T : tesla)} \\
&\mathscr{J} = \text{전류밀도(벡터)}, && \text{A/m}^2 \\
&\rho = \text{전하밀도(스칼라)}, && \text{C/m}^3
\end{aligned}
$$

위의 벡터방정식 (1-1), (1-2)는 5개의 벡터량 $\mathscr{E}$, $\mathscr{D}$, $\mathscr{H}$, $\mathscr{B}$, $\mathscr{J}$를 포함하고 있으므로 미지의 스칼라량의 수는 $5 \times 3 = 15$개이고(각각의 벡터는 3개의 스칼라성분으로 구성됨) 여기에 스칼라량 $\rho$를 포함하면 미지의 스칼라량의 수는 모두 16개이다. 이에 반하여 벡터방정식은 2개이므로 이를 스칼라방정식으로 나타내면 $2 \times 3 = 6$개이다. 여기에 1개의 스칼라방정식을 포함해도 7개 밖에 되지 않는다. 그러므로 Maxwell 방정식을 풀기 위해서는 $16 - 7 = 9$개의 스칼라방정식이 필요하다. 이 스칼라방정식들은 전자계의 영향을 받고 있는 매질이 어떤 특성을 나타내는가 하는 매질특성 관계식(constitutive relations)이다. 즉 $\mathscr{D}$, $\mathscr{B}$, $\mathscr{J}$가 매질과 $\mathscr{E}$, $\mathscr{H}$에 따라 어떻게 변하는가를 나타내는 다음과 같은 관계식으로 주어진다.

$$\mathscr{D} = \varepsilon \mathscr{E} \tag{1-4a}$$

$$\mathscr{B} = \mu \mathscr{H} \tag{1-4b}$$

$$\mathscr{J} = \sigma \mathscr{E} \tag{1-4c}$$

여기서 $\varepsilon$, $\mu$, $\sigma$는 각각 유전율(permittivity), 투자율(permeability), 도전율(conductivity)이다. 윗식 (1-4)는 전자계에 대한 매질의 특성에 따라 분류할 수 있으며 그 예를 들면 다음과 같다.

### (1) 선형 등방성 매질

매질의 유전율 $\varepsilon$, 투자율 $\mu$, 도전율 $\sigma$가 전계나 자계의 크기와 방향에 관계없이 일정할 때 이 매질을 선형 등방성 매질(linear isotropic material)이라고 한다. 따라서 전속밀도 $\mathscr{D}$, 자속밀도 $\mathscr{B}$, 전류밀도 $\mathscr{J}$는 다음과 같이 전계 $\mathscr{E}$ 및 자계 $\mathscr{H}$와 평형이다.

$$\mathscr{D} = \varepsilon \mathscr{E}, \qquad \mathscr{B} = \mu \mathscr{H}, \qquad \mathscr{J} = \sigma \mathscr{E}$$

예를 들면 자유(진공)공간에서는 $\mu = \mu_0$, $\varepsilon = \varepsilon_0$이다. 여기서 $\mu_0 = 4\pi \times 10^{-7}\,\mathrm{H/m}$, $\varepsilon_0 = 8.854 \times 10^{-12}\,\mathrm{F/m}$이다.

### (2) 선형 비등방성 매질

매질의 $\varepsilon$, $\mu$, $\sigma$가 전계와 자계의 방향에 따라 변하는 매질을 비등방성 매질(anisotropic material)이라 하고 전속밀도 및 자속밀도가 전계벡터 및 자계벡터의 각 성분들에 대하여 다음과 같은 중첩의 원리를 만족하면 이 매질을 선형 비등방성 매질(linear anisotropic material)이라 한다.

$$\mathscr{D}_x = \varepsilon_{xx} \mathscr{E}_x + \varepsilon_{xy} \mathscr{E}_y + \varepsilon_{xz} \mathscr{E}_z$$

$$\mathscr{D}_y = \varepsilon_{yx} \mathscr{E}_x + \varepsilon_{yy} \mathscr{E}_y + \varepsilon_{yz} \mathscr{E}_z$$

$$\mathscr{D}_z = \varepsilon_{zx} \mathscr{E}_x + \varepsilon_{zy} \mathscr{E}_y + \varepsilon_{zz} \mathscr{E}_z$$

또는

$$\begin{bmatrix} \mathscr{D}_x \\ \mathscr{D}_y \\ \mathscr{D}_z \end{bmatrix} = \begin{bmatrix} \varepsilon_{xx} & \varepsilon_{xy} & \varepsilon_{xz} \\ \varepsilon_{yx} & \varepsilon_{yy} & \varepsilon_{yz} \\ \varepsilon_{zx} & \varepsilon_{zy} & \varepsilon_{zz} \end{bmatrix} \begin{bmatrix} \mathscr{E}_x \\ \mathscr{E}_y \\ \mathscr{E}_z \end{bmatrix} = [\varepsilon] \begin{bmatrix} \mathscr{E}_x \\ \mathscr{E}_y \\ \mathscr{E}_z \end{bmatrix}$$

여기서 벡터성분 $\mathscr{E}$ 의 1차 형식과 다른 벡터성분 $\mathscr{D}$ 의 관계를 나타내는 9개의 $\varepsilon_{ij}$ 의 묶음을 유전율 텐서(tensor)라고 한다. 따라서 이와 같은 유전율을 텐서유전율이라 한다. 수정(crystal)과 이온화 기체(ionized gas)는 비등방성 유전체의 좋은 예이다.

### (3) 비선형 매질

매질의 $\varepsilon$, $\mu$, $\sigma$ 가 전계와 자계의 크기에 따라 변하는 매질을 비선형 매질(nonlinear material)이라 한다. 강 자성체는 이의 좋은 예이다. 즉

$$\mathscr{B} = \mu(\mathscr{H})\mathscr{H}$$

### (4) 균질성 · 비균질성 매질

매질의 $\varepsilon$, $\mu$, $\sigma$ 가 공간 어느 곳에서나 동일한 값을 갖는 매질을 균질성 매질(homogeneous medium)이라 하고 그렇지 못한 매질을 비균질성(non-homogeneous medium) 매질이라 한다. 예를 들면 대기의 위치에 따른 $\varepsilon$ 의 변화이다.

특히 선형성, 균질성, 등방성인 매질을 단순매질(simple medium)이라 한다. 이 책에서는 특별한 언급이 없는 한 주로 단순매질을 취급하기로 한다.

전자계의 관계를 나타내는 실험식은 적분형으로 주어지므로 미분형 Maxwell 방정식의 적분형은 물리적 의미를 이해하는 데 편리하다. **Maxwell** 방정식의 적분형은 다음과 같이 주어진다. 식 (1-1)과 식 (1-2)에 Stokes 의 법칙을 적용하면

$$\int_s \nabla \times \mathscr{E} \cdot d\mathbf{s} = \oint_c \mathscr{E} \cdot dl = -\frac{\partial}{\partial t} \int_s \mathscr{B} \cdot d\mathbf{s} \tag{1-5a}$$

$$\int_s \nabla \times \mathscr{H} \cdot d\mathbf{s} = \oint_c \mathscr{H} \cdot dl = \int_s \mathscr{J} \cdot d\mathbf{s} + \frac{\partial}{\partial t} \int_s \mathscr{D} \cdot d\mathbf{s} \tag{1-5b}$$

를 얻는다(그림 1.1(a) 참조). 여기서 $S$ 는 임의의 열린표면(open surface)이며 $\oint$ 는 $C$ 와 더불어 표면 $S$ 의 경계 폐곡선이다.

식 (1-3)에 발산정리(또는 가우스정리)를 적용하면

$$\int_v \nabla \cdot \mathscr{J} \, dv = \oint_s \mathscr{J} \cdot d\mathbf{s} = -\frac{\partial}{\partial t} \int_v \rho \, dv \tag{1-5c}$$

를 얻는다(그림 1.1(b) 참조). 여기서 $V$ 는 체적을 표시하며 적분기호에 표기된 $\oint$ 는 $S$ 와 더불어 체적 $V$ 의 폐면적(closed surface)의 적분을 의미한다.

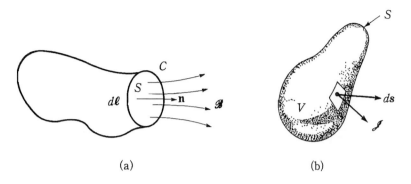

(a)                  (b)

그림 1.1 Faraday 법칙의 적분형과 가우스정리의 설명도.

식 (1-1)과 식 (1-2)를 살펴보면 다음과 같은 사실을 알 수 있다. 정전계의 보존장 $\nabla \times \mathscr{E} = 0$과 정전류에 의한 자장 $\nabla \cdot \mathscr{B} = 0$은 두 개의 기본적 벡터장을 구성하고 있으나 시간적으로 변화하는 경우에는 두 개의 기본적인 장이 결합된 형태로 존재함을 알 수 있다. 그러나 자장의 **solenoidal** 장의 성질($\nabla \cdot \mathscr{B} = 0$)은 변하지 않고 있음에 유의해야 한다. 즉 벡터자계는 상수가 아니지만, 이의 발산은 영인 계(field)를 solenoidal 장이라 한다.

식 (1-1), (1-2) 및 (1-3)의 상호 독립된 **Maxwell**의 종속방정식으로 흔히 사용되는 미분방정식은 다음과 같다.

$$\nabla \cdot \mathscr{B} = 0 \qquad\qquad\qquad (1\text{-}6a)$$
$$\nabla \cdot \mathscr{D} = \rho \qquad\qquad\qquad (1\text{-}6b)$$

이들은 Maxwell 방정식으로부터 다음과 같이 구할 수 있다. 식 (1-1)의 양변에 발산(divergence)을 취하면 $\nabla \cdot \nabla \times \mathscr{E} = 0$이므로

$$\nabla \cdot \frac{\partial \mathscr{B}}{\partial t} = \frac{\partial}{\partial t}(\nabla \cdot \mathscr{B}) = 0$$
$$\nabla \cdot \mathscr{B} = C \,(\text{일정})$$

이다. 그러나 전하와 유사한 자하(magnetic charge)는 없다는 것이 실험적으로 밝혀져 있으므로 $C = 0$임을 추론할 수 있다(예를 들면 $\nabla \cdot \mathscr{E} = \dfrac{\rho(\mathbf{r})}{\varepsilon_0}$에서 전하가 없으면 $\rho(\mathbf{r}) = 0$이 되어 $\nabla \cdot \mathscr{E} = 0$과 비슷한 의미를 갖는다). 즉,

$$\nabla \cdot \mathscr{B} = 0$$

윗식의 관계는 자속은 반드시 폐곡선을 형성하고 어떤 점 전원(point source)에서 나오는 것이 아니므로 자하 또는 자극(magnetic pole)은 실제로 존재하지 않는다. 위의 경우와 마찬가지로 식 (1-2)의 양변에 발산을 취하면

$$\nabla \cdot \left[ \mathscr{J} + \frac{\partial \mathscr{D}}{\partial t} \right] = \nabla \cdot \mathscr{J} + \frac{\partial}{\partial t} (\nabla \cdot \mathscr{D}) = 0$$

또는

$$\nabla \cdot \mathscr{J} = - \frac{\partial}{\partial t} (\nabla \cdot \mathscr{D})$$

이므로, 식 (1-3)으로부터

$$\nabla \cdot \mathscr{D} = \rho$$

이다.

## 1.3   변위전류의 물리적 의미

전류란 근본적으로 전하의 시간변화율이지만 전류를 그 전하의 성질에 따라 나누는 것이 편리하다. 도전전류(conduction current)는 재료내의 도전전하, 예를 들면 전자나 정공 (hole)의 운동에 기인한다. 즉, $\mathscr{J}_c = \sigma \mathscr{E}$ 이다. 대류전류(convection current)는 재료 내부 에 존재하지 않는 전하, 예를 들면 진공관내의 전자 및 이온(ion)의 운동 때문에 발생한다. 즉, $\mathscr{J} = \rho \boldsymbol{v}$ (여기서 $\rho$ 는 전하밀도, $\boldsymbol{v}$ 는 방향을 갖는 속도)이다. 보통 전류라고 하면 위의 두 전류를 가리킨다. 그러나 식 (1-2)에 부가된 가상적 전류인 **변위전류**는 전자계의 기본방정 식을 결합시키는 중요한 항(term)이므로 이의 물리적 의미를 예를 들어 살펴보기로 한다.

그림 1.2에 보인 바와 같이 넓이가 $A$ 이고 간격이 $d$ 이며 유전율이 $\varepsilon$ 인 평행판 커패시터 (parallel-plate capacitor)에 $v_c = V_0 \sin \omega t$ 의 전압을 가하면 커패시터에 유입되는 도전전 류 $i_c$ 는

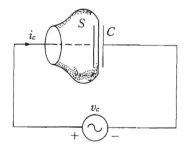

그림 1.2   교류전원을 가한 평행판 커패시터.

$$i_c = C\frac{dv_c}{dt} = C\,V_0\,\omega\cos\omega t$$

이다. 여기서 $C = \varepsilon\dfrac{A}{d}$ 이다. 평행판 사이에 전압 $v_c$를 인가하면 유전체내에 균일한 전계 $\mathscr{E}$ 가 발생한다(여기서 프린징효과(fringing effect)는 무시함). 즉,

$$\mathscr{E} = \frac{v_c}{d}$$

이므로

$$\mathscr{D} = \varepsilon\mathscr{E} = \varepsilon\frac{V_0}{d}\sin\omega t$$

이다. 따라서 변위전류는

$$i_D = \int_A \frac{\partial\mathscr{D}}{\partial t} \cdot d\mathbf{s} = \left(\varepsilon\frac{A}{d}\right)V_0\,\omega\cos\omega t$$
$$= C\,V_0\,\omega\cos\omega t = i_c$$

가 된다. 즉, 총 도전전류와 동일한 가상전류(변위전류)가 판(plate) 사이를 흐른다고 간주할 수 있다.

## 1.4  전자계의 페이저 표현

가장 많이 사용되고 있는 전자계의 시간 변화는 주로 정현적 시간함수이므로 페이저기호를 사용하는 것이 매우 편리하며 모든 전자계의 성분은 $e^{j\omega t}$의 시간 함수를 함유하므로 복소벡터 또는 페이저벡터(complex vector or phasor vector) 기호법을 이용할 수 있다. 지금 $\mathbf{a}_x$ 방향의 정현파 전계 $\mathscr{E}$를

$$\mathscr{E}(x,\,y,\,z,\,t) = \mathbf{a}_x A(x,\,y,\,z)\cos(\omega t + \phi) \tag{1-7}$$

이라 하면 이의 페이저형식은

$$\mathbf{E}(x,\,y,\,z) = \mathbf{a}_x A(x,\,y,\,z)\,e^{j\phi}$$

이며 이를 페이저벡터 또는 복소벡터라고 한다. 여기서 $A$는 진폭의 크기, $\omega$는 각 주파수, $\phi$는 $t = 0$에서의 기준위상이다. 따라서 위의 페이저형식을 실 시간함수로 변경할 때는 $e^{j\omega t}$를 곱한 후 실수부만을 택하면 된다. 즉,

$$\mathscr{E}(x,\,y,\,z,\,t) = Re\{\mathbf{E}(x,\,y,\,z)\,e^{j\omega t}\} \tag{1-8}$$

페이저 기호법을 사용할 때는 공통인자인 $e^{j\omega t}$ 를 모든 항에서 제거한다는 점에 유의해야 한다.

전력과 에너지를 취급할 때 페이저형식을 사용하면 매우 쉽게 시간평균을 구할 수 있다. 예를 들면 전계가

$$\mathscr{E} = \mathbf{a}_x E_1 \cos(\omega t + \phi_1) + \mathbf{a}_y E_2 \cos(\omega t + \phi_2) + \mathbf{a}_z E_3 \cos(\omega t + \phi_3)$$

인 경우, $1\,\Omega$의 부하에 대한 시간평균전력 $P_{av}$ 는

$$P_{av} = \frac{1}{T} \int_0^T \mathscr{E} \cdot \mathscr{E}\, dt$$

$$= \frac{1}{T} \int_0^T \left[ E_1^2 \cos^2(\omega t + \phi_1) + E_2^2 \cos^2(\omega t + \phi_2) + E_3^2 \cos^2(\omega t + \phi_3) \right] dt \quad (1\text{-}9a)$$

$$= \frac{1}{2} (E_1^2 + E_2^2 + E_3^2)$$

이다. 주어진 전계의 페이저형식은

$$\mathbf{E} = \mathbf{a}_x E_1 e^{j\phi_1} + \mathbf{a}_y E_2 e^{j\phi_2} + \mathbf{a}_z E_3 e^{j\phi_3}$$

이므로 시간평균전력은

$$\frac{1}{2} \mathbf{E} \cdot \mathbf{E}^* = \frac{1}{2}(E_1^2 + E_2^2 + E_3^2) = \frac{1}{2}|\mathbf{E}|^2 = |\mathbf{E}|_{rms}^2 = P_{av} \quad (1\text{-}9b)$$

임을 알 수 있다. 여기서 $|\mathbf{E}|_{rms} = \dfrac{1}{\sqrt{2}}|\mathbf{E}|$ 이다. 위의 예로부터 페이저형식을 사용하는 것이 매우 편리함을 알 수 있다. 이는 회로이론에서 페이저형식을 사용하여 구하는 예와 동일함을 확인할 수 있다.

주어진 전계를 페이저벡터로 표시하면

$$\mathscr{E} = Re\{\mathbf{E}e^{j\omega t}\} \quad (1\text{-}10)$$

이다. 따라서 식 (1-1)의 미분형 Maxwell 방정식을 페이저형식으로 표시하면

$$\nabla \times Re\{\mathbf{E}e^{j\omega t}\} = -\frac{\partial}{\partial t} Re\{\mathbf{B}e^{j\omega t}\}$$

또는

$$Re\{(\nabla \times \mathbf{E})e^{j\omega t}\} = Re\{-j\omega \mathbf{B}e^{j\omega t}\}$$

이므로

$$\nabla \times \mathbf{E} = -j\omega\mathbf{B} \tag{1-11}$$

가 된다. 식 (1-2)와 식 (1-3)에 대해서도 식 (1-1)의 경우와 같은 방법으로 구하면

$$\nabla \times \mathbf{H} = \mathbf{J} + j\omega\mathbf{D} \tag{1-12}$$

$$\nabla \cdot \mathbf{J} + j\omega\rho = 0 \tag{1-13}$$

가 된다. 여기서 모든 페이저 벡터량은 시간의 변수 $t$를 포함하지 않은 위치(예를 들면 $x$, $y$, $z$)만의 함수이며 $\frac{\partial}{\partial t}$는 $j\omega$로 치환되었음에 유의하여야 한다.

따라서 선형 등방성 균질매질에서 **Maxwell**방정식은

$$\nabla \times \mathbf{E} = -j\omega\mu\mathbf{H} \tag{1-14}$$

$$\nabla \times \mathbf{H} = j\omega\varepsilon\mathbf{E} + \mathbf{J} \tag{1-15}$$

$$\nabla \cdot \mathbf{J} = -j\omega\rho \tag{1-16}$$

이다. 위와 같은 방법에 의하여 식 (1-6)은

$$\nabla \cdot \mathbf{B} = 0 \tag{1-17a}$$

$$\nabla \cdot \mathbf{D} = \rho \tag{1-17b}$$

가 된다.

## 1.5  매질의 성질

매질에 전자계가 존재하면 장벡터(field vector)는 매질특성관계식 (1-4)에 의한 관계를 갖는다. 유전체에 전계 **E**를 가하면 물질의 원자나 분자에 분극(polarization)현상이 일어나 전기쌍극자 모멘트(electric dipole moment)가 발생한다. 따라서 분극벡터 $\mathbf{P}_e$를 단위체적당 평균 쌍극자모멘트라고 하면 분극이 일어난 물질의 총 전속밀도 **D**는

$$\mathbf{D} = \varepsilon_0\mathbf{E} + \mathbf{P}_e \tag{1-18a}$$

가 된다. 선형 매질(linear material)에서 전기분극 $\mathbf{P}_e$와 전계 **E**는 다음과 같은 선형 (linear)의 관계를 갖는다.

$$\mathbf{P}_e = \varepsilon_0\chi_e\mathbf{E} \tag{1-18b}$$

여기서 $\chi_e$를 전기 분극화율 또는 전기 감수율(electric susceptibility)이라 한다. $\varepsilon_0$는 $\chi_e$를 무차원으로 만들기 위한 비례상수이다. 그러므로

$$\mathbf{D} = \varepsilon_0 \mathbf{E} + \mathbf{P}_e = \varepsilon_0 (1 + \chi_e) \mathbf{E} = \varepsilon \mathbf{E} \tag{1-19}$$

이다. 여기서 $\chi_e$는 일반적으로 복소수이므로 $\varepsilon$을 실수부 $\varepsilon'$과 허수부 $\varepsilon''$으로 나타내면 복소유전율로서

$$\varepsilon = \varepsilon' - j\varepsilon'' = \varepsilon_0 (1 + \chi_e) \tag{1-20}$$

또는

$$\varepsilon_r = \frac{\varepsilon}{\varepsilon_0} = 1 + \chi_e$$

이다. 여기서 $\varepsilon_r$는 비유전율(relative permittivity)이라 한다. $\varepsilon$의 허수부는 진동하는 쌍극자모멘트의 댐핑(damping)에 의한 물질의 손실(열)에 대응한다. 나중에 알게 되겠지만 에너지 보존의 법칙에 의하여 $\varepsilon$의 허수부는 반드시 부$(-)$이어야만 한다($\varepsilon''$ 자체는 정$(+)$의 값). 따라서 자유공간의 $\varepsilon$은 실수만을 가지므로 무손실이다. 유전체의 손실은 도체의 손실로 간주할 수 있다. 도전율이 $\sigma$인 물질에서 도전전류밀도는

$$\mathbf{J} = \sigma \mathbf{E} \tag{1-21}$$

이다. 이는 전자계의 관점에서 본 옴(ohm)의 법칙이다. 따라서 Maxwell의 회전방정식 (1-15)는

$$\begin{aligned}
\nabla \times \mathbf{H} &= j\omega \mathbf{D} + \mathbf{J} \\
&= j\omega\varepsilon \mathbf{E} + \sigma \mathbf{E} \\
&= j\omega\varepsilon' \mathbf{E} + (\omega\varepsilon'' + \sigma) \mathbf{E} \\
&= j\omega(\varepsilon' - j\varepsilon'' - j\sigma/\omega) \mathbf{E} \\
&= j\omega\varepsilon' [1 - j(\omega\varepsilon'' + \sigma)/(\omega\varepsilon')] \mathbf{E}
\end{aligned} \tag{1-22}$$

윗식에서 유전체의 댐핑에 의한 손실 $\omega\varepsilon''$은 도전율에 의한 손실 $\sigma$와 구별할 수 없으므로 $\omega\varepsilon'' + \sigma$를 한 개의 실효도전율(effective conductivity)로 취급할 수 있다. 유전체의 성질은 보통 유전상수(dielectric constant) 또는 비유전율 $\varepsilon_r$와 다음과 같이 정의하는 손실탄젠트(loss tangent) $\tan\delta$로 표시한다.

$$\tan\delta = \frac{\omega\varepsilon'' + \sigma}{\omega\varepsilon'} \tag{1-23}$$

마이크로파용으로 사용하는 중요한 유전체의 유전상수와 일정한 주파수에서의 손실탄젠트는 참고적으로 표 1-1에 보인 바와 같다.

표 1-1  매질의 비유전율과 손실탄젠트

| 매        질 | 주파수 | $\varepsilon_r$ | $\tan \delta$ (25 ℃) |
|---|---|---|---|
| Alumina (99.5 %) | 10 GHz | 9.5 — 10 | 0.0003 |
| Barium tetratitanate | 6 GHz | 37 ± 5 % | 0.0005 |
| Beeswax | 10 GHz | 2.35 | 0.005 |
| Beryllia | 10 GHz | 6.4 | 0.0003 |
| Ceramic (A-35) | 3 GHz | 5.60 | 0.0041 |
| Fused quartz | 10 GHz | 3.78 | 0.0001 |
| Gallium arsenide | 10 GHz | 13. | 0.006 |
| Glass (pyrex) | 3 GHz | 4.82 | 0.0054 |
| Glazed ceramic | 10 GHz | 7.2 | 0.008 |
| Lucite | 10 GHz | 2.56 | 0.005 |
| Nylon (610) | 3 GHz | 2.84 | 0.012 |
| Parafin | 10 GHz | 2.24 | 0.0002 |
| Plexiglass | 3 GHz | 2.60 | 0.0057 |
| Polyethylene | 10 GHz | 2.25 | 0.0004 |
| Polystyrene | 10 GHz | 2.54 | 0.00033 |
| Porcelain (dry process) | 100 MHz | 5.04 | 0.0078 |
| Rexolite (1422) | 3 GHz | 2.54 | 0.00048 |
| Silicon | 10 GHz | 11.9 | 0.004 |
| Styrofoam (103.7) | 3 GHz | ecomm | 0.0001 |
| Teflon | 10 GHz | 2.08 | 0.0004 |
| Titania (D-100) | 6 GHz | 96 ± 5 % | 0.001 |
| Vaseline | 10 GHz | 2.16 | 0.001 |
| Water (distilled) | 3 GHz | 76.7 | 0.157 |

식 (1-19)는 선형매질이라고 부르는 종류의 재료에 대해서만 성립하고 그 이외의 다른 재료에 대한 $\chi_e$는 텐서이다. 즉 $\mathbf{P}_e$의 $x$성분은 $\mathbf{E}$의 $x$, $y$, $z$성분에 의존함에 유의하고 $\chi_e$는 또한 주파수의 함수임에 유의하여라.

자기매질 (magnetic material)에서도 유전체의 경우와 같은 현상이 일어난다. 자기매질에 자계를 가하면 자기쌍극자모멘트에 의한 자화분극 (magnetic polarization) 또는 자화 (magnetization) $\mathbf{P}_m$을 만든다. 따라서

$$\mathbf{B} = \mu_0 (\mathbf{H} + \mathbf{P}_m) \tag{1-24a}$$

이다.

많은 자기매질에 있어서 자화 $\mathbf{P}_m$은 인가 자계 $\mathbf{H}$에 비례한다. 이러한 매질을 선형 등방성

매질(linear isotropic material)이라 부르며 자화 $\mathbf{P}_m$은 외부에서 가하는 자계 $\mathbf{H}$와 다음과 같이 선형의 관계가 있다.

$$\mathbf{P}_m = \chi_m \mathbf{H} \tag{1-24b}$$

여기서 $\chi_m$은 복소자화율(complex magnetic susceptibility)이라 한다. 따라서 자속밀도 $\mathbf{B}$는

$$\begin{aligned} \mathbf{B} &= \mu_0(\mathbf{H} + \mathbf{P}_m) \\ &= \mu_0(1 + \chi_m)\mathbf{H} = \mu\mathbf{H} \end{aligned} \tag{1-25}$$

가 된다.

$\mu$를 투자율(permeability)이라 하며 다음과 같이 정의한다.

$$\mu = \mu_0(1 + \chi_m)$$

또한

$$\mu_r = \frac{\mu}{\mu_0} = 1 + \chi_m \tag{1-26}$$

이다. 여기서 $\mu_r$를 비투자율(relative permeability)이라 한다. 투자율은 유전율과 마찬가지로 보통 실험측정으로 얻을 수 있다.

자성체는 $\mu_r$의 값에 따라 대략 다음과 같이 세 개의 부류로 나눌 수 있다.

① $\chi_m$이 매우 적은 부(−)의 값을 갖는 자성체($\mu_r \leq 1$)를 반자성체(diamagnetic material)라 한다. 예를 들면 동(Cu)의 $\chi_m = -0.9 \times 10^{-5}$, 게르마늄(Ge)의 $\chi_m = -0.8 \times 10^{-5}$.

② $\chi_m$이 매우 적은 정(+)의 값을 갖는 자성체($\mu_r \geq 1$)는 상자성체(paramagnetic material)이다. 예를 들면 텅스텐(W)의 $\chi_m = 6.8 \times 10^{-5}$.

③ $\chi_m$이 큰 정(+)의 값을 갖는 자성체($\mu_r \gg 1$)는 강자성체(ferromagnetic material)이다. 이는 비선형이므로 $\mu$를 $\mathbf{H}$의 어떤 함수로 취급하는 것이 상례이다. $\mu$의 값은 10 내지 100,000인 범위 안에 있다. 반강자성체를 보통 비자성체라고 부른다.

## 1.6  경계조건

시간에 따라 정현적으로 변하는 전자계에서 Maxwell 방정식 (1-14), (1-15), (1-16)은 모든 전자파현상을 설명하는 기본방정식이다. 이 방정식들은 대수적 방정식들이 아니고 미분

방정식의 형태이기 때문에, 주어진 문제에 관한 경계조건(boundary condition)이 주어져야
만이 완전하고 유일한 해를 얻을 수 있다. 즉, 서로 다른 두 개 이상의 매질이 존재하면 유한
영역에 경계면이 생긴다. 이 경계면에서는 매질의 전자기적 성질이 불연속이기 때문에 전자
계 성분의 일부가 불연속적으로 변화한다. 경계면의 임의의 점에서 전자장이 불연속이거나
그 미분이 불연속일 경우, 수학적으로 장(field)이 특이점(singular point)을 갖는다고 말한
다. 따라서 매질의 경계면에서 장의 특이점이 존재할 수 있다. 경계조건은 경계면 근방의 두
미소영역에 Maxwell 방정식의 적분형을 적용하여 얻은 관계식이다. 따라서 경계조건은 미분
방정식의 해를 구할 때 매우 중요한 역할을 한다.

## [1] 법선성분

두 매질 사이의 평면 경계면이 그림 1.3에 보인 바와 같다고 하자. 적분형 Maxwell 방정
식을 사용하면 경계면에 직각인 **법선성분**(normal  component)과 **접선성분**(tangential
compoment)의 전계와 자계를 구할 수 있다.

지금 **D**의 법선성분에 대한 경계조건을 구하기 위하여 식 (1-17b)를 그림 1.4에 보인 바
와 같은 아주 작은 원통의 체적 $V$에 대하여 적분을 하면

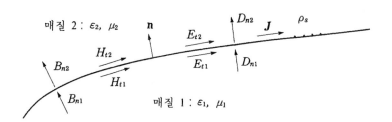

그림 1.3  두 매질의 경계면에서 장, 전류 및 표면전하.

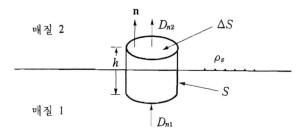

그림 1.4  식 (1-28)을 위한 폐면적.

$$\int_V \nabla \cdot \mathbf{D} \, dv = \int_V \rho \, dv \qquad (1\text{-}27)$$

이다. 이에 발산정리를 적용하면

$$\oint_S \mathbf{D} \cdot d\mathbf{s} = \int_V \rho \, dv \qquad (1\text{-}28)$$

이다. 경계면에서 $D_{n1}$과 $D_{n2}$의 관계를 구하기 위하여 원통의 높이 $h$를 $h \to 0$인 극한이 되도록 하면 원통 옆면에서의 접선성분 $D_{\tan}$은 0이 되므로 식 (1-28)의 면적은

$$\Delta S \, D_{n2} - \Delta S \, D_{n1} = \Delta S \, \rho_s$$

또는

$$D_{n2} - D_{n1} = \rho_s \qquad (1\text{-}29\text{a})$$

가 된다. 여기서 전하가 무한히 얇은 경계면 층에 존재하고 있기 때문에 $\rho_s$를 표면전하밀도 (surface charge density)라 부른다. 식 (1-29a)를 벡터로 나타내면

$$\mathbf{n} \cdot (\mathbf{D}_2 - \mathbf{D}_1) = \rho_s \qquad (1\text{-}29\text{b})$$

이다. 여기서 $\mathbf{n}$은 영역 1에서 영역 2로 향하는 단위벡터이다.

위와 마찬가지 방법으로 식 (1-17a)로부터 두 자성체의 경계면에서 $\mathbf{B}$와 $\mathbf{H}$의 법선성분에 대한 경계조건을 구하면 자유자하는 존재하지 않으므로

$$\mathbf{n} \cdot (\mathbf{B}_2 - \mathbf{B}_1) = 0 \qquad (1\text{-}29\text{c})$$

또는

$$\mathbf{n} \cdot (\mu_2 \mathbf{H}_2 - \mu_1 \mathbf{H}_1) = 0$$

이다.

## [2]  접선성분

접선성분에 대한 경계조건은 Maxwell의 회전방정식 (1-14)와 (1-15)로부터 구할 수 있다. 먼저 자계의 접선성분을 구하기 위하여 페이저형태의 식 (1-14)에 그림 1.5에 보인 바와 같은 한면 $S$(폐곡면은 아님)에 걸쳐서 적분하면

$$\int_S \nabla \times \mathbf{E} \cdot d\mathbf{s} = -j\omega\mu \int_S \mathbf{H} \cdot d\mathbf{s}$$

이다. 윗식의 좌변에 Stokes의 정리를 적용하면

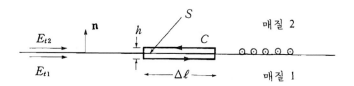

그림 1.5  식 (1-30)을 위한 폐경로 $C$.

$$\oint_C \mathbf{E} \cdot d\boldsymbol{l} = -j\omega\mu \int_S \mathbf{H} \cdot d\mathbf{s} \tag{1-30}$$

가 된다. 지금 경계면의 층의 높이 $h$에 극한 $h \to 0$을 취하면 면적 $S = h\Delta l$이 0이 되므로 $\mathbf{H}$의 면적분은 0이 된다. 여기서 $h$는 경계면에 직각인 높이이다. 따라서 식 (1-30)은

$$\Delta l\, E_{t1} - \Delta l\, E_{t2} = 0$$

또는

$$E_{t1} - E_{t2} = 0$$

가 된다. 이 식을 벡터형식으로 표시하면

$$(\mathbf{E}_2 - \mathbf{E}_1) \times \mathbf{n} = 0$$

또는

$$\mathbf{n} \times (\mathbf{E}_2 - \mathbf{E}_1) = 0 \tag{1-31}$$

가 된다. 여기서 $\mathbf{n}$은 매질 1에서 매질 2로 향하는 단위벡터이다.

마찬가지 방법으로 식 (1-15)로부터 자계에 대한 경계조건을 구하면

$$\mathbf{n} \times (\mathbf{H}_2 - \mathbf{H}_1) = \mathbf{J}_s \tag{1-32}$$

이다. 여기서 $\mathbf{J}_s$는 경계면에 존재할 수 있는 표면전류밀도이다. 유의해야 할 점은 $\mathbf{J}_s$ 주위 자계의 회전은 오른손법칙에 따른다는 사실이다.

식 (1-29), (1-31), (1-32)는 매질의 임의의 경계면 및 표면전류에 대한 가장 일반적인 경계조건이다. 이 조건들을 무손실 유전체와 완전도체에 적용한 결과를 다음에서 살펴보기로 한다.

## [3]  무손실 유전체의 경계조건

두 개의 무손실 유전체 사이의 경계면에서 표면전하 $\rho_s$와 표면전류밀도 $\mathbf{J}_s$는 보통 0이다. 따라서 그 경계조건은

$$\mathbf{n} \cdot \mathbf{D_1} = \mathbf{n} \cdot \mathbf{D_2} \qquad (1\text{-}33\text{a})$$

$$\mathbf{n} \cdot \mathbf{B_1} = \mathbf{n} \cdot \mathbf{B_2} \qquad (1\text{-}33\text{b})$$

$$\mathbf{n} \times \mathbf{E_1} = \mathbf{n} \times \mathbf{E_2} \qquad (1\text{-}33\text{c})$$

$$\mathbf{n} \times \mathbf{H_1} = \mathbf{n} \times \mathbf{H_2} \qquad (1\text{-}33\text{d})$$

가 된다. 이 밖의 경계조건들은 $\mathbf{D} = \varepsilon \mathbf{E}$와 $\mathbf{B} = \mu \mathbf{H}$를 사용하여 구할 수 있다. $\mathbf{D}$와 $\mathbf{B}$의 법선성분은 연속이고 $\mathbf{E}$와 $\mathbf{H}$의 접선성분도 연속이다. 이 밖의 성분들은 불연속이다.

## [4] 완전도체의 경계조건

마이크로파 공학의 많은 문제들은 양도체(good conductor)의 경계조건과 관련된 것이다. 여기서 양도체라 하면 흔히 무손실($\sigma \rightarrow \infty$)인 도체를 의미한다. 따라서 양도체내에서는 전계와 자계가 모두 0이다. 이 사실은 시변(time varing)인 경우, $\mathbf{H}$와 $\mathbf{E}$는 Maxwell 방정식에 의하여 관련되어진다. 그러나 정적(static)인 경우, $\mathbf{H}$가 $\mathbf{E}$와 반드시 연관되지는 않기 때문에 양도체는 $\mathbf{H}$에 아무런 영향을 주지 못하며 $\mathbf{H}$는 0이 되지 않는다. 도전전하들은 $\mathbf{E}$에 영향을 미치지만 $\mathbf{H}$에는 아무런 영향을 미치지 않는다. 그 이유는 Lorentz의 힘의 방정식에 의하여 $\mathbf{H}$는 도전전하가 움직이지 않으면 이 전하에 힘을 미치지 않기 때문이다.

즉, 정적(static)인 경우의 양도체에 대한 경계조건은

$$\mathbf{n} \cdot \mathbf{D_2} = \rho_s \qquad (1\text{-}34\text{a})$$

$$\mathbf{n} \cdot \mathbf{B_1} = \mathbf{n} \cdot \mathbf{B_2} \qquad (1\text{-}34\text{b})$$

$$\mathbf{n} \times \mathbf{E_2} = 0 \qquad (1\text{-}34\text{c})$$

$$\mathbf{n} \times \mathbf{H_1} = \mathbf{n} \times \mathbf{H_2} \qquad (1\text{-}34\text{d})$$

이다. 여기서 매질 1은 양도체이다.

장(field)이 시변인 경우에 대한 양도체의 경계조건은

$$\mathbf{n} \cdot \mathbf{D_2} = \rho_s \qquad (1\text{-}35\text{a})$$

$$\mathbf{n} \cdot \mathbf{B_2} = 0 \qquad (1\text{-}35\text{b})$$

$$\mathbf{n} \times \mathbf{E_2} = 0 \qquad (1\text{-}35\text{c})$$

$$\mathbf{n} \times \mathbf{H_2} = \mathbf{J}_s \qquad (1\text{-}35\text{d})$$

이다.

식 (1-35)를 만족하는 경계를 전기벽(electric wall)이라 한다. 이와 같은 사실은 전계 $\mathbf{E}$의 접선성분이 식 (1-35c)로부터 알 수 있는 바와 같이 단락이 되어 도체의 표면에서 0이 되어야 하기 때문이다.

## 연습문제

1.1   $\mathbf{D} = \mathbf{a}_x \, 3.0 \times 10^{-7} \, \text{C/m}^2$일 때, $\varepsilon_r = 2.8$인 유전체의 전기분극 $\mathbf{P}_e$를 구하여라.

1.2   전기감수율이 $\chi_e = 3.5$이고 $\mathbf{P}_e = \mathbf{a}_x \, 2.3 \times 10^{-7} \, \text{C/m}^2$일 때 매질에서 $\mathbf{E}$를 구하여라.

1.3   그림 (문 1.3)에서 $x < 0$인 영역 1은 자유공간이고 $x > 0$인 영역 2는 $\varepsilon_{r2} = 2.4$인 유전체이다. $\mathbf{D}_1 = \mathbf{a}_x - 4\mathbf{a}_y + 6\mathbf{a}_z \, \text{C/m}^2$일 때 $\mathbf{E}_2$ 및 각 $\theta_1$과 $\theta_2$를 구하여라.

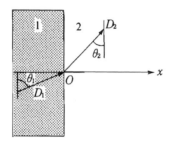

그림  문 1.3

1.4   그림 (문 1.4)에 보인 바와 같이 엷은 평면유전체판의 양쪽은 자유공간이라 한다. 엷은 유전체판내의 전계 $\mathbf{E}_2$가 일정하다고 가정한 경우 $\mathbf{E}_3 = \mathbf{E}_1$임을 밝혀라.

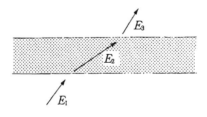

그림  문 1.4

1.5   다음과 같은 물질내부에서 자계의 크기를 구하여라.
   (1) 자속밀도가 $4 \times 10^{-3} \, \text{T}$이고 비투자율이 1.008
   (2) 자화율이 $-0.006$이고 자화의 세기가 $19 \, \text{A/m}$

1.6   그림 (문 1.6)에 보인 영역 ① ($\mu_{r1} = 15$)에서 $\mathbf{B}_1 = 1.2\mathbf{a}_x + 0.8\mathbf{a}_y + 0.4\mathbf{a}_z \, \text{Wb/m}^2$일 때 $\mathbf{H}_2$ (즉 $z = 0^+$에서의 $\mathbf{H}$)와 두 매질간의 경계면에 대한 $\mathbf{B}_2$ ($\mu_{r2} = 1$)의 각을 구하여라.

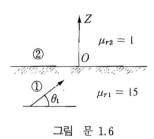

그림  문 1.6

1.7  그림 (문 1.7)에 보인 바와 같이 영역 ① ($\mu_{r1} = 4$)은 평면 $y + z = 1$을 경계로 원점을 포함한 쪽이고 영역 ② ($\mu_{r2} = 6$)에서 $\mathbf{B_1} = 2.0\mathbf{a_x} + 1.0\mathbf{a_y}$ Wb/m² 일 때 $\mathbf{B_2}$와 $\mathbf{H_2}$를 구하여라.

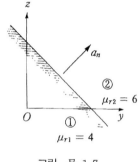

그림  문 1.7

1.8  두 영역의 경계면인 $x = 0$에 흐르는 표면전류밀도는 $\mathbf{J_s} = 6.5\mathbf{a_z}$ A/m 이다. $x < 0$인 영역 ①에서 $\mathbf{H_1} = 10\mathbf{a_y}$ A/m인 경우, $x > 0$인 영역 ②에서 $\mathbf{H_2}(x = 0^+)$를 구하여라(도움말 : 두 영역의 비투자율이 주어지지 않았으나 $\mathbf{H_1}$은 경계면에 대하여 완전히 접선이므로 아무런 영향이 없다).

1.9  자유공간에서 전계가 $\mathscr{E} = \mathbf{a_x} E_m \sin(\omega t - \beta z)$일 때 $\mathscr{D}$, $\mathscr{B}$ 및 $\mathscr{H}$를 구하여라. 그리고 $t = 0$일 때 $\mathbf{E}$ 와 $\mathbf{H}$의 파형을 도시하여라.

1.10  자유공간에서 자계가 $\mathscr{H} = \mathbf{a_x} H_m e^{j(\omega t + \beta z)}$일 때, $\mathscr{E}$ 를 구하여라.

1.11  $\sigma = 5.0$ S/m, $\varepsilon_r = 1$인 물질내의 전계가 $\mathscr{E} = 250 \sin 10^{10}\, t$ V/m 이다. 도전전류밀도와 변위전류밀도를 구하고 두 전류밀도의 크기가 같아지는 주파수를 구하여라.

# 2장

# 파동방정식과 평면파의 전파

## 2. 1  파동방정식

앞장에서 설명한 Maxwell 방정식에 의하여 전자계와 전하 및 전류 분포 사이의 관계를 설명할 수 있다. Maxwell 방정식에 의한 해를 구하는 것이 어떤 경우에는 어렵지만 모든 전자계의 문제에 대한 해답을 준다.

장을 만드는 전원 $\rho$, $\mathscr{J}$ 의 분포로부터 멀리 떨어진 손실이 있는 단순매질의 영역에서 Maxewll 방정식 (1-1)과 (1-2)는

$$\nabla \times \mathscr{E} = -\mu \frac{\partial \mathscr{H}}{\partial t} \tag{2-1}$$

$$\nabla \times \mathscr{H} = \sigma \mathscr{E} + \varepsilon \frac{\partial \mathscr{E}}{\partial t} \tag{2-2}$$

가 된다. 여기서 $\sigma$는 매질의 손실을 나타내는 도전율이며 $\mathscr{J} = \sigma \mathscr{E}$ 이다. 식 (2-1)의 양변에 회전을 취하면

$$\nabla \times \nabla \times \mathscr{E} = -\mu \frac{\partial}{\partial t} (\nabla \times \mathscr{H}) \tag{2-3}$$

가 된다. 윗식에 식 (2-2)를 대입하면

$$\nabla \times \nabla \times \mathscr{E} = -\mu\sigma \frac{\partial \mathscr{E}}{\partial t} - \mu\varepsilon \frac{\partial^2 \mathscr{E}}{\partial t^2} \tag{2-4}$$

가 된다. 윗식의 좌변에 벡터등식 $\nabla \times \nabla \times \mathscr{E} = \nabla(\nabla \cdot \mathscr{E}) - \nabla^2 \mathscr{E}$ 와 $\nabla \cdot \mathscr{E} = 0$(전원 $\rho$의 분포가 없으므로)을 적용하면

$$\nabla^2 \mathscr{E} = \mu\sigma \frac{\partial \mathscr{E}}{\partial t} + \mu\varepsilon \frac{\partial^2 \mathscr{E}}{\partial t^2} \qquad (2\text{-}5a)$$

가 되어 $\mathscr{E}$ 에 관한 방정식을 얻는다. 윗식 (2-5a)를 파동방정식(wave equation)이라고 하거나 또는 **Helmholtz** 방정식이라 한다.

마찬가지 방법으로 자계 $\mathscr{H}$ 에 대한 파동방정식을 구하면 다음과 같다.

$$\nabla^2 \mathscr{H} = \mu\varepsilon \frac{\partial^2 \mathscr{H}}{\partial t} \qquad (2\text{-}5b)$$

시간적 변화가 $e^{j\omega t}$ 이면 $\partial/\partial t \equiv j\omega$, $\partial^2/\partial^2 t \equiv -\omega^2$ 이므로 식 (2-5)와 같은 전계 $\mathscr{E}$ 에 대한 파동방정식은 다음과 같은 페이저형태의 방정식이 된다.

$$\nabla^2 \mathbf{E} + k^2 \mathbf{E} = 0 \qquad (2\text{-}6)$$

여기서

$$k^2 = \omega^2 \mu\varepsilon - j\omega\mu\sigma \qquad (2\text{-}7)$$

이다.

위와 같은 방법으로 $\mathbf{H}$ 에 관한 Helmholtz 방정식을 구하면

$$\nabla^2 \mathbf{H} + k^2 \mathbf{H} = 0 \qquad (2\text{-}8)$$

이다.

전원의 분포가 없는 무손실 단순매질$(\sigma = 0)$에서 $\mathbf{E}$ 와 $\mathbf{H}$ 에 대한 파동방정식은 식 (2-6)과 식 (2-8)로부터

$$\nabla^2 \mathbf{E} + k^2 \mathbf{E} = 0 \qquad (2\text{-}9a)$$
$$\nabla^2 \mathbf{H} + k^2 \mathbf{H} = 0 \qquad (2\text{-}9b)$$

이다. 여기서 $k^2 = \omega^2 \mu\varepsilon$.

상수 $k = \omega\sqrt{\mu\varepsilon}$ 를 매질의 파수(wave number) 또는 전파상수(propagation constant)라고 한다. 위의 두 식은 동일한 형태의 방정식이므로 전계와 자계도 같은 형식의 해를 갖게 됨을 알 수 있다.

## [1]  무손실매질에서 평면파

전자파의 진행방향에 직각인 평면에서 그 평면내의 전자계 위상이 모든 곳에서 일정한 파(일정한 위상면을 이룬다)를 평면파(plane wave)라고 한다. 또한 이 평면내에서 진폭이 일정하면 균일평면파(uniform plane wave)라고 한다. 즉, 동일한 위상과 동일한 진폭을 갖는

평면의 파를 균일평면파라고 한다. 평면파라고 하면 일반적으로 균일평면파를 가리킨다. 자유공간을 전파하는 균일평면파는 이상적인 파동이지만 어느 파동이라도 국소적으로 살펴보면 평면파로 취급할 수 없는 경우가 많다. 이런 관점에서 평면파 현상에 관하여 고찰하여 보는 것은 더욱 복잡한 파동을 연구하는 데 큰 도움이 된다. 이상적인 균일평면파는 전계와 자계의 방향, 크기, 위상이 전파진행방향에 직각인 무한대의 평면에 걸쳐서 동일한 크기를 갖는 파이므로, 엄격하게 말하면 이와 같은 파는 존재하지 않는다. 왜냐하면, 이와 같은 이상적 균일평면파는 무한한 평면을 이루는 이상적 도체에 흐르는 전류에 의하여 발생될 수 있기 때문이다. 식 (2-6)의 파동방정식을 직각좌표계에 적용하면

$$\frac{\partial^2 E_x}{\partial x^2} + \frac{\partial^2 E_x}{\partial y^2} + \frac{\partial^2 E_x}{\partial z^2} + k^2 E_x = 0 \tag{2-10a}$$

$$\frac{\partial^2 E_y}{\partial x^2} + \frac{\partial^2 E_y}{\partial y^2} + \frac{\partial^2 E_y}{\partial z^2} + k^2 E_y = 0 \tag{2-10b}$$

$$\frac{\partial^2 E_z}{\partial x^2} + \frac{\partial^2 E_z}{\partial y^2} + \frac{\partial^2 E_z}{\partial z^2} + k^2 E_z = 0 \tag{2-10c}$$

을 얻는다.

예를 들어 그림 2.1에 보인 바와 같이 $+z$ 방향으로 전파하는 전자계가 $x, y$ 평면에 균일(일정)하게 분포하고 $x$ 방향의 전계와 $y$ 방향의 자계 성분만 존재하는 가장 간단한 평면파를 생각하기로 한다. 즉,

$$\mathscr{E}_y = \mathscr{E}_z = 0, \qquad \mathscr{H}_x = \mathscr{H}_z = 0$$

$$\frac{\partial \mathscr{E}_x}{\partial x} = \frac{\partial \mathscr{E}_x}{\partial y} = 0, \qquad \frac{\partial \mathscr{H}_y}{\partial x} = \frac{\partial \mathscr{H}_y}{\partial y} = 0$$

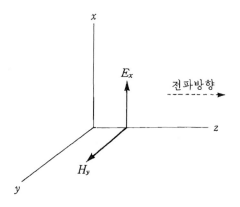

그림 2.1 평면파의 설명을 위한 좌표계.

위의 관계를 손실이 없는 자유공간($\varepsilon$, $\mu$, $\sigma = 0$)에 대한 Maxwell방정식에 대입하면 식 (2-5)로부터 다음과 같은 시간영역의 파동방정식을 얻는다.

$$\frac{\partial^2 \mathscr{E}_x}{\partial z^2} = \mu\varepsilon \frac{\partial^2 \mathscr{E}_x}{\partial t^2} \tag{2-11a}$$

$$\frac{\partial^2 \mathscr{H}_y}{\partial z^2} = \mu\varepsilon \frac{\partial^2 \mathscr{H}_y}{\partial t^2} \tag{2-11b}$$

위의 식을 페이저로 나타내면

$$\frac{dE_x}{dz} = -j\omega\mu H_y \tag{2-12a}$$

$$\frac{dH_y}{dz} = -j\omega\varepsilon E_x \tag{2-12b}$$

이므로 식 (2-9)의 Helmholtz 방정식은

$$\frac{d^2 E_x}{dz^2} + k_z^2 \, E_x = 0 \tag{2-13a}$$

$$\frac{d^2 H_y}{dz^2} + k_z^2 \, H_y = 0 \tag{2-13b}$$

이 된다. 따라서 $+z$방향으로만 전파하는 평면파의 전계는

$$\mathbf{E}(z) = \mathbf{a}_x \, E_{x0} \, e^{-jk_z z} \tag{2-14}$$

의 형식으로 주어지므로, 위의 식을 식 (2-12a)에 대입하고 $\mathbf{H}$에 관하여 풀면,

$$\mathbf{H}(z) = \mathbf{a}_y \frac{1}{\eta} \, E_{x0} \, e^{-jk_z z} \tag{2-15}$$

를 얻는다. 여기서 $k_z$를 위상정수라 하며

$$k_z = \omega\sqrt{\mu\varepsilon}$$

이고 $\eta$를 자유공간의 고유임피던스(intrinsic impedance)라 하며

$$\eta = \sqrt{\frac{\mu}{\varepsilon}}$$

이다. 따라서 순시전계와 자계는

$$\begin{aligned}
\mathscr{E}(z, \, t) &= Re\{\mathbf{a}_x \, E_{x0} \, e^{-jk_z z} \, e^{+j\omega t}\} \\
&= \mathbf{a}_x \, E_{x0} \cos(\omega t - k_z z) = \mathbf{a}_x \, |E_{x0}| \cos(\omega t - k_z z + \theta_x)
\end{aligned} \tag{2-16}$$

$$\mathcal{H}(z,\ t) = Re\left\{ \mathbf{a}_y \frac{E_{x0}}{\eta}\ e^{-jk_z z}\ e^{+j\omega t} \right\}$$

$$= \mathbf{a}_y \frac{E_{x0}}{\eta} \cos\ (\omega t - k_z z) = \mathbf{a}_y \frac{|E_{x0}|}{\eta} \cos\ (\omega t - k_z z + \theta_x) \tag{2-17}$$

이다. 여기서 $E_{x0} = |E_{x0}| e^{j\theta_x}$ 이다.

전계 $\mathbf{E}$ 와 자계 $\mathbf{H}$ 는 어느곳에서나 동상임에 유의해야 한다. 어느 임의의 시간 $t$ 에서 전계와 자계의 진폭의 변화는 그림 2.2 에 보인 바와 같이 $z$ 방향을 따라 변화하고 있음을 알 수 있다. 그러나 반사파를 고려하면 주어진 파동방정식 (2-13)의 해는

$$\mathbf{E}(z) = \mathbf{a}_x (E_0^+\ e^{-jk_z z} + E_0^-\ e^{+jk_z z})$$

또는

$$E_x(z) = E_0^+\ e^{-jk_z z} + E_0^-\ e^{+jk_z z} \tag{2-18}$$

의 형식을 갖는다. 여기서 $E_0^+$ 와 $E_0^-$ 는 실수로 가정한다. 또한 식 (1-14)로부터

$$\mathbf{H} = -\frac{1}{j\omega\mu} \nabla \times \mathbf{E}$$

$$= j\frac{1}{\omega\mu}\left(\mathbf{a}_x \frac{\partial}{\partial x} + \mathbf{a}_y \frac{\partial}{\partial y} + \mathbf{a}_z \frac{\partial}{\partial z}\right) \times \mathbf{a}_x (E_0^+\ e^{-jk_z z} + E_0^-\ e^{+jk_z z})$$

$$\mathbf{H}(z) = \mathbf{a}_y \frac{1}{\eta}\left[ E_0^+\ e^{-jk_z z} - E_0^-\ e^{+jk_z z} \right]$$

또는

$$H_y(z) = \frac{1}{\eta}\left[ E_0^+\ e^{-jk_z z} - E_0^-\ e^{+jk_z z} \right] \tag{2-19}$$

이다. 여기서 $\mathbf{n} = \mathbf{a}_z$ 이며 $e^{\pm jk_z z}$ 의 $k_z$ 는 $z$ 방향이므로 $k_z$ 의 부호에 따라 $\mathbf{a}_z$ 의 방향이 결정됨에 유의해야 한다. 위의 페이저형식의 전계와 자계를 순시값으로 나타내면

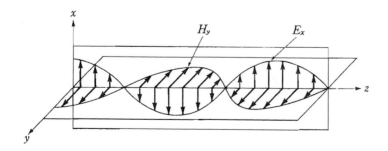

그림 2.2  전계와 자계의 진폭이 위치에 따라 변하는 모양.

$$\mathscr{E}_x(z,\ t) = E_0^+ \cos(\omega t - k_z z) + E_0^- \cos(\omega t + k_z z)$$

$$\mathscr{H}_y(z,\ t) = \frac{1}{\eta}\left[E_0^+ \cos(\omega t - k_z z) - E_0^- \cos(\omega t + k_z z)\right]$$

가 된다.

파의 일정한 점 $[\omega t - kz = \text{constant}]$을 유지하기 위해서는 시간의 경과에 따라 $+z$방향으로 이동해야 한다. 이런 의미에서 파의 속도를 위상속도(phase velocity)라 한다. 즉,

$$v_p = \frac{dz}{dt} = \frac{d}{dt}\left[\frac{\omega t - \text{constant}}{k}\right] = \frac{\omega}{k} = \frac{1}{\sqrt{\mu\varepsilon}} \tag{2-20}$$

자유공간$(\varepsilon_0,\ \mu_0)$에서 $v_p = 1/\sqrt{\mu_0\varepsilon_0} = c = 2.998 \times 10^8\,\text{m/sec}$이다. 이는 광속이다. 파장 $\lambda$는 일정한 순간에서 파의 두 개의 인접 최대점(또는 최소점, 또는 다른 기준점) 사이의 거리로 정의한다. 즉, $[\omega t - kz] - [\omega t - k(z + \lambda)] = 2\pi$이다. 그러므로

$$\lambda = \frac{2\pi}{k} = \frac{2\pi v_p}{\omega} = \frac{v_p}{f} \tag{2-21}$$

이다.

식 (2-14) 대신에 $+x$방향의 전계 성분과 $+z$방향 성분으로 이루는 방향으로 전파하는 평면파의 전계가 다음과 같이 $y$방향 성분으로 주어진 경우를 살펴보자.

$$\mathbf{E}(x,\ z) = \mathbf{a}_y E_0\, e^{-k_x x - jk_z z} \tag{2-22}$$

지금 그림 2.3에 보인 바와 같이 파수벡터(wavenumber vector) $\mathbf{k}$와 원점 0으로부터 임의의 점 P까지의 거리 벡터 $\mathbf{r}$를 각각 다음과 같이

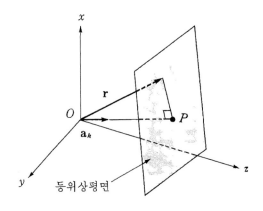

그림 2.3  $\mathbf{k} \cdot \mathbf{r} = c$ (일정)인 평면.

$$\mathbf{k} = \mathbf{a}_x\,k_x + \mathbf{a}_z\,k_z$$

$$\mathbf{r} = \mathbf{a}_x x + \mathbf{a}_y y + \mathbf{a}_z z$$

정의하면

$$\mathbf{k} \cdot \mathbf{r} = k_x x + k_z z$$

가 되므로 식 (2-22)는 다음과 같이 간결하게 표시될 수 있다.

$$\mathbf{E}(\mathbf{x},\ \mathbf{z}) = E_0\,e^{-j\mathbf{k}\cdot\mathbf{r}} = \mathbf{a}_y\,E_0\,e^{jk\mathbf{a}_k\cdot\mathbf{r}} \tag{2-23}$$

$\mathbf{k} \cdot \mathbf{r} = c$(일정)인 면은 전자파(electromagnetic wave)가 전파하는 방향과 수직을 이루는 평면의 방정식이다. 식 (2-22)의 전계와 관련된 자계는 식 (1-14)로부터

$$\begin{aligned}
\mathbf{H} &= -\frac{1}{j\omega\mu}\nabla\times\mathbf{E}\\
&= j\frac{1}{\omega\mu}\left(\mathbf{a}_x\frac{\partial}{\partial x} + \mathbf{a}_y\frac{\partial}{\partial y} + \mathbf{a}_z\frac{\partial}{\partial z}\right)\times\left(\mathbf{a}_y\,E_0\,e^{-jk_x x - jk_z z}\right) \\
&= \frac{E_0}{\omega\mu}\left(-\mathbf{a}_x\,k_z + \mathbf{a}_z\,k_x\right)e^{-jk_x x - jk_z z}
\end{aligned} \tag{2-24}$$

식 (2-24)를 좀더 일반화한 형식으로 나타내면

$$\mathbf{H} = \frac{k}{\omega\mu}\mathbf{a}_k\times\mathbf{E} \tag{2-25}$$

가 된다. 즉, 주어진 방향으로 전파하는 균일평면파의 전계를 알면 이와 관련된 자계는 식 (2-25)를 사용하여 쉽게 구할 수 있다.

---

### 예제 2-1

주파수가 $f = 3\,\text{GHz}$ 인 평면파가 $\varepsilon_r = 7$, $\mu_r = 3$ 인 무한한 무손실매질내를 전파하는 경우, 그의 파장, 위상속도 및 파동임피던스를 구하여라.

[**풀 이**]  위상속도는, 식 (2-20)으로부터

$$\begin{aligned}
v_p &= \frac{1}{\sqrt{\mu\varepsilon}} = \frac{1}{\sqrt{\mu_r\,\mu_0\,\varepsilon_r\,\varepsilon_0}} = \frac{c}{\sqrt{\mu_r\,\varepsilon_r}} = \frac{3\times10^8}{\sqrt{(7)\,(3)}}\\
&= 6.55\times10^7\,\text{m/sec}
\end{aligned}$$

파장은 식 (2-21)로부터

$$\lambda = \frac{v_p}{f} = \frac{6.55\times10^7}{3\times10^9} = 0.0218\,\text{m}$$

파동임피던스는

$$\eta = \sqrt{\frac{\mu}{\varepsilon}} = \eta_0 \sqrt{\frac{\mu_r}{\varepsilon_r}} = 377 \sqrt{\frac{3}{7}} = 246.8 \ \Omega$$

여기서

$$c = \frac{1}{\sqrt{\mu_0 \varepsilon_0}} \approx 3 \times 10^8 \, \text{m/sec}, \qquad \eta_0 = \sqrt{\frac{\mu_0}{\varepsilon_0}} \approx 377 \ \Omega$$

---

### 예제 2-2

그림 2.4에 보인 바와 같이 전계가 $z$축과 평행한 평면파가 $xy$평면에서 $x$축에 대하여 60°로 입사하는 경우 전계와 자계의 순시값을 구하여라.

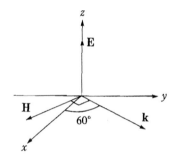

그림 2.4  $xy$평면의 $x$축에 대하여 60°로 입사하는 평면파.

[풀이]  전파상수벡터 $\mathbf{k}$, 전계 $\mathbf{E}$, 자계 $\mathbf{H}$의 크기를 각각 $k_0$, $E_0$ 및 $H_0$라 놓으면 그림으로부터

$$\mathbf{k} = (k_x, \ k_y, \ k_z) = (k_0 \cos 60°, \ k_0 \cos 30°, \ 0)$$

$$= \left( \frac{1}{2} k_0, \ \frac{\sqrt{3}}{2} k_0, \ 0 \right)$$

$$\mathbf{E} = (E_x, \ E_y, \ E_z) = (0, \ 0, \ E_0)$$

$$\mathbf{H} = (H_x, \ H_y, \ H_z) = \left( \frac{E_0}{\eta} \cos 30°, \ - \frac{E_0}{\eta} \cos 60°, \ 0 \right)$$

$$= \left( \frac{\sqrt{3}}{2\eta} E_0, \ - \frac{1}{2\eta} E_0, \ 0 \right)$$

이다. 따라서

$$\mathbf{E} = \mathbf{a}_z E_0$$

$$\mathbf{H} = \mathbf{a}_x \frac{\sqrt{3}}{2\eta} E_0 - \mathbf{a}_y \frac{1}{2\eta} E_0$$

이다. 만약 $E_0$가 실수이면, 구하고자 하는 순시전계와 자계는

$$\mathscr{E}_z = E_0 \cos\left(\omega t - \frac{1}{2} k_0 x - \frac{\sqrt{3}}{2} k_0 y\right)$$

$$\mathscr{H}_x = \frac{\sqrt{3}}{2\eta} E_0 \cos\left(\omega t - \frac{1}{2} k_0 x - \frac{\sqrt{3}}{2} k_0 y\right)$$

$$\mathscr{H}_y = \frac{-1}{2\eta} E_0 \cos\left(\omega t - \frac{1}{2} k_0 x - \frac{\sqrt{3}}{2} k_0 y\right)$$

이다.

---

## [2] 손실매질에서 평면파

손실매질에서 평면파의 전파를 생각하기로 한다. 만약 매질에 도전성($\sigma$)이 있다고 하면, Maxwell의 회전방정식은 식 (1-14)와 (1-15)로부터

$$\nabla \times \mathbf{E} = -j\omega\mu\mathbf{H} \tag{2-26a}$$

$$\nabla \times \mathbf{H} = j\omega\varepsilon\mathbf{E} + \sigma\mathbf{E} \tag{2-26b}$$

이다. 따라서 $\mathbf{E}$에 대한 파동방정식은

$$\nabla^2\mathbf{E} + \omega^2\mu\varepsilon\left(1 - j\frac{\sigma}{\omega\varepsilon}\right)\mathbf{E} = 0 \tag{2-27}$$

이 된다. 이는 무손실매질에서 $\mathbf{E}$에 대한 파동방정식 (2-9a)와 비슷하다. 다만 다른 것은 $k^2 = \omega^2\mu\varepsilon$ 대신에 $k^2 = \omega^2\mu\varepsilon\left(1 - j\frac{\sigma}{\omega\varepsilon}\right)$로 대치된다는 점이다.

지금 매질에서 복소전파상수를

$$\gamma = \alpha + j\beta = j\omega\sqrt{\mu\varepsilon}\sqrt{1 - j\frac{\sigma}{\omega\varepsilon}} \tag{2-28}$$

와 같이 정의하면 손실이 있는 Helmholtz 방정식 (2-6)은

$$\nabla^2\mathbf{E} - \gamma^2\mathbf{E} = 0 \tag{2-29a}$$

이 되고 마찬가지로 $\mathbf{H}$에 관한 Helmholtz 방정식은

$$\nabla^2\mathbf{H} - \gamma^2\mathbf{H} = 0 \tag{2-29b}$$

이 된다. 만약 전계가 $\mathbf{a}_x$성분만을 갖는다면 식 (2-29a)는

$$\frac{d^2 E_x}{dz^2} - \gamma^2 E_x = 0 \tag{2-30}$$

이 되고, 그 해는 앞의 항에서 설명한 바와 같이

$$E_x(z) = E_0^+ \, e^{-\gamma z} + E_0^- \, e^{+\gamma z} \qquad (2\text{-}31)$$

가 된다.

식 (2-31)의 물리적 의미를 살펴보기 위하여 $+z$방향으로 전파하는 평면파의 지수인자 (exponential factor)를 생각하면

$$e^{-\gamma z} = e^{-\alpha z} \, e^{-j\beta z}$$

이므로 이를 시간영역으로 표현하면

$$Re\{ e^{-\alpha z} \, e^{-j\beta z} \, e^{j\omega t} \} = e^{-\alpha z} \cos\,(\omega t - \beta z)$$

가 된다. 윗식은 위상속도가 $v_p = \omega/\beta$이고 파장이 $\lambda = 2\pi/\beta$인 파가 $+z$방향으로 지수적으로 감쇠하며 전파함을 나타낸다. 거리에 따른 파의 진폭이 감쇠하는 정도를 감쇠상수 $\alpha$로 나타낸다. $-z$방향으로 전파하는 반사파도 감쇠상수 $\alpha$에 따라 감쇠한다. 만약 손실이 없으면 $\sigma = 0$이므로 $\gamma = jk$, $\alpha = 0$, $\beta = k$로 주어진다.

1.5절에서 설명한 바와 같이 복소유전율을 사용하여 유전체의 손실을 표현할 수도 있다. 즉, 식 (2-28)에 $\sigma = 0$을 대입하고 $\varepsilon = \varepsilon' - j\varepsilon''$이므로

$$\gamma = jk = j\omega\sqrt{\mu\varepsilon} = j\omega\sqrt{\mu\varepsilon'(1 - j\tan\delta)} \qquad (2\text{-}32)$$

여기서 $\tan\delta = \varepsilon''/\varepsilon'$이며 이를 매질의 손실탄젠트라고 한다. 양질의 절연체는 $\varepsilon'' \ll \varepsilon'$ 또는 $\sigma \ll \omega\varepsilon$이다. 윗식 (2-32)는 식 (2-28)과 동일한 형태임을 알 수 있다. 따라서 식 (2-32) 대신에 식 (2-28)의 형식으로 나타낼 수 있음을 알 수 있다.

식 (2-31)에 관련된 자계는 식 (2-12a)로부터

$$H_y = \frac{j}{\omega\mu}\,\frac{dE_x}{dz} = \frac{-j\gamma}{\omega\mu}\,(E_0^+ \, e^{-\gamma z} - E_0^- \, e^{+\gamma z}) \qquad (2\text{-}33)$$

와 같이 구할 수 있다. 무손실매질의 경우와 같이 파동임피던스 $\eta$는 전계와 자계의 비이므로

$$\eta = \frac{j\omega\mu}{\gamma} \qquad (2\text{-}34)$$

이다. 여기서 $j\gamma$의 부호는 $e^{\pm\gamma z}$의 $\pm\gamma$의 부호에 따른다는 것에 유의해야 한다.

## [3] 양도체내의 평면파

흥미를 갖는 실용적인 많은 문제는 양도체(완전도체는 아님)에 의한 손실 또는 감쇠이다. 양도

체는 도전전류가 변위전류보다 훨씬 큰 특별한 경우이다. 즉 도체에서의 변위전류는 광파영역 범위(예, $\sigma/\omega\varepsilon \cong 10^{18}/\omega \gg 1$)까지의 도전전류에 비하여 완전히 무시될 수 있다. 대개의 도체는 양도체로 분류될 수 있다. 이 조건은 $\varepsilon'' \gg \varepsilon'$의 조건에 대응한다. 식 (2-28)에 $\sigma \gg \omega\varepsilon$의 조건을 적용하면 복소전파상수는

$$
\begin{aligned}
\gamma = \alpha + j\beta &= j\omega\sqrt{\mu\varepsilon}\sqrt{\frac{\sigma}{j\omega\varepsilon}} \\
&= \sqrt{j\omega\mu\sigma} = (1+j)\sqrt{\pi f\mu\sigma}
\end{aligned}
\tag{2-35}
$$

가 된다. 또한 양도체내에서 파동임피던스는 식 (2-34)와 식 (2-35)로부터

$$
\begin{aligned}
\eta = \frac{j\omega\mu}{\gamma} &= (1+j)\sqrt{\frac{\omega\mu}{2\sigma}} \\
&= (1+j)\frac{1}{\sigma\delta} = \frac{\sqrt{2}}{\sigma\delta}e^{j\pi/4}
\end{aligned}
\tag{2-36}
$$

여기서 $\delta$ 를 표피두께(skin depth) 또는 투과의 특성두께(characteristic depth of penetration)라 부르며 다음과 같이 정의한다.

$$
\delta = \frac{1}{\alpha} = \frac{1}{\sqrt{\pi f\mu\sigma}}
\tag{2-37}
$$

따라서 도체표면의 단위면적당 저항은

$$
R_s = \frac{1}{\sigma\delta} = \rho\frac{1}{\delta}\ \Omega/\text{m}^2
\tag{2-38}
$$

가 된다. 이 $R_s$를 도체의 표면저항(surface resistance)이라고 한다. 따라서 단위두께당 피크(peak) 표면전류를 $J_s$라 하면 단위면적당 소비전력은

$$
P = \frac{1}{2}|J_s|^2 R_s
\tag{2-39}
$$

이다.

양도체에서 파동임피던스의 위상은 45°이고 무손실매질에서 위상은 0°이므로 임의의 손실매질의 위상은 0°와 45° 사이의 값을 갖는다. 참고로 무손실과 손실 균질매질(lossless and lossy homogeneous media)내에서 평면파의 전파에 대한 결과를 요약하면 표 2-1에 보인 바와 같다.

식 (2-31)에 양도체의 복소전파상수에 관한 식 (2-35)와 식 (2-37)을 적용하면

표 2-1  각종 매질내에서 평면파의 전파특성

| 구 분 | 매 질 형 태 | | |
|---|---|---|---|
| | 무손실<br>$(\varepsilon'' = \sigma = 0)$ | 일반적 손실<br>$(\varepsilon'' \ll \varepsilon')$ | 양도체<br>$\varepsilon'' \gg \varepsilon'$ 또는 $\sigma \gg \omega\varepsilon'$ |
| 복소전파상수 | $\gamma = j\omega\sqrt{\mu\varepsilon}$ | $\gamma = j\omega\sqrt{\mu\varepsilon}$<br>$= j\omega\sqrt{\mu\varepsilon'}\sqrt{(1-j\sigma)/\omega\varepsilon'}$ | $\gamma = (1+j)\sqrt{\pi f \mu\sigma}$ |
| 파 수<br>(wave number) | $\beta = k = \omega\sqrt{\mu\varepsilon}$ | $\beta = Im(\gamma)$ | $\beta = Im(\gamma) = \sqrt{\pi f \mu\sigma}$ |
| 감 쇄 상 수 | $\alpha = 0$ | $\alpha = Re(\gamma)$ | $\alpha = Re(\gamma) = \sqrt{\pi f \mu\sigma}$ |
| 파동임피던스 | $\eta = \sqrt{\mu/\varepsilon} = \omega\mu/k$ | $\eta = j\omega\mu/\gamma$ | $\eta = (1+j)\sqrt{\omega\mu/2\sigma}$ |
| 표 피 두 께 | $\delta = \infty$ | $\delta = 1/\alpha$ | $\delta = \sqrt{1/\pi f \mu\sigma}$ |
| 파 장 | $\lambda = 2\pi/\beta$ | $\lambda = 2\pi/\beta$ | $\lambda = 2\pi/\beta$ |
| 위 상 속 도 | $v_p = \omega/\beta$ | $v_p = \omega/\beta$ | $v_p = \omega/\beta$ |

$$E_x(z) = E_0^+ \exp\left[\frac{-(1+j)}{\delta}z\right] + E_0^- \exp\left[\frac{(1+j)}{\delta}z\right] \tag{2-40}$$

가 된다. $\delta$는 정 $(+)$의 상수이므로 $E_0^-$ 는 0이 되어야 한다. 그렇지 않으면 $z$가 증가함에 따라(도체 깊숙이), 전계의 세기가 지수함수적으로 무한대로 증가하기 때문이며 이는 물리적으로 불가능하다. 따라서 도체의 표면, $z = 0$에서 전계의 세기를 $E_0^+$ 라 하면, 도체내에서 전계의 세기는

$$E_x(z) = E_0^+\, e^{-z/\delta}\, e^{-jz/\delta} \tag{2-41}$$

가 된다. 마찬가지로 자계의 세기는

$$H_y(z) = H_0^+\, e^{-z/\delta}\, e^{-jz/\delta} = \frac{1}{\eta}\, E_0^+\, e^{-z/\delta}\, e^{-jz/\delta} \tag{2-42}$$

이며, 전류밀도는 $\mathbf{J} = \sigma\mathbf{E}$이므로

$$J_x(z) = \sigma E_0^+\, e^{-z/\delta}\, e^{-jz/\delta} = J_0\, e^{-z/\delta}\, e^{-jz/\delta} \tag{2-43}$$

이다. 여기서

$$H_0^+ = \frac{1}{\eta}\, E_0^+, \qquad J_0 = \sigma E_0^+ \tag{2-44}$$

이다.

## 예제 2-3

주파수 $f = 10\,\text{GHz}$ 에서 알루미늄(aluminum), 동(copper), 금(gold) 및 은(silver)의 표피두께를 구하여라.

[**풀 이**]　금속의 도전율에 관한 부록 (F)를 사용하여 이들의 표피두께를 구하면 다음과 같다.

$$\delta = \sqrt{\frac{1}{\pi f \mu_0 \sigma}} = \sqrt{\frac{1}{\pi (10^{10})(4\pi \times 10^{-7})}}\,\sqrt{\frac{1}{\sigma}}$$

$$= 5.03 \times 10^{-3} \sqrt{\frac{1}{\sigma}}$$

이므로

$$\text{알루미늄}: \delta = 5.03 \times 10^{-3} \sqrt{\frac{1}{3.816 \times 10^7}} = 8.14 \times 10^{-7}\,\text{m}$$

$$\text{동}\qquad: \delta = 5.03 \times 10^{-3} \sqrt{\frac{1}{5.813 \times 10^7}} = 6.60 \times 10^{-7}\,\text{m}$$

$$\text{금}\qquad: \delta = 5.03 \times 10^{-3} \sqrt{\frac{1}{4.098 \times 10^7}} = 7.86 \times 10^{-7}\,\text{m}$$

$$\text{은}\qquad: \delta = 5.03 \times 10^{-3} \sqrt{\frac{1}{6.173 \times 10^7}} = 6.40 \times 10^{-7}\,\text{m}$$

위의 결과를 살펴보면 양도체에 흐르는 전류의 대부분은 도체표면 근처의 극히 엷은 층을 따라 흐르고 있음을 알 수 있다.

## 예제 2-4

$\sigma \gg \omega\varepsilon$ 인 도체내에서 전계와 자계를 공간과 시간의 함수로 표시하고 이를 $\omega t = 0,\ \pi/2$ 인 경우에 대하여 도시하여라. 여기서 $E_0^+ = \dfrac{A}{\sigma\delta}$ 이다.

[**풀 이**]　전계의 순시값 $\mathscr{E}_x$ 는 식 (2-41)로부터

$$\mathscr{E}_x = E_0^+ \, Re \{ e^{-z/\delta}\, e^{j(\omega t - z/\delta)} \} = \frac{A}{\sigma\delta}\, e^{-z/\delta} \cos\left( \omega t - \frac{z}{\delta} \right)$$

이고 식 (2-36)과 식 (2-42)로부터

$$H_y(z) = \frac{1}{\eta}\, E_0^+ \, e^{-z/\delta}\, e^{-jz/\delta} = \left( \frac{\sigma\delta}{\sqrt{2}} \right) \frac{A}{\sigma\delta}\, e^{-j\pi/4}\, e^{-z/\delta}\, e^{-jz/\delta}$$

$$= \frac{A}{\sqrt{2}}\, e^{-z/\delta}\, e^{-j(z/\delta + \pi/4)}$$

이므로 자계의 순시값은

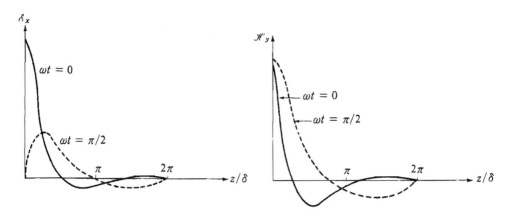

그림 2.5  도체내에서 평면파의 전계와 자계 진폭의 감쇠현상.

$$\mathscr{H}_y = \frac{A}{\sqrt{2}}\,e^{-z/\delta}\cos\,(\omega t - z/\delta - \pi/4)$$

이다. 윗식들을 나타내면 그림 2.5에 보인 바와 같이 $z = \delta$인 거리에서 장의 세기가 가장 심하게 감쇠되고 있음을 알 수 있다. 도체내에서 평면파의 파장 $2\pi\delta$는 매우 짧다. 위상속도의 관계식 $v_p = \omega/Re\{k\}$를 사용하면 속도는

$$\frac{\omega}{\beta} = \frac{\omega}{1/\delta} = \omega\delta = \sqrt{\frac{2\omega}{\sigma\mu}}$$

이다. 이 값은 양도체내에서 매우 작다.

예를 들면 동인 경우 $f = 10\,[GH_y]$에서  $v_p = \omega\delta = 2\pi(10^{10} \times 6.4 \times 10^{-7})$
$= 4.02 \times 10^4\,[\mathrm{m/s}] \ll 3 \times 10^8\,[\mathrm{m/s}]$

양도체내에서 전계에 관한 파동방정식은 식 (2-5)로부터 다음과 같은 확산방정식(diffusion equation)의 형태로 된다. 즉,

$$\nabla^2\mathscr{E} - \mu\sigma\frac{\partial\mathscr{E}}{\partial t} = 0 \tag{2-45}$$

또는

$$\nabla^2\mathbf{E} - j\omega\mu\sigma\mathbf{E} = 0 \tag{2-46}$$

양도체내에서 전계와 자계는 파동의 성질을 갖지 않고 물질내로 확산하는 것으로 생각할 수 있으므로 이들은 식 (2-41)로 주어진 것과 같이 감쇠와 위상지연을 하게 된다.

## 2.2  Poynting 벡터와 전력

　일반적인 전자기에너지(electromagnetic energy)의 원천(source)은 전기와 자기에너지를 축적하고 전력을 수송하는 장(field)을 발생시킨다. 즉 전자파는 전자기 에너지를 수송한다. 에너지는 전자파에 의하여 공간을 통하여 멀리 떨어져 있는 수신점에 전송된다. 지금 이러한 에너지 전송률(rate of energy transfer)과 전파하고 있는 전자파와 관련된 전계와 자계의 세기 사이의 관계를 유도하기로 한다.

　Maxwell의 회전방정식에 다음과 같이 각각 $\mathcal{H}$ 와 $\mathcal{E}$ 를 곱하면

$$\mathcal{H} \cdot (\nabla \times \mathcal{E}) = -\mathcal{H} \cdot \frac{\partial \mathcal{B}}{\partial t}$$

$$\mathcal{E} \cdot (\nabla \times \mathcal{H}) = \mathcal{E} \mathcal{J} + \mathcal{E} \cdot \frac{\partial \mathcal{D}}{\partial t}$$

가 되고, 다음과 같은 벡터관계식에 이를 대입하면

$$\nabla \cdot (\mathcal{E} \times \mathcal{H}) = \mathcal{H} \cdot (\nabla \times \mathcal{E}) - \mathcal{E} \cdot (\nabla \times \mathcal{H})$$

$$= -\mathcal{H} \cdot \frac{\partial \mathcal{B}}{\partial t} - \mathcal{E} \cdot \frac{\partial \mathcal{D}}{\partial t} - \mathcal{E} \cdot \mathcal{J} \tag{2-47}$$

를 얻는다. 단순매질에서는 매질의 특성상수 $\varepsilon$, $\mu$, $\sigma$가 시간에 따라 변하지 않으므로

$$\mathcal{H} \cdot \frac{\partial \mathcal{B}}{\partial t} = \mathcal{H} \cdot \frac{\partial (\mu \mathcal{H})}{\partial t} = \frac{1}{2} \frac{\partial (\mu \mathcal{H} \cdot \mathcal{H})}{\partial t} = \frac{\partial}{\partial t} \left( \frac{1}{2} \mu \mathcal{H}^2 \right)$$

$$\mathcal{E} \cdot \frac{\partial \mathcal{D}}{\partial t} = \mathcal{E} \cdot \frac{\partial (\varepsilon \mathcal{E})}{\partial t} = \frac{1}{2} \frac{\partial (\varepsilon \mathcal{E} \cdot \mathcal{E})}{\partial t} = \frac{\partial}{\partial t} \left( \frac{1}{2} \varepsilon \mathcal{E}^2 \right)$$

$$\mathcal{E} \cdot \mathcal{J} = \mathcal{E} \cdot (\mathcal{J}_s + \sigma \mathcal{E}) = \mathcal{E} \cdot \mathcal{J}_s + \sigma \mathcal{E}^2$$

가 된다. 여기서 $\mathcal{J}_s$는 전원전류이고 $\sigma \mathcal{E}$ ($\sigma$는 저항률) 도전전류이다. 위의 관계식을 식 (2-47)에 대입하면

$$\nabla \cdot (\mathcal{E} \times \mathcal{H}) = -\frac{\partial}{\partial t} \left( \frac{1}{2} \varepsilon \mathcal{E}^2 + \frac{1}{2} \mu \mathcal{H}^2 \right) - \sigma \mathcal{E}^2 - \mathcal{E} \cdot \mathcal{J}_s \tag{2-48}$$

가 되고, 윗식에 발산정리를 적용하면

$$-\int_v \mathcal{E} \cdot \mathcal{J}_s \, dv = \frac{\partial}{\partial t} \int_v \left( \frac{1}{2} \varepsilon \mathcal{E}^2 + \frac{1}{2} \mu \mathcal{H}^2 \right) dv$$

$$+ \int_v \sigma \mathcal{E}^2 dv + \oint_s \mathcal{E} \times \mathcal{H} \cdot d\mathbf{s} \tag{2-49}$$

가 된다. 여기서 유의할 것은 전계 단독으로 또는 자계 단독으로 전력밀도를 가질 수 없다는 사실이다. 장의 전력밀도가 존재하기 위해서는 전계와 자계에 의한 조합이 필요하다. 윗식의 왼쪽 항은 체적 $V$ 내의 전원전류가 공급하는 전력을 나타낸다. 오른쪽 제1항은 체적 $V$ 중에 축적된 총 전계와 자계 에너지의 시간변화율이고 제2항은 체적 $V$ 중에서 **Joule** 열로 손실된 양이며 제3항은 체적 $V$ 의 폐면적(closed surface)을 통하여 밖으로 전송되는 전력이다. 따라서 에너지 보존법칙이 성립하기 위해서는 윗식의 왼쪽 항과 오른쪽 항의 합은 동일하여야 한다. 특히 단위면적을 흐르는 전력을 나타내는 벡터 $\mathscr{P}$ 를 다음과 같이 정의하고, 이를 **Poynting** 벡터라 한다.

$$\mathscr{P} = \mathscr{E} \times \mathscr{H} \ \text{W/m}^2 \tag{2-50a}$$

Poynting 벡터는 전자계와 관련된 전력밀도벡터이다. 이 명칭은 물리학자 J. H. Poynting을 기념하기 위하여 붙여진 것이다. 특히 식 (2-50a)의 관계를 Poynting 정리라 한다. 이 정리는 평면파에만 국한된 것이 아니다.

식 (2-50a)의 시간평균 전력밀도를 구하면 다음과 같다(연습문제 2.15 참고).

$$P_{\text{av}} = \frac{1}{T} \int_0^T \mathbf{P} \, dt = \frac{1}{2} \, Re \, \{\mathbf{E} \times \mathbf{H}^*\} = \frac{1}{2} \, Re \, \{\mathbf{S}\} \tag{2-50b}$$

여기서

$$\mathbf{S} = \mathbf{E} \times \mathbf{H}^* \tag{2-50c}$$

를 복소 Poynting 벡터라고 한다. 실제적으로 관심을 갖는 것은 전력과 에너지의 시간평균 값이므로 전자장이 시간에 따라 정현적으로 변하면 식 (2-49)를 다음과 같이 페이저형식으로 나타낼 수 있다(연습문제 2.16 참고).

$$-\frac{1}{2} \int_V \mathbf{E} \cdot \mathbf{J}_s^* \, dv = \frac{1}{2} \, j\omega \int_V (\mu \mathbf{H} \cdot \mathbf{H}^* - \varepsilon \mathbf{E} \cdot \mathbf{E}^*) \, dv + \frac{1}{2} \int_V \sigma \mathbf{E} \cdot \mathbf{E}^* \, dv$$
$$+ \frac{1}{2} \oint_s (\mathbf{E} \times \mathbf{H}^*) \cdot d\mathbf{s} \tag{2-51}$$

여기서 각 벡터량은 최대값이며 $d\mathbf{s}$ 의 방향은 항상 표면 $ds$ 와 직각을 이루면서 표면내에서 밖으로 향한다.

식 (2-51)에서 각각의 적분을 시간평균으로 나타내면

$$W_e = \frac{\varepsilon}{4} \int_V \mathbf{E} \cdot \mathbf{E}^* \, dv \tag{2-52a}$$

$$W_m = \frac{\mu}{4} \int_V \mathbf{H} \cdot \mathbf{H}^* \, dv \tag{2-52b}$$

$$P_s = -\frac{1}{2} \int_V \mathbf{E} \cdot \mathbf{J}_s^* \, dv \tag{2-52c}$$

$$P_{\text{loss}} = \frac{\sigma}{2} \int_V \mathbf{E} \cdot \mathbf{E}^* \, dv \tag{2-52d}$$

$$P_o = \frac{1}{2} \oint_S \mathbf{E} \times \mathbf{H}^* \cdot d\mathbf{s} = \frac{1}{2} \oint_S \mathbf{S} \cdot d\mathbf{s} \tag{2-52e}$$

이므로 식 (2-51)은

$$P_s = P_o + P_{\text{loss}} + 2j\omega(W_m - W_e) \tag{2-53}$$

가 된다.

---

**예제 2-5**

식 (2-14)의 Poynting 벡터를 구하여라.

[**풀이**]  식 (2-50c)로부터

$$\mathbf{S} = \mathbf{E} \times \mathbf{H}^* = \mathbf{a}_x E_0 \, e^{-j\mathbf{k} \cdot \mathbf{r}} \times \frac{1}{\eta} (\mathbf{a}_z \times \mathbf{a}_x E_0 \, e^{-j\mathbf{k} \cdot \mathbf{r}})^*$$

$$= \mathbf{a}_z \frac{1}{\eta} |E_0|^2$$

윗식은 $|E_0|^2/\eta \, [\text{W/m}^2]$의 전력밀도가 전파방향으로 흐르고 있음을 나타낸다.

---

전자파가 무손실 균질매질에서 무한한 평면 양도체(완전한 도체가 아님)의 표면 $S(z > 0)$을 통하여 $+z$방향으로 입사하는 경우, 전자계의 평균전력은 식 (2-52e)로부터 다음과 같이 주어진다.

$$P_{\text{av}} = \frac{1}{2} Re \left[ \int_S \mathbf{E} \times \mathbf{H}^* \cdot \mathbf{a}_z \, ds \right] \tag{2-54a}$$

윗식에 다음과 같은 벡터등식

$$\mathbf{a}_z \cdot (\mathbf{E} \times \mathbf{H}^*) = (\mathbf{a}_z \times \mathbf{E}) \cdot \mathbf{H}^* = \eta \mathbf{H} \cdot \mathbf{H}^*$$

을 적용하면 식 (2-54a)는

$$P_{\text{av}} = \frac{R_s}{2} \int_S |\mathbf{H}|^2 \, ds \tag{2-54b}$$

가 된다. 여기서 자계 **H**는 도체표면에 접선인 성분이다.

$\mathbf{H} = \mathbf{a}_z \times \dfrac{\mathbf{E}}{\eta}$ (여기서  $\eta$는  도체의  파동임피던스)이며,  도체의  표면저항률(surface resistivity)  $R_s$는 식  (2-38)로부터 다음과 같이 주어진다[식  (2-36) 참고].

$$R_s = Re\{\eta\} = Re\left\{(1+j)\sqrt{\frac{\omega\mu}{2\sigma}}\right\} = \sqrt{\frac{\omega\mu}{2\sigma}} = \frac{1}{\sigma\delta}$$

## 2.3  평면파의 편파

앞에서 설명한 평면파의 전계와 자계는 모두 일정한 방향을 향하는 벡터였으므로 이를 **직선** 또는 **선형편파**(linearly polarized wave)라 한다. 즉, 평면파의 합성 전계벡터가 전파방향에 수직인 일정 평면에 항상 존재한다. 그러나 자유공간에서 파동방정식은 선형이므로 이 방정식에 대한 어떤 평면파의 해도 다른 평면파의 해를 합성한 것으로 구성할 수 있다. 따라서 많은 복소 전자파는 크기, 위상 및 전파방향이 다른 많은 평면파의 중첩으로 생각할 수 있다. 그러나 이 절에서는 주파수와 전파방향이 동일한 정현적 평면파의 중첩으로 생각하는 중요하고도 실용적인 경우만을 다루고자 한다. 이러한 파의 장벡터 방향을 보통 파의 편파(polarization)로 설명한다. 태양광선처럼 랜덤한 위상과 진폭을 갖고 임의의 방향을 향해 진행하는 전자계벡터는 한 개의 무편파(unpolarized wave)를 구성한다.

지금 $\mathbf{a}_z$의 정(+)방향으로 전파하는 진폭이 $E_1$인 $\mathbf{a}_x$방향의 직선편파와 진폭이 $E_2$인 $\mathbf{a}_y$ 방향의 직선편파의 합성전계는

$$\mathbf{E} = (\mathbf{a}_x E_1 + \mathbf{a}_y E_2)\, e^{-j\beta z} \tag{2-55}$$

와 같이 표시된다. $E_1$과 $E_2$의 조건에 따라 여러 가지 형태의 평면파를 나타낼 수 있다. 예를 들어, 만약 $E_1 \neq 0$이고 $E_2 = 0$이면 $\mathbf{a}_x$방향으로 선형편파된 평면파가 되고, 만약 $E_1$과 $E_2$가 모두 실수이고 그 값이 0이 아니면 다음과 같은 각을 갖는 방향으로 선형편파된 평면파가 된다.

$$\phi = \tan^{-1}\frac{E_2}{E_1} \tag{2-56}$$

예를 들어, 만약 $E_1 = E_2 = E_0$이면

$$\mathbf{E} = E_0(\mathbf{a}_x + \mathbf{a}_y)\, e^{-j\beta z}$$

가 된다. 이는 전계벡터가 $\mathbf{a}_x$축과 45°의 각을 이루는 경우를 나타낸다.

일반적인 복소파의 전계를 복소페이저형식으로 나타내면

$$\mathbf{E} = \mathbf{a}_x \, E_1 \, e^{-j\beta z} + \mathbf{a}_y \, E_2 \, e^{j\theta} \, e^{-j\beta z} \tag{2-57}$$

이다. 여기서 $E_1$과 $E_2$는 실정수(real positive number)이다.

윗식을 순시전계로 나타내면

$$\mathcal{E} = \mathbf{a}_x \, E_1 \cos\,(\omega t - \beta z) + \mathbf{a}_y \, E_2 \cos\,(\omega t + \theta - \beta z) \tag{2-58}$$

가 된다. 일정한 위치 점, $z = 0$에서 전계는

$$\mathcal{E} = \mathbf{a}_x \, E_1 \cos \omega t + \mathbf{a}_y \, E_2 \cos\,(\omega t + \theta) \tag{2-59}$$

이다. 합성 전계벡터의 정점(tip)의 변화를 $xy$평면에 그리면 타원(ellipse)이 된다. 이와 같은 파를 타원편파(elliptical polarization)라 한다. 예를 들어 $E_1 = 2E_2$, $\theta = +\pi/4$ 라고 하면 $+z$축 방향으로 본 전계의 정점이 $\omega t$의 값에 따라 그림 2.6에 보인 바와 같이 시계방향과 반대방향으로 회전하며 타원을 그린다. 이와 같은 파를 왼손 타원편파(LHEP 파 : left hand elliptically polarized wave)라고 한다. 따라서 $\theta = -\pi/4$ 라고 하면 위의 경우와 반대로 시계방향과 같은 방향으로 회전하는 타원편파가 되며, 이를 오른손 타원편파(RHEP 파 : right hand elliptically polarized wave)라고 한다.

$E_1 = E_2 = E_0$, $\theta = \pm\pi/2$인 특별한 경우의 타원편파를 원형편파(CP : circularly polarized plane wave or circular polarization)라 한다.

$$\mathcal{E} = E_0 \left[ \mathbf{a}_x \cos\,(\omega t - \beta z) + \mathbf{a}_y \cos\,(\omega t \mp \pi/2 - \beta z) \right] \tag{2-60a}$$

이 경우 일정한 점, $z = 0$에서의 합성전계는

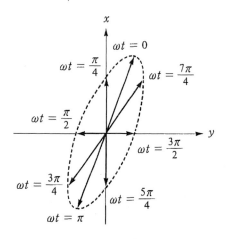

그림 2.6  LHEP 파.

$$\mathscr{E} = E_0\left[\mathbf{a}_x\cos \omega t + \mathbf{a}_y\cos\left(\omega t \mp \pi/2\right)\right]$$
$$= E_0\left[\mathbf{a}_x\cos \omega t \pm \mathbf{a}_y\sin \omega t\right] \tag{2-60b}$$

이다. $z=0$에서의 전계의 정점을 $\omega t$의 값에 따라 그리면 그림 2.7에 보인 바와 같다. 식 (2-57)에 원형편파의 조건을 적용하면 다음과 같은 전계페이저 식을 얻을 수 있다.

$$\mathbf{E} = E_0(\mathbf{a}_x \mp j\mathbf{a}_y)\, e^{-j\beta z} \tag{2-61}$$

여기서 유의할 점은 서로 수직관계를 갖는 두 개의 전계성분의 위상차 $\theta$가 $\theta = -\pi/2$ 또는 $+\pi/2$에 따라 $+z$방향으로 본 합성전계의 정점이 시간의 증가에 따라 시계와 같은 방향 (RHCP 파 : right hand circularly polarized wave) 또는 시계와 반대방향(LHCP 파 : left hand circularly polarized wave)으로 회전한다는 사실이다.

식 (2-61)의 페이저형식에 $\mathbf{H} = \mathbf{a}_z \times \dfrac{\mathbf{E}}{\eta}$를 적용하면

$$\mathbf{H} = \frac{E_0}{\eta}\,\mathbf{a}_z \times (\mathbf{a}_x - j\mathbf{a}_y)\, e^{-j\beta z}$$
$$= \frac{E_0}{\eta}\,(\mathbf{a}_y + j\mathbf{a}_x)\, e^{-j\beta z}$$
$$= \frac{jE_0}{\eta}\,(\mathbf{a}_x - j\mathbf{a}_y)\, e^{-j\beta z} \tag{2-62}$$
$$= \frac{\mathbf{E}}{\eta}\, e^{j\frac{\pi}{2}}$$

가 된다. 여기서

$$\mathbf{E} = E_0(\mathbf{a}_x - j\mathbf{a}_y)\, e^{-j\beta z}$$

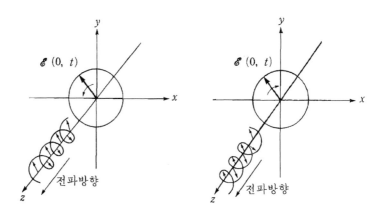

(a) RHCP 평면파          (b) LHCP 평면파

그림 **2.7** 원형편파.

이다. 윗식으로부터 자계도 전계의 경우와 마찬가지로 RHCP 파임을 알 수 있다.

식 (2-60a)는 서로 반대방향으로 회전하는 두 개의 원형편파를 나타내는 식이므로 이 두 식을 중첩하면 직선편파를 얻을 수 있다는 사실은 흥미있는 일이다. 또 다른 흥미있는 사실은 원형편파의 전계와 순시값에 대한 Poynting 벡터를 구하면 다음과 같다.

$$
\begin{aligned}
\mathscr{P} &= \mathscr{E} \times \mathscr{H} \\
&= [\mathbf{a}_x E_0 \cos(\omega t - \beta z) \pm \mathbf{a}_y E_0 \sin(\omega t - \beta z)] \\
&\quad \times \left[ \mp \mathbf{a}_x \frac{E_0}{\eta} \sin(\omega t - \beta z) + \mathbf{a}_y \frac{E_0}{\eta} \cos(\omega t - \beta z) \right] \\
&= \mathbf{a}_z \left[ \frac{E_0^2}{\eta} \cos^2(\omega t - \beta z) + \frac{E_0^2}{\eta} \sin^2(\omega t - \beta z) \right] \\
&= \mathbf{a}_z \frac{E_0^2}{\eta}
\end{aligned}
$$

즉, 원형편파의 순시전력밀도는 공간 어느 곳에서나 일정하다는 사실이다. 이와는 대조적으로 직선편파인 경우에는 순시전력밀도가 $\cos^2(\omega t - \beta z)$ 또는 $\sin^2(\omega t - \beta z)$에 따라 변한다.

---

### 예제 2-6

다음과 같은 직선편파를 RHCP 파와 LHCP 파로 분류할 수 있음을 보여라.

$$\mathbf{E} = E_0 (\mathbf{a}_x + 2\mathbf{a}_y) e^{-j\beta z}$$

[풀 이]  주어진 식을

$$\mathbf{E} = A(\mathbf{a}_x - j\mathbf{a}_y) e^{-j\beta z} + B(\mathbf{a}_x + j\mathbf{a}_y) e^{-j\beta z}$$

라 놓으면

$$E_0(\mathbf{a}_x + 2\mathbf{a}_y) e^{-j\beta z} = [\mathbf{a}_x (A + B) + \mathbf{a}_y j(B - A)] e^{-j\beta z}$$

이므로

$$A + B = E_0$$
$$-jA + jB = 2E_0$$

가 된다. 위의 두 연립방정식을 $A$와 $B$에 관하여 풀면

$$A = (1/2 + j) E_0$$
$$B = (1/2 - j) E_0$$

이다. 이는 어떠한 직선편파라도 두 개의 원형편파로 분리할 수 있음을 보여 준다.

## 2.4  평면 유전체 경계면에 경사되게 입사한 평면파

평면파가 손실이 없는 두 개의 유전체 사이의 평면 경계면을 향하여 그림 2.8에 보인 바와 같이 경사를 이루며 입사하는 경우를 생각하기로 한다. 여기에서 두 가지 경우를 생각할 수 있다. 첫째로는 평면파의 전계가 입사면(the plane of incidence)에 평행인 경우와 둘째로는 평면파의 전계가 입사면에 수직인 경우이다.

첫째의 경우를 평행편파(parallel polarization)라고 하고, 두 번째의 경우를 수직편파 (perpendicular polarization)라고 한다. 입사면이란 평면 경계면에 직각인 단위벡터 $\mathbf{n}$과 전자파가 전파하는 전파상수벡터 $\mathbf{k}$가 이루는 평면이다. 즉 $xz$평면이다.

### [1] 평행편파

평면파의 전계벡터가 그림 2.8에 보인 바와 같이 $xz$평면에 평행이면 입사파의 전계는

$$\mathbf{E}_i(x,\,z) = E_0(\mathbf{a}_x\cos\theta_i - \mathbf{a}_z\sin\theta_i)\,e^{-jk_1(x\sin\theta_i + z\cos\theta_i)} \tag{2-63a}$$

이다. 여기서

$$k_1 = \omega\sqrt{\varepsilon_1\mu_1}$$

$$\mathbf{k}\cdot\mathbf{r} = \mathbf{a}_k\,k_1\cdot\mathbf{r} = k_1(\mathbf{a}_x\sin\theta_i + \mathbf{a}_z\cos\theta_i)\cdot(\mathbf{a}_x\,x + \mathbf{a}_y\,y + \mathbf{a}_z\,z)$$

$$= k_1(x\sin\theta_i + z\cos\theta_i)$$

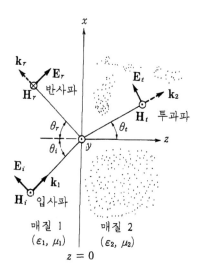

그림 **2.8**  입사면에 평행인 평면파.

이다. 따라서 자계 $\mathbf{H}_i$는

$$\mathbf{H}_i(x, z) = \mathbf{a}_k \times \frac{\mathbf{E}_i}{\eta_1} = \frac{1}{\eta_1} (\mathbf{a}_x \sin \theta_i + \mathbf{a}_z \cos \theta_i) \times \mathbf{E}_i$$

$$= \frac{E_0}{\eta_1} (\mathbf{a}_x \sin \theta_i + \mathbf{a}_z \cos \theta_i) \times (\mathbf{a}_x \cos \theta_i - \mathbf{a}_z \sin \theta_i) e^{-jk_1(x \sin \theta_i + z \cos \theta_i)} \quad (2\text{-}63b)$$

$$= \mathbf{a}_y \frac{E_0}{\eta_1} e^{-jk_1(x \sin \theta_i + z \cos \theta_i)}$$

가 된다. 여기서 $\eta_1$은 영역 1($\varepsilon_1$, $\mu_1$)에서 파동임피던스(wave impedance)이며, 자계는 오른손 법칙으로부터 직관적으로 구할 수 있다.

경계면에서 반사파의 전계 $\mathbf{E}_r$의 $x$성분(접선성분)은 입사파의 전계 $\mathbf{E}_i$의 $x$성분(접선성분)과 연속이고, 반사파의 전계방향이 그림 2.8에 보인 바와 같이 되므로(오른손 법칙 또는 Poynting 벡터) 반사파의 자계벡터는 입사파의 자계벡터와 반대방향이 되어야 한다. 즉

$$\mathbf{E}_r(x, z) = \Gamma E_0 (\mathbf{a}_x \cos \theta_r + \mathbf{a}_z \sin \theta_r) e^{-jk_1(x \sin \theta_r - z \cos \theta_r)} \quad (2\text{-}64a)$$

$$\mathbf{H}_r(x, z) = -\frac{\Gamma E_0}{\eta_1} \mathbf{a}_y e^{-jk_1(x \sin \theta_r - z \cos \theta_r)} \quad (2\text{-}64b)$$

여기서 $\Gamma \left(= \dfrac{E_r}{E_i}\right)$는 반사계수, 반사파의 전파상수벡터는 $\mathbf{k}_r = k_1(\mathbf{a}_x \sin \theta_r - \mathbf{a}_z \cos \theta_r)$이다.
위와 마찬가지 방법으로 영역 2($\varepsilon_2$, $\mu_2$)에서 전계와 자계를 구하면

$$\mathbf{E}_t(x, z) = E_0 T (\mathbf{a}_x \cos \theta_t - \mathbf{a}_z \sin \theta_t) e^{-jk_2(x \sin \theta_t + z \cos \theta_t)} \quad (2\text{-}65a)$$

$$\mathbf{H}_t(x, z) = \frac{E_0 T}{\eta_2} \mathbf{a}_y e^{-jk_2(x \sin \theta_t + z \cos \theta_t)} \quad (2\text{-}65b)$$

이다. 여기서

$$k_2 = \omega \sqrt{\varepsilon_2 \mu_2}, \qquad \mathbf{k}_2 = k_2(\mathbf{a}_x \sin \theta_t + \mathbf{a}_z \cos \theta_t), \qquad \eta_2 = \sqrt{\frac{\mu_2}{\varepsilon_2}}$$

이고, $T \left(= \dfrac{E_t}{E_i}\right)$는 전송계수(transmission coefficient)이다.

미지의 상수 $\Gamma$, $T$, $\theta_r$ 및 $\theta_t$를 구하기 위하여 경계면($z = 0$)에서 전계와 자계의 접선성분 $E_x$와 $H_y$에 연속성을 적용하면 다음과 같은 관계식을 얻는다.

$$\cos \theta_i \, e^{-jk_1 x \sin \theta_i} + \Gamma \cos \theta_r \, e^{-jk_1 x \sin \theta_r} = T \cos \theta_t \, e^{-jk_2 x \sin \theta_t} \quad (2\text{-}66a)$$

$$\frac{1}{\eta_1} e^{-jk_1 x \sin \theta_i} - \frac{\Gamma}{\eta_1} e^{-jk_1 x \sin \theta_r} = \frac{T}{\eta_2} e^{-jk_2 x \sin \theta_t} \quad (2\text{-}66b)$$

위의 두 식은 모두 $x$의 함수이다. 따라서 $E_x$와 $H_y$가 경계면, $z = 0$에서 모든 $x$에 대하여 연속이 되기 위해서는 $x$에 관한 함수의 항이 다음과 같이 동일하여야 한다.

$$k_1 \sin \theta_i = k_1 \sin \theta_r = k_2 \sin \theta_t \tag{2-67}$$

이와 같은 결과는 반사와 회절에 관한 다음과 같은 잘 알려진 **Snell**의 법칙이 된다.

$$\theta_i = \theta_r$$
$$k_1 \sin \theta_i = k_2 \sin \theta_t \tag{2-68a}$$

또는

$$\frac{\sin \theta_i}{\sin \theta_t} = \sqrt{\frac{\mu_2 \varepsilon_2}{\mu_1 \varepsilon_1}} \tag{2-68b}$$

위와 같은 결과를 흔히 위상정합조건(phase matching condition)이라고 한다. 식 (2-66)에 식 (2-68)을 적용하여 반사계수(reflection coefficient)와 전송계수를 구하면

$$\Gamma = \frac{Z_{02} - Z_{01}}{Z_{02} + Z_{01}} \tag{2-69a}$$

$$T = \frac{2\eta_2 \cos \theta_t}{Z_{02} + Z_{01}} \tag{2-69b}$$

이 된다. 여기서 $Z_2 = \eta_2 \cos \theta_t$, $Z_1 = \eta_1 \cos \theta_i$ 이다.

또한 그림 2.8로부터 직관적으로 특성임피던스 $Z_{01}$, 전파상수 $\gamma$ 및 위상속도 $v_p$는

$$Z_{01} = \eta_1 \cos \theta_i \tag{2-70}$$
$$\gamma = jk_x = jk_1 \cos \theta_i = j\omega \sqrt{\mu_1 \varepsilon_1} \cos \theta_i \tag{2-71}$$
$$v_p = \frac{\omega}{k_x} = \frac{\omega}{k_1 \cos \theta_i} = \frac{1}{\sqrt{\mu_1 \varepsilon_1}} \sec \theta_i \tag{2-72}$$

임을 알 수 있다.

파동임피던스 $Z_{01}$은 $\mathbf{E}_t$와 $\mathbf{E}_i$의 성분 중 $E_x$와 $H_y$ 성분만이 경계면에서 다음과 같은 관계를 갖는다.

$$\frac{E_x}{H_y} = \frac{E_0 \cos \theta_i}{E_0 / \eta_1} = \eta_1 \cos \theta_i$$

따라서 이에 대응하는 매질 2에서 파동임피던스는 $Z_{02} = \eta_2 \cos \theta_t$가 된다. 이와 같은 결과로부터 직관적으로 전계가 평면 경계면을 향하여 직각으로 입사하는 경우에는 $\theta_i = \theta_r = \theta_t = 0$ 이므로

$$\Gamma = \frac{\eta_2 - \eta_1}{\eta_2 + \eta_1}, \qquad T = \frac{2\eta_2}{\eta_2 + \eta_1}$$

이 된다. 위의 식으로부터 다음과 같은 사실을 알 수 있다.

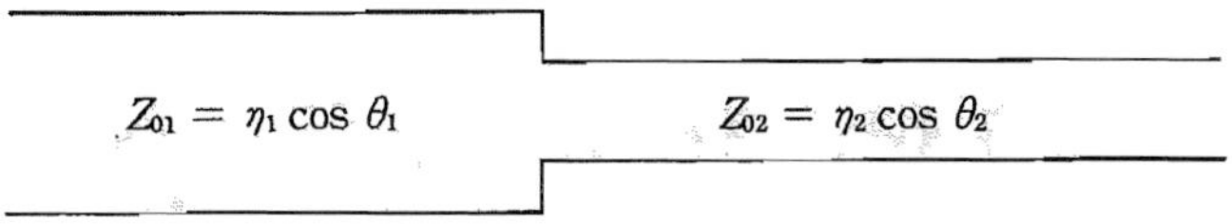

$$Z_{01} = \eta_1 \cos \theta_1 \qquad Z_{02} = \eta_2 \cos \theta_2$$

그림 **2.9** 평행편파의 등가회로.

$$0 \leq \Gamma \leq 1$$
$$1 + \Gamma = T$$

이와 같은 평행편파에서는 반사파가 전혀 발생하지 않는 특별한 현상으로서 $\Gamma = 0$ 이 되는 입사각이 존재한다. 이를 **Brewster** 각 ($\theta_i = \theta_b$) 또는 편파각 (polarizing angle)이라 한다. 이는 식 (2-69a)로부터

$$\eta_2 \cos \theta_t = \eta_1 \cos \theta_b$$

또는

$$\eta_2 \cos \theta_t = \eta_1 \sqrt{1 - \sin^2 \theta_b} \tag{2-73a}$$

를 얻는다. 또한

$$\cos \theta_t = \sqrt{1 - \sin^2 \theta_t} = \sqrt{1 - (k_1^2 / k_2^2) \sin^2 \theta_i} \tag{2-73b}$$

이다. 따라서 식 (2-73a)에 식 (2-73b)를 대입하고 정리하면

$$\sin \theta_b = \frac{1}{\sqrt{1 + \varepsilon_1 / \varepsilon_2}} \tag{2-74a}$$

또는

$$\theta_b = \tan^{-1} \sqrt{\frac{\varepsilon_2}{\varepsilon_1}} \tag{2-74b}$$

를 얻는다. 여기서 $\mu_1 = \mu_2 = \mu_0$ 이다.

식 (2-69)의 관계를 무손실 전송선로로 등가화하면 그림 2.9에 보인 바와 같이 나타낼 수 있다. 여기서 $\theta_i = \theta_1$, $\theta_t = \theta_2$ 이다.

---

**예제 2-7**

평면파가 $\varepsilon_r = 2.5$ 인 넓고 두터운 폴리에틸렌(polyethylene)을 향하여 그림 2.8에 보인 바와 같이 공기로부터 입사각 $\theta_i = \theta_1$ 으로 입사하는 경우에 $\theta_i$ 와 반사계수 $\Gamma$ 와의 관계를 그림으로 나타내어라.

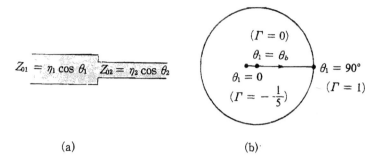

그림 2.10  예제 2-7

[**풀이**]  첫째로 $\theta_1 = 0$인 경우 $\Gamma = -1/5$이며 $\theta_1$이 증가하면 $\Gamma$는 그림 2.10에 보인 바와 같이 실축을 따라 $\theta_1 = 90°$까지 오른쪽으로 이동한다. 이 경우 주목할 사실은, 앞에서 설명한 바와 같이 반사계수 $\Gamma$가 Brewster 각(또는 polarizing 각) $\theta_1 = \theta_b$에서 $\Gamma = 0$이 된다는 사실이다.

---

### [ 2 ]  수직편파

평면파의 전계벡터가 그림 2.11에 보인 바와 같이 $xz$평면에 수직인 경우의 입사파의 전계와 자계를 앞에서 설명한 바와 마찬가지 방법으로 구하면 다음과 같다.

$$\mathbf{E}_i(x,\ z) = \mathbf{a}_y\, E_0\, e^{-jk_1(x\sin\theta_i + z\cos\theta_i)} \tag{2-75a}$$

$$\mathbf{H}_i(x,\ z) = \frac{E_0}{\eta_1}\left(-\mathbf{a}_x\cos\theta_i + \mathbf{a}_z\sin\theta_i\right) e^{-jk_1(x\sin\theta_i + z\cos\theta_i)} \tag{2-75b}$$

또한, 반사파의 전계와 자계는

$$\mathbf{E}_r(x,\ z) = E_0\,\Gamma\mathbf{a}_y\, e^{-jk_1(x\sin\theta_r - z\cos\theta_r)} \tag{2-76a}$$

$$\mathbf{H}_r(x,\ z) = \frac{E_0\,\Gamma}{\eta_1}\left(\mathbf{a}_x\cos\theta_r + \mathbf{a}_z\sin\theta_r\right) e^{-jk_1(x\sin\theta_r - z\cos\theta_r)} \tag{2-76b}$$

이고, 영역 2에 투과된 전계와 자계는

$$\mathbf{E}_t(x,\ z) = E_0\,T\mathbf{a}_y\, e^{-jk_2(x\sin\theta_t + z\cos\theta_t)} \tag{2-77a}$$

$$\mathbf{H}_t(x,\ z) = \frac{E_0\,T}{\eta_2}\left(-\mathbf{a}_x\cos\theta_t + \mathbf{a}_z\sin\theta_t\right) e^{-jk_2(x\sin\theta_t + z\cos\theta_t)} \tag{2-77b}$$

이다. $z = 0$에서 전계 $\mathbf{E}$와 자계 $\mathbf{H}$의 접선성분 $E_y$, $H_x$는 연속이어야 하므로

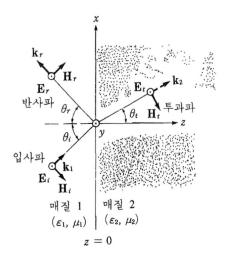

그림 2.11 입사면에 수직인 수직편파.

$$e^{-jk_1x\sin\theta_i} + \Gamma e^{-jk_1x\sin\theta_r} = Te^{-jk_2x\sin\theta_t}$$

$$-\frac{1}{\eta_1}\cos\theta_i\, e^{-jk_1x\sin\theta_i} + \frac{\Gamma}{\eta_1}\cos\theta_r\, e^{-jk_1x\sin\theta_r} = \frac{-T}{\eta_2}\cos\theta_t\, e^{-jk_2x\sin\theta_t} \qquad (2\text{-}78a)$$

를 얻는다. 윗식의 관계가 성립하기 위해서 다음과 같은 Snell 의 법칙이 성립하여야 한다.

$$k_1\sin\theta_i = k_1\sin\theta_r = k_2\sin\theta_t \qquad (2\text{-}78b)$$

이는 식 (2-67)과 동일한 결과이다. 식 (2-78b)의 관계를 식 (2-78a)에 적용하면

$$\Gamma = \frac{Z_{02} - Z_{01}}{Z_{02} + Z_{01}} \qquad (2\text{-}79a)$$

$$T = \frac{2Z_{02}}{Z_{02} + Z_{01}} \qquad (2\text{-}79b)$$

를 얻는다. 여기서 $Z_1 = \eta_1\sec\theta_i$, $Z_2 = \eta_2\sec\theta_t$ 이다.

여기서 주목할 사실은 수직편파인 경우 반사계수가 $\Gamma = 0$ 인 Brewster 각이 존재하지 않는다는 것이다. 즉,

$$\eta_2\sec\theta_t = \eta_1\sec\theta_i$$

또는

$$\eta_2\cos\theta_i = \eta_1\cos\theta_t$$

에 Snell 의 법칙을 사용하면

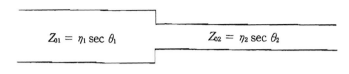

그림 2.12  수직편파의 등가회로.

$$k_2^2(\eta_2^2 - \eta_1^2) = (k_2^2\,\eta_2^2 - k_1^2\,\eta_1^2)\sin^2\theta_i$$

가 된다. 윗식 왼쪽 괄호 안의 항은 유전체(여기서 $\mu_1 = \mu_2 = \mu_0$)에 대하여 한결같이 0이 되므로 윗식은 성립될 수 없다. 다른 말로 바꾸면 $\Gamma = 0$인 조건을 만족할 수 있는 Brewster 각이 존재하지 않는다.

식 (2-79)의 관계를 무손실 전송선로로 등가화하면 그림 2.12에 보인 바와 같이 나타낼 수 있다. 여기서 $\theta_i = \theta_1$, $\theta_t = \theta_2$이다.

그림 2.11에서 반사에 관계되는 자계 $\mathbf{H}_i$의 성분은 $H_x = |H_i|\cos\theta_i$이므로 $z$방향의 특성 임피던스 $Z_{01} = E_y/H_x = \dfrac{|E_i|}{|H_i|}\sec\theta_i = \eta_i\sec\theta_i$가 됨을 직관적으로 알 수 있다.

---

### 예제 2-8

예제 2-7의 경우에 수직편파를 적용하여 입사각 $\theta_i = \theta_1$과 반사계수 $\Gamma$의 관계를 그림으로 나타내어라.

[풀 이]  (예제 2-7)의 경우에 그림 2.11에 보인 바와 같은 수직편파를 적용했을 때 $\theta_i = 0$이면 $\Gamma = -1/5$이므로 $\theta_1$를 $\Gamma = -1$인 90°까지 증가시키면 $\Gamma$는 왼쪽($-$값)으로만 이동하므로 $\Gamma = 0$인 $\theta_1$의 값은 그림 2.13에 보인 바와 같이 존재하지 않는다.

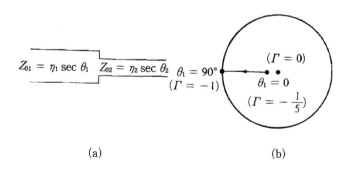

(a)                              (b)

그림 2.13  예제 2-8.

**예제 2-9**

평면파가 자유공간으로부터 $\varepsilon_r = 2.55$ 인 유전체를 향하여 평행편파와 수직편파가 입사하는 경우 이들의 반사계수를 입사각의 함수로 도시하여라.

[**풀이**]  식 (2-69a)와 식 (2-79a)를 입사각의 함수로 도시하면 그림 2.14에 보인 바와 같다.

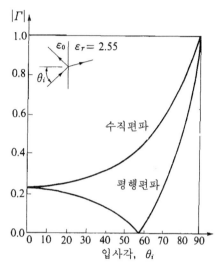

그림 2.14  예제 2-9의 반사계수.

[3]  **전반사와 표면파**

유전체 $(\mu_1 = \mu_2 = \mu_0)$ 에서 Snell의 법칙, 식 (2-68b)는

$$\frac{\sin \theta_1}{\sin \theta_2} = \sqrt{\frac{\varepsilon_2}{\varepsilon_1}} \tag{2-80}$$

가 된다. 여기서 $\theta_1 = \theta_i$, $\theta_2 = \theta_t$ 이다. 따라서 $\varepsilon_1 > \varepsilon_2$ 이면, 즉 평면파가 매질 1에서 매질 1의 유전율보다 낮은 매질 2에 입사하면 $\theta_1 > \theta_2$ 이므로 평면파의 입사각이 증가하면 $\theta_2$도 증가하여 $\theta_2 = \pi/2$ 에 이르면 회절파(refracted wave)가 경계면을 따라 전파한다. $\theta_1$의 값이 더 증가하면 회절파가 존재하지 않으므로 이때의 입사파는 모두 반사되었다고 말한다. 이와 같이 $\theta_2 = \pi/2$ 에 해당하는 입사각을 임계각(critical angle)이라 부른다. 식 (2-80)에 $\theta_2 = \pi/2$ 를 대입하면

$$\sin \theta_c = \sqrt{\frac{\varepsilon_2}{\varepsilon_1}} \tag{2-81}$$

또는

$$\theta_c = \sin^{-1}\sqrt{\frac{\varepsilon_2}{\varepsilon_1}} = \sin^{-1}\left[\frac{n_2}{n_1}\right] \tag{2-82}$$

가 된다. 여기서 $n_1$과 $n_2$를 매질 1과 2에 대한 회절지수(index of refraction)라 하며,

$$n_1 = \sqrt{\varepsilon_1}, \qquad n_2 = \sqrt{\varepsilon_2}$$

와 같이 정의한다.

지금 $\varepsilon_1 > \varepsilon_2$이면 $\sqrt{\varepsilon_2/\varepsilon_1} < 1$이다. 이는 입사각의 임계각 $\theta_c$보다 큰 모든 입사각, $\theta_1 > \theta_c$에 대하여 다음과 같은 관계가 성립해야 한다는 것이다. 즉,

$$\frac{\sin\theta_2}{\sin\theta_1} = \sqrt{\frac{\varepsilon_1}{\varepsilon_2}} > 1$$

또는

$$\sin\theta_2 = \sqrt{\frac{\varepsilon_1}{\varepsilon_2}}\sin\theta_1 > 1 \tag{2-83}$$

이다. 윗식을 만족하는 실수 해는 존재할 수 없으나 $\sin\theta_2 > 1$에 해당하는 $\cos\theta_2$는

$$\cos\theta_2 = \sqrt{1 - \sin^2\theta_2} = \pm jb \tag{2-84}$$

와 같이 허수가 된다. 여기서 $b = \sqrt{(\varepsilon_1/\varepsilon_2)\sin^2\theta_1 - 1}$이다.

위의 관계를 전송선로의 등가식 (2-70), (2-71) 및 (2-72)에 적용하면

$$Z_{02} = \eta_2\cos\theta_2 = \eta_2(\pm jb) \tag{2-85}$$

$$\gamma_2 = j\omega\sqrt{\mu_2\varepsilon_2}\,(\pm jb) \tag{2-86}$$

$$v_2 = \frac{1}{\sqrt{\mu_2\varepsilon_2}\,(\pm jb)} \tag{2-87}$$

가 된다. 여기에서 주목할 사실은 $z$방향의 파동임피던스는 허수가 되며 전파상수는 완전히 실수이고 $z$방향의 위상속도는 허수이다. 윗식들에서 $\pm$부호를 선택하기 위하여 전파상수를 살펴보면, 영역 2에 전원이 없는 경우 $z$방향에 따라 파의 크기가 증가할 수 없으므로 윗식의 부호는 부$(-)$가 되어야 함을 알 수 있다. 즉,

$$Z_{02} = -j\eta_2 b \tag{2-88}$$

$$\gamma_2 = \omega b\sqrt{\mu_2\varepsilon_2} \tag{2-89}$$

식 (2-65a)나 식 (2-77a)에 보는 바와 같이 파의 크기는 다음과 같은 인자(factor)에 따라

변한다.

$$e^{-j\mathbf{k}_2 \cdot \mathbf{r}} = e^{-jk_2(x\sin\theta_2 + z\cos\theta_2)}$$

따라서 $\theta_1 > \theta_c$인 경우

$$e^{-jk_2(x\sin\theta_2 + z\cos\theta_2)} = e^{-\alpha_2 z} e^{-j\beta_2 x}$$
$$= e^{-(\alpha_2 \mathbf{a}_z + j\beta_2 \mathbf{a}_x) \cdot \mathbf{r}} = e^{-j\mathbf{k} \cdot \mathbf{r}} \tag{2-90}$$

가 된다. 여기서

$$\alpha_2 = k_2 b \tag{2-91a}$$
$$\beta_2 = k_2 \sqrt{\varepsilon_1/\varepsilon_2} \sin\theta_1 \tag{2-91b}$$
$$\mathbf{r} = \mathbf{a}_x x + \mathbf{a}_y y + \mathbf{a}_z z \tag{2-91c}$$
$$j\mathbf{k} = \alpha_2 \mathbf{a}_z + j\beta_2 \mathbf{a}_x = \boldsymbol{\alpha} + j\boldsymbol{\beta} \tag{2-91d}$$

이다.

식 (2-90)을 살펴보면 전계와 자계의 페이저벡터의 위치와 시간이 $\exp[j(\omega t - \mathbf{k} \cdot \mathbf{r})]$에 따라 변하고 있음을 알 수 있다. 또한 식 (2-90)로부터 알 수 있는 것은 손실이 없는 유전체인 경우도 입사파의 입사각에 따라 $e^{-\alpha_2 z}$에 따른 손실이 발생한다는 사실이다. 특히 허수 파동임피던스와 실수 전파상수의 특성을 갖는 파를 소멸파(evanescent wave)라고 부른다. 즉 $\mathbf{k}$가 복소벡터전파상수 $j\mathbf{k} = \boldsymbol{\alpha} + j\boldsymbol{\beta}$라 가정하면(여기서 벡터 $\boldsymbol{\alpha}$와 $\boldsymbol{\beta}$는 일반적으로 동일한 방향이 아니다)

$$(-j\mathbf{k}) \cdot (-j\mathbf{k}) = -\omega^2 \mu\varepsilon$$

또는

$$-\mathbf{k} \cdot \mathbf{k} = \boldsymbol{\alpha} \cdot \boldsymbol{\alpha} - \boldsymbol{\beta} \cdot \boldsymbol{\beta} + j2\boldsymbol{\alpha} \cdot \boldsymbol{\beta} = -\omega^2 \mu\varepsilon$$

이다. 윗식과 같은 등식이 성립하기 위해서는 양변의 실수부와 허수부가 다음과 같이 주어져야 한다.

$$\boldsymbol{\alpha} \cdot \boldsymbol{\beta} = 0 \tag{2-92a}$$
$$\beta^2 - \alpha^2 = \omega^2 \mu\varepsilon \tag{2-92b}$$

윗식 (2-92a)로부터 $\boldsymbol{\beta}$의 전파방향은 감쇠상수 $\boldsymbol{\alpha}$의 방향과 수직임을 알 수 있다. 그리고 주어진 파의 $\boldsymbol{\beta}$는 식 (2-92b)로부터 알 수 있는 바와 같이 $\beta^2 = \omega^2 \mu\varepsilon + \alpha^2$이므로 이 특별한 파의 위상속도는

$$v_p = \frac{\omega}{\beta} = \frac{1/\sqrt{\mu\varepsilon}}{(1 + a^2/\omega^2\mu\varepsilon)^{1/2}}$$

가 된다. 이는 $\mu$, $\varepsilon$인 매질에서 광속 $v_p = 1/\sqrt{\mu\varepsilon}$보다 느리다. 만약, $a \gg \omega\sqrt{\mu\varepsilon}$이면 $\beta \approx a$가 되어 위상속도는 광속보다 상당히 느리게 된다. 위의 설명은 얇은 유전체(dielcectric slab) 또는 느린파 구조(slow wave structure)를 공부할 때 도움이 되는 기초이론이다.

---

### 예제 2-10

광주파수(optical frequency)에서 물의 유전율은 $1.75\varepsilon_0$이다. 수면 아래로 $d$만큼 떨어진 곳에 위치한 등방성 광원에 의하여 비춰진 면적의 크기가 반경이 5 m인 원이라 할 때, $d$를 구하여라.

[**풀이**]   물의 회절지수는 $n_w = \sqrt{1.75} = 1.32$이다. 그림 2.15에 보인 바와 같이 빛이 비쳐진 크기의 반경은 O'P = 5 m이며, 임계각에 해당한다. 즉,

$$\theta_c = \sin^{-1}\left(\frac{1}{n_w}\right) = \sin^{-1}\left(\frac{1}{1.32}\right) = 49.2°$$

그러므로

$$d = \frac{\overline{\text{O'P}}}{\tan\theta_c} = \frac{5}{\tan 49.2°} = 4.32 \text{ m}$$

이다. $\theta_i = \theta_c$의 입사각을 갖는 입사광선을 그림 2.15에 보인 바와 같이 점 P에서 반사광선과 접선회절광선으로 나누어진다. 입사각이 $\theta_i < \theta_c$인 입사파의 일부는 물 안으로 반사되고 일부는 물 위의 공기로 회절되며 입사각이 $\theta_i > \theta_c$인 입사파는 전체가 반사되지만 경계면으로부터 지수적으로 감쇠되고 있다.

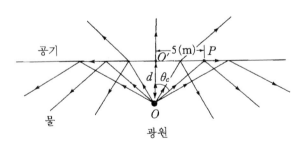

그림 2.15   수면 아래의 광원(예제 2-10).

## 예제 2-11

투명한 물질의 유전체봉(rod) 또는 파이버(fiber)를 사용하여 광이나 전자파를 전송할 수 있다. 어느 각으로 유전체봉의 한쪽 끝에 입사한 파가 유전체내에 집속된 채로 다른 끝에서 출력되도록 하기 위한 도파매질(guiding medium)의 최소유전율을 구하여라. 여기서 유전체봉 주위의 매질은 공기이다.

[풀이]  유전체내에서 전반사가 발생하기 위해서는 그림 2.16에 보인 각 $\theta_1$이 $\theta_c$보다 크거나 같아야 한다. 즉,

$$\sin \theta_1 \geq \sin \theta_c$$

또는                              $\theta_1 = \pi/2 - \theta_t$ 이므로

$$\cos \theta_t \geq \sin \theta_c \tag{2-93}$$

이다. 회절에 관한 Snell의 법칙으로부터

$$\sin \theta_t = \frac{1}{\sqrt{\varepsilon_{r1}}} \sin \theta_i \tag{2-94}$$

이며, 여기서 유의할 점은 도파매질의 유전율 표시는 $\varepsilon_1 = \varepsilon_0 \varepsilon_{r1}$ 이며, 이를 둘러싸고 있는 매질은 공기의 유전율 $\varepsilon_2 = \varepsilon_0$ 인 사실이다. 식 (2-93)에 식 (2-73b)와 (2-81)을 적용하면

$$\sqrt{1 - \frac{1}{\varepsilon_{r1}} \sin^2 \theta_i} \geq \sqrt{\frac{\varepsilon_0}{\varepsilon_1}} = \frac{1}{\sqrt{\varepsilon_{r1}}}$$

또는

$$\varepsilon_{r1} \geq 1 + \sin^2 \theta_i \tag{2-95}$$

가 된다. 식 (2-95)의 오른쪽 식의 값은 $\theta_i = \pi/2$ 일 때 최대가 되므로 도파매질의 유전상수는 최소 2이어야 한다. 이에 해당하는 회절지수는 $n_1 = \sqrt{2}$ 이다. 유리(glass)나 석영(quartz)은 이와 같은 조건을 만족한다. 회절에 관한 Snell의 법칙인 식 (2-80)과 전반사에 관한 임계각의 식 (2-82)는 입사전계의 편파와 관계가 없다. 그러나 반사와 전송계수에 관한 공식은 편파와 관계가 있다는 사실에 유의하여야 한다.

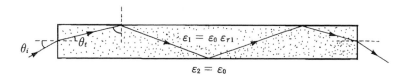

그림 2.16  전자파가 통과하는 유전체 봉.

## 2.5  영상이론

전류원이 접지 도체판에 가깝게 위치한 경우에 해당하는 문제가 많이 있다. 영상이론 (image theory)은 접지판의 다른쪽에 허상전원(virtual image source)을 실제의 전원과 대칭시키므로 접지면을 제거할 수 있게 한다. 독자는 정전계의 경계값 문제를 취급할 때 이미 영상법의 개념을 배웠으리라고 생각한다. 이 항에서는 무한한 접지판에 근접한 무한한 전류 판(sheet)에 의한 전자계 현상을 고찰하고자 한다.

그림 2.17에 보인 바와 같이 접지 도체판과 평행인 무한대의 표면전류밀도를 $\mathbf{J}_s = \mathbf{a}_x J_0$라 하면 전류원은 $x, y$방향으로 균일하게 분포되어 평면파가 발생된다. $+z$방향으로 전파하는 파는 $z = 0$에 위치한 접지면으로부터 반사된 파도 포함한다. 따라서 영역 $0 < z < d$에는 정 재파가 존재하고 $z > d$의 영역에는 정$(+)$방향으로 전파하는 파가 존재한다. 이 두 영역에 서의 전자장의 형식은 다음과 같이 주어진다.

$$\mathbf{E}_s = \mathbf{a}_x A (e^{j\beta z} - e^{-j\beta z}) \qquad ; \; 0 < z < d \qquad (2\text{-}96\text{a})$$

$$\mathbf{H}_s = -\mathbf{a}_y \frac{A}{\eta} (e^{j\beta z} + e^{-j\beta z}) \qquad ; \; 0 < z < d \qquad (2\text{-}96\text{b})$$

$$\mathbf{E}^+ = \mathbf{a}_x B (e^{-j\beta z}) \qquad ; \; z > d \qquad (2\text{-}97\text{a})$$

$$\mathbf{H}^+ = \mathbf{a}_y \frac{B}{\eta} (e^{-j\beta z}) \qquad ; \; z > d \qquad (2\text{-}97\text{b})$$

여기서 $\beta$와 $\eta$는 각각 자유공간의 전파상수와 파동임피던스이다. 식 (2-96)의 정재파는 $z = 0$에서 $E_x = 0$인 경계조건을 만족한다는 사실에 유의해야 한다. 나머지 경계조건은 $z = d$에서 $\mathbf{E}$는 연속이나 $z = d$에서 $\mathbf{H}$는 전류박판(current sheet) 때문에 불연속이다. 식 (1-31) 로부터

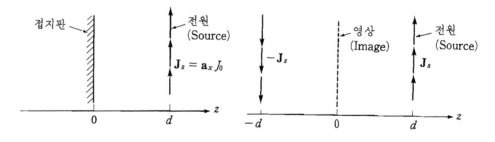

(a) 접지판에 평행인 전류밀도 　　(b) $Z = -d$에 접지판을 허상전류원으로 대치한 경우

그림 **2.17**  접지판에 접근한 전류원에 적용한 영상이론.

$$\mathbf{E}_s = \mathbf{E}^+|_{z=d} \tag{2-98a}$$

인 한편, 식 (1-32)로부터

$$\mathbf{J}_s = \mathbf{a}_z \times \mathbf{a}_y (\mathrm{H}^+ - \mathrm{H}_s)|_{z=d} \tag{2-98b}$$

이다. 윗식에 식 (2-96)과 식 (2-97)을 사용하면

$$2jA \sin \beta d = B\, e^{-j\beta d}$$

이고

$$J_0 = -\frac{B}{\eta} e^{-j\beta d} - \frac{2A}{\eta} \cos \beta d$$

이다. 위의 두 연립방정식으로부터 $A$와 $B$를 구하면

$$A = \frac{-J_0 \eta}{2} e^{-j\beta d}$$

$$B = -j J_0 \eta \sin \beta d$$

가 된다. 그러므로 전자계는

$$\mathbf{E}_s = -j\mathbf{a}_x J_0 \eta\, e^{-j\beta d} \sin \beta z \quad ;\ 0 < z < d \tag{2-99a}$$

$$\mathbf{H}_s = \mathbf{a}_y J_0 \cos \beta z \qquad\qquad ;\ 0 < z < d \tag{2-99b}$$

$$\mathbf{E}^+ = -j\mathbf{a}_x J_0 \eta \sin \beta d\, e^{-j\beta z} \quad ;\ z > d \tag{2-100a}$$

$$\mathbf{H}^+ = -j\mathbf{a}_y J_0 \sin \beta d\, e^{-j\beta z} \quad ;\ z > d \tag{2-100b}$$

이다.

다음은 영상이론을 응용해서 위의 문제를 풀고자 한다. 그림 2.17(b)에 보인 바와 같이 접지판을 제거하고 영상전류원 $-\mathbf{J}_s$를 $z = -d$에 놓은 경우 중첩원리에 의하여 $z > 0$인 영역에서 전체 전자계는 실(real)전원과 영상전원으로부터 각각 구한 전자계를 합성함으로써 구할 수 있다. 구하는 전자계는 위의 절차와 비슷한 방식으로 구할 수 있으며 그 결과는 다음과 같다. 즉, $z = d$에 위치한 실전원에 의한 전자계는

$$E_x = \begin{cases} \dfrac{-J_0 \eta}{2} e^{-j\beta(z-d)} & ;\ z > d \\[2mm] \dfrac{-J_0 \eta}{2} e^{j\beta(z-d)} & ;\ z < d \end{cases} \tag{2-101a}$$

$$H_y = \begin{cases} \dfrac{-J_0}{2} e^{-j\beta(z-d)} & ; \quad z > d \\[2mm] \dfrac{J_0}{2} e^{j\beta(z-d)} & ; \quad z < d \end{cases} \tag{2-101b}$$

이다. 또 $z = -d$ 에 위치한 영상전원에 의한 전자계는

$$E_x = \begin{cases} \dfrac{J_0\eta}{2} e^{-j\beta(z+d)} & ; \quad z > -d \\[2mm] \dfrac{J_0\eta}{2} e^{j\beta(z+d)} & ; \quad z < -d \end{cases} \tag{2-102a}$$

$$H_y = \begin{cases} \dfrac{J_0}{2} e^{-j\beta(z+d)} & ; \quad z > -d \\[2mm] \dfrac{-J_0}{2} e^{j\beta(z+d)} & ; \quad z < -d \end{cases} \tag{2-102b}$$

이다.

위의 두 전원에 의하여 합성된 전자계는 $0 < z < d$ 영역에 해당하는 식 (2-99)와 $z > d$ 영역에 해당하는 식 (2-100)과 같게 됨을 증명할 수 있다. 여기에서 주의할 점은 영상이론에 의해서는 도체판의 오른쪽 영역의 전자장만을 정확하게 구할 수 있다는 사실이다. 그림 2.18은 영상이론을 전기와 자기다이폴(electric and magnetic dipole)에 적용한 좀더 일반적인 결과를 보여 주는 그림이다.

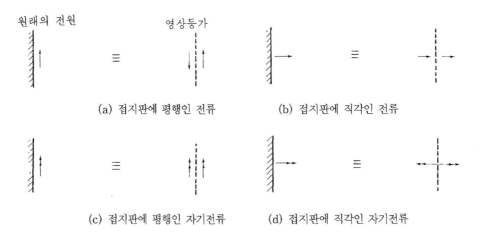

(a) 접지판에 평행인 전류          (b) 접지판에 직각인 전류

(c) 접지판에 평행인 자기전류          (d) 접지판에 직각인 자기전류

그림 2.18 전류와 자기전류 영상.

## 연습문제

**2.1** 자유공간에서 $\mathbf{E} = \mathbf{a}_x 30\pi e^{j(10^8 t + \beta z)}$ V/m, $\mathbf{H} = \mathbf{a}_y H_m e^{j(10^8 t + \beta z)}$ A/m인 경우, $H_m$과 $\beta\,(\beta > 0)$를 구하여라.

**2.2** $\mathbf{E} = \mathbf{a}_z 30\pi e^{j[\omega t - (4/3)y]}$ V/m, $\mathbf{H} = \mathbf{a}_x 1.0 e^{j[\omega t - (4/3)y]}$ A/m 일 때 $\mu_r = 1$인 무손실물질의 $\varepsilon_r$와 $\omega$를 구하여라.

**2.3** 자유공간에서 $\mathscr{E}(z,\ t) = \mathbf{a}_y 10^3 \sin(\omega t - \beta z)$ V/m인 경우 $\mathscr{H}(z,\ t)$를 구하여라.

**2.4** $\varepsilon = 4\varepsilon_0$인 유전체를 전파하는 평면파가 있다. 다음을 구하여라.
  (1) 전파상수벡터 $\mathbf{k}$가 $yz$평면에 존재하고 $y$축과 30°를 이루는 경우 전계의 방향이 $+x$축과 평행일 때, 전계와 자계의 순시값을 구하여라. 여기서 전자계는 정현파의 시간함수이다.
  (2) 주파수 $f = 100\ \text{MHz}$일 때 $z$축 방향의 파장을 구하여라.

**2.5** 자유공간에서 평면파의 전계가 다음과 같이 복소벡터(complex vector)로 주어진 경우,

$$\mathbf{E} = E_0\, e^{j\pi/2}\,(\mathbf{a}_x - \mathbf{a}_y)\, e^{-j(\omega/c)(x+y)/\sqrt{2}}$$

다음을 구하여라.
  (1) 파의 전파상수벡터  (2) 자계 $\mathscr{H}$

**2.6** $+x$축을 따라 전파하는 평면파가 그림 (문 2.6)에 보인 바와 같은 $x = y$인 무한한 도체표면에 부딪힌 경우 다음을 구하여라. 여기서 $\mathbf{E} = \mathbf{a}_z e^{-jkr}$.
  (1) 반사된 $\mathbf{E}$와 $\mathbf{H}$의 복소벡터
  (2) 순시장(field ; 입사파와 반사파의 합성)
  (3) (2)의 경우에 대한 순시 Poynting 벡터의 방향
  (4) Poynting 벡터의 시간평균

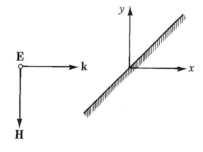

그림 문 2.6

**2.7**  문 2.3의 경우, 주파수가 $f = 95.5\,\mathrm{MHz}$ 일 때 전파상수 $\gamma$ 를 구하여라.

**2.8**  전파 주파수가 $f = 1.6\,\mathrm{MHz}$ 인 경우, $\mu_r = 1$, $\varepsilon_r = 8$, $\sigma = 0.25\,\mathrm{pS/m}$ 인 물질에서 전파상수 $\gamma$ 를 구하여라.

**2.9**  $\sigma = 38.2\,\mathrm{MS/m}$ 이고 $\mu_r = 1$ 인 알루미늄(aluminum)이 있다. 신호의 주파수가 $f = 1.6$ MHz 일 때 알루미늄의 표피두께 $\delta$ 및 전파정수 $\gamma$ 와 위상속도 $v_p$ 를 구하여라.

**2.10**  $\sigma = 58\,\mathrm{MS/m}$ 이고 $\mu_r = 1$ 인 양도체의 고유저항 $\eta$, 전파상수 $\gamma$ 및 위상속도 $v_p$ 를 구하여라. 여기서 신호의 주파수는 $f = 100\,\mathrm{MHz}$ 이다.

**2.11**  자유공간내에 그림 (문 2.11)에 보인 바와 같이 두께가 $d$ (여기서 $d = \lambda_0/4\sqrt{\varepsilon_r}$)이고 유전율이 $\varepsilon_r$ 인 유전체판을 향하여 파장이 $\lambda_0$ 인 평면파가 수직으로 입사하는 경우 반사파의 반사계수를 구하여라.

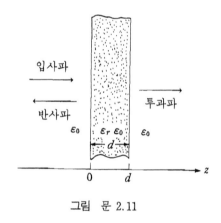

그림  문 2.11

**2.12**  RHCP 평면파가 $z < 0$ 인 자유공간으로부터 $z > 0$ 인 양도체를 향하여 직각으로 입사하는 경우, 입사파의 전계가

$$\mathbf{E}_i = E_0(\mathbf{a}_x - j\mathbf{a}_y)\, e^{-jk_0 z}$$

일 때 $z > 0$ 영역에서 전계와 자계를 구하여라. 또 $z < 0$ 와 $z > 0$ 의 영역에서 Poynting 벡터를 구하여라.

**2.13**  $\varepsilon_r = 3.0$, $\mu = \mu_0$, $\tan\delta = 0.1$ 인 손실이 있는 균일매질이 그림 (문 2.13)에 보인 바와 같이 $z = 0$ 과 $z = 20\,\mathrm{cm}$ 사이에 채워져 있고 $z = 20\,\mathrm{cm}$ 에 접지판이 있다. 다음과 같은 평면파의 전계가 $+z$ 방향으로 $z = 0$ 의 평면판에 입사하는 경우(여기서 $f = 3.0\,\mathrm{GHz}$)

$$\mathbf{E}_i = \mathbf{a}_x 100\, e^{-\gamma z}\,\mathrm{V/m}$$

다음을 구하여라.

(1) $z = 0$에서 입사파의 전력밀도 $P_i$와 반사파의 전력밀도 $P_r$

(2) $z = 0$에서 입력전력밀도 $P_{in}$과 $P_{in} = P_i - P_r$임을 밝혀라.

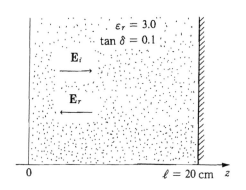

그림 문 2.13

**2.14** $z = d$에 위치한 평판에 흐르는 표면전류밀도가 $\mathbf{J}_s = \mathbf{a}_y J_0 e^{-j\beta x}$ A/m인 경우, 완전도체 접지판을 $z = 0$에 놓았을 때 영상법을 사용하여 $z > 0$인 영역에서 합성전계를 구하여라.

**2.15** 식 (2-50b)가 성립함을 보여라.

**2.16** 복소 Poynting 벡터를 다음과 같이 닫힌표면(closed surface)에 대하여 적분하면 식 (2-51)을 얻을 수 있다. 이를 보여라.

$$\oint \mathbf{S} \cdot d\mathbf{s} = \oint \mathbf{E} \times \mathbf{H}^* \cdot d\mathbf{s} = \int_v \nabla \cdot \mathbf{E} \times \mathbf{H}^* \, dv$$

# 3장

# 전송선로의 방정식과 디지털전송

균일한 유선전송선로(transmission line)를 분포정수회로(distributed parameter circuit)의 개념으로 최초로 해석하기 시작한 학자는 William Thomson(Lord Kelvin)이며, 이를 1885년경에 완성시킨 학자는 Oliver Heaviside이다. 이들은 전기회로 해석의 기초방정식들을 선로시스템에 적용하여 등가회로로 표시하였다. 전원과 부하를 연결하는 균일한 (uniform) 두 개의 도체선로로 구성된 전송선로 시스템은 그림 3.1에 보인 바와 같이 평행을 이루는 두 개의 직선선로이다.

여기서 균일(uniform)하다는 뜻은 선로(line)의 물질, 치수(dimensions), 단면적 및 선로를 싸고 있는 매질이 선로를 따라 일정하다는 뜻이다. 이와 같은 가정은 두 개의 도체가 동일한 물질이어야 한다든가 또는 동일한 모양의 단면적을 가져야 된다는 것은 아니다. 그러므로 그림 3.1에 보인 바와 같은 단순한 전송선로 외에, 그림 3.2에 보인 바와 같이 여러 모양의 단면적을 가진 평행전송선로가 있다.

두 개 이상의 평행전송선로일지라도 이들이 전원과 부하측에서 2단자망을 구성하도록 서로를 연결하면 이 시스템에 동일한 해석 방법을 적용할 수 있다.

전송선로인 경우 저주파에서는 전원(또는 신호원)의 전압·전류파형이 순간적으로 부하에 인가되는 것으로 생각하여도 좋으나, 마이크로파(microwave)와 같이 전원의 주파수가 높아지면 신호의 파장이 매우 짧아지기 때문에 전송선로의 길이가 신호의 파장에 비하여 긴 경우

그림 3.1  기본적인 전송선로의 예.

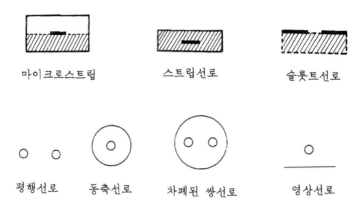

마이크로스트립　　　　스트립선로　　　　슬롯트선로

평행선로　　　동축선로　　　차폐된 쌍선로　　　영상선로

그림 3.2　여러 가지 모양의 전송선로의 단면.

에는 전원의 한 순시값이 부하에 도달하기 전에 전원에서는 다른 한 순시값을 보내야 한다. 그러므로 저주파에서는 고려할 필요가 없는 사항이 발생한다. 이는 높은 주파수에서 다루어야 하는 새로운 과제이다.

이를 해석하는 방법에는 두 가지가 있다. 하나는 저주파에서 취급하는 기초 회로이론을 확장하는 것이고, 다른 하나는 전자파(electro-magnetic wave)가 도체를 따라 전파하는 것으로 취급하는 것이다. 두 방법 모두 동일하거나 근사한 결과를 얻을 수 있지만, 이 장에서는 전송선로에 적용한 Maxwell 방정식의 해인 전계와 자계의 파를 각각 대응시킨 전압과 전류의 파로 취급하여 해석한 전자(前者)의 방법을 택했다. 이 방법을 분포회로해석법(distributed circuit analysis)이라 한다.

## 3.1　전송선로 방정식(또는 telegrapher's equation)

회로이론과 전송선로이론과의 중요한 차이는 주어진 회로망(network)의 물리적 크기가 전기적 파장(electrical wavelength)에 비하여 매우 크냐 또는 작으냐이다. 예를 들면 회로이론에서는 회로망의 물리적 크기가 파장에 비하여 매우 적은 반면, 전송선로의 전압과 전류는 전송선로의 길이에 따라 그 크기와 위상이 변동될 수 있으므로 전송선로는 분포정수회로(distributed parameter circuit)이다.

TEM(transverse electromagnetic)파를 전송하는 전송선로는 언제나 적어도 두 개의 도체로 구성되어 있기 때문에 흔히 그림 3.1에 보인 바와 같이 표시한다. 전송선로의 분포정수의 계산은 전송선로의 전압과 전류와 관련된 전계와 자계의 식에 의해서만 구할 수 있으므로 분포정수회로에 의한 전송선로의 해석은 전자계방식에 의한 해석과 관계가 있다. 예를 들면 원형동축선(circular coaxial line)에서 **TEM** 모드(mode)를 전송하는 전계와 자계의 패턴

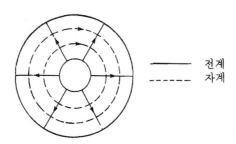

그림 **3.3** 원형동축 전송선로에서 TEM 형태의 전자계 분포.

(pattern)은 그림 3.3에 보인 바와 같다. 이는 전송선로의 방향만을 따라 흐르는 전류에 의해서 발생된 유일한 전자계의 분포이다.

그림 3.1에 보인 바와 같은 균일한 전송선로의 미소(short piece of line)구간, $\Delta z$를 그림 3.4에 보인 바와 같이 단순회로소자(또는 집중회로소자)로 모델화할 수 있다. 전압 $v$와 전류 $i$는 시간 $t$와 거리 $z$의 함수이다. 여기서 $R$, $L$, $C$는 다음과 같이 정의된 단위길이에 대한 양이다.

$R$ = 단위길이에 대한 직렬 저항(resistrance), $\Omega/m$
$L$ = 단위길이에 대한 직렬 인덕턴스(inductance), $H/m$
$G$ = 단위길이에 대한 두 선로간의 손실 컨덕턴스(conductance), $S/m$
$C$ = 두 선로 사이의 커패시턴스(capacitance), $F/m$

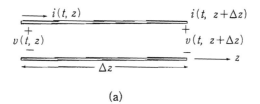

(a)

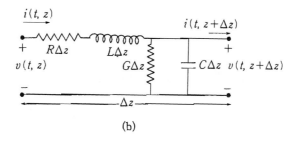

(b)

그림 **3.4** 미소한 구간의 전송선로의 등가회로.

여기서 직렬 인덕턴스 $L$은 그 선로의 전체 자기인덕턴스(self-inductance)이고 직렬 저항 $R$는 도선의 유한한 도전율(conductivity)에 의한 저항을 나타낸다.

　　Kirchhoff의 전압법칙을 그림 3.4에 적용하면

$$v(t, z) - R\Delta z\, i(t, z) - L\Delta z\frac{\partial i(t, z)}{\partial t} - v(t, z + \Delta z) = 0$$

이고, Kirchhoff의 전류법칙을 그림 3.4에 적용하면

$$i(t, z) - G\Delta z\, v(t, z + \Delta z) - C\Delta z\frac{\partial v(t, z + \Delta z)}{\partial t} - i(t, z + \Delta x) = 0$$

이다. 그러므로 $v(t, z) - v(t, z + \Delta z) = -\frac{\partial}{\partial z}v(t, z)\Delta z$ 및 $i(t, z) - i(t, z + \Delta z) = -\frac{\partial}{\partial z}i(t, z)\Delta z$의 관계식을 윗식에 대입하고 $\Delta z$로 나눈 다음 미소선분 $\Delta z$를 0이 되도록 극한을 취하면, 다음과 같은 미분방정식을 얻는다.

$$\frac{\partial v(t, z)}{\partial z} = -\left[Ri(t, z) + L\frac{\partial i(t, z)}{\partial t}\right] \tag{3-1}$$

$$\frac{\partial i(t, z)}{\partial z} = -\left[Gv(t, z) + C\frac{\partial v(t, z)}{\partial t}\right] \tag{3-2}$$

　　위의 두 식을 전송선로 방정식 또는 전신기사 방정식(telegrapher's equation)이라 한다. 식 (3-1)을 $z$에 관하여 미분하고 식 (3-2)를 $t$에 관하여 미분한 다음 그 식을 대입하여 정리하면 다음과 같은 결과를 얻는다.

$$\begin{aligned}
\frac{\partial^2 v}{\partial z^2} &= -\left[R\frac{\partial i}{\partial z} + L\frac{\partial^2 i}{\partial z\, \partial t}\right] \\
&= R\left[Gv + C\frac{\partial v}{\partial t}\right] + L\left[G\frac{\partial v}{\partial t} + C\frac{\partial^2 v}{\partial t^2}\right] \\
&= RGv + (RC + LG)\frac{\partial v}{\partial t} + LC\frac{\partial^2 v}{\partial t^2}
\end{aligned} \tag{3-3}$$

여기서 편의상 $v(t, z) = v$, $i(t, z) = i$로 표기한다. 비슷한 방법에 의해서 $i(t, z)$에 관한 다음과 같은 미분방정식을 얻을 수 있다.

$$\frac{\partial^2 i}{\partial z^2} = RGi + (RC + LG)\frac{\partial i}{\partial t} + LC\frac{\partial^2 i}{\partial t^2} \tag{3-4}$$

## 3.2 파동방정식

전송선로 방정식의 물리적 의미를 고찰하기 위하여 $R = 0$, $G = 0$인 무손실전송선로인 이상적인 경우를 생각하기 위하여 식 (3-3)에 이상적인 조건을 대입하면 다음과 같은 전압에 관한 파동방정식(wave equation)을 얻는다.

$$\frac{\partial^2 v}{\partial z^2} = LC \frac{\partial^2 v}{\partial t^2} \tag{3-5}$$

위의 식은 공학이나 물리 분야에서 자주 대하는 중요한 식이다. 이 2계 편미분방정식의 해는 두 개의 독립된 항을 갖는다. 즉,

$$v = v^+ \left( t - \frac{z}{v_p} \right) + v^- \left( t + \frac{z}{v_p} \right) \tag{3-6}$$

여기서 $v_p = \dfrac{1}{\sqrt{LC}}$이며 이를 파동속도(wave velocity)라 한다.

위의 식 (3-6)의 제 1항은 속도 $v_p$로 $z$축의 정방향($+z$방향)으로 전파하는 임의의 파형을 갖는 파이고, 제 2항은 속도 $v_p$로 $+z$축 방향과 반대가 되는 부방향($-z$방향)으로 전파하는 파이다. 여기서 독자가 명심해야 할 중요한 사항은 식 (3-6)에서 $\left( t - \frac{z}{v_p} \right)$는 임의의 파(wave)가 $+z$방향으로 속도 $v_p$로 전파한다는 의미를 갖고 있다는 점이다. 구체적인 예로 교류회로에서 취급한 정현파 $\cos \omega t$는 단순히 한 점 $z = 0$에서 시간의 변화에 대한 진폭의 변화이다. 그러나 임의의 파 $\cos \omega \left( t - \frac{z}{v_p} \right)$가 시간 $t = t_0$에서 $z = z_0$로부터 $\Delta t$ 동안 $\Delta z$ 만큼 이동했다고 하면 $\Delta z = v_p \Delta t$이므로

$$\cos \left[ \omega \left( t_0 + \Delta t - \frac{z_0 + \Delta z}{v_p} \right) \right] = \cos \omega \left( t_0 - \frac{z_0}{v_p} \right)$$

가 된다. 이는 주어진 파가 $+z$방향으로 $v_p$의 속도로 이동하였음을 나타낸다. 식 (3-1)과 식 (3-2)에 이상적인 전송선로의 조건 $R = 0$, $G = 0$을 대입하면

$$\frac{\partial v}{\partial z} = -L \frac{\partial i}{\partial t} \tag{3-7}$$

$$\frac{\partial i}{\partial z} = -C \frac{\partial v}{\partial t} \tag{3-8}$$

가 된다. 식 (3-6)에 대응하는 전류파를 구하기 위하여 식 (3-7)이나 식 (3-8)에 식 (3-6)을 대입하면

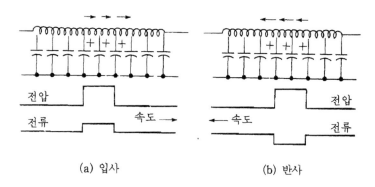

(a) 입사                    (b) 반사

그림 3.5  진행파(traveling wave)를 등가화한 분포된 전압과 전류.

$$i(t,\, z) = \frac{v^{+}\left(t - \dfrac{z}{v_p}\right)}{R_0} - \frac{v^{-}\left(t + \dfrac{z}{v_p}\right)}{R_0} \tag{3-9}$$

가 된다. 여기서 $R_0 = \sqrt{\dfrac{L}{C}}$이며 이를 전송선로의 특성임피던스라 한다.

식 (3-6)과 식 (3-9)로부터 알 수 있는 중요한 사실은, 첫째로 진행파(traveling wave)의 각 항의 전압과 전류의 비는 선로의 특성임피던스를 나타낸다는 점이고, 둘째로 $-z$방향으로 전송되는 전류는 부($-$)부호를 가지며 반사파의 전압과 전류의 부호는 항상 서로 반대가 된다는 것이다. 이 관계를 그림으로 설명하면 그림 3.5에 보인 바와 같다.

## 3.3  디지털전송의 물리적 고찰

전송선로의 전송현상을 고찰하기 위하여 그림 3.6에 보인 바와 같은 무한한 선로를 생각하기로 한다. 이 경우에는 입사파만이 전송될 뿐, 전원측으로 돌아올 수 있는 반사파가 존재할 수 없으므로 식 (3-6)과 식 (3-9)는 다음과 같이 간단하게 된다.

$$v(t,\, z) = v^{+}\left(t - \frac{z}{v_p}\right)$$

$$i(t,\, z) = \frac{v^{+}\left(t - \dfrac{z}{v_p}\right)}{R_0}$$

여기서 $t - \dfrac{z}{v_p} > 0$이다.

전송선로의 전원측에 옴의 법칙(Ohm's law)을 적용하면

$$v_g(t) - v^{+}(t) = i(t)\,R_g$$

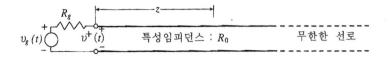

그림 **3.6** 무한한 선로를 따라 전송하는 신호.

이다. 여기서 $v_g(t)$는 $z=0$에서 전송선로에 인가한 전압원이다. 윗식에

$$i(t) = \frac{v^+(t)}{R_0}$$

를 대입하면

$$v_g(t) - v^+(t) = \frac{v^+(t)\,R_g}{R_0}$$

또는

$$v^+(t) = \frac{R_0}{R_0 + R_g}\,v_g(t)$$

이다. 따라서 무한한 전송선로에서 전압과 전류에 관한 일반적인 식은

$$v(t,\,z) = v^+\!\left(t - \frac{z}{v_p}\right) = \left(\frac{R_0}{R_0 + R_g}\right) v_g\!\left(t - \frac{z}{v_p}\right) \tag{3-10}$$

$$i(t,\,z) = \frac{1}{R_0}\,v^+\!\left(t - \frac{z}{v_p}\right) = \left(\frac{1}{R_0 + R_g}\right) v_g\!\left(t - \frac{z}{v_p}\right) \tag{3-11}$$

이다.

다음에는 그림 3.7에 보인 바와 같이 전송선로의 종단(부하측)에 저항 $R_L$을 연결한 경우에 관하여 생각하기로 한다. 편의상 부하의 위치를 $z=0$이라 놓으면, 부하에 걸린 전압과 부하에 흐르는 전류는 다음과 같은 관계를 갖는다.

$$v(t,\,0) = R_L\,i(t,\,0)$$

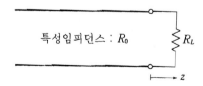

그림 **3.7** 전송선로의 종단.

위에서 설명한 무손실 전송선로의 특성임피던스 $R_0$는 무한한 선로에서 전압과 전류의 비이므로 유한한 선로의 종단에 $R_0$를 연결하면, 무한한 선로에서처럼 반사파가 존재하지 않는다. 이를 임피던스정합(impedance matching)이라 한다. 그러나 종단에 $R_L \neq R_0$인 저항을 연결하면 반사파가 존재하게 되므로, 부하에서 전압과 전류는 입사파와 반사파에 의하여 결정된다. 즉 $R_L \neq R_0$이면 입사파의 일부가 부하에서 반사하게 된다. 그러므로 부하의 입사전압에 대한 반사전압의 비를 전압반사계수(voltage reflection coefficient), $\Gamma_L$이라 하면 부하측에서 반사파는

$$v^-(t,\ 0) = \Gamma_L\, v^+(t,\ 0)$$

이다. 그러나 전압반사파와 전류반사파의 부호는 서로 반대이므로 전류입사파에 대한 전류반사파의 비는

$$i^-(t,\ 0) = -\Gamma_I\, i^+(t,\ 0)$$

이다. 여기서 $\Gamma_I$를 전류반사계수(current reflection coefficient)라 한다.

편의상 부하측을 $z = 0$이라 놓으면 부하측에서 전압과 전류식은

$$v(t,\ 0) = v^+(t,\ 0) + v^-(t,\ 0) = v^+(t,\ 0)\,(1 + \Gamma_L)$$

$$i(t,\ 0) = \frac{v^+(t,\ 0)}{R_0} - \frac{v^-(t,\ 0)}{R_0} = \frac{v^+(t,\ 0)\,(1 - \Gamma_L)}{R_0}$$

이다. 주목할 사항은 전류의 반사파의 부호는 항상 전압의 반사파의 부호와 반대가 된다는 사실이다. 따라서 전류반사계수 $\Gamma_I$는 $\Gamma_I = -\Gamma_L$이다. 위의 두 식은 부하에서 합성 전압과 전류식이므로 이의 비는 부하저항 $R_L$이다. 즉,

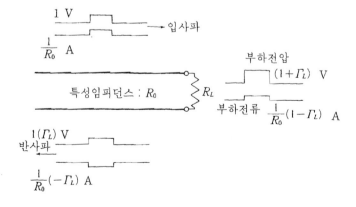

그림 3.8  부하에서의 반사현상.

$$\frac{v(t,\,0)}{i(t,\,0)} = R_L = R_0 \frac{1 + \Gamma_L}{1 - \Gamma_L} \tag{3-12}$$

위의 관계를 그림으로 설명하면 그림 3.8에 보인 바와 같다. 식 (3-12)를 전압반사계수 $\Gamma_L$에 관하여 풀면

$$\Gamma_L = \frac{R_L - R_0}{R_L + R_0} \tag{3-13}$$

이다.

---

**예제 3-1**

특성임피던스가 50Ω인 무손실 전송선로의 종단에 30Ω의 부하를 연결하고 50V의 펄스를 인가한 경우, 다음을 구하여라.

(a) 입사파의 전압과 전류

(b) 반사파의 전압과 전류

[**풀 이**]  (a) 입사파의 전압과 전류는 50 V와 1 A이다.

(b) 부하에서 반사계수 $\Gamma_L$는

$$\Gamma_L = \frac{30 - 50}{30 + 50} = -0.25$$

이므로 반사된 전압과 전류는 −12.5 V와 0.25 A이다.

---

위에서 설명한 이론을 그림 3.9에 보인 바와 같이 전원의 내부저항 $R_g$와 부하 $R_L$이 전송선로의 특성임피던스 $R_0$와 다른 좀더 일반적인 경우로 확장하고자 한다.

내부저항이 $R_g$인 전압원을 $V_g(t)$라 하면 특성임피던스가 $R_0$인 전송선로를 따라 부하 $R_L$에 이르면 $R_L \neq R_0$이므로 반사전압이 발생된다. 또한 이 반사전압이 전원에 이르면 $R_g \neq R_0$이므로 반사파가 발생하게 된다. 이와 같이 전원의 내부저항과 부하저항이 선로의 특성임

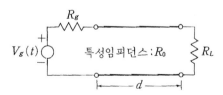

그림 3.9 일반적인 전송선로의 예.

피던스와 다르면 반사파가 양단에서 계속 발생되어 선로를 파손시키는 결과까지 초래하게 된다. 예제를 들어 좀더 구체적으로 설명하고자 한다.

---

**예제 3-2**

특성임피던스가 50 Ω이고 전송속도가 200 m/μs인, 그림 3.10 에 보인 바와 같은 전송선로, *RG*-58/U 에 크기가 32 V 이고 폭이 1 μs인 펄스를 전원으로 인가한 경우, 전압과 전류의 파를 도시하여라.

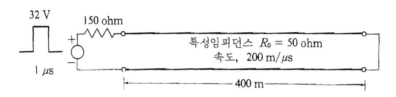

그림 3.10 전송선로에서 발생된 전압파와 전류파의 예.

[**풀 이**]  1. 펄스폭이 1 μs 이고 크기가 32 V 인 전압펄스가 입력측에 인가되면 ($t = 0$), 이는 150 Ω의 내부저항 $R_g$ 와 50 Ω의 특성임피던스 $R_0$ 인 전송선로에 걸리게 되므로 전송선로에 입사되는 전압파 $v^+(t = 0, z = 0)$는

$$v^+ = \frac{32}{R_0 + R_g} R_0 = 8\text{ V}$$

이고, 전류파 $i^+$ 는

$$i^+ = \frac{8}{50} = 0.16\text{ A}$$

이다.

2. 주어진 전송선로의 길이는 $l = 400\text{ m}$ 이므로 입사파가 전원측에서 부하에 이르는 데 소요되는 시간은 $t = \dfrac{400}{200} = 2\,μ\text{s}$ 이다.

3. 입사파가 종단(end termination) 또는 수전단(receiving termination)에 이르면 단락되었으므로 종단전압은 0 V 이다. 이는 −8 V 의 반사파가 발생됨을 예측할 수 있다. 즉

$$\Gamma_L = \frac{R_L - R_0}{R_L + R_0} = \frac{0 - 50}{0 + 50} = -1 \quad \text{또는} \quad v^- = -8\text{ V}$$

이다. 반사파의 전류는

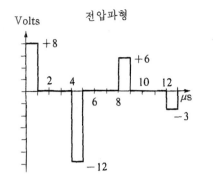
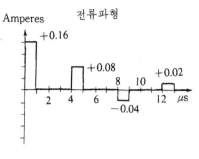

그림 3.11 그림 3.10의 전송선로의 입력측에서 본 전압파와 전류파.

$$i^- = -\frac{v^-}{R_0} = 0.16 \text{ A}$$

이다. 여기서 $i^-$와 $v^-$는 항상 반대의 부호임에 유의하여라.

4. 이 반사파는 2 $\mu$s 후에 다시 전원측에 이르게 되면 내부저항이 $R_g \neq R_0$인 전원에 의하여 또 다시 반사파가 발생한다. 이 경우의 반사파의 전압은

$$v^- = \Gamma_g v^+ = -4 \text{ V}$$

이다. 여기서

$$\Gamma_g = \frac{R_g - R_0}{R_g + R_0} = \frac{100}{200} = 0.5$$

반사파의 전류는

$$i^- = -\frac{v^-}{R_0} = 0.08 \text{ A}$$

이다. 위에 설명을 근거로 전송선로의 입력측에서 예측할 수 있는 전압파와 전류파는 그림 3.11에 보인 바와 같다.

그림 3.11에서 유의할 점은 두 번째 전압펄스의 크기가 $-4$ V가 아니고 $-12$ V라는 사실이다. 이는 펄스폭이 1 $\mu$s이기 때문에 $-4$ V가 전원측에서 1 $\mu$s 동안 반사되고 있는 동안 $-8$ V의 입력이 계속되기 때문에 $-12$ V가 된다는 사실이다.

---

만약 입력펄스의 폭이 전송선로의 왕복시간 4 $\mu$s 보다 크면, 예를 들어 6 $\mu$s라 하면 입사파와 반사파가 중첩이 되어 그림 3.12에 보인 바와 같이 된다.

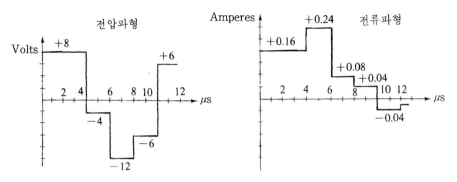

그림 3.12 입력 펄스폭이 6 μs인 경우의 입력측에서의 전압파와 전류파.

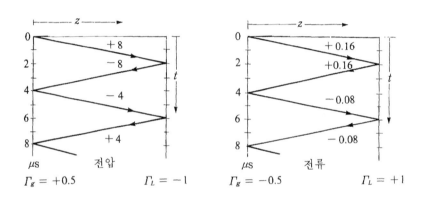

그림 3.13 격자그림.

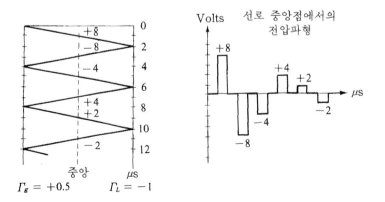

그림 3.14 예제 3-2에서 관측점이 전송선로의 중심인 예.

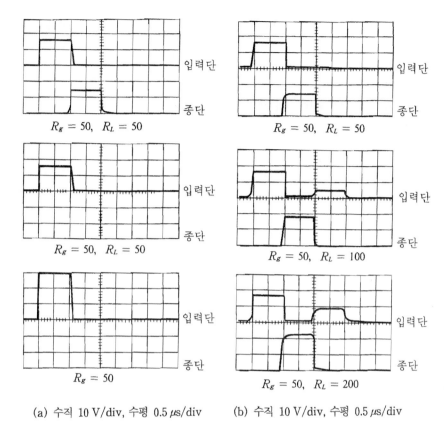

(a) 수직 10 V/div, 수평 0.5 μs/div    (b) 수직 10 V/div, 수평 0.5 μs/div

그림 **3.15** 실례의 펄스모양.

그림 3.11과 3.12에 보인 바와 같은 전압파와 전류파를 그림 3.13에 보인 바와 같은 격자그림(lattice diagram)을 사용하면 쉽게 그릴 수 있다. 수평선은 거리축 $z$이고 수직선은 시간축 $t$를 나타낸다. 따라서 예제 3-2인 경우는 입사파의 전압은 $+8\,\mathrm{V}$이고 전류는 $+0.16\,\mathrm{A}$이다. 관측점이 전송선로의 중심인 경우의 전압파는 그림 3.14에 보인 바와 같다. 이 결과를, 실례를 들어 설명한 오실로스코프에 나타나는 펄스모양은 그림 3.15에 보인 바와 같다. 여기에 사용된 전송선로는 특성임피던스가 $50\,\Omega$인 동축선로, $RG$-58/U 이다. 길이는 약 $200\,\mathrm{m}$이며 사용한 펄스발진기의 내부저항은 $50\,\Omega$, 펄스폭은 $1\,\mu\mathrm{s}$, 크기는 $30\,\mathrm{V}$이고 전송속도는 $200\,\mathrm{m}/\mu\mathrm{s}$이다. 그러므로 그림 3.15(a)의 세 번째 파형은 펄스발진기의 개방전압으로 $30\,\mathrm{V}$이며, 두 번째 파형은 $50\,\Omega$의 부하를 연결한 경우 입력측에서 입사전압의 크기로 $15\,\mathrm{V}$이다. 또한 그림 3.15(a)의 첫번째 파형은 $50\,\Omega$의 부하를 연결한 경우 입력단과 종단에서 전압파형이다. 종단에서 파형은 $1\,\mu\mathrm{s}$ 지연된 파이다. 그림 3.15(b)의 두 번째 그림의 입력측 파형은 $100\,\Omega$의 부하를 연결한 경우이며 $2\,\mu\mathrm{s}$ 후에 입력측에 나타난 전압파는 $5\,\mathrm{V}$이다. 이는 $\Gamma_L = \dfrac{100-50}{100+50} = \dfrac{1}{3}$이기 때문이며, 종단파형은 부하측의 파형이며 입사파 $15\,\mathrm{V}$에 반사파

5 V 가 추가된 결과이다. 또한 그림 3.15(b)의 세 번째 파형은 부하저항으로 200 Ω을 연결한 경우이다.

## 3.4 정현파 신호에 대한 전송방정식

식 (3-3)과 (3-4)는 모두 상수의 계수를 갖는 선형방정식이므로 페이저(phasor) 표기방식을 사용하면 계산이 용이하게 된다. 선형시스템에서는 중첩의 원리가 성립하므로 원하는 정현파전압 $V_0 \cos(\omega t + \theta)$의 형태에 $jV_0 \sin(\omega t + \theta)$를 부가하여도 임의의 선형 미분방정식을 만족한다. 따라서 전압, 전류의 실제값을 구하는 경우 $V_0 e^{j\theta}$ 형식의 페이저 표기법을 사용한 후 실수부만을 취하면 된다. $\omega t$는 모든 식에 부가되므로 마지막에 추가하면 된다. 예를들어 그림 3.16에 보인 바와 같이 내부저항이 $R_0$인 전원을 특성임피던스가 $R_0$인 무한한 전송선로에 인가하면

$$v(t,\, z) = \frac{1}{2}\, v_g\left(t - \frac{z}{v_p}\right)$$

이다. 만약 $v_g(t) = V_0 \cos \omega t$라 하면 선로의 임의의 점에서 전압은

$$v(t,\, z) = \frac{V_0}{2} \cos \omega \left(t - \frac{z}{v_p}\right) = \frac{V_0}{2} \cos(\omega t - \beta z) \tag{3-14}$$

이다. 여기서 $V_0$는 실상수이며 $\beta = \dfrac{\omega}{v_p} = \dfrac{2\pi}{\lambda}$ 이다 $\left(\lambda = \dfrac{v_p}{f}\,;\ \text{여기서 } f \text{ 는 주파수}\right)$. 따라서 식 (3-14)를 페이저기호로 표기하면

$$V(z) = \frac{V_0}{2}\, e^{-j\beta z}$$

이다.

다음과 같은 페이저표현을

$$v(t,\, z) \longleftrightarrow V(z)\, e^{j\omega t}$$
$$i(t,\, z) \longleftrightarrow I(z)\, e^{j\omega t}$$

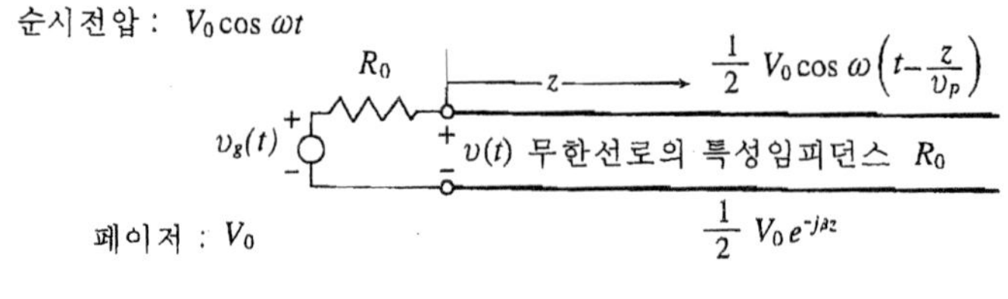

순시전압 : $V_0 \cos \omega t$

그림 **3.16** 무한한 전송선로.

식 (3-1)과 (3-2)에 적용하면

$$\frac{dV(z)}{dz} = -ZI(z) \tag{3-15}$$

$$\frac{dI(z)}{dz} = -YV(z) \tag{3-16}$$

가 된다. 여기서

$$Z = R + j\omega L, \qquad Y = G + j\omega C \tag{3-17}$$

이다.

또 식 (3-3)과 식 (3-4)에 페이저 표현을 적용하면

$$\frac{d^2V(z)}{dz^2} = \gamma^2 V(z) \tag{3-18}$$

$$\frac{d^2I(z)}{dz^2} = \gamma^2 I(z) \tag{3-19}$$

가 된다. 윗식에서 $\gamma$는 다음과 같은 주파수 함수인 복소전파상수(complex propagation constant)로서

$$\gamma^2 = ZY \tag{3-20}$$

또는

$$\gamma = [(R + j\omega L)(G + j\omega C)]^{1/2} \tag{3-21}$$

이다. 여기서 $\gamma$의 부호는 양(+)의 값만을 택했다.

식 (3-18)과 (3-19)의 해는 다음과 같은 형태의 진행파(traveling wave)이다. 즉,

$$V(z) = V^+ e^{-\gamma z} + V^- e^{\gamma z} \tag{3-22}$$

$$I(z) = I^+ e^{-\gamma z} + I^- e^{\gamma z} \tag{3-23}$$

여기서 $V^\pm$, $I^\pm$는 선로의 경계조건(boundary condition)에 의해서 정해지는 적분상수 (integration constant)이다. 위의 식은 균질매질(homogenous medium)에서 평면파의 전송방정식과 비슷하다.

식 (3-15)에 식 (3-22)를 대입하고 $I(z)$에 관하여 정리하면,

$$I(z) = \frac{V^+ e^{-\gamma z} - V^- e^{\gamma z}}{Z_0} \tag{3-24}$$

가 된다. 여기서 $Z_0$를 특성임피던스(characteristic impedance)라 부르며 다음과 같이 정의한다.

$$Z_0 = \sqrt{\frac{Z}{Y}} = [(R + j\omega L)/(G + j\omega C)]^{1/2} \tag{3-25}$$

위의 특성임피던스는 평면파의 파동임피던스(wave impedance)에 대응한다. 식 (3-21)과 (3-25)로부터

$$R + j\omega L = Z_0 \gamma \tag{3-26}$$
$$G + j\omega C = \gamma/Z_0 \tag{3-27}$$

와 같은 관계식을 얻는다. 따라서 선로에서 전압과 전류의 관계는

$$\frac{V^+}{I^+} = Z_0 = \frac{V^-}{I^-}$$

이다. 많은 경우 전송선로의 손실이 매우 작으므로 복소전파상수 $\gamma$의 근사값을 구하면 다음과 같다.

$$\gamma = [(R + j\omega L)(G + j\omega C)]^{1/2}$$
$$= \sqrt{(j\omega L)(j\omega C)\left(1 + \frac{R}{j\omega L}\right)\left(1 + \frac{G}{j\omega C}\right)}$$

여기서 $\dfrac{R}{\omega L}$, $\dfrac{G}{\omega C}$가 1에 비하여 작으면

$$= j\omega\sqrt{LC}\sqrt{\left(1 + \frac{R}{j\omega L}\right)\left(1 + \frac{G}{j\omega C}\right)}$$
$$\cong j\omega\sqrt{LC}\left[1 + \frac{1}{j2\omega}\left(\frac{R}{L} + \frac{G}{C}\right)\right]$$
$$= \alpha + j\beta \tag{3-28a}$$

여기서 $\alpha$, $\beta$는 각각 다음과 같이 주어지며 이들을 각각 감쇠상수(attenuation constant), 위상상수(phase constant)라 한다.

$$\alpha = \frac{1}{2}\left(\frac{R}{R_0} + \frac{G}{G_0}\right), \quad \beta = \omega\sqrt{LC} \tag{3-28b}$$

$$R_0 = \sqrt{\frac{L}{C}}, \quad G_0 = \frac{1}{R_0}$$

식 (3-22)와 식 (3-23)으로 구한 전압파와 전류파를 시간영역에서 표현하면

$$v(z, t) = Re\{(V^+ e^{-\gamma z} + V^- e^{\gamma z})e^{j\omega t}\}$$
$$= |V^+|e^{-\alpha z}\cos(\omega t - \beta z + \phi^+) + |V^-|e^{\alpha z}\cos(\omega t + \beta z + \phi^-) \tag{3-29}$$

$$i(z,\ t) = Re\{(I^{+}e^{-\gamma z} + I^{-}e^{\gamma z})\,e^{j\omega t}\}$$
$$= |I^{+}|\,e^{-\alpha z}\cos(\omega t - \beta z + \theta^{+}) + |I^{-}|\,e^{\alpha z}\cos(\omega t + \beta z + \theta^{-}) \tag{3-30}$$

가 된다. 여기서 $\phi^{\pm}$는 복소전압 $V^{\pm}$의 위상각이고 $\theta^{\pm}$는 복소전류 $I^{\pm}$의 위상각이다.

식 (3-29)에서 제1항의 $e^{-\alpha z}(\alpha > 0)$는 파가 전파함과 동시에 진폭이 지수함수적으로 감소함을 나타내고 있다. 식 (3-29)의 제2항은 $z$좌표의 부호를 바꾸어 생각하면 $-z$방향으로 전파하는 파임을 쉽게 알 수 있으므로 제2항도 유한한 값을 갖는다. 전송선로를 취급할 때, 부하측의 전압, 전류 및 반사계수등이 중요하므로 부하측을 기준으로 하는 경우가 더 편리할 때가 있다.

지금 그림 3.17에 보인 바와 같이 전원측으로부터 $l$의 거리에 부하를 접속하면 $z = l$에서 전압과 전류는, 식 (3-22)와 식 (3-24)로부터

$$V(l) = V^{+}e^{-\gamma l} + V^{-}e^{\gamma l}$$
$$I(l) = \frac{1}{Z_0}(V^{+}e^{-\gamma l} - V^{-}e^{\gamma l}$$

이므로, 윗식에서 $V^{+}$, $V^{-}$를 구하면

$$V^{+} = \frac{V(l) + Z_0 I(l)}{2}\,e^{\gamma l}$$
$$V^{-} = \frac{V(l) - Z_0 I(l)}{2}\,e^{-\gamma l}$$

가 된다. 윗식을 다시 식 (3-22)와 식 (3-24)에 대입하면

$$V(z) = \frac{V(l) + Z_0 I(l)}{2}\,e^{\gamma(l-z)} + \frac{V(l) - Z_0 I(l)}{2}\,e^{-\gamma(l-z)}$$
$$= V(l)\frac{e^{\gamma(l-z)} + e^{-\gamma(l-z)}}{2} + Z_0 I(l)\frac{e^{\gamma(l-z)} - e^{-\gamma(l-z)}}{2} \tag{3-31}$$
$$= V(l)\cosh\gamma(l-z) + Z_0 I(l)\sinh\gamma(l-z)$$

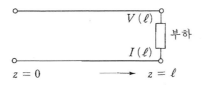

그림 **3.17** 부하 $Z_L$을 접속한 전송선로.

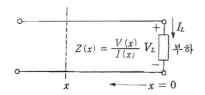

그림 3.18 부하를 기준으로 한 전송선로.

$$I(z) = \frac{1}{Z_0} \left[ \frac{V(l) + Z_0 I(l)}{2} e^{\gamma(l-z)} - \frac{V(l) - Z_0 I(l)}{2} e^{-\gamma(l-z)} \right]$$

$$= I(l) \cosh \gamma(l-z) + \frac{V(l)}{Z_0} \sinh \gamma(l-z) \tag{3-32}$$

이다. 지금 $l - z = x$라 놓으면

$$V(x) = V_L \cosh \gamma x + Z_0 I_L \sinh \gamma x \tag{3-33}$$

$$I(x) = I_L \cosh \gamma x + \frac{V_L}{Z_0} \sinh \gamma x \tag{3-34}$$

가 된다. 여기서 편의상 $V(l) = V_L$, $I(l) = I_L$이라 놓았다.

식 (3-33)과 식 (3-34)는 부하의 전압과 전류, $V(l)$, $I(l)$이 주어졌을 때의 전압과 전류의 일반식이다. 따라서 $x$는 부하측을 기준으로 하여 전원을 향한 임의의 거리이다. 이를 나타내면 그림 3.18에 보인 바와 같다.

식 (3-33)과 식 (3-34)를 행렬로 표시하면 다음과 같은 ABCD 행렬을 얻는다.

$$\begin{bmatrix} V(x) \\ I(x) \end{bmatrix} = \begin{bmatrix} \cosh \gamma x & Z_0 \sinh \gamma x \\ \dfrac{1}{Z_0} \sinh \gamma x & \cosh \gamma x \end{bmatrix} \begin{bmatrix} V_L \\ I_L \end{bmatrix}$$

여기서 $V_L$과 $I_L$은 각각 부하의 양단 사이의 전압과 부하에 흐르는 전류임에 유의하여라.

## 3.5 입력임피던스

그림 3.18에 보인 바와 같이 임의점 $x$에서 부하측을 향하여 본 임피던스는

$$Z_{in}(x) = \frac{V(x)}{I(x)} \tag{3-36}$$

이므로 식 (3-33)과 식 (3-34)를 윗식에 대입하여 정리하면 $x$점에서 부하를 향하여 본 입력임피던스 $Z_{in}$은

$$Z_\text{in}(x) = Z_0 \frac{Z_L \cosh \gamma x + Z_0 \sinh \gamma x}{Z_0 \cosh \gamma x + Z_L \sinh \gamma x} \tag{3-37a}$$

또는

$$Z_\text{in}(x) = Z_0 \frac{Z_L + Z_0 \tanh \gamma x}{Z_0 + Z_L \tanh \gamma x} \tag{3-37b}$$

이다. 여기서

$$Z_L = \frac{V_L}{I_L} \tag{3-38}$$

이며, 이는 부하임피던스(load impedance)이다. 식 (3-37)의 양변을 $Z_0$로 나누고 정리하면

$$z_\text{in}(x) = \frac{z_L + \tanh \gamma x}{1 + z_L \tanh \gamma x} \tag{3-39}$$

가 된다. 여기서 $z_L = Z_L/Z_0$이고, 특히 $z_\text{in}(x) = Z_\text{in}/Z_0$를 정규화 입력임피던스(normalized input impedance)라 한다.


## 3.6  반사계수

전원측의 전압과 전류를 기준으로 한 전송방정식을 부하측을 기준으로 표기하기 위하여 식 (3-33)과 식 (3-34)에 식 (3-38)을 대입하여 정리하면 다음과 같이 부하전압 $V_L$로 주어진다.

$$V(x) = V^+ e^{\gamma x} + V^- e^{-\gamma x} \tag{3-40}$$

$$I(x) = \frac{1}{Z_0}(V^+ e^{\gamma x} - V^- e^{-\gamma x}) \tag{3-41}$$

여기서

$$V^+ = \frac{1}{2} V_L \left[1 + \frac{Z_0}{Z_L}\right] \tag{3-42}$$

$$V^- = \frac{1}{2} V_L \left[1 - \frac{Z_0}{Z_L}\right] \tag{3-43}$$

이다.

윗식의 제1항, $V^+ \exp(\gamma x)$는 부하측을 향한 입사파이고 제2항, $V^- \exp(-\gamma x)$는 전원측을 향한 반사파이므로 선로에서 임의의 점의 전압은 이 두 파의 합성이다. 여기서 임의의 점 $x$에서 전압의 입사파와 전압의 반사파의 비를 전압 반사계수(voltage reflection coefficient)라 하며 다음과 같이 정의한다.

$$\Gamma_V(x) = \frac{V^- e^{-\gamma x}}{V^+ e^{\gamma x}} = \frac{V^-}{V^+} e^{-2\gamma x} \tag{3-44}$$

같은 방법으로 임의의 점 $x$에서 전류의 입사파와 반사파의 비를 전류 반사계수(current reflection coefficient)라 하며 다음과 같이 정의한다.

$$\Gamma_I(x) = \frac{-V^- e^{-\gamma x}/Z_0}{V^+ e^{\gamma x}/Z_0} = -\frac{V^-}{V^+} e^{-2\gamma x} = -\Gamma_V(x) \tag{3-45}$$

식 (3-44)를 식 (3-40)과 식 (3-41)에 대입하면

$$V(x) = V^+ e^{\gamma x}[1 + \Gamma_V(x)] \tag{3-46}$$

$$I(x) = \frac{V^+}{Z_0} e^{\gamma x}[1 - \Gamma_V(x)] \tag{3-47}$$

가 된다. 다시 식 (3-44)에 식 (3-42)와 (3-43)을 대입하면

$$\begin{aligned}\Gamma_V(x) &= \frac{Z_L - Z_0}{Z_L + Z_0} e^{-2\gamma x} \\ &= \frac{z_L - 1}{z_L + 1} e^{-2\gamma x}\end{aligned} \tag{3-48}$$

가 된다. 이 식은 부하의 정규화 임피던스와 전압 반사계수의 관계를 나타낸다. 식 (3-48)에 $x = 0$을 대입하면, 부하 자신의 반사계수 $\Gamma_L$이 된다. 즉,

$$\Gamma_L = \frac{V^-}{V^+} = \frac{z_L - 1}{z_L + 1} \tag{3-49}$$

이것을 부하의 반사계수라 한다. $\Gamma_V(x)$, $\Gamma_I(x)$, $\Gamma_L(x)$은 일반적으로 복소량이다.

부하의 반사계수를 $\Gamma_L = |\Gamma_L| e^{j\phi}$로 표시하면 전송선로의 임의점에서 전압 반사계수는

$$\Gamma_V(x) = \Gamma_L e^{-2\gamma x} = |\Gamma_L| e^{-2\gamma x + j\phi} \tag{3-50}$$

가 된다.

반사계수라 하면 흔히 전압 반사계수를 가리킨다. 따라서 이 책에서도 $\Gamma_V(x)$를 $\Gamma(x)$로 표기하기로 한다. 식 (3-48)을 살펴보면 반사계수와 부하임피던스와의 사이에는 1 대 1의 대응관계가 있음을 알 수 있다. 즉 식 (3-36)에 식 (3-46)과 (3-47)을 대입하면, 다음과 같은 임의의 점에서 부하를 향하여 본 입력임피던스를 구할 수 있다.

$$Z_{in}(x) = \frac{V(x)}{I(x)} = Z_0 \frac{1 + \Gamma(x)}{1 - \Gamma(x)} \tag{3-51}$$

또는

$$z_{\text{in}}(x) = \frac{Z_{\text{in}}(x)}{Z_0} = \frac{1 + \Gamma(x)}{1 - \Gamma(x)} \tag{3-52}$$

---

**예제 3-3**

특성임피던스가 50 Ω인 전송선로에 $+j50$ Ω의 부하를 연결한 경우, 부하의 반사계수를 구하여라. 만약 입사파의 전압이 $50 \cos \omega t$ V 일 때 반사파의 전압과 전류를 구하여라.

[**풀 이**]  식 (3-13)으로부터

$$\Gamma_L = \frac{j50 - 50}{j50 + 50} = \frac{j - 1}{j + 1} = 1\underline{/90°} = j$$

윗식이 주는 의미는 입사파가 부하에 의하여 90° 만큼 위상이 앞서게 되었음을 보여 주는 결과이다. 그러므로 반사파의 전압은 $50 \cos(\omega t + 90°)$ V 이고 전류는 $\cos(\omega t - 90°)$ A 이다. 따라서 부하에 걸린 합성전압은 $50\sqrt{2}\cos(\omega t + 45°)$ V 이고 합성전류는 $\sqrt{2}\cos(\omega t - 45°)$ A 이다.

---

다음으로 종단개방($Z_L = \infty$) 및 단락($Z_L = 0$)회로의 입력임피던스는 식 (3-39)로부터 직접 구할 수 있으나, 물리적 의미를 고찰하기 위하여 전송선로 방정식으로부터 구하기로 한다.

## [1]  종단개방회로

전송선로의 종단($x = 0$)을 개방(open)한 경우, 부하의 전압반사계수는 식 (3-49)로부터

$$V^+ = V^-$$

이므로, 식 (3-40)과 (3-41)은

$$V(x) = V^+ [e^{\gamma x} + e^{-\gamma x}]$$

$$I(x) = \frac{V^+}{Z_0} [e^{\gamma x} - e^{-\gamma x}]$$

이다. 따라서 개방 종단에서 전원측으로 $x = d$ 만큼 떨어진 점에서 개방측을 향하여 본 입력임피던스는

$$Z_{\text{op}} = \frac{V(d)}{I(d)} = Z_0 \frac{e^{\gamma d} + e^{-\gamma d}}{e^{\gamma d} - e^{-\gamma d}} \tag{3-53}$$

$$= Z_0 \coth \gamma d$$

이다.

## [2]  종단단락회로

전송선로의 종단($x=0$)을 단락(short)한 경우, 부하의 전압반사계수 $\Gamma_L$은, 식 (3-49)로 부터

$$V^+ = -V^-$$

이므로, 식 (3-40)과 (3-41)은

$$V(x) = V^+[e^{\gamma x} - e^{-\gamma x}]$$

$$I(x) = \frac{V^+}{Z_0}[e^{\gamma x} + e^{-\gamma x}]$$

이다. 따라서 단락 종단에서 전원측으로 $x=d$ 만큼 떨어진 점에서 단락측을 향하여 본 입력 임피던스는

$$
\begin{aligned}
Z_{\text{sh}} &= Z_0 \frac{e^{\gamma d} - e^{-\gamma d}}{e^{\gamma d} + e^{-\gamma d}} \\
&= Z_0 \tanh \gamma d
\end{aligned}
\tag{3-54}
$$

이다.

---

**예제 3-4**

전화선의 분포회로정수가 $R = 20\ \Omega$, $L = 3\ \text{mH}$, $C = 0.06\ \mu\text{F}$ 및 $G = 10\ \mu\text{S}$ 라 할 때, 다음을 구하여라. (1) 각주파수 $\omega = 5000\ \text{rad/s}$ 에서 선로의 특성임피던스와 전파상수를 구하여라. (2) 특성임피던스의 크기는 매우 낮은 주파수와 매우 높은 주파수 사이에서 어떻게 변하는가?

[풀 이]  $Z_0 = [(R + j\omega L)/(G + j\omega C)]^{1/2}$

$$= \left[\frac{20 + j \times 5 \times 10^3 \times 3 \times 10^{-3}}{10^{-5} + j \times 5 \times 10^3 \times 0.06 \times 10^{-6}}\right]^{1/2}$$

$$= 288.6\ \underline{/-25.6°}\ \Omega$$

$\gamma = [(R + j\omega L)(G + j\omega C)]^{1/2}$

$$= 4 \times 10^{-2} + j7.6 \times 10^{-2}\ \Omega$$

매우 낮은 주파수에서는   $|Z_0| \cong [R/G]^{1/2} = 1414.2\ \Omega$

매우 높은 주파수에서는   $|Z_0| \cong [L/C]^{1/2} = 223.6\ \Omega$

[ 3 ] 개방회로와 단락회로의 임피던스에 의한 특성임피던스와 전파상수

식 (3-53)과 (3-54)를 곱하면

$$Z_{op} Z_{sh} = Z_0^2 \tag{3-55a}$$

을 얻고, 또 두 식을 나누면

$$Z_{sh}/Z_{op} = \tanh^2 \gamma d$$
$$= [(1 - e^{-2\gamma d})/(1 + e^{-2\gamma d})]^2 \tag{3-55b}$$

이므로, 이것을 $e^{-2\gamma d}$에 관하여 풀면

$$e^{-2\gamma d} = \frac{1 - \sqrt{Z_{sh}/Z_{op}}}{1 + \sqrt{Z_{sh}/Z_{op}}} \tag{3-56}$$

이다. 따라서 윗식의 오른쪽 식을 극좌표형 $ke^{j\theta}$라 놓으면

$$e^{-2(\alpha + j\beta)d} = ke^{j\theta}$$

이므로

$$e^{-2\alpha d} = k$$
$$-2\beta d = \theta + 2n\pi, \quad (n = 0, 1, 2, \cdots)$$

이다.

---

**예제 3-5**

50 km 의 전화선을 각주파수 $\omega = 5000$ rad/s 에서 개방과 단락에 대한 입력임피던스를 측정한 값은 다음과 같다.

$$Z_{op} = 328 \underline{/-29.2°}\,\Omega$$
$$Z_{sh} = 1548 \underline{/6.8°}\,\Omega$$

특성임피던스, 전파상수 및 분포회로정수를 구하여라. 여기서 선로의 길이는 한 파장의 길이보다 작다고 가정한다.

[**풀 이**]  식 (3-55)와 식 (3-56)으로부터

$$Z_0 = \sqrt{Z_{op} Z_{sh}} = 713 \underline{/-11.2°}\,\Omega$$
$$\tanh \gamma d = \sqrt{Z_{sh}/Z_{op}} = 2.17 \underline{/18°} = 2.06 + j0.67$$

$$\exp{(-2\gamma d)} = \frac{-1.06 - j0.67}{3.06 + j0.67} = \frac{1.25\,\underline{/212.3°}}{3.13\,\underline{/12.4°}}$$
$$= 0.399\,\underline{/199.9°} = 0.399\,\underline{/3.49°}$$

이다. 그러므로

$$-2ad = \ln{(0.399)} = -0.919$$
$$\alpha = 0.009\ \text{Np/km}$$
$$= 0.08\ \text{dB/km}$$

$\beta$는 다음의 관계식으로부터

$$-2\beta d = 3.49 + 2n\pi$$

이다. $0 < \beta d < 2\pi$라는 주어진 가정에 의하여

$$2\beta d = 2\pi - 3.49$$
$$\beta = 0.028\ \text{rad/km}$$

따라서

$$\gamma = \alpha + j\beta = 0.03\,\underline{/72°}$$

전송선로의 분포회로정수는 식 (3-26)과 식 (3-27)로부터

$$R + j\omega L = \gamma Z_0 = 0.03\,\underline{/72°} \times 713\,\underline{/-11.2°}$$

윗식을 전개하면 $R = 10.4\ \Omega/\text{km}$, $L = 3.73\ \text{mH/km}$를 얻는다. 또

$$G + j\omega C = \gamma / Z_0 = \frac{0.03\,\underline{/72°}}{713\,\underline{/-11.2°}}$$

윗식을 전개하면 $G = 4.9\ \mu\text{S/km}$, $C = 8.34\ \text{nF/km}$를 얻는다.

## 3.7   무손실 전송선로

실용되고 있는 전송선로의 직렬저항은 직렬인덕턴스에 비하여 무시할 만큼 적고, 병렬컨덕
턴스도 병렬서셉턴스에 비하여 무시할 수 있으므로 $R = 0$, $G = 0$이라 하면, 식 (3-17)은

$$Z = j\omega L, \quad Y = j\omega C \tag{3-57}$$

가 된다. 이와 같은 선로를 무손실 전송선로(lossless transmission)라 한다. 따라서 복소전파
상수는 식 (3-20)으로부터

$$\gamma^2 = ZY = -\omega^2 LC$$

또는

$$\gamma = j\omega\sqrt{LC} = j\beta \qquad (3\text{-}58)$$

이다. 여기서 $\beta = \omega\sqrt{LC}$ 이다.

따라서 무손실 전송선로의 감쇠상수 $\alpha$ 와 위상상수 $\beta$ 는

$$\alpha = 0$$

$$\beta = \omega\sqrt{LC} = \frac{2\pi f}{v_p} = \frac{2\pi}{\lambda} \qquad (3\text{-}59)$$

$$Z_0 = \sqrt{\frac{Z}{Y}} = \sqrt{\frac{L}{C}} \qquad (3\text{-}60)$$

와 같이 순 저항이 된다. 여기서

$$v_p = \frac{1}{\sqrt{LC}} \qquad (3\text{-}61)$$

$$\lambda = \frac{v_p}{f} \qquad (3\text{-}62)$$

이다.

따라서 무손실전송선로의 일반식은 식 (3-40)과 식 (3-41)으로부터

$$V(x) = V^+ e^{j\beta x} + V^- e^{-j\beta x} = V^+ e^{j\beta x}[1 + \Gamma(x)] \qquad (3\text{-}63)$$

$$I(x) = \frac{1}{Z_0}(V^+ e^{j\beta x} - V^- e^{-j\beta x}) = \frac{V^+}{Z_0} e^{j\beta x}[1 - \Gamma(x)] \qquad (3\text{-}64)$$

이다. 여기서 $\Gamma(x) = \dfrac{V^-}{V^+} e^{-j2\beta x}$ 이고, 입력임피던스는 식 (3-37)에 식 (3-58)을 대입하면

$$Z_{\text{in}}(x) = Z_0 \frac{Z_L + jZ_0\tan\beta x}{Z_0 + jZ_L\tan\beta x} \qquad (3\text{-}65\text{a})$$

또는

$$z_{\text{in}}(x) = \frac{z_L + j\tan\beta x}{1 + jz_L\tan\beta x} \qquad (3\text{-}65\text{b})$$

여기서 $\tanh(j\beta x) = j\tan\beta x$ 이다.

반사계수는 식 (3-44)와 (3-49)로부터

$$\Gamma(x) = \frac{V^-}{V^+} e^{-j2\beta x} = \frac{z_L - 1}{z_L + 1} e^{-j2\beta x}$$
$$= |\Gamma_L| e^{j(\phi - 2\beta x)} \qquad (3\text{-}66)$$

이다. 여기서 $\Gamma_L$ 은 부하에서 전압반사계수로서 다음과 같이 정의된다.

표 3-1

| 전송선로 | 선의 형태 | 임피던스($Z_0$) |
|---|---|---|
| 지면으로부터 멀리 떨어진 쌍선로 | 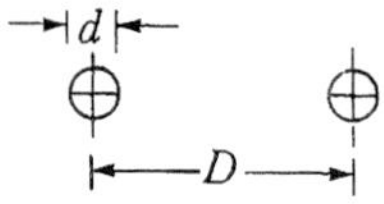 | $120\cosh^{-1}\left(\dfrac{D}{d}\right)$ |
| 지면 근처의 쌍선로 | 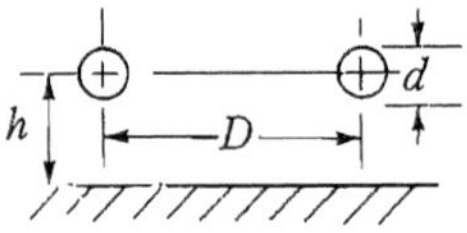 | $30\ln\left\{\dfrac{4h}{d}\sqrt{1+\left(\dfrac{2h}{D}\right)^2}\right\}$ |
| 지면 근처의 한(single) 선로 | 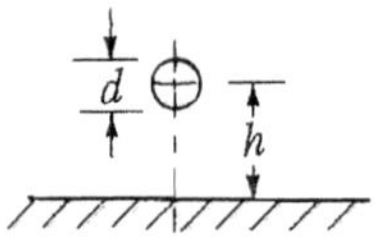 | $60\cosh^{-1}\left(\dfrac{2h}{d}\right)$ |
| 동축선로* | 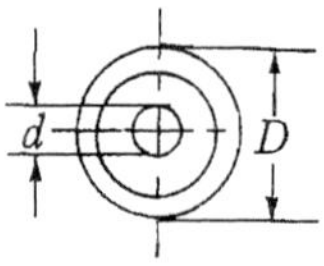 | $60\ln\left(\dfrac{D}{d}\right)$ |
| 평행스트립선로* | 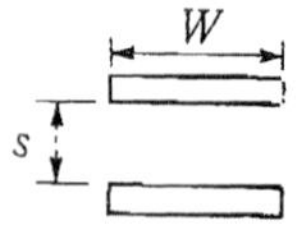 | $\dfrac{2368}{1+2\pi\dfrac{W}{s}+\ln\left(1+2\pi\dfrac{W}{s}\right)}$ |

*여기서 선로의 두께는 무시한다.

$$\Gamma_L = \frac{z_L-1}{z_L+1} = |\Gamma_L|\,e^{j\phi} \tag{3-67}$$

따라서 식 (3-52)는

$$z_{\ln}(x) = \frac{1+|\Gamma_L|\,e^{j(\phi-2\beta x)}}{1-|\Gamma_L|\,e^{j(\phi-2\beta x)}} \tag{3-68}$$

가 된다.

선로의 전송속도 $v_p$는

$$v_p = \frac{c}{\sqrt{\varepsilon_r\,\mu_r}}$$

이다. 여기서 $c$는 자유공간에서의 속도이며 $\varepsilon_r$와 $\mu_r$는 자유공간에 대한 유전체의 비유전율과 비투자율이다.

위의 관계를 이용하여 회로정수를 구하면 다음과 같다

$$L = \sqrt{\varepsilon_r \mu_r} \frac{Z_0}{c} = 3.33 \sqrt{\varepsilon_r \mu_r} \, Z_0 \, \text{nH/m}$$

$$C = \sqrt{\varepsilon_r \mu_r} \frac{1}{cZ_0} = \frac{3.33 \sqrt{\varepsilon_r \mu_r}}{Z_0} \, \text{nF/m}$$

$$\tau = \frac{1}{v_p} = 3.33 \sqrt{\varepsilon_r \mu_r} \, \text{ns/m}$$

여기서 $\tau$는 전파지연시간이다.

참고로 몇 종류의 전송선로에 대한 특성임피던스를 소개하면 표 3-1에 보인 바와 같다.

## 3.8 정재파

전송선로의 부하가 그 선로의 특성임피던스와 다르게 되면 ($Z_L \neq Z_0$) 선로에 입사파와 반사파가 존재하게 되므로 이 두 파의 합성에 의한 정재파(standing wave)가 발생하게 된다. 선로에서 측정한 전압정재파의 절대값은 식 (3-63)으로부터

$$
\begin{aligned}
|V(x)| &= |V^+ e^{j\beta x}| \, |1 + \Gamma_L e^{-j2\beta x}| \\
&= |V^+| \, |1 + |\Gamma_L| e^{j\phi} e^{-j2\beta x}| \\
&= |V^+| \{[1 + |\Gamma_L| \cos(\phi - 2\beta x)]^2 + |\Gamma_L|^2 \sin^2(\phi - 2\beta x)\}^{1/2} \\
&= |V^+| [1 + |\Gamma_L|^2 + 2|\Gamma_L| \cos(\phi - 2\beta x)]^{1/2}
\end{aligned}
\tag{3-69a}
$$

윗식을 도시하면 그림 3.19에 보인 바와 같다.

전압정재파 $|V(x)|$는 선로에 따라 $\cos(\phi - 2\beta x)$가 $\pm 1$의 값을 갖게 되므로 $+1$인 경우에 $|V(x)|$는 최대값 $|V^+|(1 + |\Gamma_L|)$을 갖고 $-1$일 때는 최소값 $|V^+|(1 - |\Gamma_L|)$을 갖는다. 이와 같이 선로에 따라 크기가 변하고 있는 $|V(x)|$의 변화를 정재파 패턴(standing wave pattern)이라 한다. 이 패턴의 주기는 $2\beta x = 2\pi$ 또는 $x = \lambda/2$이며, 최대점과 최소점 간의 거리는 $\lambda/4$이다. 최대점의 위치는 이 값에 따라 다르다. 이 전압의 측정으로부터 $|\Gamma_L|$와 $\phi$의 값을 구할 수 있다. 따라서 마이크로파 회로에서는 정재파의 크기를 측정하는 것은 비교적 간단하므로 정재파 측정기가 사용된다.

앞에서 설명한 바 있는 정재파의 최대값 $V_{\max} = |V^+|(1 + |\Gamma_L|)$과 최소값 $V_{\min} = |V^+|(1 - |\Gamma_L|)$의 비를 전압 정재파비(VSWR ; voltage standing wave ratio)라 하며 다음과 같이 정의한다.

$$\text{SWR} = \frac{V_{\max}}{V_{\min}} = \frac{1 + |\Gamma_L|}{1 - |\Gamma_L|} \tag{3-70}$$

**SWR**라 하면 VSWR를 가리키며 SWR $< \infty$의 범위를 갖는 실수이다. 식 (3-70)으로부터

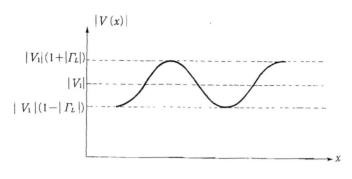

그림 3.19 정재파 패턴.

SWR = 1이라 하면, $Z_L = Z_0$인 경우를 가리키며 이와 같은 조건을 임피던스정합(impedance matching)이라 한다.

전압정재파의 최소값은 $\cos(\phi - 2\beta x) = -1$인 경우이므로 반사계수의 위상은

$$\phi = \pi + 2\beta d_{min}$$

이다. 여기서 $d_{min}$은 부하에서 최초의 최소전압까지의 거리이다. 따라서 전압의 최소값은 $\lambda/2$ 주기로 선로에 반복적으로 나타난다. 즉,

$$
\begin{aligned}
\phi &= \pi + 2\beta\left(d_{min} + \frac{\lambda}{2}n\right) \\
&= \pi + 2\beta d_{min} + 2\pi n \\
&= 2\beta d_{min} + (2n+1)\pi \qquad (n = 0, 1, 2, \cdots)
\end{aligned}
\tag{3-71}
$$

선로에서 발생된 전류정재파 패턴도 위에서 설명한 바와 같은 방법으로 구할 수 있다. 즉,

$$|I(x)| = \frac{1}{Z_0}|V^+|[1 + |\Gamma_L|^2 - 2|\Gamma_L|\cos(\phi - 2\beta x)]^{1/2} \tag{3-72}$$

이다. 전류의 정재파 패턴은 전압의 경우와 위상이 180° 다를 뿐 파형의 모양은 동일하다. 즉 전류의 최소값은 전압의 최대값에 해당한다. 위에서 설명한 경우는 무손실 전송선로이나 손실이 있는 전송선로의 경우에는 정재파 패턴이 다소 복잡해진다. 즉,

$$
\begin{aligned}
|V(x)| &= |V^+\exp(\gamma x)|\,|1 + |\Gamma_L|\exp[-2\alpha x - j(2\beta x - \phi)]| \\
&= |V^+\exp(\alpha x)|\,\{[1 + |\Gamma_L|\exp(-2\alpha x)\cos(2\beta x - \phi)]^2 \\
&\qquad\qquad + |\Gamma_L|^2\exp(-4\alpha x)\sin^2(2\beta x - \phi)\}^{1/2} \\
&= |V^+|\exp(\alpha x)[1 + |\Gamma_L|^2\exp(-4\alpha x) \\
&\qquad\qquad + 2|\Gamma_L|\exp(-2\alpha x)\cos(2\beta x - \phi)]^{1/2}
\end{aligned}
\tag{3-73}
$$

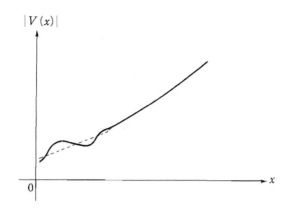

그림 **3.20** 손실전송선로의 정재파 패턴의 한 예.

이다. 이를 도시하면 그림 3.20에 보인 바와 같이 된다.

자주 이용되는 무손실 전송선로의 특별한 경우에 대하여 설명하고자 한다.

## [1] 수전단의 부하가 특성임피던스와 같은 경우 ($Z_L = Z_0$)

$z_L = 1$이므로 식 (3-65b)와 (3-66)으로부터 선로의 모든 점에서

$$z(x) = \frac{1 + j\tan\beta x}{1 + j\tan\beta x} = 1$$

$$\Gamma(x) = 0$$

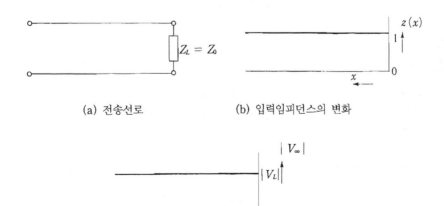

(a) 전송선로  (b) 입력임피던스의 변화

(c) 전압 절대값의 변화

그림 **3.21** $Z_L = Z_0$인 경우.

이다. 따라서 전압, 전류는

$$V(x) = V^+ e^{j\beta x}$$

$$I(x) = \frac{V^+}{Z_0} e^{j\beta x}$$

이다. 이는 선로 어느 곳에서도 반사파가 존재하지 않으므로 전압, 전류의 진폭은 선로 어느 곳에서나 일정하다. 즉 동일한 진폭을 갖는다. 정규화 입력임피던스와 전압진폭의 절대값의 분포를 도시하면 그림 3.21에 보인 바와 같다.

### [2] 단락종단선로

그림 3.22에 보인 단락부하 $(Z_L = 0)$의 반사계수는 식 (3-67)로부터 $\Gamma_L = -1$이므로 식 (3-70)으로부터 SWR는 무한대이다. 식 (3-63)과 식 (3-64)로부터 단락종단선로의 전압과 전류는

$$V(x) = V^+ [e^{j\beta x} - e^{-j\beta x}] = j2 V^+ \sin \beta x \qquad (3\text{-}74\text{a})$$

$$I(x) = \frac{V^+}{Z_0} [e^{j\beta x} + e^{-j\beta x}] = \frac{2 V^+}{Z_0} \cos \beta x \qquad (3\text{-}74\text{b})$$

이다. 윗식을 살펴보면, 부하 $(x=0)$의 전압은 $V(0) = 0$(단락회로인 경우 이는 당연한 사실이다)인 반면 부하에 흐르는 전류는 최대임을 알 수 있다. 따라서 $x = d$인 점에서 부하를 향하여 본 입력임피던스는

$$Z_{\text{in}} = \frac{V(d)}{I(d)} = jZ_0 \tan \beta d \qquad (3\text{-}75)$$

이다. 이는 순수한 허수로서 $+j\infty$와 $-j\infty$의 모든 값을 가질 수 있다. 예를 들면 $d = 0$이면 $Z_{\text{in}} = 0$이나, $d = \lambda/4$이면 $Z_{\text{in}} = \infty$(개방회로)이다. 식 (3-75)를 살펴보면 임피던스는 선로의 길이 $d$에 따라 $\lambda/2$의 주기로 변하고 있음을 알 수 있다. 단락종단선로의 전압·전류 및 임피던스의 변화를 도시하면 그림 3.23에 보인 바와 같다. 식 (3-74)를 순시값으로 나타내면 다음과 같다.

$$v(t, x) = Re\{ |V^+| e^{j\phi_1} [e^{j\beta x} - e^{-j\beta x}] e^{j\omega t} \} = -2 |V^+| \sin \beta x \sin \omega t \qquad (3\text{-}76\text{a})$$

$$v(t, x) = Re \left\{ \frac{|V^+|}{Z_0} e^{j\phi_1} [e^{j\beta x} + e^{-j\beta x}] e^{j\omega t} \right\} = \frac{2 |V^+|}{Z_0} \cos \beta x \cos \omega t \qquad (3\text{-}76\text{b})$$

여기서 $\phi_1 = 0$.

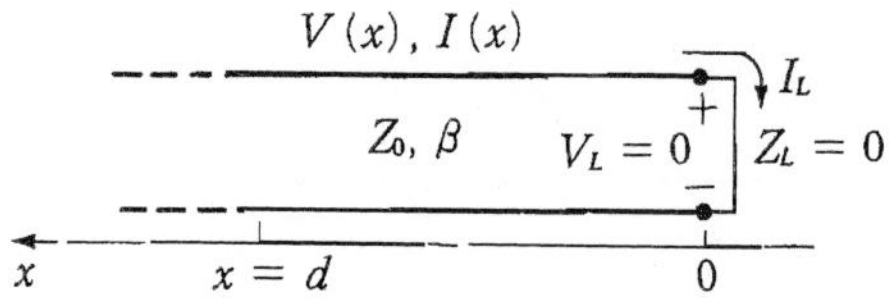

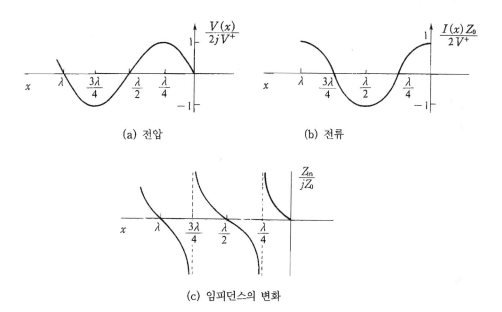

그림 **3.22** 단락종단 전송선로.

(a) 전압    (b) 전류

(c) 임피던스의 변화

그림 **3.23** 단락종단선로의 전압·전류 및 임피던스의 변화도.

## [3] 개방종단선로

그림 3.24에 보인 개방부하($Z_L = \infty$)의 반사계수는 식 (3-67)로부터 $\Gamma_L = 1$이므로 식 (3-70)으로부터 SWR는 무한대이다. 따라서 개방종단선로의 전압과 전류는 식 (3-63)과 (3-64)로부터

$$V(x) = V^+[e^{j\beta x} + e^{-j\beta x}] = 2V^+ \cos \beta x \qquad (3\text{-}77a)$$

$$I(x) = \frac{V^+}{Z_0}[e^{j\beta x} - e^{-j\beta x}] = \frac{2jV^+}{Z_0} \sin \beta x \qquad (3\text{-}77b)$$

이다. 부하($x = 0$)에서는 개방회로인 경우처럼 전류 $I(0) = 0$인 반면, 전압은 최대값을 갖는다. 선로의 임의의 점 $x$에서 부하를 향하여 본 입력임피던스는

$$Z_{\text{in}} = -jZ_0 \cot \beta x \qquad (3\text{-}78)$$

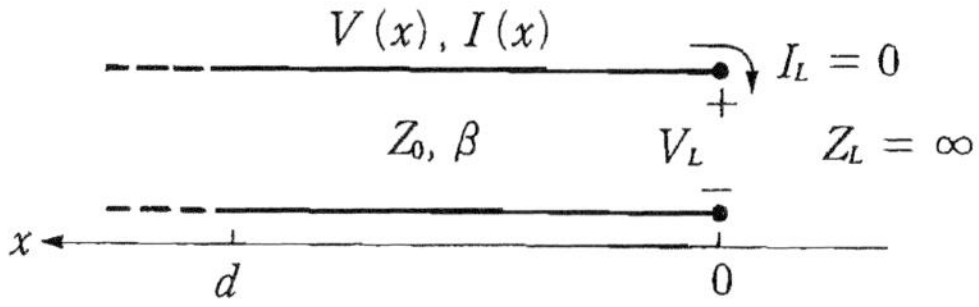

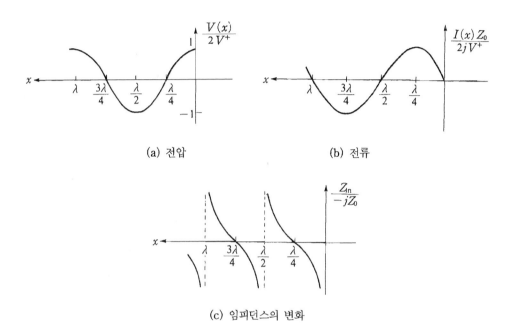

그림 **3.24**  개방종단의 전송선로의 예.

(a) 전압     (b) 전류

(c) 임피던스의 변화

그림 **3.25**  개방종단선로에서 전압, 전류 및 임피던스의 변화도.

이다. 이는 선로 어느 점에서나 입력임피던스가 순수한 허수(리액턴스)임을 나타낸다. 개방종단선로의 전압, 전류 및 입력 리액턴스를 도시하면 그림 3.25에 보인 바와 같다. 식 (3-77)을 순시값으로 나타내면 다음과 같다.

$$v(t, x) = 2 \, | \, V^+ \, | \cos \beta x \cos \omega t \tag{3-79a}$$

$$i(t, x) = - \frac{2 \, | \, V^+ \, |}{Z_0} \sin \beta x \sin \omega t \tag{3-79b}$$

## [4]  $\frac{\lambda}{2}$ 전송선로

길이가 $x = \frac{1}{2} \lambda n \ (n = 1, 2, \cdots)$인 전송선로의 입력임피던스는 식 (3-65a)로부터

$$Z_{in} = Z_L \tag{3-80}$$

이다. 즉 반파장 길이(또는 반파장의 배수)의 전송선로에서 입력임피던스는 특성임피던스에 관계없이 부하임피던스와 같다.

## [5] $\frac{\lambda}{4}$ 트랜스포머

길이가 $\frac{\lambda}{4}$ 이거나 $\frac{1}{4}\lambda + \frac{1}{2}n\lambda$ $(n = 1, 2, \cdots)$인 전송선로에서 입력임피던스는 식 (3-65a)로부터

$$Z_{in} = \frac{Z_0^2}{Z_L} \quad \text{또는} \quad Z_0 = \sqrt{Z_{in}Z_L} \tag{3-81}$$

이다. 이는 주어진 부하임피던스에 대한 입력임피던스를 선로의 특성임피던스에 따라 변경시킬 수 있으므로 $\lambda/4$ 트랜스포머(quarter wave transformer)라고 한다. 이에 대한 응용은 3.11절에서 더 자세히 설명하기로 한다.

## [6] 특성임피던스가 다른 두 개의 전송선로의 연결

특성임피던스가 다른 두 개의 전송선로 $Z_0$와 $Z_1$을 그림 3.26에 보인 바와 같이 연결한 경우를 생각하기로 한다. 여기서 두 개의 선로는 무한한 길이이거나 또는 선로 자체의 특성임피던스와 동일한 부하를 접속하였다고 가정한다. 따라서 두 개의 선로를 연결한 곳(그림에서 $z = 0$)에서만 반사가 일어나고 있으므로 연결한 곳에서 반사계수 $\Gamma$는

$$\Gamma = \frac{Z_1 - Z_0}{Z_1 + Z_0}$$

이다.

입사파가 모두 반사하는 것은 아니고 그 중의 일부는 제2의 전송선로($Z_1$)로 전송된다. 식 (3-63)의 $x$ 대신에 $x = -z$(그림 3.26 참고)라 놓으면

$$V(z) = V^+ e^{-j\beta z}[1 + \Gamma(z)] \tag{3-82a}$$

이다. 여기서 $V^+$은 특성임피던스가 $Z_1$인 선로에 입사한 전압의 크기이고, $\Gamma(z) = \Gamma(0)e^{+j2\beta z}$이다. 입사파가 일단 특성임피던스가 $Z_1$인 전송선로에 들어오면 $(z > 0)$ 전송하는 파밖에 없으므로 전송파는

$$V(z) = V^+ T e^{-j\beta z} \; ; \quad z > 0 \tag{3-82b}$$

이다. 여기서 $T$를 전송계수(transmission coefficient)라 한다. 따라서 $z = 0$에서 두 전압은 같으므로 식 (3-82a)와 식 (3-82b)로부터

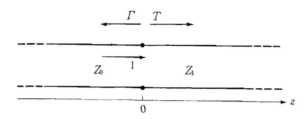

그림 3.26 특성임피던스가 다른 두 개의 전송선로.

$$T = 1 + \Gamma = 1 + \frac{Z_1 - Z_0}{Z_1 + Z_0} = \frac{2Z_1}{Z_1 + Z_0} \tag{3-83}$$

이다.

### [7]  어드미턴스와 임피던스의 관계

부하 $Z_L$을 접속한 선로의 임의의 점 $x$에서 정규화 입력임피던스 $z_{in}(x)$는

$$z_{in}(x) = \frac{1 + \Gamma(x)}{1 - \Gamma(x)} \tag{3-84}$$

이다. 이 점에서 $\lambda/4$만큼 전원방향으로 더 멀어진 곳 $(x + \lambda/4)$에서 입력임피던스는

$$z_{in}(x + \lambda/4) = \frac{1 + \Gamma(x)\,e^{-j\beta\lambda/2}}{1 - \Gamma(x)\,e^{-j\beta\lambda/2}} = \frac{1 + \Gamma(x)\,e^{-j\pi}}{1 - \Gamma(x)\,e^{-j\pi}}$$

$$= \frac{1 - \Gamma(x)}{1 + \Gamma(x)} = \frac{1}{z_{in}(x)} = y_{in}(x)$$

또는

$$Z_{in}(x + \lambda/4) = \frac{1}{Z_{in}(x)} = Y_{in}(x)$$

이다. 즉, 전송선로의 임의의 점을 $\lambda/4$만큼 전원방향으로 옮기면 임피던스를 어드미턴스로 변화시키는 결과가 된다.

## 3.9  무손실선로의 전송전력

### [1]  데시벨과 네퍼

마이크로파 시스템에서는 두 개의 전력 $P_1$과 $P_2$의 비를 흔히 다음과 같이 데시벨(decibel, dB)로 표시한다.

$$10 \log \frac{P_1}{P_2} \, \text{dB}$$

따라서 전력의 비가 2이면 3 dB인 반면 전력의 비가 0.1이면 −10 dB이다. 이와 같이 데시벨은 전력의 비를 표현하는 데만 사용된다. 그러나 만약 $P_1 = V_1^2/R_1$, $P_2 = V_2^2/R_2$이면 그 결과는 전압의 비로 표현된다. 즉,

$$10 \log \frac{P_1}{P_2} = 10 \log \frac{V_1^2 \, R_2}{V_2^2 \, R_1} = 20 \log \frac{V_1}{V_2} \sqrt{R_2/R_1} \, \text{dB}$$

여기서 $R_1$, $R_2$는 부하의 저항이고 $V_1$, $V_2$는 이들 저항에 걸린 전압이다. 따라서 만약 이 두 부하저항이 같으면 윗식은 다음과 같이 간단하게 된다.

$$20 \log \frac{V_1}{V_2} \, \text{dB}$$

윗식은 다음과 같이 네퍼(neper, Np)로 표시할 수도 있다.

$$\ln \frac{V_1}{V_2} \, \text{Np}$$

전압은 전력의 제곱근(square root)에 비례하므로 윗식을 전력으로 표시하면

$$\frac{1}{2} \ln \frac{P_1}{P_2} \, \text{Np}$$

이다. 전송선로의 손실은 흔히 네퍼로 표현한다. 1 Np는 전력의 비 $e^2$에 해당하므로 네퍼와 데시벨 사이의 관계식은 다음과 같다.

$$1 \, \text{Np} = 10 \log e^2 = 8.686 \, \text{dB}$$

감쇠상수 $\alpha$의 단위로 Np/m를 사용한다. 따라서 $\alpha = 1$이라 하면 이는 단위진폭의 파가 1 m를 진행할 때 $e^{-1}(= 0.368)$만큼 감쇠하는 것을 나타내는 값이다.

특히, $P_2 = 1 \, \text{mW}$를 기준으로 한 전력 $P_1$을 다음과 같이 dBm로 표시한다.

$$10 \log \frac{P_1}{1 \, \text{mW}} \, \text{dBm}$$

따라서 예를 들면 1 mW의 전력은 0 dBm인 반면 1 W의 전력은 30 dBm이다.

## [2]  전송전력

무손실선로의 임의의 점에서 전압·전류의 식 (3-63)과 (3-64)를 시간의 함수로 표시하면

$$
\begin{aligned}
v(t, x) &= Re\{ V^+ e^{j\beta x}[1 + \Gamma_L e^{-2j\beta x}] e^{j\omega t} \} \\
&= Re\{ |V^+| e^{j(\omega t + \beta x + \phi^+)} + |V^+| |\Gamma_L| e^{j(\omega t - \beta x + \phi^+ + \phi_L)} \} \\
&= |V^+| [\cos(\omega t + \beta x + \phi^+) + |\Gamma_L| \cos(\omega t - \beta x + \phi^+ + \phi_L)]
\end{aligned}
\tag{3-85}
$$

이고, 같은 방법에 의하여

$$
i(t, x) = \frac{|V^+|}{Z_0} [\cos(\omega t + \beta x + \phi^+) - |\Gamma_L| \cos(\omega t - \beta x + \phi^+ + \phi_L)]
\tag{3-86}
$$

가 된다. 여기서 $V^+ = |V^+| e^{j\phi^+}$, $\Gamma_L = |\Gamma_L| e^{j\phi_L}$ 이다. 따라서 무손실선로의 임의의 점 $x$ 에서 부하에 흐르는 순시전력(instantaneous power)은

$$
p(t, x) = v(t, x)\, i(t, x)
$$

이므로

$$
p(t, x) = \frac{|V^+|^2}{Z_0} [\cos^2(\omega t + \beta x + \phi^+) - |\Gamma_L|^2 \cos^2(\omega t - \beta x + \phi^+ + \phi_L)]
\tag{3-87}
$$

이다. 그러므로 선로의 임의의 점 $x$ 에서 부하측으로 흐르는 시간평균전력은

$$
\begin{aligned}
P_{av}(x) &= \frac{1}{T} \int_0^T p(t, x)\, dt \\
&= \frac{|V^+|^2}{2Z_0} (1 - |\Gamma_L|^2)
\end{aligned}
$$

이다. 또는 회로이론의 공식에 의해서

$$
\begin{aligned}
P_{av}(x) &= \frac{1}{2} Re\{ V(x) I^*(x) \} \\
&= \frac{1}{2} Re\left\{ \frac{1}{Z_0} V^+ V^{+*} [1 + \Gamma(x)][1 - \Gamma^*(x)] \right\} \\
&= \frac{|V^+|^2}{2Z_0} (1 - |\Gamma(x)|^2) \\
&= \frac{|V^+|^2}{2Z_0} (1 - |\Gamma_L|^2) = \frac{|V^+|^2}{2Z_0} - \frac{|V^+|^2}{2Z_0} |\Gamma_L|^2
\end{aligned}
\tag{3-88}
$$

또는

$$P(x) = \frac{|V_{rms}|^2}{Z_0}(1 - |\Gamma_L|^2)$$

이다. 여기서 $|V_{rms}|$는 $|V^+|/\sqrt{2}$이며 입사파 전압의 실효값이다. 시간평균전력에 관한 두 경우를 비교하면 페이저를 사용하는 편이 더 간편함을 알 수 있다. 식 (3-88)을 살펴보면 제1항은 입사파 성분에 의한 전력이고 제2항은 반사파 성분에 의한 전력임을 알 수 있다. 따라서 전체 전송전력은 입사전력 $P_1$에서 반사전력 $P_2$를 뺀 결과이다. 또한 입사전력에 대한 반사전력의 비는

$$\frac{P_2}{P_1} = |\Gamma(x)|^2 = |\Gamma_L|^2 \tag{3-89}$$

가 되며, 이를 전력반사계수(power reflection coefficient)라 한다.

부하가 선로의 특성임피던스와 다르면($Z_L \neq Z_0$) 전원의 전체 가용전력(all available power)이 부하에 공급되지 않으므로, 이 손실을 반사손실($RL$; return loss)이라 부르며 다음과 같이 dB로 표시한다.

$$RL = -20\log|\Gamma_L| \, \mathrm{dB} \tag{3-90}$$

정합이 이루어지면 $|\Gamma_L| = 0$이므로 $RL$은 $+\infty$가 된다. 이는 반사전력이 없음을 나타낸다. 반면에 $|\Gamma_L| = 1$이면 $RL$은 0이 된다. 이는 전체 입사전력이 모두 반사됨을 의미한다.

회로에서 두 점 사이의 전송계수를 흔히 다음과 같이 dB로 표시하고 이를 삽입손실($IL$; insertion loss)이라 한다.

$$IL = -20\log|T| \, \mathrm{dB} \tag{3-91}$$

## 3.10  손실 전송선로의 전송전력

손실선로의 부하로부터 $x = d$만큼 떨어진 곳에서 반사계수는, 식 (3-50)으로부터

$$\Gamma(d) = \Gamma_L e^{-2\gamma d} = \Gamma_L e^{-2\alpha d} e^{-2j\beta d}$$

이므로 선로의 점 $x = d$에 공급되는 전력은, 식 (3-46)과 식 (3-47)에 의해서

$$\begin{aligned}
P_{in} &= \frac{1}{2} Re\{V(d)I^*(d)\} \\
&= \frac{|V^+|^2}{2Z_0}[e^{2\alpha d} - |\Gamma_L|^2 e^{-2\alpha d}] \\
&= \frac{|V^+|^2}{2R_0}[1 - |\Gamma(d)|^2] e^{2\alpha d}
\end{aligned} \tag{3-92}$$

이다. 여기서 $Re\{Z_0^*\} = Re\{Z_0\} = R_0$ 이고, $|\Gamma(d)|^2 = |\Gamma_L|^2 e^{-4ad}$ 이다. 또한 부하에 공급된 전력은

$$P_L = \frac{1}{2} Re\{V(0)I^*(0)\} = \frac{|V^+|^2}{2R_0}(1 - |\Gamma_L|^2) \tag{3-93}$$

이다. 위의 두 전력의 차가 선로에서 손실된 전력이 된다. 즉,

$$P_{\text{loss}} = P_{\text{in}} - P_L = \frac{|V^+|^2}{2R_0}[(e^{2ad} - 1) + |\Gamma_L|^2(1 - e^{-2ad})] \tag{3-94}$$

입력측에서 전력반사계수는 다음과 같다.

$$\frac{P_2}{P_1} = \Gamma(d)\Gamma^*(d) = |\Gamma(d)|^2$$

---

**예제 3-6**

특성임피던스가 $50\,\Omega$ 인 전송선로에 $75\,\Omega$ 의 부하를 연결한 경우 부하에서 전력반사계수를 구하여라.

**[풀이]** $|\Gamma_L|^2 = \left[\dfrac{75 - 50}{75 + 50}\right]^2 = \left[\dfrac{25}{125}\right]^2 = 0.04 = 4\%$

이는 $50\,\Omega$ 의 내부저항을 갖는 전원전력이 $50\,\text{W}$ 인 경우 $48\,\text{W}$ 만이 $75\,\Omega$ 의 부하에 공급됨을 의미한다.

---

다음으로 저손실선로의 감쇠상수를 구하는 방법을 설명하고자 한다. 정현파전압과 전류가 부하를 향하여 전송될 때 $e^{-az}$ 에 따라 감쇠하므로 만약 $z = 0$ 에서 입력전압의 실효값을 $V_{\text{rms}}^+$ 라 하면 임의의 점 $z$ 에서 부하를 향하여 전송되는 전력은

$$P_T = \frac{(V_{\text{rms}}^+)^2}{R_0} e^{-2az} \tag{3-95}$$

이다. 여기서 $R_0$ 는 무손실전송선로의 특성임피던스이다. 전송선로의 손실이 매우 작으면 $(R \ll \omega L, G \ll \omega C)$, $R_0 \cong \sqrt{L/C}$ 로 취급할 수 있다.

선로에서 단위길이에 대한 전력손실을 다음과 같이 정의한다.

$$P_{\text{loss}} = -\frac{\partial P_T}{\partial z} = 2a\frac{(V_{\text{rms}}^+)^2}{R_0} e^{-2az} = 2aP_T$$

여기서 미분의 부$(-)$기호는 $P_{\text{loss}}$ 를 정$(+)$의 수로 만들기 위한 것이다.

그러므로 감쇠상수 $\alpha$ 는

$$\alpha = \frac{P_{\text{loss}}}{2P_T} \tag{3-96}$$

이다. 여기서 유의할 것은 윗식은 전력전송이 지수적으로 감쇠하는(exponential law of decay) 시스템에만 적용될 수 있다는 사실이다. 전송시스템에서 단위길이에 대한 전력손실은 직렬저항 $R$ 와 병렬컨덕턴스 $G$ 에 의한 손실이므로 입력측($z = 0$)에서 전력손실은

$$P_{\text{loss}}\, dz = \left(\frac{V_{\text{rms}}^+}{R_0}\right)^2 (R\, dz) + (V_{\text{rms}}^+)^2 (G\, dz) \tag{3-97}$$

이고 전송선로에 공급되는 전력은

$$P_T\, dz = \frac{(V_{\text{rms}}^+)^2}{R_0}\, dz \tag{3-98}$$

이므로 위의 두 식을 식 (3-96)에 대입하면

$$\alpha = \frac{R}{2R_0} + \frac{G}{2G_0} \tag{3-100}$$

이다.

# 3.11 $\frac{\lambda}{4}$ 트랜스포머

그림 3.27에 보인 바와 같은 1/4 파장의 전송선로에 의한 임피던스정합(impedance matching) 방법은 유용하고 실용적이다. 지금 1/4 파장 전송선로의 특성임피던스가 순수한 저항 $Z_1$ 이고 부하가 순수한 저항 $R_L$ 이라 하면 입력임피던스 $Z_{\text{in}}$ 은 식 (3-65a)로부터

$$Z_{\text{in}} = Z_1 \frac{R_L + jZ_1 \tan \beta x}{Z_1 + jR_L \tan \beta x} = Z_1 \frac{\dfrac{R_L}{\tan \beta x} + jZ_1}{\dfrac{Z_1}{\tan \beta x} + jR_L}$$

이므로 $\beta d = (2\pi/\lambda)(\lambda/4) = \pi/2$ 이면

$$Z_{\text{in}} = \frac{Z_1^2}{R_L} \tag{3-101}$$

이다. 따라서 $\frac{\lambda}{4}$ 인 전송선로의 입력측에서 반사계수 $\Gamma = 0$ 이 되기 위해서는 입력임피던스 $Z_{\text{in}}$ 이 급전선로의 특성임피던스 $Z_0$ 와 같아야 한다. 즉

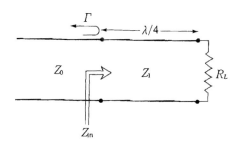

그림 **3.27** 정합용 $\dfrac{\lambda}{4}$ 트랜스포머.

$$Z_{\text{in}} = Z_0 = \frac{Z_1^2}{R_L} \quad \text{또는} \quad Z_1 = \sqrt{Z_0\,R_L} \tag{3-102}$$

윗식 (3-102)을 만족하는 특성임피던스를 갖는 $\dfrac{\lambda}{4}$ 전송선로를 사용하면 전원측과 부하측을 정합시킬 수 있다. 반드시 $\dfrac{\lambda}{4}$ 일 필요는 없으며, 일반적으로 길이가 $\dfrac{(2n+1)\lambda}{4}$ 인 전송선로이면 된다. 그러나 가장 짧은 길이가 바람직하다.

---

**예제 3-7**

$\lambda/4$ 트랜스포머를 이용하여 50 Ω의 전송선로를 $R_L = 100$ Ω의 부하와 정합하고자 한다. 트랜스포머의 임피던스를 구하고 반사계수의 크기를 정규화한 주파수 $f/f_0$의 함수로 도시하여라. 여기서 $f_0$는 $\dfrac{\lambda}{4}$ 에 해당하는 주파수이므로

$$\beta d = \left(\frac{2\pi}{\lambda}\right)\left(\frac{\lambda_0}{4}\right) = \left(\frac{2\pi f}{v_p}\right)\left(\frac{v_p}{4f_0}\right) = \frac{\pi f}{2f_0}$$

이다.

[**풀이**]   식 (3-102)로부터

$$Z_1 = \sqrt{(50)\,(100)} = 70.71 \ \Omega$$

이다. 따라서 $\lambda/4$ 트랜스포머의 입력반사계수는

$$|\varGamma| = \left| \frac{Z_{\text{in}} - 50}{Z_{\text{in}} + 50} \right|$$

이다. 여기서 $Z_{\text{in}}$ 은 입력임피던스이므로

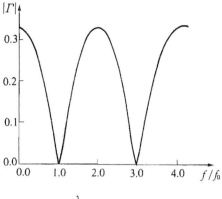

그림 3.28   $\dfrac{\lambda}{4}$ 트랜스포머의 주파수 특성.

$$Z_{\text{in}} = Z_1 \frac{R_L + jZ_1 \tan\left(\dfrac{\pi f}{2f_0}\right)}{Z_1 + jR_L \tan\left(\dfrac{\pi f}{2f_0}\right)}$$

이다. 따라서 반사계수 $|\Gamma|$는 $(f/f_0)$의 함수이다. 이를 도시하면 그림 3.28에 보인 바와 같다.

## 3.12   전원과 부하 사이의 부정합

앞에서 설명한 예는 주로 전원과 전송선로 사이에서는 정합이 이루어지고 전송선로와 부하 사이는 부정합(mismatching)인 경우였으나, 이 절에서는 전원과 부하가 전송선로와 정합이 되지 못한 경우를 포함한 예를 생각하고자 한다.

그림 3.29에 보인 바와 같이 전송선로의 전원임피던스와 부하임피던스는 $Z_g$와 $Z_L$이다. 이들의 값은 무손실특성임피던스 $Z_0$와 다르며 일반적으로 복소수이다. 이러한 회로는 실용되고 있는 수동 및 능동 회로망의 모델이 될 수 있다.

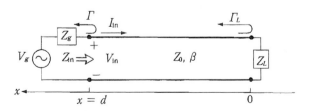

그림 3.29   전원과 부하가 부정합된 전송선로.

전원측에서 부하를 향하여 본 입력임피던스는 식 (3-65a)로부터

$$Z_{\text{in}} = Z_0 \frac{Z_L + jZ_0 \tan \beta d}{Z_0 + jZ_L \tan \beta d} = Z_0 \frac{1 + \Gamma_L e^{-j2\beta d}}{1 - \Gamma_L e^{-j2\beta d}} \tag{3-103}$$

이고, 선로에서 전압은 식 (3-63)으로부터

$$V(x) = V^+ e^{j\beta x}[1 + \Gamma(x)] = V^+ e^{j\beta x}[1 + \Gamma_L e^{-j2\beta x}] \tag{3-104}$$

이다. 여기서 $\Gamma(x) = \Gamma_L e^{-j2\beta x}$이다. 따라서 전송선로의 전원측 $(x = d)$의 입사전압 $V(d)$는

$$V(d) = V_{\text{in}} = V_g \frac{Z_{\text{in}}}{Z_{\text{in}} + Z_g} = V^+ e^{j\beta d}[1 + \Gamma_L e^{-j2\beta d}] \tag{3-105}$$

이므로,

$$V^+ = V_g \frac{Z_{\text{in}}}{Z_{\text{in}} + Z_g} \frac{e^{-j\beta d}}{[1 + \Gamma_L e^{-j2\beta d}]} \tag{3-106}$$

이다. 윗식에 식 (3-103)을 대입해서 정리하면

$$V^+ = V_g \frac{Z_0}{Z_0 + Z_g} \frac{e^{-j\beta d}}{[1 - \Gamma_L \Gamma_g e^{-j2\beta d}]} \tag{3-107}$$

이다. 여기서

$$\Gamma_g = \frac{Z_g - Z_0}{Z_g + Z_0} \tag{3-108}$$

이다. 부하에 공급된 평균전력은

$$\begin{aligned}
P_{\text{av}} &= \frac{1}{2} Re\{V_{\text{in}} I_{\text{in}}^*\} = \frac{1}{2} Re\left\{ V_g \frac{Z_{\text{in}}}{Z_{\text{in}} + Z_g} \frac{V_g^*}{Z_{\text{in}}^*} \frac{Z_{\text{in}}^*}{(Z_{\text{in}} + Z_g)^*} \right\} \\
&= \frac{1}{2} |V_g|^2 \frac{|Z_{\text{in}}|^2}{|Z_{\text{in}} + Z_g|^2} Re\left\{ \frac{1}{Z_{\text{in}}^*} \right\}
\end{aligned} \tag{3-109}$$

지금 윗식에 $Z_{\text{in}} = R_{\text{in}} + jX_{\text{in}}$, $Z_g = R_g + jX_g$라 놓으면, 식 (3-109)는

$$P_{\text{av}} = \frac{1}{2} |V_g|^2 \frac{R_{\text{in}}}{(R_{\text{in}} + R_g)^2 + (X_{\text{in}} + X_g)^2} \tag{3-110}$$

가 된다.

전원의 임피던스 $Z_g$를 고정시키고 다음과 같은 세 가지 경우의 부하에 대하여 생각해 보자.

## [1]   $Z_L = Z_0$인 경우

이 경우 $\Gamma_L = 0$, SWR $= 1$이므로 $Z_{in} = Z_0 (X_0 = 0)$이다. 따라서 부하에 공급되는 전력은 식 (3-110)으로부터

$$P_{av} = \frac{1}{2} \mid V_g \mid^2 \frac{Z_0}{(Z_0 + R_g)^2 + X_g^2} \tag{3-111}$$

## [2]   $Z_{in} = Z_g$인 경우

전원측의 반사계수는

$$\Gamma = \frac{Z_{in} - Z_g}{Z_{in} + Z_g} = 0$$

이지만 $\Gamma_L$은 $0$이 아니므로 선로에 정재파가 존재한다. 그러므로 부하에 공급되는 전력은 식 (3-110)으로부터

$$P_{av} = \frac{1}{2} \mid V_g \mid^2 \frac{R_g}{4(R_g^2 + X_g^2)}$$

이다.

경우 [2]에서 본 바와 같이 부하를 접속한 전송선로의 입력임피던스가 전원임피던스와 정합이 될지라도 부하에 공급된 전력은 경우 [1]에서보다 적다. 이는 부하를 접속한 전송선로의 입력임피던스가 반드시 발전기와 정합이 되어야만 한다는 것은 아니라는 사실을 보여 주고 있다. 따라서 다음항에서 부하에 최대전력전달(maximum power transfer)을 시킬 수 있는 방법에 대하여 설명하기로 한다.

## [3]   최대전력전달을 위한 입력임피던스(공액정합)

지금 전원의 내부임피던스 $Z_g$를 고정시켰으므로 부하에 최대전력이 공급될 때까지 입력임피던스 $Z_{in}$를 변화시켜 보자. 전력 $P$를 최대화하기 위하여 $Z_{in}$의 실수부와 허수부에 관하여 미분하면, 식 (3-110)으로부터

$$\frac{\partial P_{av}}{\partial R_{in}} = 0 \; ; \quad \frac{1}{(R_{in} + R_g)^2 + (X_{in} + X_g)^2} + \frac{-2R_{in}(R_{in} + R_g)}{[(R_{in} + R_g)^2 + (X_{in} + X_g)^2]^2} = 0$$

또는

$$R_g^2 - R_{in}^2 + (X_{in} + X_g)^2 = 0 \tag{3-112}$$

이고,

$$\frac{\partial P_{av}}{\partial X_{in}} = 0 \; ; \quad \frac{-2R_{in}(X_{in} + X_g)}{[(R_{in} + R_g)^2 + (X_{in} + X_g)^2]^2} = 0$$

또는

$$R_{in}(X_{in} + X_g) = 0 \tag{3-113}$$

이다. 따라서 식 (3-112)와 식 (3-113)을 $R_{in}$과 $X_{in}$에 관하여 동시에 풀면

$$R_{in} = R_g, \quad X_{in} = -X_g$$

또는

$$Z_{in} = Z_g^* \tag{3-114}$$

가 된다.

이 조건을 공액정합(conjugate matching)이라 하며 그 결과는 일정한 전원임피던스가 주어졌을 때, 부하에 최대전력을 전달하도록 한다. 전달된 전력은 식 (3-110)과 (3-114)로부터

$$P_{av} = \frac{1}{2} |V_g|^2 \frac{1}{4R_g} \tag{3-115}$$

이다. 이는 앞에서 설명한 두 가지 경우의 전력보다 더 크거나 같다.

또한 반사계수 $\Gamma_L$, $\Gamma_g$ 및 $\Gamma$는 0이 아닐 수 있다는 점에 유의해야 한다. 이의 물리적 의미를 살펴보면 다음과 같다. 즉 어떤 경우는 부정합된 선로에서 거듭된 반복에 의한 전력이 동상(in phase)으로 합성되어 반사파가 없는 선로에 의하여 부하에 공급된 전력보다 더 클 수 있다. 만약 전원의 임피던스가 순수저항($X_g = 0$)이 되면, 경우 [2]와 [3]은 같은 결과를 갖게 된다. 이는 부하된 선로(loaded line)가 전원과 정합이 될 때($R_{in} = R_g$, $X_{in} = X_g = 0$) 부하에 공급되는 최대전력이다.

마지막으로, 무반사정합($Z_L = Z_0$)이나 공액정합($Z_{in} = Z_g^*$)만이 반드시 시스템을 가장 효과있게 하는 것은 아니다. 예를 들면, 만약 $Z_g = Z_L = Z_0$이면 부하와 전원이 정합(무반사)되지만 전원이 공급하는 전력의 반만이 부하에 공급되고 나머지 반은 전원의 임피던스 $Z_g$에서 손실된다. 즉 전송효과가 50%이다. 따라서 이 효과는 $Z_g$를 가능한 한 적게 함으로써 향상시킬 수 있다.

## 3.13  전송선로의 파라미터

이 절에서는 전송선로의 전계와 자계에 의해서 전송선로의 파라미터($R$, $L$, $C$, $G$)를 구한다. 지금 균일전송선로의 전계 **E**와 자계 **H**가 그림 3.30에 보인 바와 같이 분포된 1 m 길

이의 선로를 살펴보자. 여기서 $S$ 는 선로의 단면적이다.

도체 선로 사이의 전압을 $V_0\,e^{\pm j\beta z}$ 라 하고 전류를 $I_0\,e^{\pm j\beta z}$ 라 하면 길이 $1\,\mathrm{m}$ 의 선로에 축적된 정현파의 시간평균 자계에너지는 식 (2-52b)로부터

$$W_m = \frac{\mu}{4}\int_s \mathbf{H}\cdot\mathbf{H}^*\,ds$$

인 반면 회로이론에 의한 인덕터의 축적에너지는 $W_m = L\,I_m^2/4$ ($I_m$ 은 최대전류진폭)이므로, 단위길이당 자기인덕턴스(self-inductance)는 다음과 같이 구할 수 있다.

$$L = \frac{\mu}{I_m^2}\int_s \mathbf{H}\cdot\mathbf{H}^*\,ds\ \mathrm{H/m} \tag{3-116}$$

같은 방법으로 단위길이의 전송선로에 축적된 정현파의 시간평균 전계에너지는 식 (2-52a)로부터

$$W_e = \frac{\varepsilon}{4}\int_s \mathbf{E}\cdot\mathbf{E}^*\,ds$$

인 반면 회로이론에 의한 커패시터의 축적에너지는 $W_e = C\,V_m^2/4$ ($V_m$ 는 최대전압진폭)이므로, 단위길이당 자기커패시턴스(self-capcitance)는 다음과 같이 구할 수 있다.

$$C = \frac{\varepsilon}{W_m^2}\int_s \mathbf{E}\cdot\mathbf{E}^*\,ds\ \mathrm{F/m} \tag{3-117}$$

식 (2-54b)로부터 손실이 있는 도체에 의한 단위길이당 전력손실은

$$P_c = \frac{R_s}{2}\int_{c_1+c_2} \mathbf{H}\cdot\mathbf{H}^*\,dl$$

인 반면 회로이론에 의하면 $P_c = R\,I_m^2/2$ 이므로 단위길이당 직렬저항 $R$ 는 다음과 같이 구할 수 있다.

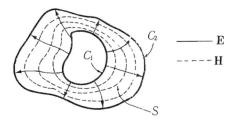

그림 **3.30** 임의의 TEM 전송선로의 전자계 분포.

$$R = \frac{R_s}{I_m^2} \int_{c_1+c_2} \mathbf{H} \cdot \mathbf{H}^* \, dl \; \Omega/\mathrm{m} \tag{3-118}$$

여기서 $\mathbf{H}$는 도체 표면에 접선성분이고 $R_s = 1/\sigma\delta$이며 $C_1 + C_2$는 도체 둘레를 따라 적분하는 경로이다. 식 (2-52d)로부터 유전체손실에 의한 단위길이당 시간평균 소모전력은

$$P_d = \frac{\omega\varepsilon''}{2} \int_s \mathbf{E} \cdot \mathbf{E}^* \, ds$$

이다. 여기서 $\varepsilon = \varepsilon' - j\varepsilon''$이라 놓으면 $\varepsilon''$에 의한 전력손실이 유전체에 의한 전력손실이므로 $\sigma$ 대신에 $\omega\varepsilon''$로 대치하였음에 유의해야 한다.

이와는 대조적으로 회로이론에 의하면 $P_d = GV_m^2/2$ 이므로 단위길이당 컨덕턴스는 다음과 같이 구할 수 있다.

$$G = \frac{\omega\varepsilon''}{V_m^2} \int_s \mathbf{E} \cdot \mathbf{E}^* \, ds \; \mathrm{S/m} \tag{3-119}$$

윗식들의 $\mathbf{E}$와 $\mathbf{H}$에 관한 유도과정은 5.5절에서 설명한다. 동축선로의 파라미터 $(L, C, R, G)$를 구한 결과는 식 (5-117)로 주어진다.

## 연습문제

**3.1**  그림 (문 3.1)에 보인 전송선로에 대한 격자그림을 그려라.

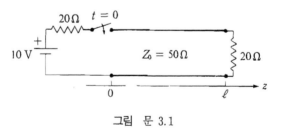

그림  문 3.1

**3.2**  그림 (문 3.2)에 보인 바와 같이 폭이 $1\,\mu\mathrm{sec}$이고 진폭이 $15\,\mathrm{V}$인 구형펄스를 $R_g = 25\,\Omega$인 직렬저항을 통하여 종단이 단락된 길이가 $400\,\mathrm{m}$인 무손실 동축케이블에 전송한 경우 선로의 중심에서 관찰한 펄스파형을 $8\,\mu\mathrm{sec}$까지 도시하여라. 여기서 케이블 비유전율은 $\varepsilon_r = 2.25$이고 특성임피던스는 $50\,\Omega$이다.

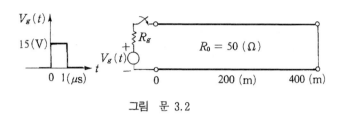

그림  문 3.2

3.3  전송선로의 파라미터가  $L = 0.2\,\mu H/m$,  $C = 300\,pF/m$,  $R = 5\,\Omega/m$,  $G = 0.01\,S/m$ 이다.  $f = 500\,MHz$ 에서 이 선로의 전파상수와 특성임피던스를 구하여라. 또한 무손실 $(R = G = 0)$인 경우에 대하여도 구하여라.

3.4  그림 (문 3.4)에 보인 바와 같이 복소 부하임피던스를 종단한 전기적 길이가 $l = 0.3\lambda$인 무손실 전송선로가 있다. 이 선로의 부하에서 반사계수, SWR 및 입력임피던스를 구하여라.

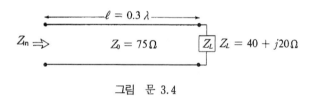

그림  문 3.4

3.5  무선송신기를 임피던스가 $80 + j\,40\,\Omega$인 안테나에 $50\,\Omega$의 동축케이블로 연결하였다. 송신기가 $50\,\Omega$의 부하에 $30\,W$의 전력을 공급하였을 경우, 안테나에 공급된 전력을 구하여라.

3.6  $40 - j\,80\,\Omega$의 부하임피던스를 길이가 $0.7\lambda$인 $100\,\Omega$의 선로에 연결하였다. 부하에서 반사계수와 선로의 입력측에서 반사계수를 구하여라.

3.7  내부임피던스가 $Z_g = 50\,\Omega$인 $10\,V$의 전원에 $Z_L = 80 + j\,40\,\Omega$이고 길이가 $0.3\lambda$인 $50\,\Omega$의 전송선로로 연결하였다. 부하에 공급된 전력을 구하여라. 만약 선로의 길이를 $0.6\lambda$로 증가하면 전력은 얼마가 되겠는가?

3.8  그림 (문 3.8)에 보인 전송선로가 있다. 입사전력, 반사전력 및 무한한 $75\,\Omega$의 선로에 전송된 전력을 구하고 전력보존법칙이 만족됨을 보여라.

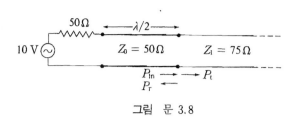

그림  문 3.8

**3.9**    발전기에 그림 (문 3.9)에 보인 바와 같이 전송선로를 연결하였다. 선로의 전압을 전송선로의 길이 $z$의 함수로 나타내고 이를 $-l \leq z \leq 0$의 구간에서 도시하여라.

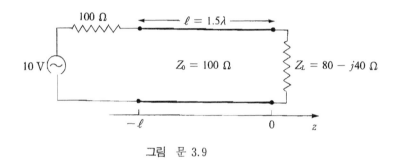

그림  문 3.9

**3.10**    $Z_L = 80 + j20\ \Omega$의 부하임피던스를 특성임피던스가 $Z_1$인 길이가 $l$인 무손실선로를 사용하여 $Z_0 = 100\ \Omega$인 선로와 정합하고자 한다. 순수한 저항 $Z_1$과 $l$을 구하여라.

**3.11**    그림 (문 3.11)에 보인 평행판 선로의 $R$, $L$, $G$, $C$를 구하여라. 여기서 $\omega \gg d$이다.

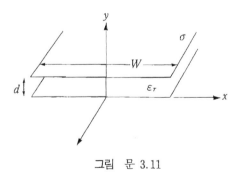

그림  문 3.11

**3.12**    (문 3.11)의 전자계이론을 이용하여 텔레그래퍼 방정식을 구하여라.

# 4 장

# 스미스 도표와 임피던스정합

## 4.1  스미스 도표

그림 4.1에 보인 스미스 도표(Smith chart)는 반사계수 $\Gamma$와 임피던스의 관계를 도시한 것으로서 전송선로상의 여러 가지 문제를 풀 때에 매우 유익하다. 이는 가장 잘 알려지고 가장 널리 사용되는 도표이다. 이 도표는 Bell 연구소에 근무하는 P. H. Smith가 1939년에 개발한 것으로 이를 스미스 도표라 한다. 계산기(calculator)와 막강한 컴퓨터가 현존하는 오늘날 이와 같은 그래프에 의한 문제 해결이 현존할 수 있는가 하고 독자들은 의심할지 모르나, 스미스 도표는 마이크로파회로 설계를 위한 CAD(computer aided design) 소프트웨어와 측정장비의 주요한 부분이 될 뿐 아니라 전송선로의 현상(phenomenon)을 눈으로 보는 것과 같이 환상시킬 수 있는 극히 유익한 방법을 제공하고 교육적 차원에서도 중요하다. 따라서 마이크로파 기술자는 스미스 도표의 사용법을 통하여 전송선로와 임피던스정합 문제를 직관적으로 해결할 수가 있다.

스미스 도표는 전송선로에 관한 문제를 도식적으로 풀기 위하여 반사계수 $\Gamma(x)$와 임피던스(또는 어드미턴스)의 관계를 나타낸 특별한 다이어그램(diagram)이다. 그러므로 반사계수 $\Gamma(x)$와 정규화임피던스(또는 어드미턴스)의 관계를 생각하기로 한다.

$\Gamma$는 일반적으로 복소수이므로 그의 실수를 $u$, 허수부를 $v$라고 놓으면

$$\Gamma = u + jv \tag{4-1}$$

이므로 $z$와 $\Gamma$의 관계식 (3-52)로부터

$$z = r + jx = \frac{1+\Gamma}{1-\Gamma} = \frac{(1+u)+jv}{(1-u)-jv} \tag{4-2}$$

이다. 여기서 $r$, $x$ 는 특성임피던스로 정규화된 저항과 리액턴스이다.

식 (4-2)의 오른쪽을 실수부와 허수부로 분류하기 위하여 분모의 공액복소수를 분모, 분자에 곱하여 정리하면

$$r + jx = \frac{1 - u^2 - v^2}{(1-u)^2 + v^2} + j\frac{2v}{(1-u)^2 + v^2}$$

또는

$$r = \frac{1 - u^2 - v^2}{(1-u)^2 + v^2} \qquad\qquad (4\text{-}3a)$$

$$x = \frac{2v}{(1-u)^2 + v^2} \qquad\qquad (4\text{-}3b)$$

이다. 그러므로 위의 두 식을 근거로 다음과 같은 $r$와 $x$의 두 개의 곡선 군(group)을 구성하면 그림 4.1에 보인 바와 같은 스미스 도표를 얻을 수 있다.

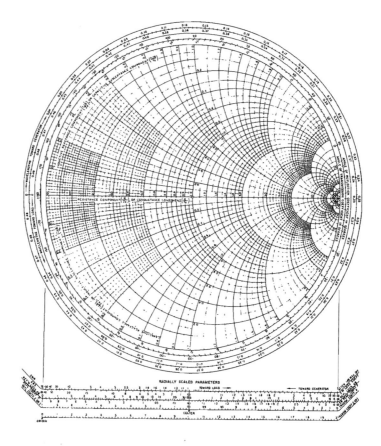

그림 4.1  스미스 도표.

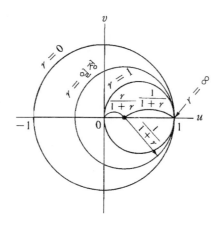

그림 **4.2**  $r$를 파라미터로 한 원군.

## [1]  일정한 저항 $r$의 곡선 군

식 (4-3a)를 변형 정리하면, 다음과 같은 원의 방정식을 얻는다.

$$\left(u - \frac{r}{1+r}\right)^2 + v^2 = \left(\frac{1}{1+r}\right)^2$$

이를 곡선 군으로 도시하면, 그림 4.2에 보인 바와 같은 $r$를 파라미터로 하는 원 군이 된다.

$u, v$를 좌표축으로 하는 직각좌표에서 원의 중심좌표는 $\left(\frac{r}{r+1}, 0\right)$이고, 반경은 $\frac{1}{r+1}$인 원이므로 $r$의 값에 따라 많은 원을 그려 넣을 수 있다. 즉, $r$는 0으로부터 $+\infty$까지 연속적으로 변화하므로 만약 $r = 0$이라 하면 중심의 좌표는 (0, 0), 반경은 1이므로 좌표의 원점을 원의 중심으로 갖는 반경 1인 원이다. 다른 한편 $r = +\infty$에서는 중심의 좌표는 (1, 0), 반경은 0이므로 한 점이 된다. 그러므로 $r$가 0과 $+\infty$ 사이의 값을 가지면 원의 중심은 좌표의 원점과 점 (1, 0) 사이의 값을 갖는다. 이 경우 중심과 점 (1, 0)과의 거리는 $1 - \frac{r}{1+r} = \frac{1}{1+r}$이므로 이는 원의 반경과 같다. 따라서 모든 원은 점 (1, 0)을 통과한다.

## [2]  일정한 리액턴스 $x$의 곡선 군

식 (4-3b)를 변형하여 정리하면 다음과 같은 원의 방정식을 얻는다.

$$(u - 1)^2 + \left(v - \frac{1}{x}\right)^2 = \left(\frac{1}{x}\right)^2 \tag{4-4}$$

이를 곡선 군으로 도시하면 그림 4.3에 보인 리액턴스 $x$를 파라미터로 하는 원 군이 된다.

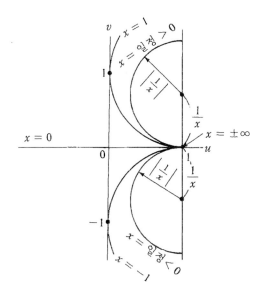

그림 **4.3**  $x$를 파라미터로 한 원군.

$u$, $v$를 좌표축으로 하는 직각좌표에서 원의 중심좌표는 $\left(1, \dfrac{1}{x}\right)$ 이고 반경이 $\dfrac{1}{|x|}$ 인 원 군이다. $x$의 값은 $-\infty$로부터 $+\infty$까지 변화하므로 $x = -\infty$의 경우를 살펴보면, 중심은 (1, 0)이고 반경은 0이므로 1점이 된다. 반면에 $x = 0$이면 중심은 (1, $\pm\infty$)이며 반경은 $\pm\infty$가 되므로 이 원은 $u$축과 일치된다. $x$가 $(-\infty, +\infty)$인 구간에서 중심의 좌표는 (1, 1/$x$)이므로 $u = 1$을 지나며 $v$에 평행인 직선에 위치한다. 이 경우 원의 반경은 $|1/x|$ 이므로 이 원 군은 모두 (1, 0)점을 지난다. $x$가 정(+)의 값을 가지면 $u$축의 위쪽에 정 (+)의 리액턴스의 원 군을 이루며 부(-)값을 가지면 $u$축의 아래축에 부(-)의 리액턴스의 원 군을 이룬다.

## [3]  스미스 도표의 구성

반사계수 $\Gamma = \Gamma_L e^{-j\theta} = \Gamma_L e^{-j2\beta l}$ (또는 $u + jv$)에 그림 4.2에 보인 저항 원 군과 그림 4.3에 보인 리액턴스 원 군을 중첩하여 만든 곡선 군이 그림 4.1에 보인 스미스 도표이다. 무손실 전송선로의 입력임피던스와 반사계수의 관계는

$$Z_{\text{in}} = Z_0 \frac{1 + \Gamma_L e^{-j2\beta l}}{1 - \Gamma_L e^{-j2\beta l}}$$

또는

$$z_{\text{in}} = \frac{1 + \Gamma_L e^{-j2\beta l}}{1 - \Gamma_L e^{-j2\beta l}}$$

이다. 여기서 $Z_0$는 전송선로의 특성임피던스, $\Gamma_L$은 부하에서의 반사계수이다. 따라서 부하의 반사계수 $|\Gamma_L|e^{j\theta_L}$ (부하의 위치)을 스미스 도표에 표시하면, 정규화 부하 $z_L(=Z_L/Z_0)$을 연결한 길이가 $l$인 전송선로를 바라본 정규화 입력임피던스는 부하점으로부터 시계와 같은 방향으로 $2\beta l$ (rad)만큼 일정한 반경 $|\Gamma_L|$로 회전시키면 구할 수 있다. 회전의 크기를 용이하게 알 수 있도록 스미스 도표의 바깥 가장자리에 $\theta$의 값이 전기적 파장으로 환산되어 표시되어 있다. 시계방향으로 회전하는 것을, 전원을 향하는 방향(toward generator)으로, 시계방향과 반대되는 방향으로 회전하는 것을, 부하를 향하는 방향(toward load)으로 표시하였다. 이 눈금은 절대적 의미보다는 상대적 의미를 갖고 있기 때문에 스미스 도표의 두 점 사이의 길이를 표시하는 데 그 의미가 있다. 앞에서 설명한 스미스 도표를 보면 선로의 임피던스는 전송선로에서 주기적으로 반복됨을 알 수 있다. 따라서 $2\beta l = 2\pi$ (또는 360°)의 회전은 $\lambda/2$ (또는 그의 배수)인 전송선로의 길이에 해당하므로 처음 시작점으로 다시 돌아온다. 스미스 도표에서 부하점과 반사계수의 관계를 확인하기 위하여 $r=1$과 $x=1$인 곡선의 만나는 점, 즉 $z_L = 1 + j1$을 반사계수 $\Gamma$로 표시하면

$$\Gamma = \frac{z_L - 1}{z_L + 1} = \frac{j1}{2 + j1} = \frac{1\,\underline{/90°}}{\sqrt{5}\,\underline{/26.565°}} = 0.447\,e^{j63.435°}$$

이다. 이를 그림 4.1에 보인 스미스 도표에서 확인할 수 있다.

## [4] 스미스 도표의 사용법

스미스 도표의 사용 예는 많으나, 가장 기본적인 두 방법을 설명하고자 한다.

### (1) 입력임피던스를 구하는 방법

무손실선로의 수전단에 값을 알고 있는 부하임피던스 $Z_L$을 접속하였을 때, 부하로부터 거리가 변화함에 따라 선로의 입력임피던스가 어떻게 변하는가를 스미스 도표를 사용하여 알아보기로 한다. 그림 4.4 (a)에 보인 전송선로는 특성임피던스가 50 $\Omega$이고 부하임피던스가 $20 + j50\ \Omega$인 경우이다. 부하로부터 거리를 변화시키면, 그림 4.4 (b)에 보인 바와 같이 입력임피던스는 부하의 반사계수 $|\Gamma_L|$을 반경으로 하는 원주를 따라 이동한다. 원주 위의 점을 그림에 보인 바와 같이 $A, B, C, D, E, F, G, H$라 하면 각 점의 정규화 임피던스는 다음과 같이 변한다.

$A$점 $(x=0)$            ; $z_L = 0.4 + j1$     ; 부하임피던스

$B$점 $(x=0.0522\,\lambda)$   ; $z(x) = 1 + j1.84$   ; 저항의 값이 특성임피던스와 같은 경우

$C$점 $(x=0.0864\,\lambda)$   ; $z(x) = 2.6 + j2.5$   ; 정리액턴스 값이 최대인 경우

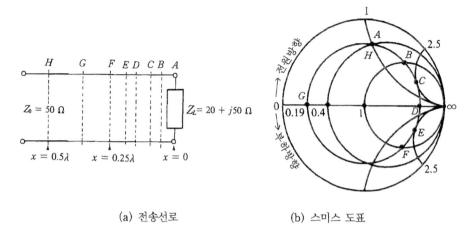

(a) 전송선로                    (b) 스미스 도표

그림 4.4  전송선로에서 입력임피던스의 변화.

$D$점 $(x = 0.1182\,\lambda)$　; $z(x) = 5.2$　　　; 순저항으로서 값이 최대인 경우

$E$점 $(x = 0.15\,\lambda)$　　; $z(x) = 2.6 - j2.5$ ; 부리액턴스 값이 최대인 경우

$F$점 $(x = 0.1842\,\lambda)$　; $z(x) = 1 - j1.84$ ; 저항의 값이 특성임피던스와 같은 경우

$G$점 $(x = 0.3682\,\lambda)$　; $z(x) = 0.19$　　; 순저항으로서 값이 최소인 경우

$H$점 $(x = 0.5\,\lambda)$　　; $z(x) = 0.4 + j1$　; 부하임피던스

$B$점과 $F$점에서는 정규화 저항의 값이 1이므로 이 점에서 리액턴스 효과를 제거시키면 정규화 입력임피던스가 순저항 값 1이 된다. 이는 특성임피던스와 같다. 리액턴스 효과를 제거하는 방법에 관해서는 나중에 다루기로 한다.

### (2) 부하임피던스를 구하는 방법

측정이 용이한 정재파비(SWR ; standing wave ratio)로 전압정재파의 최소값이 위치하는 곳과 부하 사이의 최소거리 $d_{min}$을 알 때 스미스 도표를 사용하여 부하임피던스를 구하는 방법을 설명하기로 한다. 우선 전송선로의 정재파비와 정규화 입력임피던스 $z(x)$의 관계를 생각하기로 한다. 정재파비는 식 (3-70)으로부터

$$\text{SWR} = \frac{|V|_{max}}{|V|_{min}} = \frac{1 + |\Gamma_L|}{1 - |\Gamma_L|}$$

이다. 식 (3-69)와 식 (3-72)로부터

$$|V|_{max} = |V_1|(1 + |\Gamma_L|^2 + 2|\Gamma_L|)^{1/2} = |V_1|(1 + |\Gamma_L|)$$

$$|I|_{min} = \frac{|V_1|}{Z_0}(1 + |\Gamma_L|^2 - 2|\Gamma_L|)^{1/2} = \frac{|V_1|}{Z_0}(1 - |\Gamma_L|)$$

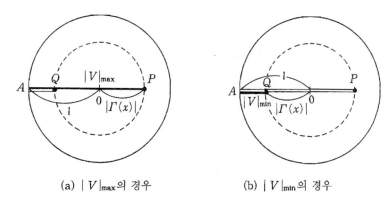

(a) $|V|_{\max}$의 경우        (b) $|V|_{\min}$의 경우

그림 4.5 스미스 도표에서 정재파비와 정규화된 순수저항 $r_{\max}$의 관계.

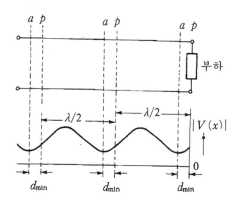

그림 4.6 $d_{\min}$의 예.

이므로, 위의 조건을 만족하는 전송선로의 특정한 점에서는 전압과 전류가 동상이다. 그러므로 그 비는 순수한 저항으로서 최대값이 되며 이는 다음과 같게 된다. 즉,

$$|z|_{\max} = \frac{|V|_{\max}}{|I|_{\min}} = \frac{1+|\Gamma_L|}{1-|\Gamma_L|} = r_{\max} = \mathrm{SWR} \quad \text{(정의 실수)} \tag{4-5}$$

이다. 여기서 $|z|_{\max} = Z_{\max}/Z_0$ 이다. 따라서 순수한 저항의 최소값은

$$r_{\min} = \frac{1-|\Gamma_L|}{1+|\Gamma_L|} = \frac{1}{\mathrm{SWR}} \quad \text{(정의 실수)}$$

이 된다.

위의 설명을 스미스 도표에 표시하면, 그림 4.5에 보인 바와 같다. 즉 $r_{\max}$은 최대전압 $|V|_{\max}$에 대응하므로 스미스 도표에서 $+u$축(순수한 저항)에 위치하며, 그 값은 선분 $\overline{AP} = 1+|\Gamma_L|$이다. 이와 대조적으로 $r_{\min}$은 $|V|_{\min}$에 대응하므로 $-u$축에 위치하며 그

값은 선분 $\overline{AQ} = 1 - |\Gamma_L|$에 해당한다. 따라서 SWR는 $r_{max}$과 동일한 값이 된다.

다음으로 스미스 도표에서 파수(wave number)의 기준점 $(u = -1,\ v = j0)$은 정재파의 최소값 $|V|_{min}$을 표시하는 $-u$축에 위치하므로 그림 4.6에 보인 바와 같이 전압정재파의 최소값을 나타내는 위치 $a$로부터 부하까지의 거리 $d_{min}$을 $\lambda$로 나눈 값이 부하로부터 $a$점까지의 파수이다. 따라서 부하에 의한 정재파비와 $d_{min}$을 알면 스미스 도표로부터 부하임피던스를 구할 수 있다. 구체적인 설명을 위하여 예를 들면 다음과 같다.

---

### 예제 4-1

특성임피던스 $Z_0 = 50\ \Omega$인 동축선로의 종단(또는 수전단)에 접속한 부하임피던스 $Z_L$을 구하기 위하여 주파수가 $f = 1.0\ \text{GHz}$인 발진기를 입력으로 사용하여 측정한 결과, 전압정재파비 SWR = 3.0이고 부하로부터 정재파 최소점과의 거리 $d_{min} = 3.0\ \text{cm}$이다. 부하임피던스를 구하여라.

[**풀 이**]  정재파비 SWR = 3.0이므로 $+u$축에서 $r = 3$인 $Q$점을 통하여 좌표의 원점 $O$에 중심을 갖는 원을 스미스 도표에 그림 4.7에 보인 바와 같이 그리면 그 원이 원점 $O$의 좌측의 실축 ($-u$축)과 만나는 점 $r = 1/3$이 정재파 최소점에서 정규화된 저항값이다. 따라서 $A$점으로부터 부하방향으로 $d_{min}/\lambda = 3/30 = 0.1$(여기서 $\lambda = c/f = 30\ \text{cm}$) 파수만큼 옮긴 후에 중심과 연결하면 정재파비를 나타내는 원과 만난다. 이 점을 $P$라 하면 이 점의 정규화된 임피던스는 $z_L = 0.48 - j0.61$이다. 따라서 구하는 부하임피던스는 $Z_L = 50z_L = 24 - j31\ \Omega$이다.

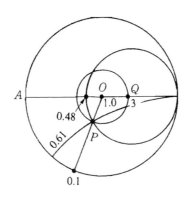

그림 **4.7**  예제 4-1에 관한 스미스 도표.

---

여기서 $d_{min}$을 측정하는 방법에 관하여 생각하기로 한다. 그림 4.6과 4.7에서 전압정재파가 최소가 되는 점은 $\lambda/2$마다 주기적으로 나타나고 부하임피던스와 동일한 임피던스의 값을

갖는 위치도 $\lambda/2$ 마다 나타나므로 $d_{min}$ 에 대응하는 위치도 주기적이다.

---

**예제 4-2**

도파관형 정재파측정기를 소개하면 그림 4.8에 보인 바와 같다. 이는 도파관의 윗면에 축방
향을 따라 좁은 홈(slot)을 만들어서 도파관내의 전계강도를 측정하여 정재파나 $d_{min}$ 을 검
출하는 측정기다. 동축선로형의 정재파측정기도 도파관형의 경우와 동일한 구조로 만든

그림 **4.8** $X$ 밴드 도파관형 정재파측정기.

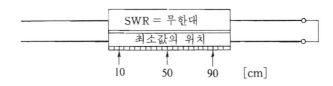

(a) 부하를 단락한 회로로 대치한 경우

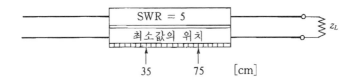

(b) 수전단에 부하를 연결한 경우

그림 **4.9** 정재파 측정기의 데이터값.

다. 이와 같은 측정기를 사용하여 정재파의 최소값 사이의 거리를 측정한 값은 40 cm 이고
정재파비는 SWR = 5 이다. 여기서 사용한 파장은 80 cm ($f$ = 375 MHz)이다. 또한 수전
단에 단락회로를 접속한 측정값은 그림 4.9(a)에 보인 바와 같고 수전단에 실제의 부하를
접속한 측정값은 그림 4.9(b)에 보인 바와 같다. 부하임피던스를 구하여라.

[**풀 이**]   정재파비 SWR = 5 이므로 $r$ = 5 를 지나는 원을 그림 4.10 에 보인 바와 같이 스미스 도
표에 그리면, 이 원주 위의 각 점은 주어진 전송선로의 임피던스에 해당한다. 또한 선로의 최소전
압점은 최소임피던스(순수저항) $r_{min}$ 에 대응하므로 그림 4.10 에 보인 스미스 도표에서 $A$ 점이다.
따라서 부하임피던스의 값을 구하기 위하여 $A$ 점으로부터 부하까지의 거리 $d_{min}$ 을 구하면 된다.
그러나 정재파측정기를 사용하여 $d_{min}$ 을 측정하는 경우, 실제의 부하점으로부터 $d_{min}$ 을 직접 구하
는 것이 불가능한 때가 있다. 이 경우에는 그림 4.9(a)에 보인 바와 같이 수전단의 부하 대신에 단
락회로를 사용하여 등가부하기준(equivalent load reference)을 구한다. 단락회로에 의한 측정값
은 그림 4.9(a)에 보인 바와 같이 $\lambda/2$ 의 주기로 발생하는 최소전압값(series of minima)들을 갖
는다. 단락회로의 정의에 의하여 첫번째 최소값은 부하점과 일치하므로 단락회로에 의한 임의의 최
소값과 이에 가장 가까운 부하에 의한 최소값 사이의 거리가 $d_{min}$ 이다. 이 경우 단락회로에 의한

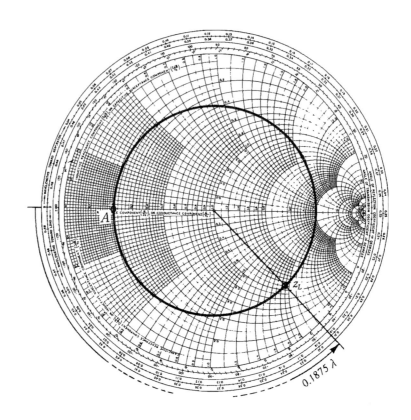

그림 **4.10**   예제 4-2 의 스미스 도표.

최소값이 부하회로에 의한 최소값의 위치를 기준으로 하여 부하측에 있으면 스미스 도표에서 부하 방향으로 회전한다. 그림 4.9에 측정된 데이터로부터 $d_{min} = 90 - 75 = 15$ cm 이므로 $d_{min}$의 파수는 15/80이다. 따라서 $A$점으로부터 부하방향으로 $r = 5$인 정재파비의 원주를 따라 $(15/80)\lambda$ 만큼 회전한 점이 구하고자 하는 정규화 부하임피던스이다. 즉, $z_L = 1.13 - j1.89$이므로 선로의 특성임피던스가 $50 \, \Omega$이면, 부하임피던스는 $Z_L = 56.5 - j94.5 \, \Omega$이다.

---

### 예제 4-3

부하임피던스와 단락회로에 대한 측정결과가 그림 4.11에 보인 바와 같다. 즉 단락회로인 경우 선로의 임의의 위치에서 최소전압값은 $x = 0.2$ cm, 2.2 cm, 4.2 cm에 있고, 미지의 부하임피던스인 경우 선로에서 최소전압값은 $x = 0.72$ cm, 2.72 cm, 4.72 cm에 있고 정재 파비는 SWR = 1.5이다. 부하임피던스를 구하여라. 여기서 전송선로의 특성임피던스는 $Z_0 = 50 \, \Omega$이다.

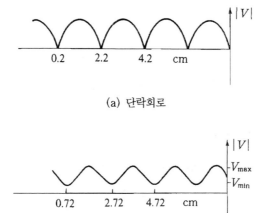

(a) 단락회로

(b) 미지의 부하임피던스

그림 4.11 예제 4-3의 전압정재파 패턴.

[**풀 이**] 주어진 데이터로부터 $\lambda = 4.0$ cm(최소전압값의 주기는 $\lambda/2$이므로)이다. 만약 $x = 4.2$ cm의 위치를 부하의 기준점으로 택하면 이 최소값에 가장 가까운 부하에 의한 최소전압값의 위치는 $x = 2.72$ cm이므로 최소거리 $d_{min}$은 $d_{min} = 4.2 - 2.72$ cm $= 1.48$ cm $= 1.48/4.0 = 0.37 \lambda$이다. 따라서 주어진 측정데이터로부터

$$|\Gamma_L| = \frac{1.5 - 1}{1.5 + 1} = 0.2$$

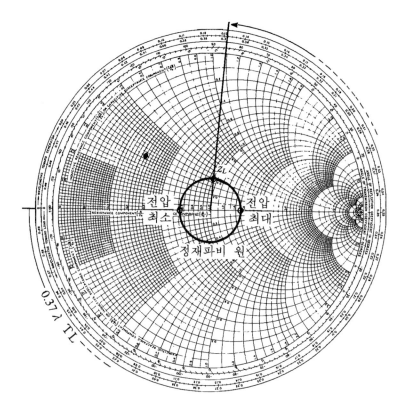

그림 **4.12**   예제 4-3의 스미스 도표.

이고, 식 (3-71)로부터 부하에서 반사계수의 위상은

$$\theta = 2\beta d_{min} + \pi$$
$$= \frac{4\pi}{\lambda} d_{min} + \pi = \frac{4\pi}{4} 1.48 + \pi = 86.4°$$

이다. 그러므로 $\Gamma_L = 0.2\, e^{j86.4°}$ 이다. 따라서 부하임피던스는

$$Z_L = 50 \frac{1+\Gamma_L}{1-\Gamma_L} = 47.3 + j19.7\ \Omega$$

이다. 이를 스미스 도표에 표시하면, 그림 4.12에 보인 바와 같다. 즉 최소전압점의 위치는 스미스 도표의 $-u$축에 존재하므로 $r_{max} = 1.5$(SWR)를 반경으로 부하방향으로 $0.37\lambda$ 만큼 회전시키면, 구하고자 하는 부하임피던스는 $z_L = 0.95 + j0.4\ \Omega$이다. 따라서 $Z_L = 47.5 + j20\ \Omega$이다. 이는 식으로부터 구한 값과 매우 근사한 값이다.

### [5]   어드미턴스 도표

그림 4.13에 보인 바와 같이 정규화 부하를 접속한 선로의 임의의 점 $x$에서 입력임피던스 $z(x)$는 식 (3-52)에 의하여

$$z(x) = \frac{1 + \Gamma(x)}{1 - \Gamma(x)} \tag{4-6}$$

이므로, $x$보다 $\lambda/4$ 만큼 더 먼 점 $x'$의 임피던스는

$$z(x') = z(x + \lambda/4) = \frac{1 + \Gamma(x)\, e^{-j2\beta(x+\lambda/4)}}{1 - \Gamma(x)\, e^{-j2\beta(x+\lambda/4)}} = \frac{1 + \Gamma(x)\, e^{-j\pi}}{1 - \Gamma(x)\, e^{-j\pi}}$$

$$= \frac{1 - \Gamma(x)}{1 + \Gamma(x)} = \frac{1}{z(x)} = y(x)$$

이다. 즉, $x$점의 임피던스는 $x'$점의 어드미턴스와 같다. 이들의 관계를 스미스 도표에 표시하면 그림 4.14에 보인 바와 같다.

즉, $A$점의 어드미턴스는 180° 회전시킨 $B$점의 임피던스와 같으므로, 임피던스 도표를 180° 회전시키면 어드미턴스 도표가 된다. 따라서 스미스 도표는 어드미턴스 도표로도 사용된다. 이 경우 그림 4.15에 보인 바와 같이 횡축 또는 실수축에 컨덕턴스 눈금을 표시하고 실수축을 중심으로 위의 반원은 정의 서셉턴스를 아래의 반원은 부의 서셉턴스를 나타낸다.

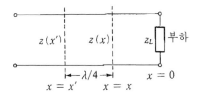

그림 4.13  전송선로의 입력임피던스.

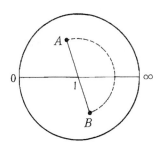

그림 4.14  임피던스와 어드미턴스의 관계.

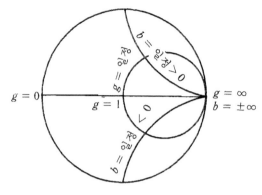

그림 **4.15**  어드미턴스 도표.

## 4. 2  임피던스정합과 튜닝

임피던스정합(impedance matching)에 관한 기술은 마이크로파 부품 및 시스템을 설계하는 데 큰 비중을 차지하고 있다. 임피던스정합 회로망은 불필요한 전력의 손실을 피하기 위한 것이며, 이상적으로는 무손실회로이다. 따라서 정합회로는 정합회로를 본 임피던스가 전원측을 본 임피던스 $Z_0$와 같도록 설계되어야 한다. 그림 4. 16 은 부하와 전송선로 사이에 삽입된 임피던스정합 회로망을 나타내는 그림이다. 정합회로를 사용하면 정합회로와 부하 사이에 반복적인 반사가 있을지라도 정합회로의 왼쪽에 있는 전송선로의 반사는 제거된다. 이와 같은 조작을 튜닝(tuning)이라고도 부른다. 임피던스정합(또는 튜닝)의 중요성은 다음과 같은 이유 때문이다.

① 전원이 선로와 정합된 경우, 부하가 선로와 정합이 이루어지면 최대전력이 공급된다.
② 민감한 수신기 부품(안테나, 저잡음증폭기 등)에 대한 임피던스정합은 시스템의 신호 대 잡음비(S/N)를 향상시킨다.
③ 전력분배 회로망(안테나 어레이용 급전회로망)에 있어서의 임피던스정합은 진폭오차와 위상오차를 감소시킨다.

따라서, 이 절에서는 몇 가지 형태의 실용적인 정합회로망의 설계와 성능에 관하여 생각하기로 한다. 특별한 정합회로를 선정할 때 고려할 사항은 다음과 같다.

① 복잡성(complexity) ; 대부분의 공학적 문제 취급에서처럼, 요구조건을 만족한다면 가장 간단한 설계가 일반적으로 가장 바람직하다. 간단한 회로일수록 복잡한 설계보다 비용이 더 싸고, 더 신뢰성이 있고, 손실이 더 적다.
② 대역폭 ; 이상적으로 말하면 어떤 형식의 정합회로라도 단일주파수에 대해서만 완전정합

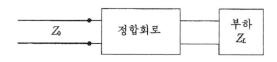

그림 **4.16** 정합회로망의 기초개념.

(반사가 0)이 가능하다. 그러나 많은 응용에 있어서는 일정한 대역 주파수범위에서 부하와 정합되기를 바란다.

③ 설계이행(implementation) ; 사용되는 전송선로나 도파관의 형식에 따라 이에 적합한 형식의 정합회로를 선정한다. 예를 들면, 도파관에서는 튜닝스터브(tuning stub)를 사용하는 것이 여러 단(multisection)의 $\lambda/4$ 트랜스포머를 사용하여 정합하는 것보다 훨씬 쉽다.

④ 조정성(adjustability) ; 어떤 응용에 있어서는 가변 부하임피던스를 정합시키기 위하여 정합회로의 조정(adjustment)이 필요하다.

## [1] 집중회로소자에 의한 정합회로

가장 간단한 형식의 정합회로는 $L$ 형식이다. 이는 두 개의 리액턴스 소자를 사용하여 임의의 부하를 전송선로에 정합시키는 방식이다. 이 회로망의 종류는 그림 4.17에 보인 바와 같은 두 형태가 있다. 만약 정규화 부하임피던스 $z_L$ 이 스미스 도표에서 $1+jx$ 원 안에 위치하면, 그림 4.17(a)에 보인 회로형식을 사용해야 하고 만약 $z_L$ 이 $1+jx$ 원 밖에 위치하면, 그림 4.17(b)에 보인 회로형식을 사용하여야 한다. $1+jx$ 의 원은 임피던스 스미스 도표에서 $r=1$ 인 저항곡선이다. 그림 4.17에 보인 회로에 사용되는 리액턴스는 부하임피던스에 따라 인덕터나 또는 커패시터가 될 수 있다.

약 1 GHz 정도의 주파수범위내에서는 집중소자의 커패시터와 인덕터를 마이크로파 집적회로(MIC ; microwave integrated circuit)에 사용할 수 있으나 집중소자의 크기를 한없이 적게 할 수 없기 때문에 그 크기와 사용 주파수범위에도 한계가 있다. 이것이 $L$ 형 접합기술의 한계이다. 스미스 도표를 사용하여 $L$ 형 인덕턴스와 커패시턴스를 구하는 방법을 예제를

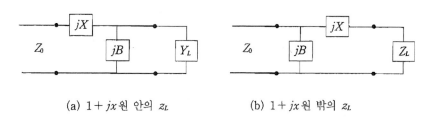

(a) $1+jx$ 원 안의 $z_L$      (b) $1+jx$ 원 밖의 $z_L$

그림 **4.17** $L$ 형 정합회로.

들어 설명하기로 한다.

---

## 예제 4-4

전원의 출력임피던스는 $Z_{out} = 100 - j100$ 이다. 이를 $50\ \Omega$과 정합하고자 한다. 스미스 도표를 사용하여 이에 적합한 $L$형 정합회로를 설계하여라.

**[풀이]**  ① 그림 4.18(a)의 스미스 도표에 정규화 출력임피던스 $z_{out} = \dfrac{Z_{out}}{50} = 2 - j2$ 에 해당하는 점 $D$를 표시한다.

② $z_{out}$에 해당하는 정규화 어드미턴스 $y_{out}$을 구하면, 이는 점 $D$의 반대방향의 대칭점 $C$이다. 즉 $y_{out}$(또는 $y_{in}$) $= 0.25 + j0.25$ 이다.

③ 정규화 단위저항 $r = 1$인 원에 대응하는 $g = 1$의 원은 $r = 1$인 원을 180° 회전시킨 그림

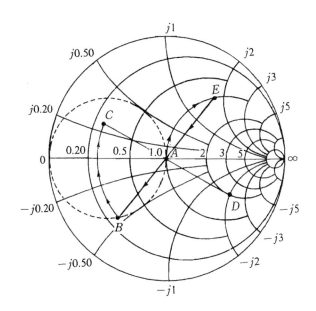

(a) 스미스 도표에 의한 풀이

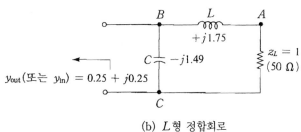

(b) $L$형 정합회로

그림 **4.18**  예제 4-4를 위한 스미스 도표와 $L$형 정합회로.

4.18(a)에 보인 바와 같이 스미스 도표의 원점 $A$를 통과하는 점선의 원이 된다. 점 $B$는 컨덕턴스 $g = 0.25$인 원과 점선의 원이 만나는 점이다. 여기서 점 $A$는 정규화부하 $z_L = 1$ 또는 $y_L = 1$에 해당하는 위치이다. 따라서 부하 $y_L = 1$로부터 전원측을 향하여 회로를 설계하면, 점 $A$를 출발하여 점 $B$를 거쳐 부하점 $C$에 이르게 된다. 그런데 점 $B$에 대응하는 임피던스는 점 $E$이므로 이 점의 값은 $z_E = 1 + j1.75$이다. 그러므로 $z_{series} = +j1.75$인 인덕티브 리액턴스(inductive reactance)를 부하와 직렬로 연결하면 점 $E$로 옮기게 된다. 이를 어드미턴스로 표시하면 $B$점에 해당한다. 즉, $y_B = 0.25 - j0.42$이다.

또 다른 방법은 $C$점을 출발하여 $g = 0.25$를 따라 지나가는 곡선과 $g = 1$의 원과 만나는 점을 선택하여 설계하는 것이다. 이는 독자의 연습문제로 남긴다.

④ 점 $B$를 점 $C$로 옮기기 위해서는 $y_{shunt} = j(0.42 + 0.25) = j0.67$의 커패시티브 서셉턴스(capacitive suseptance) 또는 커패시티브 리액턴스 $z_{shunt} = -j1.49$를 병렬로 부가해야 한다.

⑤ 따라서 구하는 $L$형 정합회로는 그림 4.18(b)에 보인 바와 같다. 이는 그림 4.17(b)에 해당하는 $L$형 정합회로이다.

---

## [2]  단일스터브에 의한 임피던스정합

부하임피던스가 특성임피던스와 같지 않을 때에는 선로에서 반사가 일어난다. 이때에 부하임피던스를 특성임피던스와 같게 하는 것을 임피던스정합이라고 한다. 지금 그림 4.19와 같이 선로의 종단에 정규화 임피던스 $z_L$이 접속되어 있다고 하자. 그림 4.20의 어드미턴스 도표에 정규화 어드미턴스 $y_L = 1/z_L$의 점 $A$를 잡는다. 정합을 시킨다는 것은 어드미턴스 도표에 $A$점을 $y_L = 1$의 점, 즉 중심점 0까지 옮기는 것이다. 지금 $A$점을 통과하는 중심 0의 원주를 따라 시계방향으로 회전시켜 컨덕턴스 $g = 1$인 원과 만나는 점을 $B$라 하자. 다음에 $B$점으로부터 컨덕턴스 $g = 1$인 원을 따라 이동시키면 $y = 1$이 된다.

$B$점의 어드미턴스는 그림 4.19의 선로에서 부하점으로부터 $l_1 = d_1\lambda$($d_1$은 $A$에서 $B$까지의 이동할 때의 파수 눈금)만큼 이동된 점에서 본 입력어드미턴스이다. 이것을 $y_B = 1 + jb_B$라고 할 때 이 점에서 서셉턴스 성분 $jb_B$를 소거하면 $y_B = 1$이다. 이를 위하여서는 $B$점에 $-jb_B$의 서셉턴스를 병렬로 부가하면 좋다. 그런데 앞에서 설명한 것처럼 단락부하의 전송선로는 순 리액턴스 성분이 되기 때문에 그림 4.19와 같이 주선로에 션트(shunt)로 단락선로를 부가하여 그 길이를 적당히 조정하면 병렬서셉턴스로서 $-jb_B$ 값이 주어져서 이 점에서의 합성 어드미턴스는 순 컨덕턴스($g = 1$)가 된다. 이처럼 부가하는 병렬선로를 스터브(stub)라고 부르며 한 개의 스터브로 정합하는 방법을 단일스터브 정합(single-stub matching)이라고 한다. 이 방법은 스터브가 한 개이므로 간편한 이점도 있으나, 부하와 스터브 사이의 거리 $d_1$을 부하임피던스에 따라 변화시켜야 하는 불편이 있다. 이에 비하여 이중스터브에 의한 정합방법은 $d_1$을 고정시킬 수 있기 때문에 유리하다.

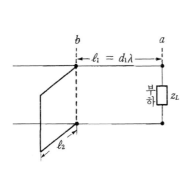

그림 4.19  단일스터브 정합.

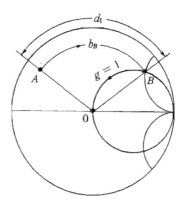

그림 4.20  어드미턴스 도표.

## 예제 4-5

단일스터브 튜너를 사용하여 $Z_L = 15 + j10\ \Omega$인 부하를 특성임피던스가 $50\ \Omega$인 전송선로에 접합하고자 한다. $f = 2\ \text{GHz}$의 주파수에서 부하가 정합되었다고 가정할 때, 단일스터브에 의한 정합회로를 설계하고 이 회로의 반사계수에 대한 주파수특성을 도시하여라. 여기서 주파수범위는 $1\sim3\ \text{GHz}$이다.

[**풀 이**]  정규화 부하임피던스는 그림 4.21(a)에 보인 바와 같이 $z_L = 0.3 + j0.2$이다. 따라서 정규화 부하임피던스는 어드미턴스 도표에서 $y_L = 2.305 - j1.537$이다. 나머지 계산에서도 스미스 도표를 어드미턴스 도표로 생각한다. 점 $y_L$로부터 시계방향으로 SWR 원을 따라 회전시키면 그림 4.21(a)에 보인 바와 같이 컨덕턴스 $g = 1$(또는 $1 + jb$)인 원과 두 개의 점 $y_1$과 $y_2$에서 만난다. 따라서 부하와 스터브 사이의 거리 $d$를 파수 눈금으로 읽으면 다음과 같다.

점 $y_1$인 경우, $d_1 = 0.328 - 0.284 = 0.044\lambda$

점 $y_2$인 경우, $d_2 = (0.5 - 0.284) + 0.171 = 0.387 = 0.387\lambda$이다.

실제에 있어서는 $1 + jb$의 원과 만나는 점은 SWR 원주에 무한개 있으며, 무한개의 $d$가 존재한다. 즉, $d$는 $\lambda/2$의 주기를 갖기 때문이다. 그러나 일반적으로 정합용 스터브의 위치를 가능한 한 부하에 접근시킬수록 정합의 대역폭을 향상시키고 스터브와 부하 사이의 선로에 존재할 수 있는 큰 정재파에 의하여 발생되는 손실도 감소시킬 수 있다. 두 교점에서 $y_1$과 $y_2$의 정규화 어드미턴스는 $y_1 = 1 - j1.33$, $y_2 = 1 + j1.33$이다. 따라서 $y_1$을 $y_1 = 1$로 정합시키기 위해서는 $+j1.33$의 서셉턴스가 필요하다. 그러므로 만약 개방회로 스터브(open circuited stub)를 사용하면 구하고자 하는 길이 $l_1$은 $y = 0$(개방회로)으로부터 시작하여 어드미턴스 도표의 가장 바깥원을 따라 전원(generator)방향으로 점 $j1.33$까지 이르는 거리이다. 즉, $l_1 = 0.147\lambda$이다. 같은 방법으로 $y_2$에 대한 개방회로 스터브의 길이 $l_2$를 구하면 $l_2 = 0.353\lambda$가 된다. 이것으로 스터브 또는 튜너의 설계를 완료하였다. 이 두 개의 정합회로에 대한 주파수특성을 분석하기 위해서는 부하임피던스의 주파수특성을 알 필요가 있다. $RL$직렬 부하임피던스 $Z_L$은 $f = 2\,\mathrm{GHz}$에서 $Z_L = 15 + j10\,\Omega$이므로 $R = 15\,\Omega$이고 $L = 0.796\,\mathrm{nH}$ 이다. 이 두 스터브 튜너회로는 그림 4.21(b)에 보인 바와 같다. 또한 이 두 회로에 대한 반사계수의 주파수특성은 그림 4.21(c)에 보인 바와 같다.

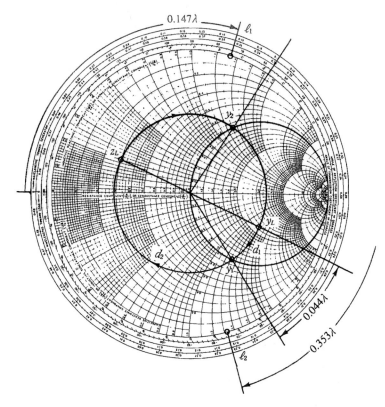

(a) 스미스 도표에 의한 정합선로

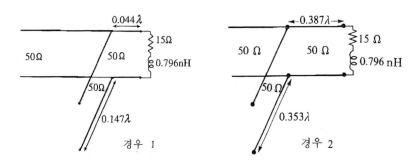

(b) 두 가지 경우의 단일스터브

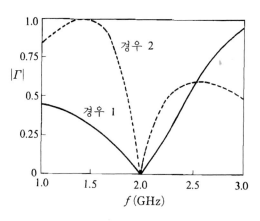

(c)  (b)의 반사계수에 대한 주파수특성

그림 **4.21**   단일스터브에 의한 정합 과정 및 결과.

---

## [3]   이중스터브에 의한 임피던스정합

단일스터브에 의한 임피던스정합은 정합하고자 하는 부하값에 따라 부하와 스터브 사이의 거리를 변화시켜야 하는 점이 불리한 점이다. 그러나 이중스터브에 의한 임피던스정합(double stub matching)은 그림 4.22와 같이 부하어드미턴스 $y_L$에 대하여 부하 점에 길이 $l_1$의 스터브를 연결하고, 부하로부터 일정한 거리 $d$ 만큼 떨어진 점에 또 하나의 스터브(길이 $l_2$)를 연결하는 정합방법이다. 여기서 부하점에 스터브를 직접 연결한 것은 실용적 편의에 의한 것이며 $d = \lambda/4$를 선정하였다.

지금 $y_L = g_L + jb_L$에 상당하는 점을 그림 4.23에서 $A$점으로 한다. 이 점에 션트로 길이 $l_1$의 단락선로를 부가하고 그 길이를 변화시키면 서셉턴스 값을 변화시킬 수 있으므로 이 때의 $y_L$은 $A$점을 통하는 $g_L(=$일정값)인 원을 따라 이동한다. 지금 $l_1$을 적당히 조정하여 $A$점의 어드미턴스가 $B$점까지 $g_L(=$일정값)인 원을 따라 이동했다고 하자. 이 $B$점은 $g = 1$인 원을 180° 회전시킬 때에 생기는 원(그림 4.23에는 점선의 원)과 $g_L(=$일정값)의 원이 만나는 점이다. 이 어드미턴스를 부하로부터 $\lambda/4$ 만큼 떨어진 점(그림 4.22의 $b$점)에서 보면, 스미스 도표에서 180° 회전한 위치로 이동하며, 그림 4.23에서는 $C$점의 어드미턴스에 해당한다. 이것은 바로 $g = 1$인 원 위에 있기 때문에 이 점(그림 4.22의 $b$점)에 또 하나의 스터브를 션트로 부가하여 그 길이를 조정하면, 그림 4.23의 $C$점의 서셉턴스를 소거하여 $y = 1$인 점까지 어드미턴스를 이동시킬 수 있다. 이 방법에는 스터브가 두 개 필요하지만 스터브의 위치를 고정시킬 수 있기 때문에 편리하다. 그러나 부하임피던스에 따라서 정합이 되지 않는 경우도 있다.

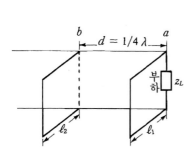

그림 4.22 이중스터브 정합.

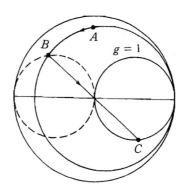

그림 4.23 어드미턴스 도표.

그림 4.24에서 보는 바와 같이 $g = 1$인 원 내부에 $A$점이 있을 경우에는 부하의 위치에 스터브를 부가하여 서셉턴스를 변화시켜도 $B$점을 만들 수 없기 때문에 이와 같은 임피던스에 대하여서는 $d = \lambda/4$에 의한 방법으로는 정합시킬 수 없다. 그러나 스터브 사이의 거리 $d$를 감소시키면 정합에 적용되지 않는 범위가 그림 4.25에 보인 바와 같이 감소된다. 이에 대한 예로는 $d = \lambda/8$의 경우를 들어 설명한다.

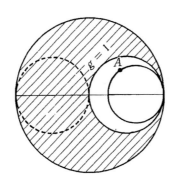

그림 4.24 이중스터브 방식이 적용되지 않는 범위(사선부분).

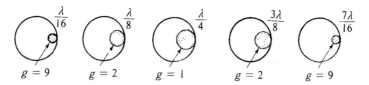

그림 4.25 스터브와 스터브 사이의 거리에 따라 변하는
이중스터브 정합이 적용되지 않는 부하의 범위(사선을 친 원).

## 예제 4-6

부하임피던스 $Z_L = 100 + j100 \ \Omega$을 $Z_0 = 50 \ \Omega$의 특성임피던스에 이중스터브를 사용하여 정합시키고자 한다. 이 경우 스터브 사이의 거리는 $d = \lambda/8$ 이다.

[**풀 이**]  정규화 부하임피던스 $z_L = 2 + j2$ 에 해당하는 어드미턴스는 그림 4.26(a)에 보인 바와 같이 $y_L = 0.25 - j0.25$ 이다. 여기서 스터브 사이의 거리 $d = \lambda/8$ 이므로 전원방향으로 $\lambda/8$ 만큼 이동한 컨덕턴스 원이 단위컨덕턴스 $g = 1$ 인 원(또는 $1 + jb$ ; 여기서 서셉턴스 $b$ 는 원주의 위치에 따라 변한다)이 되도록 하기 위해서는 그림 4.26(a)에 보인 바와 같이 $g = 1$ 인 원을 90°($\lambda/8$ 에 해당)만큼 반시계방향으로 회전시킨 새로운 원을 만들면 매우 편리하다. 따라서 부하의 컨덕턴스 $g = 0.25$ 인 원을 따라 시계방향으로 이동하여 이 원과 만나는 점은 $A$와 $A'$ 두 점이다. 이중 $A$ 점의 어드미턴스는 $y_A = 0.25 + j0.34$ 이다. 이동에 필요한 서셉턴스는 $jb_1 = j(0.25 + 0.34) = j0.59$ 이므로 이에 해당하는 단락스터브의 길이를 구하면 $l_1 = 0.335\lambda$ 이다.

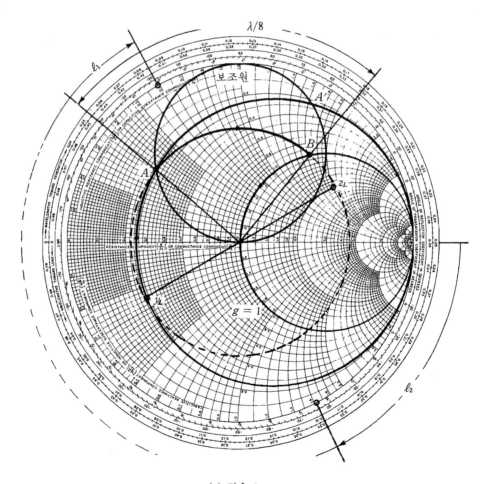

(a) 경우 1

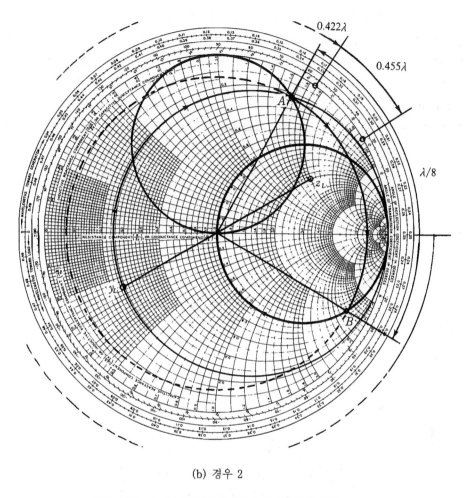

(b) 경우 2

그림 **4.26** 스미스 도표에서 이중스터브에 의한 정합.

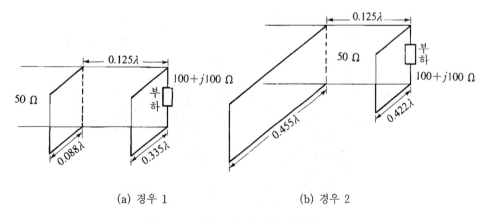

(a) 경우 1　　　　　　(b) 경우 2

그림 **4.27** 이중스터브에 의한 정합회로.

스미스 도표의 원점을 중심으로 점 $A$를 반경으로 하는 원을 그려서 $g=1$인 원과 만나는 점을 $B$ 라 하면, 점 $A$와 점 $B$ 사이의 거리는 $d=\lambda/8$이다. 이와 같은 편의 때문에 $g=1$인 원을 $90°$ 만큼 시계와 반대 방향으로 회전시킨 보조 원을 사용하는 것이다. $B$점의 어드미턴스는 $y_B=1.00+ j1.63$이다. 그러므로 $-j1.63$의 서셉턴스 $b_2=-j1.63$을 션트로 부가하면 정합을 이루게 된다. $-j1.63$에 해당하는 단락스터브 사이의 길이는 $l_2=0.088\lambda$이다. 이 값이 실용상 너무 짧으면 $\lambda/2$ 만큼 더 길게 할 수 있다. 스미스 도표를 사용하여 구한 이중스터브 정합회로는 그림 4.27(a)에 보인 바와 같다. 위에서 설명한 방법에 따라 그림 4.26(b)에 보인 점 $A'$에 대한 이중스터브 정합회로를 구한 결과는 그림 4.27(b)에 보인 바와 같다.

---

**예제 4-7**

이중스터브 튜너를 사용하여 $Z_L=60-j80\ \Omega$인 부하를 특성임피던스가 $50\ \Omega$인 전송선로에 정합하고자 한다. 여기서 스터브 사이의 거리는 $d=\lambda/8$이고 사용한 스터브는 단락회로 스터브(short circuited stub)라 하자. 주어진 부하는 저항과 커패시터의 직렬회로이고 정합주파수는 $f_0=2\ \mathrm{GHz}$이다. 스터브의 길이를 구하고 정합회로의 반사계수에 대한 주파수특성을 도시하여라.

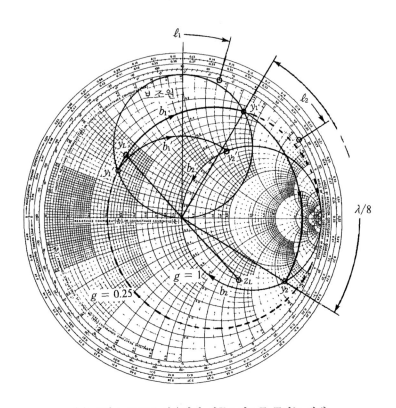

(a) 스미스 도표를 사용하여 이중스터브를 구하는 방법

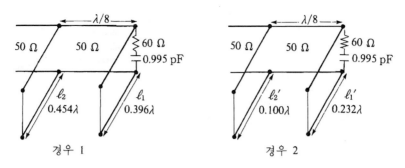

(b) 두 가지 경우의 이중스터브 정합회로

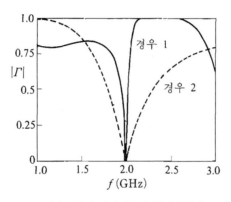

(c) (b)의 반사계수의 주파수특성

그림 4.28  이중스터브에 의한 정합결과.

[**풀 이**]  정규화 부하어드미턴스는 그림 4.28(a)에 표시한 바와 같이 $z_L = 1.2 - j1.6$ 에 대응하는 정규화 부하어드미턴스로 $y_L = 0.3 + j0.4$ 이다. 다음으로 단위컨덕턴스 $g = 1$(또는 $y = 1 + jb$)인 원 위의 모든 점을 부하방향으로 $\lambda/8$ 만큼 이동시키면, 그림 (a)의 어드미턴스 도표에 새로운 $1 + jb$의 컨덕턴스 원을 만들 수 있다. 따라서 부하점 $y_L$ 에서부터 $g = 0.3$ 의 곡선을 따라 상하로 이동하면, 새로운 원(보조원)과 만나는 점은 $y_1$ 과 $y_1'$ 이다. 즉 $y_1 = 0.3 + j1.714$, 또는 $y_1' = 0.3 + j0.286$ 이다. 따라서 $y_L$ 에서 $y_1$ 이나 또는 $y_1'$ 으로 이동하는 데 필요한 서셉턴스는 각각 $b_1 = 1.314$, 또는 $b_1' = -0.114$ 이다. 이들에 대응하는 단락회로 스터브의 길이는 어드미턴스 도표의 가장 바깥 원으로부터 각각 $l_1 = 0.396\lambda$, 또는 $l_1' = 0.232\lambda$ 이다. 여기서 스미스 도표에서 단락점은 $y = \infty$ ($z = 0$)이다. 지금 두 개의 새로운 점 $y_1$ 이나 또는 $y_1'$ 을 통과하는 일정한 반경(SWR)을 갖는 원을 따라 $\lambda/8$ 만큼 전원방향으로 이동하면 $g = 1$(또는 $y = 1 + jb$)인 원과 각각 $y_2$ 와 $y_2'$ 에서 만난다. 즉, $y_2 = 1 - j3.38$, $y_2' = 1 + j1.38$ 이다. 따라서 부하로부터 $\lambda/8$ 떨어진 지점에 병렬서셉턴스 $j3.38$ 또는 $-j1.38$ 에 대응하는 길이 $l_2 = 0.454\lambda$ 또는 $l_2' = 0.1\lambda$의 단락스터브를 그림 4.28(b)에 보인 바와 같이 연결하면 된다. 이중스터브 튜너에 의한 정합회로의 주파수특성은 그림 4.28(c)에 보인 바와 같다.

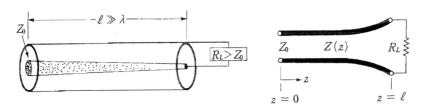

그림 **4.29**  동축선로형 테이퍼.

단일스터브와 이중스터브 튜너에 의한 정합회로의 주파수특성은 그림 4.21(c)와 그림 4.28 (c)에 보인 바와 같다. 그러므로 임의의 부하를 아주 넓은 주파수에 걸쳐서 정합시킨다는 것은 실제적으로는 불가능한 것임을 알 수 있다. 주파수에 따라 변하는 세 가지 사항은 다음과 같다.

① 임피던스의 변화
② 정합회로의 변화
③ 전송선로의 특성임피던스 변화

[ 4 ]  테이퍼

일반적으로 말하면, 단면적이 큰 선로일수록 단면적이 작은 선로보다 선로의 임피던스가 더 낮다. 이와 같은 원리를 근거로 만들어진 그림 4.29에 보인 바와 같은 동축선로는 중심축이 길이에 따라 연속적으로 완만하게 감소하고 있으므로 입력신호의 반사량이 감소된다. 이와 같은 원리를 적용한 정합회로를 임피던스정합 테이퍼(impedance matching taper)라 한다. 테이퍼의 선로길이 $l$이 동작파장보다 훨씬 크면 입력정재파비는 낮다. 따라서 주파수가 높을 수록 이 조건은 더욱 우수하게 만족된다. 이에 관한 관심을 갖는 독자는 다른 문헌을 참고하기 바란다.

## 4.3  손실전송선로의 해석

무손실선로의 경우에는 스미스 도표에서 정재파비가 반경이 일정한 원이었으나, 전송선로에 손실이 있으면 앞에서 설명한 바와 같이 입사전압이 전송거리에 따라 지수적으로 감소하며 스미스 도표에서는 나선형(spiral) 곡선이 된다. 예를 들면 길이가 $d$인 손실선로의 입력측 입사전압이 $V^+$이고, 부하에서 반사계수가 $\Gamma_L$이며 전파상수가 $\gamma$라 하면, 주어진 신호는 입력측과 부하측 사이를 왕복하므로 거리는 $2d$가 되어 입력측에서 측정된 반사신호는

$$V^+ \Gamma_L e^{-2\gamma d}$$

이다. 즉 전송선로의 입력반사계수 $\Gamma_{in}$ 은

$$\Gamma_{in} = \Gamma_L e^{-2\gamma d} = \Gamma_L e^{-2\alpha d} e^{-j2\beta d}$$

가 된다. 이해를 돕기 위하여 예제를 들어 설명한다.

---

## 예제 4-8

전송선로에 관한 자료가 그림 4.30에 보인 것과 같이 주어진 경우, 입력임피던스 $z_{in}$ 을 구하여라.

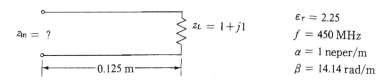

그림 4.30 손실전송선로의 예제.

[풀 이]  주어진 자료로부터 $2\gamma d = 2\alpha d + j2\beta d = 0.25\,\text{Np} + j3.54\,\text{rad}$ 이다. 그러므로 입력반사계수는

$$\Gamma_{in} = \Gamma_L e^{-0.25} e^{-j3.54}$$

이다. 즉 입력측으로 돌아온 반사파의 크기는 입력신호의 크기의 $e^{-0.25} = 0.779$ 배가 되고, 반사신호의 위상은 시계방향으로 3.54 rad 또는 202.8° 만큼 입력신호의 위상보다 지연됨을 나타낸다. 이를 스미스 도표와 그 밑에 준비된 계산도표(nomograph)를 사용하면 입력임피던스를 쉽게 구할 수 있다. 지금 주어진 정규화 부하가 $z_L = 1 + j1$ 이므로 이를 스미스 도표에 표시하면 그림 4.31에 보인 바와 같이 점 $A$ 에 위치한다. 따라서 점 $A$ 와 스미스 도표의 중심까지 거리를 컴퍼스로 잰 후, 이를 스미스 도표 밑에 있는 계산도표의 반사계수눈금을 사용하여 측정하면 반사계수 $|\Gamma_L| = 0.44$ 이다. 그런데 입력신호의 크기의 0.779 배이므로 입력측의 반사계수의 크기는 $|\Gamma_{in}| = 0.779\,|\Gamma_L| = 0.34$ 이다. 따라서 구하고자 하는 입력임피던스 $z_{in}$ 은 점 $A$ 로부터 시계방향으로 202° 만큼 회전시킨 점과 스미스 도표의 중심을 연결한 직선 위에, 계산 도표의 반사계수눈금에서 0.34를 잰 컴퍼스의 한 끝을 스미스 도표의 중심에 맞추어 직선에 표시한 그림 4.31에 보인 점 $B$ 가 구하고자 하는 입력임피던스이다. 즉 $z_{in} = 0.55 - j0.27$ 이다.

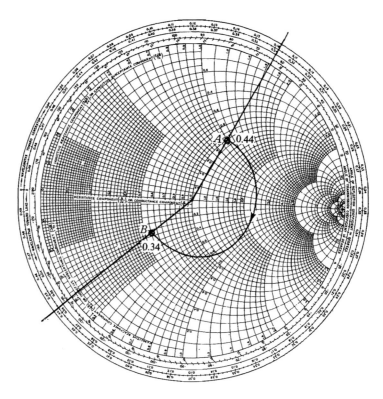

그림 4.31   스미스 도표에 의한 손실선로의 해석.

스미스 도표의 밑에 있는 계산 도표는 정재파비, 전송손실, 반사계수 등의 상호관계를 쉽게 계산할 수 있도록 마련된 도표이다. 연습문제를 통하여 이에 숙달되기를 바란다.

앞에서 설명한 것 중에서 중요한 관계식을 요약하면 표 4-1 에 보인 바와 같다.

표 4-1

| 손실 전송선로 |
|---|
| $\gamma = \sqrt{(R + j\omega L)(G + j\omega C)} = \alpha + j\beta$ |
| $Y_0 = \dfrac{1}{Z_0} = \sqrt{\dfrac{G + j\omega C}{R + j\omega L}}$ |
| $v = \dfrac{\omega}{\beta}$ |
| $V(z,\ t) = Re\left[(V^+ e^{-\gamma z} + V^- e^{\gamma z})e^{j\omega t}\right]$ |
| $I(z,\ t) = Re\left[Y_0(V^+ e^{-\gamma z} - V^- e^{+\gamma z})e^{j\omega t}\right]$ |
| $\langle S(z)\rangle = 1/2\, V(z)\, I^*(z) = \langle P(z)\rangle + jQ(z)$ |
| $V^+ = \dfrac{V(-L)}{[1 + \Gamma(-L)]\, e^{-\gamma(-L)}}$ |
| $\Gamma(z) = \dfrac{V^- e^{+\gamma z}}{V^+ e^{-\gamma z}} = \Gamma_L\, e^{2\gamma z} = \dfrac{Z_L - Z_0}{Z_L + Z_0}\, e^{2\gamma z}$ |
| $Y(z) = Y_0 \dfrac{1 - \Gamma(z)}{1 + \Gamma(z)}$ |
| $\text{SWR}(z) = \dfrac{1 + |\Gamma(z)|}{1 - |\Gamma(z)|} = \dfrac{1 + |\Gamma_L|\, e^{2\alpha z}}{1 - |\Gamma_L|\, e^{2\alpha z}}$ |
| 무손실 전송선로 |
| 윗식에 다음과 같은 값을 대입하면 무손실선로에 관한 방정식을 얻을 수 있다.<br>　　　$R = 0, \qquad G = 0$<br>이면<br>　　　$\alpha = 0, \qquad \gamma = j\beta$ |

## 연습문제

4.1   그림 (문 4.1)에 보인 전송선로에서 스미스 도표를 사용하여 다음을 구하여라.

    (1) 선로에서의 SWR

    (2) 부하에서 반사계수

    (3) 부하어드미턴스

    (4) 선로의 입력임피던스

    (5) 부하로부터 첫번째 최소전압점까지의 거리

    (6) 부하로부터 첫번째 최대전압점까지의 거리

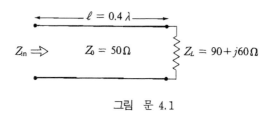

그림   문 4.1

4.2   문 4.1에서 부하가 $Z_L = 30 - j20\ \Omega$일 때, 이를 반복하여라.

4.3   문 4.1에서 $l = 1.7\lambda$일 때, 이를 반복하여라.

4.4   스미스 도표를 사용하여 다음과 같은 입력임피던스를 갖는 특성임피던스가 75 Ω인 단락종단의 가장 짧은 선로의 길이를 구하여라.

    (1) $Z_{in} = 0$

    (2) $Z_{in} = \infty$

    (3) $Z_{in} = j\,75\ \Omega$

    (4) $Z_{in} = -j\,50\ \Omega$

    (5) $Z_{in} = j\,10\ \Omega$

4.5   문 4.4에서 75 Ω의 특성임피던스 선로를 개방하였을 때, 이를 반복하여라.

4.6   그림 4.8에 보인 슬롯트선로(slotted-line)에 의해서 측정한 데이터는 다음과 같다. 인접한 두 최소전압 사이의 거리는 2.1 cm 이고 부하로부터 최초의 최소전압 사이의 거리는 0.9 cm 이며 부하의 SWR = 2.5 이다. 선로의 특성임피던스가 $Z_0 = 50$ Ω인 경우, 부하임피던스를 구하여라.

4.7   다음과 같은 정규화 부하임피던스에 대한 $L$형 정합회로망을 설계하여라.

    (1) $Z_L = 1.4 + j\,2.0$

(2) $Z_L = 0.2 + j\,0.3$

(3) $Z_L = 0.5 + j\,0.9$

(4) $Z_L = 1.6 - j\,0.3$

4.8  개방형 단일스터브를 사용하여 부하임피던스 $Z_L = 20 - j\,60\ \Omega$을 $50\ \Omega$의 선로와 정합하고자 한다. 이 경우 두 가지 해를 구하여라.

4.9  단락형 단일스터브를 사용하여 문 4.8을 반복하여라.

4.10 그림 (문 4.10)에 보인 바와 같이 특성임피던스가 $Z_1$인 길이 $l$의 무손실 전송선로를 사용하여 부하 $Z_L = 200 + j\,100\ \Omega$을 $40\ \Omega$의 선로와 정합하고자 한다. $l$과 $Z_1$을 구하여라. 이러한 방법을 사용하는 경우, 일반적으로 어떤 형식의 부하임피던스에만 정합이 가능하겠는가?

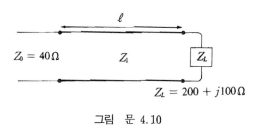

그림 문 4.10

4.11 간격이 $\lambda/8$인 이중개방형 스터브를 사용하여 부하어드미턴스 $Y_L = (1.4 + j\,2)\,Y_0$와 정합하고자 한다. 스터브를 설계하여라.

4.12 $Z_L = 80 + j\,40\ \Omega$인 복소 부하임피던스를 $50\ \Omega$의 선로와 정합하고자 한다. 부하에 개방형 스터브를 사용하여 순수한 실수임피던스를 얻고자 한다. 가장 짧은 개방형 스터브의 길이를 구하고, 순수한 실수임피던스를 구하는 데 필요한 단일섹션의 정합트랜스포머를 설계하여라.

# 5 장

# 도파관과 동축선로

유도전파 시스템(guided wave system)에는 그림 5.1에 보인 바와 같이 평행판선로, 동축선로, 마이크로스트립선로와 같은 마이크로파 집적회로용 전송선로, 도파관(waveguide) 및 표면파선로 등이 있다.

3장에서 취급한 전송선로는 두 개 또는 그 이상의 도체로 구성된 구조이므로 **TEM**파를 전송한다. 그러나 전송선로는 TEM파 신호만을 전송해야 한다는 것은 아니다. 이 장에서는 동축선로와 그림 5.1(b), (c)에 보인 바와 같은 한 개의 도체로 구성된 도파관(waveguide)에 관하여 설명한다. 도파관은 속이 빈 금속관으로서 그 속에서 전자파(TE/TM파)가 효율 좋게 전송되도록 만든 것이다. 보통 사용되는 것은 단면이 구형(rectangular)이거나 원형(circular)이며 그 모양과 크기는 길이에 따라 변하지 않고 균일하다.

## 5.1 기초방정식

모든 유도전파 시스템은 하나의 공통점을 갖는다. 즉 이들은 한 방향으로 전파를 전송하는 성질을 갖는다는 사실이다. 이 장에서는 편의상 전파하는 방향을 $z$방향으로 표시한다. 특별한 경우를 취급하기 전에 그림 5.2에 보인 바와 같이 임의의 단면적을 갖는 모든 도파관에 적용할 수 있는 일반적인 방정식을 유도한다. 전송선로의 이론에서처럼 무손실도파관이라 가정한다. 우선 모든 도체와 유전체는 무손실이라고 생각한 다음 나중에 손실의 영향을 고려한다.

**Maxwell**방정식은 파(wave)가 전파(propagation)하는 영역 안에 존재하는 전자계(electric and magnetic field)의 현상을 지배하는 방정식이기 때문에 완전한 유전체에 대한 Maxwell방정식을 **직각좌표계**에서 성분별로 전개하면 다음과 같다.

식 (1-14)와 (1-15)로부터

(a) $\dfrac{\partial E_z}{\partial y} - \dfrac{\partial E_y}{\partial z} = -j\omega\mu H_x$     (d) $\dfrac{\partial H_z}{\partial y} - \dfrac{\partial H_y}{\partial z} = j\omega\varepsilon E_x$

(b) $\dfrac{\partial E_x}{\partial z} - \dfrac{\partial E_z}{\partial x} = -j\omega\mu H_y$     (e) $\dfrac{\partial H_x}{\partial z} - \dfrac{\partial H_z}{\partial x} = j\omega\varepsilon E_y$      (5-1)

(c) $\dfrac{\partial E_y}{\partial x} - \dfrac{\partial E_x}{\partial y} = -j\omega\mu H_z$     (f) $\dfrac{\partial H_y}{\partial x} - \dfrac{\partial H_x}{\partial y} = j\omega\varepsilon E_z$

이다. 여기서 $\mathbf{J} = 0$ 이라고 가정한다(전원이 없는 공간). $\mathbf{E}$와 $\mathbf{H}$가 $+z$방향으로 전파하는 다음과 같은 전계와 자계라 하면

$$\mathbf{E}(x,\ y,\ z) = \left[\mathbf{e}_t(x,\ y) + \mathbf{a}_z\, e_z(x,\ y)\right] e^{-j\beta z} \qquad (5\text{-}2a)$$

$$\mathbf{H}(x,\ y,\ z) = \left[\mathbf{h}_t(x,\ y) + \mathbf{a}_z\, h_z(x,\ y)\right] e^{-j\beta z} \qquad (5\text{-}2b)$$

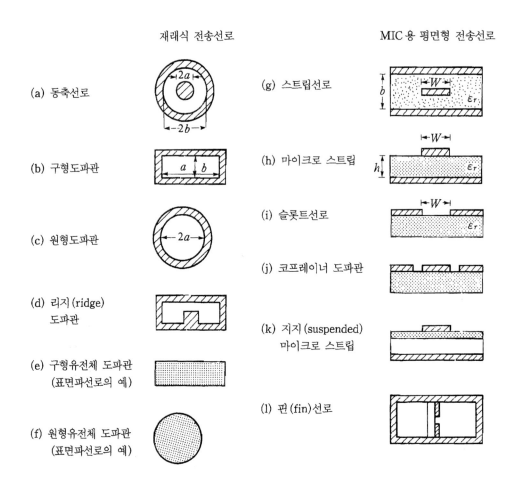

재래식 전송선로      MIC 용 평면형 전송선로

(a) 동축선로

(b) 구형도파관

(c) 원형도파관

(d) 리지 (ridge) 도파관

(e) 구형유전체 도파관 (표면파선로의 예)

(f) 원형유전체 도파관 (표면파선로의 예)

(g) 스트립선로

(h) 마이크로 스트립

(i) 슬롯트선로

(j) 코프레이너 도파관

(k) 지지 (suspended) 마이크로 스트립

(l) 핀 (fin)선로

그림 5.1  유도전파 시스템.

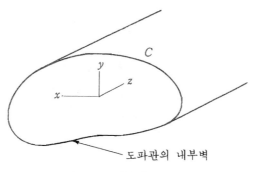

그림 5.2  도파관의 좌표계.

전계와 자계의 각 성분은

$$E_x(x, y, z) = e_x(x, y) e^{-j\beta z}$$
$$E_y(x, y, z) = e_y(x, y) e^{-j\beta z}$$

........................

(5-3)

........................

$$H_z(x, y, z) = h_z(x, y) e^{-j\beta z}$$

와 같은 형식으로 주어진다. 여기서 $\mathbf{e}_t(x, y)$와 $\mathbf{h}_t(x, y)$는 파가 진행하는 $+z$축 방향과 직각 $(\mathbf{a}_x, \mathbf{a}_y)$을 이루는 횡전계(transverse electric field)와 횡자계(transverse magnetic field)를 나타내며 $e_z$와 $h_z$는 파가 진행하는 방향의 전계와 자계를 나타내는 성분이다. 만약 $-z$방향으로 파가 진행한다고 하면 $-\beta$를 $+\beta$로 대치하면 된다. 또한 도체손실이나 유전체손실이 있다면 전파상수 $j\beta$를 $\gamma = \alpha + j\beta$로 대치해야 한다.

식 (5-1)에 식 (5-3)을 대입하면

(a) $\dfrac{\partial e_z}{\partial y} + j\beta e_y = -j\omega\mu h_x$      (d) $\dfrac{\partial h_z}{\partial y} + j\beta h_y = j\omega\varepsilon e_x$

(b) $-j\beta e_x - \dfrac{\partial e_z}{\partial x} = -j\omega\mu h_y$     (e) $-j\beta h_x - \dfrac{\partial h_z}{\partial x} = j\omega\varepsilon e_y$      (5-4)

(c) $\dfrac{\partial e_y}{\partial x} - \dfrac{\partial e_x}{\partial y} = -j\omega\mu h_z$     (f) $\dfrac{\partial h_y}{\partial x} - \dfrac{\partial h_x}{\partial y} = j\omega\varepsilon e_z$

위의 여섯 개 방정식을 풀어서 네 개의 횡전자계 성분을 축방향의 전계와 자계성분 $e_z$와 $h_z$로 나타내면 다음과 같은 결과를 얻는다.

$$\text{(a)} \quad h_x = \frac{j}{k_c^2}\left[\omega\varepsilon\frac{\partial e_z}{\partial y} - \beta\frac{\partial h_z}{\partial x}\right]$$

$$\text{(b)} \quad h_y = \frac{-j}{k_c^2}\left[\omega\varepsilon\frac{\partial e_z}{\partial x} + \beta\frac{\partial h_z}{\partial y}\right]$$

$$\text{(c)} \quad e_x = \frac{-j}{k_c^2}\left[\beta\frac{\partial e_z}{\partial x} + \omega\mu\frac{\partial h_z}{\partial y}\right]$$

$$\text{(d)} \quad e_y = \frac{j}{k_c^2}\left[-\beta\frac{\partial e_z}{\partial y} + \omega\mu\frac{\partial h_z}{\partial x}\right]$$

(5-5)

여기서

$$k_c^2 = k^2 - \beta^2 \qquad (k = \omega\sqrt{\mu\varepsilon} = 2\pi/\lambda)$$

(5-6)

이다.

식 (5-5)를 증명하는 한 가지 예를 들면 식 (5-5a)는 식 (5-4a)와 (5-4e)를 결합하여 얻을 수 있다. 윗식 (5-5)는 여러 가지 형태의 유도전파 시스템에 적용할 수 있는 매우 유용한 일반적인 결과식이다. 왜냐하면 일단 축방향의 전계와 자계만 알면 네 개의 횡전자계 성분을 유일하게 구할 수 있기 때문이다. 이제 다음과 같은 세 가지 경우를 살펴보자.

### (1) TEM 모드(Transverse Electric and Magnetic Mode)

**TEM** 모드는 전파의 진행방향에 전계나 자계가 전혀 없는 특성을 갖고 있다. 이는 일반적으로 3장에서 설명한 전송선로의 전파모드와 같다. 이 모드는 중심도체가 없는 속이 빈 도체관(pipe) 안에는 존재할 수 없다. 왜냐하면 **Ampere** 법칙이 필요로 하는 전류(도전전류나 변위전류)가 없기 때문이다. 즉 횡자계를 연결할 수 있는 전류가 없기 때문이다. 그러므로 이와 같은 모드는 두 개 또는 그 이상의 분리된 도체로 구성된 평행전송선로나 동축선로(coaxial cable)에 존재한다.

### (2) TE 모드(Transverse Electric Mode)

용어가 표현하는 바와 같이 **TE** 모드의 전계는 전파방향과 직각을 이룬다. 즉 $e_z = 0$, 이 모드는 속이 빈 도체관이나 동축선로와 같은 두 도체로 구성된 전송선로에 존재할 수 있다.

### (3) TM 모드(Transverse Magnetic Mode)

**TM** 모드는 전파방향과 직각을 이루는 자계를 갖는다. 즉 $h_z = 0$, 이 모드는 속이 빈 도체관이나 동축선로와 같은 두 도체로 구성된 전송선로에도 존재할 수 있다.

어떤 경우에는 **TE** 나 **TM** 모드만으로 모든 경우를 만족할 수 없음을 알게 될 것이다. 그러한 경우에는 이들의 선형적 합성으로 표현될 수 있다. 그러므로 단일방향으로 전파하는 임의의 파는 위에서 설명한 세 가지 경우를 중첩한 것으로 생각할 수 있다.

## [1]  유전체손실에 의한 감쇠

전송선로 또는 도파관의 감쇠는 유전체손실이나 도체손실 때문에 발생한다. 만약 $\alpha_d$ 를 유전체손실에 의한 감쇠상수라고·하고 $\alpha_c$ 를 도체손실에 의한 감쇠상수라고 하면 전체 감쇠상수는 $\alpha = \alpha_d + \alpha_c$ 이다. 도체손실에 의한 감쇠는 선로나 도파관의 전자계 분포에 따라 변하므로 이 감쇠는 전송선로 또는 도파관의 각종 형태에 따라 구분해서 구해야 한다. 그러나 선로 또는 도파관이 균일한 유전체로 완전히 채워진 경우에는 유전체손실에 대한 감쇠는 전파상수로부터 계산할 수 있으며, 그 결과는 균일한 유전체로 채워진 선로나 도파관이면 어떤 형태에도 적용할 수 있다. 따라서 이와 같은 유전체손실 $(\varepsilon = \varepsilon' - j\varepsilon'' \, ; \, \varepsilon' = \varepsilon_0 \, \varepsilon_r)$ 에 의한 감쇠상수는 다음과 같은 복소전파상수로 나타낼 수 있다.

$$\gamma = \alpha_d + j\beta = \sqrt{k_c^2 - k_1^2}$$
$$= \sqrt{k_c^2 - \omega^2 \, \mu_0 \, \varepsilon_0 \, \varepsilon_r (1 - j\tan \delta)} \tag{5-7}$$

여기서 $k_1 = \omega^2 \mu_0 \, \varepsilon = \omega^2 \mu_0 \, \varepsilon' \left(1 - j \dfrac{\varepsilon''}{\varepsilon'}\right) = \omega^2 \mu_0 \, \varepsilon_0 \, \varepsilon_r (1 - j\tan \delta)$ 이며, 손실매질에서 파수이다. 실제로 대부분의 유전체는 매우 작은 손실 $(\tan \delta \ll 1)$ 을 갖는다. 그러므로 윗식에 **Taylor** 의 전개식을 적용하면

$$\gamma = \sqrt{k_c^2 - k^2 + jk^2 \tan \delta}$$
$$\cong \sqrt{k_c^2 - k^2} + \frac{jk^2 \tan \delta}{2\sqrt{k_c^2 - k^2}} \tag{5-8}$$
$$= \frac{k^2 \tan \delta}{2\beta} + j\beta$$

가 된다. 여기서 $j\beta = \sqrt{k_c^2 - k^2}$ 이며, $k^2 = \omega^2 \mu_0 \, \varepsilon_0 \, \varepsilon_r$ 은 무손실매질에서 실파수(real wavenumber)이다.

식 (5-8)을 보면 손실이 작을 때 위상상수 $\beta$ 는 변하지 않으나 유전체손실에 의한 감쇠상수는

$$\alpha_d = \frac{k^2 \tan \delta}{2\beta} \; \text{Np/m (TE 또는 TM 파)} \tag{5-9}$$

이다. 이 결과는 선로나 도파관이 유전체로 완전히 채워진 경우에는 어느 TE 파나 TM 파에도 적용할 수 있다. 그러나 TEM 선로인 경우에는 $k_c = 0$ 이므로 $\beta = k$ 가 되어 감쇠상수는

$$\alpha_d = \frac{k \tan \delta}{2} \; \text{Np/m (TEM 파)} \tag{5-10}$$

## [2]  전송전력

파동임피던스의 유용성은 전송전력이 횡전자계만에 의해서 주어진다는 사실에 기인된다.
예를 들어 TE파의 전송전력을 구하면 다음과 같다.

$$P = \frac{1}{2} Re \int_s \mathbf{E} \times \mathbf{H}^* \cdot \mathbf{a}_z \, dx \, dy \qquad (5\text{-}11)$$

## 5.2  구형도파관

구형도파관은 마이크로파 신호를 전송하는 전송시스템 중 가장 일찍 사용된 형태의 하나이
다. 구형도파관은 결합기, 검파기, 분리기(isolator), 감쇠기, 슬롯선로(slot line)와 같은 매
우 다양한 부품으로 사용되고 있다. 도파관의 사용 주파수범위는 낮게는 1 GHz에서 220
GHz의 높은 주파수에 이른다.

### [1]  TE모드

구형도파관의 기하학적 구조는 그림 5.3에 보인 바와 같다. 관내는 유전율 $\varepsilon$과 투자율 $\mu$인
매질로 채워져 있다고 가정한다. $x$축의 도파관 폭 $a$가 $y$축의 높이 $b$보다 크게 하는 것이
상례이다($a > b$).

**TE**모드는 $E_z = 0$(또는 $e_z = 0$)인 장이며 한편 $H_z$는 식 (2-8)의 파동방정식을 만족해야
한다.

$$\left[ \frac{\partial^2}{\partial x^2} + \frac{\partial^2}{\partial y^2} + k_c^2 \right] h_z(x, y) = 0 \qquad (5\text{-}12)$$

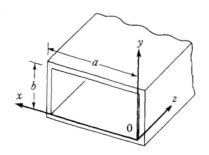

그림 5.3  구형도파관.

여기서 $H_z(x,\ y,\ z) = h_z(x,\ y)\,e^{-\beta z}$이며, $k_c^2 = k^2 - \beta^2$는 차단파수이다. 식 (5-12)의 편미분방정식에 다음과 같은 변수분리법을 사용하여 그 해를 구할 수 있다.

$$h_z(x,\ y) = X(x)\,Y(y) \tag{5-13}$$

윗식을 식 (5-12)에 대입하면 다음과 같은 결과를 얻을 수 있다.

$$\frac{1}{X}\,\frac{d^2 X}{dx^2} + \frac{1}{Y}\,\frac{d^2 Y}{dy^2} + k_c^2 = 0 \tag{5-14}$$

식 (5-14)가 $x$만의 함수, $y$만의 함수와 $k_c^2$의 합으로 그 값이 항상 0이 되기 위해서는 각 항이 모두 상수가 되어야만 한다. 지금 이 상수들을 순서적으로 $-k_x^2$, $-k_y^2$이라 하면, 식 (5-14)로부터

$$\frac{d^2 X}{dx^2} + k_x^2 X = 0 \tag{5-15a}$$

$$\frac{d^2 Y}{dy^2} + k_y^2 Y = 0 \tag{5-15b}$$

$$k_x^2 + k_y^2 = k_c^2 \tag{5-16}$$

이다. 그러므로 $h_z$의 일반해는 다음과 같이 쓸 수 있다.

$$h_z(x,\ y) = (A\cos k_x x + B\sin k_x x)(C\cos k_y y + D\sin k_y y) \tag{5-17}$$

윗식의 상수를 구하기 위하여 식 (5-17)을 식 (5-5c)와 (5-5d)에 대입하면

$$e_x = \frac{-j\omega\mu}{k_c^2}\,k_y(A\cos k_x x + B\sin k_x x)(-C\sin k_y y + D\cos k_y y) \tag{5-18a}$$

$$e_y = \frac{-j\omega\mu}{k_c^2}\,k_x(-A\sin k_x x + B\cos k_x x)(C\cos k_y y + D\sin k_y y) \tag{5-18b}$$

를 얻을 수 있다. 윗식에 다음과 같은 도파관 벽(wall)에 접선인 전계성분에 관한 경계조건을 적용하면

$$e_x(x,\ y) = 0 \quad ; \quad y = 0,\ b \tag{5-19a}$$

$$e_y(x,\ y) = 0 \quad ; \quad x = 0,\ a \tag{5-19b}$$

식 (5-18a)와 (5-19a)로부터

$$D = 0, \quad k_y = n\pi/b \quad ; \quad n = 0,\ 1,\ 2,\ \cdots$$

를 얻을 수 있으며, 식 (5-18b)와 식 (5-19b)로부터

$$B = 0, \quad k_x = m\pi/a \quad ; \quad m = 0, 1, 2, \cdots$$

를 얻을 수 있다. 그러므로 $H_z$에 대한 최종해는

$$H_z(x, y, z) = h_z(x, y) e^{-j\beta z}$$

또는

$$H_z(x, y, z) = H_{mn} \cos\frac{m\pi x}{a} \cos\frac{n\pi y}{b} e^{-j\beta z} \tag{5-20}$$

가 된다. 여기서 $H_{mn}$은 임의의 상수 $A$와 $C$로 구성된 진폭상수이다.

식 (5-5)와 (5-20)을 사용하면 식 (5-3)에 의해 $\mathbf{TE}_{mn}$모드의 횡전자계 성분을 구할 수 있다. 즉,

$$E_x = \frac{j\omega\mu n\pi}{k_c^2 b} H_{mn} \cos\frac{m\pi x}{a} \sin\frac{n\pi y}{b} e^{-j\beta z} \tag{5-21a}$$

$$E_y = \frac{-j\omega\mu m\pi}{k_c^2 a} H_{mn} \sin\frac{m\pi x}{a} \cos\frac{n\pi y}{b} e^{-j\beta z} \tag{5-21b}$$

$$H_x = \frac{j\beta m\pi}{k_c^2 a} H_{mn} \sin\frac{m\pi x}{a} \cos\frac{n\pi y}{b} e^{-j\beta z} \tag{5-21c}$$

$$H_y = \frac{j\beta n\pi}{k_c^2 b} H_{mn} \cos\frac{m\pi x}{a} \sin\frac{n\pi y}{b} e^{-j\beta z} \tag{5-21d}$$

전파상수는

$$\beta = \sqrt{k^2 - k_c^2} = \sqrt{k^2 - \left(\frac{m\pi}{a}\right)^2 - \left(\frac{n\pi}{b}\right)^2} \tag{5-22}$$

이다. 윗식은

$$k > k_c = \sqrt{\left(\frac{m\pi}{a}\right)^2 + \left(\frac{n\pi}{b}\right)^2}$$

일 때 실수이다. 이는 전파모드에 해당한다. 따라서 각 모드($m$과 $n$의 조합)의 차단주파수 $f_c$는 다음과 같다.

$$f_c = \frac{k_c}{2\pi\sqrt{\mu\varepsilon}} = \frac{1}{2\pi\sqrt{\mu\varepsilon}} \sqrt{\left(\frac{m\pi}{a}\right)^2 + \left(\frac{n\pi}{b}\right)^2} \tag{5-23}$$

가장 낮은 차단주파수를 갖는 모드를 기본모드(dominant mode)라 하며, 구형도파관의 기본모드는 $\mathbf{TE}_{10}$모드이다. 즉, $a > b$라 가정하면 가장 낮은 차단주파수 $f_c$는 $\mathbf{TE}_{10}$모드($m = 1$, $n = 0$)에서 발생하기 때문이다. 따라서

$$f_c = \frac{1}{2a\sqrt{\mu\varepsilon}} \tag{5-24}$$

이다.

식 (5-21)로부터 알 수 있는 바와 같이 만약 $m = n = 0$이면 $E$와 $H$의 각각의 성분들은 0이 되므로 $TE_{00}$모드는 존재할 수 없다. 동작주파수 $f$가 $f > f_c$(또는 $k > k_c$)인 모드만이 전파하지만 $f < f_c$(또는 $k < k_c$)인 모드는 $\beta$가 허수가 되므로 모든 전자장 성분은 전원으로부터 지수적으로 소멸한다. 이러한 모드를 차단모드 혹은 소멸모드라 부른다.

TE파의 파동임피던스는

$$Z_{TE} = \frac{E_x}{H_y} = \frac{-E_y}{H_x} = \frac{k\eta}{\beta} = \frac{\omega\mu}{\beta} \tag{5-25}$$

이다. 여기서 $\eta = \sqrt{\mu/\varepsilon}$는 도파관을 채운 매질의 고유임피던스이다. 유의할 점은 $\beta$가 실수(전파모드)일 때 $Z_{TE}$는 실수이나 $\beta$가 허수(소멸모드)일 때 $Z_{TE}$는 허수가 된다.

관내파장은 도파관을 따라서 존재하는 2개의 같은 위상면 사이의 거리로 정의한다. 즉,

$$\lambda_g = \frac{2\pi}{\beta} > \frac{2\pi}{k} = \lambda \tag{5-26}$$

이다. 따라서 관내파장은 균일매질에서 평면파의 파장 $\lambda$보다 더 길다. 또한 위상속도는

$$v_p = \frac{\omega}{\beta} > \frac{\omega}{k} = \frac{1}{\sqrt{\mu\varepsilon}} \tag{5-27}$$

이 된다. 이는 동일한 매질에서 평면파의 광속보다 더 빠르다는 것을 나타낸다. 이는 실존할 수 없는 가상적인 속도라는 사실에 유의하여야 한다.

대부분의 응용에서 동작주파수와 도파관의 차원(크기)은 기본모드 $TE_{10}$만을 전파하도록 선택한다. 이와 같은 $TE_{10}$모드의 실용적인 중요성 때문에 $TE_{10}$모드의 전자장 성분과 도체손실에 관하여 상세히 설명한다. 식 (5-20)과 (5-21)에 $m = 1$, $n = 0$을 대입하면 $TE_{10}$모드의 전자장에 대한 다음과 같은 결과식을 얻을 수 있다.

$$H_z = H_{10}\cos\frac{\pi x}{a}\, e^{-j\beta z} \tag{5-28a}$$

$$E_y = \frac{-j\omega\mu a}{\pi}\, H_{10}\sin\frac{\pi x}{a}\, e^{-j\beta z} \tag{5-28b}$$

$$H_x = \frac{j\beta a}{\pi}\, H_{10}\sin\frac{\pi x}{a}\, e^{-j\beta z} \tag{5-28c}$$

$$E_x = E_z = H_y = 0 \tag{5-28d}$$

그 밖에 $TE_{10}$모드에 대한 파라미터는

$$k_c = \omega_c\sqrt{\mu\varepsilon} = \frac{\pi}{a} \tag{5-29}$$

$$\beta = \sqrt{k^2 - (\pi/a)^2} \tag{5-30}$$

이다.

TE$_{10}$모드에서 도파관에 흐르는 평균전력은 다음과 같이 구하여진다.

$$
\begin{aligned}
P_{10} &= \frac{1}{2} Re \left[ \int_{x=0}^{a} \int_{y=0}^{b} \mathbf{E} \times \mathbf{H}^* \cdot \mathbf{a}_z \, dy \, dx \right] \\
&= \frac{1}{2} Re \left[ \int_{x=0}^{a} \int_{y=0}^{b} E_y H_x^* \, dy \, dx \right] \\
&= \frac{\omega \mu a^2}{2\pi^2} Re \{\beta\} \, |H_{10}|^2 \int_{x=0}^{a} \int_{y=0}^{b} \sin^2 \frac{\pi x}{a} \, dy \, dx \\
&= \frac{\omega \mu a^3 \, |H_{10}|^2 \, b}{4\pi^2} Re(\beta)
\end{aligned}
\tag{5-31}
$$

여기서 유의할 점은 위의 전력은 전파모드일 때만 $\beta$가 실수이므로 $0$이 아닌 유효전력이다.

구형도파관의 감쇠는 유전체손실이나 도체손실 때문에 발생한다. 유전체손실에 의한 감쇠상수는 식 (5-9)로 주어지며 도체손실에 의한 감쇠상수는 식 (2-54b)로부터 구할 수 있다. 식 (2-54b)를 정리하여 옮겨 쓰면

$$P_{loss} = \frac{R_s}{2} \int_C |\mathbf{H}_t|^2 \, dl = \frac{R_s}{2} \int_C |\mathbf{J}_s|^2 \, dl \tag{5-32}$$

이다. 여기서 $P_{loss} = P_{av}$이고 $|\mathbf{H}_t|$는 도체 표면에 접선인 성분으로서 $|\mathbf{H}_t| = |\mathbf{J}_s|$으로 주어지며 적분기호의 $C$는 도파관 벽의 테두리를 둘러싼 외곽선을 나타내고, $R_s$는 도파관 벽의 표면저항이다. 표면전류는 도파관을 이루고 있는 4개의 벽 전체에 흐르고 있지만 대칭관계에 의하여 윗면과 아랫면에 흐르는 전류가 동일함은 물론 왼쪽면과 오른쪽면에 흐르는 전류도 역시 동일하다. 즉, 오른쪽 벽 $(x = 0)$의 표면전류밀도는

$$
\begin{aligned}
\mathbf{J}_s &= \mathbf{n} \times \mathbf{H} \,|_{x=0} = \mathbf{a}_x \times \mathbf{a}_z H_z \,|_{x=0} = -\mathbf{a}_y H_z \,|_{x=0} \\
&= -\mathbf{a}_y H_{10} \, e^{-j\beta z}
\end{aligned}
\tag{5-33a}
$$

인 반면 아랫 면 $(y = 0)$의 표면전류밀도는

$$
\begin{aligned}
\mathbf{J}_s &= \mathbf{n} \times \mathbf{H} \,|_{y=0} = \mathbf{a}_y \times (\mathbf{a}_x H_x \,|_{y=0} + \mathbf{a}_z H_z \,|_{y=0}) \\
&= -\mathbf{a}_z \frac{j\beta a}{\pi} H_{10} \sin \frac{\pi x}{a} \, e^{-j\beta z} + \mathbf{a}_x H_{10} \cos \frac{\pi x}{a} \, e^{-j\beta z}
\end{aligned}
\tag{5-33b}
$$

가 된다. 따라서 도파관에 의한 전체의 도체손실전력은 $x = 0$과 $y = 0$에서 도파관 벽에 의한 손실전력의 두 배이므로 다음과 같다.

$$P_{\text{loss}} = R_s \int_0^b |\mathbf{J}_{sy}(x=0)|^2 \, dy + R_s \int_0^a \left[ |\mathbf{J}_{sx}(y=0)|^2 + |\mathbf{J}_{sz}(y=0)|^2 \right] dx$$

$$= R_s |H_{10}|^2 \left\{ b + \frac{a}{2} \left[ 1 + \left( \frac{\beta a}{\pi} \right)^2 \right] \right\} \tag{5-34}$$

그러므로 $TE_{10}$ 모드에 대한 도체손실에 의한 감쇠상수는

$$\alpha_c = \frac{P_{\text{loss}}}{2P_{10}} = \frac{2\pi^2 R_s \left\{ b + \dfrac{a}{2} \left[ 1 + \left( \dfrac{\beta a}{\pi} \right)^2 \right] \right\}}{\omega \mu a^3 b \beta}$$

$$= \frac{R_s}{a^3 b \beta k \eta} (2b\pi^2 + a^3 k^2) \ \text{Np/m}$$

또는

$$\alpha_c = \frac{R_s}{b\eta \sqrt{1 - (f_c/f)^2}} \left[ 1 + \frac{2b}{a} \left( \frac{f_c}{f} \right)^2 \right] \ \text{Np/m} \tag{5-35}$$

가 된다. 여기서 $\omega\mu = k\eta$, $\beta^2 = k^2 - \left(\dfrac{\pi}{a}\right)^2$ 또는 $k^2 = \left(\dfrac{\pi}{a}\right)^2 \left[1 + \left(\dfrac{\beta a}{\pi}\right)^2\right]$ 이다. 구형도파관에서 $TE_{10}$ 모드의 전자계 분포를 나타내면 그림 5.4 에 보인 바와 같다.

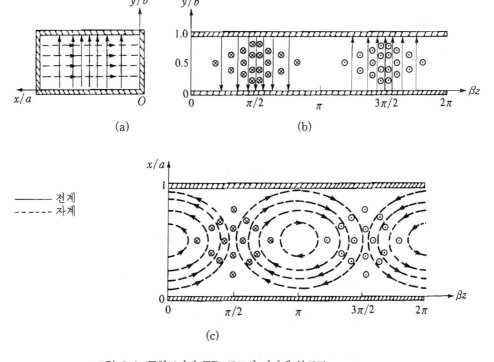

그림 **5.4** 구형도파관 $TE_{10}$ 모드의 전자계 분포도.

## [2]  TM 모드

TM 모드의 특징은 $H_z = 0$(또는 $h_z = 0$)인 전자장이며, 한편 $E_z$는 식 (2-6)의 파동방정식을 만족해야 한다.

$$\left[ \frac{\partial^2}{\partial x^2} + \frac{\partial^2}{\partial y^2} + k_c^2 \right] e_z(x, y) = 0 \tag{5-36}$$

여기서 $E_z(x, y, z) = e_z(x, y) e^{-j\beta z}$, $k_c^2 = k^2 - \beta^2$이다. TE 모드의 경우처럼 식 (5-36)에 변수분리법을 적용하여 $e_z(x, y)$를 풀면 다음과 같은 일반해를 얻을 수 있다.

$$e_z(x, y) = (A \cos k_x x + B \sin k_x x)(C \cos k_y y + D \sin k_y y) \tag{5-37}$$

윗식에 다음과 같은 경계조건을 적용하면

$$e_z(x, y) = 0 \quad ; \quad x = 0, a \tag{5-38a}$$

$$e_z(x, y) = 0 \quad ; \quad y = 0, b \tag{5-38b}$$

식 (5-38a)와 (5-37)로부터

$$A = 0, \quad k_x = m\pi/b \quad ; \quad m = 1, 2, 3, \cdots$$

를 얻을 수 있으며, 마찬가지로 식 (5-38b)와 (5-37)로부터

$$C = 0, \quad k_y = n\pi/b \quad ; \quad n = 1, 2, 3, \cdots$$

를 얻는다. 그러므로 $E_z$에 대한 최종 해는

$$E_z(x, y, z) = e_z(x, y) e^{-j\beta z}$$

또는

$$E_z(x, y) = E_{mn} \sin\frac{m\pi x}{a} \sin\frac{n\pi y}{b} e^{-j\beta z} \tag{5-39}$$

가 된다. 여기서 $E_{mn}$은 임의의 상수 $B$와 $C$를 나타내는 진폭상수이다. 따라서 **TM**$_{mn}$ 모드에 대한 횡전자계 성분은 식 (5-5)와 (5-39)로부터 다음과 같이 결과식을 얻는다.

$$E_x = \frac{-j\beta m\pi}{a k_c^2} E_{mn} \cos\frac{m\pi x}{a} \sin\frac{n\pi y}{b} e^{-j\beta z} \tag{5-40a}$$

$$E_y = \frac{-j\beta n\pi}{b k_c^2} E_{mn} \sin\frac{m\pi x}{a} \cos\frac{n\pi y}{b} e^{-j\beta z} \tag{5-40b}$$

$$H_x = \frac{j\omega\varepsilon n\pi}{b k_c^2} E_{mn} \sin\frac{m\pi x}{a} \cos\frac{n\pi y}{b} e^{-j\beta z} \tag{5-40c}$$

$$H_y = \frac{-j\omega\varepsilon m\pi}{a k_c^2} E_{mn} \cos\frac{m\pi x}{a} \sin\frac{n\pi y}{b} e^{-j\beta z} \tag{5-40d}$$

TE 모드의 경우처럼 전파상수는

$$\beta = \sqrt{k^2 - {k_c}^2} = \sqrt{k^2 - \left(\frac{m\pi}{a}\right)^2 - \left(\frac{n\pi}{b}\right)^2} \tag{5-41}$$

이다. 여기서 $\beta$는 전파모드인 경우는 실수이고, 소멸모드인 경우는 허수가 된다. **TM**$_{mn}$모드에 대한 차단주파수는 **TE**$_{mn}$모드의 경우와 같이 식 (5-23)으로 주어진다.

**TM**$_{mn}$모드의 **E**와 **H**에 대한 횡전자계 성분, 식 (5-40)은 $m$이나 $n$ 중의 하나가 0이 되면 모두가 0이 되므로 TM$_{00}$, TM$_{01}$, TM$_{10}$모드 등은 존재하지 않는다. 따라서 가장 낮은 차원의 TM 모드는 다음과 같은 차단주파수를 갖는 **TM**$_{11}$모드이다. 즉,

$$f_c = \frac{1}{2\pi\sqrt{\mu\varepsilon}}\sqrt{\left(\frac{\pi}{a}\right)^2 + \left(\frac{\pi}{b}\right)^2} \tag{5-42}$$

또한 TM 모드의 파동임피던스는

$$Z_{\text{TM}} = \frac{E_x}{H_y} = \frac{-E_y}{H_x} = \frac{\beta\eta}{k} \tag{5-43}$$

이다. 유전체손실에 의한 감쇠는 TE 모드의 경우와 같은 방법으로 계산할 수 있다. 도체손실에 의한 TM$_{11}$모드의 감쇠는 연습문제로 남기며 그 결과는 다음과 같다.

$$\alpha_c = \frac{2R_s(b/a^2 + a/b^2)}{ab\eta\sqrt{1 - (f_c/f)^2}\,(1/a^2 + 1/b^2)} \text{ Np/m} \tag{5-44}$$

유전체가 공기이며, 크기가 $a = 2.29$ cm 이고, $b = 1.02$ cm 인 표준 구형도체도파관 WR-16 에 대한 **TE**$_{10}$모드의 감쇠상수 $\alpha_c$를 식 (5-35)에 의하여 구하고 **TM**$_{11}$모드의 감쇠상수 $\alpha_c$를 식 (5-44)에 의하여 구한 결과를 나타내면 그림 5.5에 보인 바와 같다. 식 (5-24)로부터 TE$_{10}$모드의 차단주파수를 구하면 $(f_c)_{10} = 6.55$ GHz 이고 TM$_{11}$모드의 차단주파수는 식 (5-42)로부터 $(f_c)_{11} = 16.10$ GHz 이다. 그림 5.5를 살펴보면 감쇠상수는 동작주파수가 차

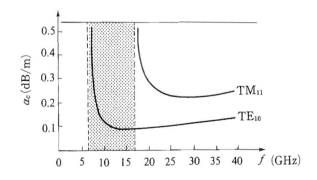

그림 **5.5**  TE$_{10}$모드와 TM$_{11}$모드의 감쇠상수 ($a = 2.29$ cm, $b = 1.02$ cm).

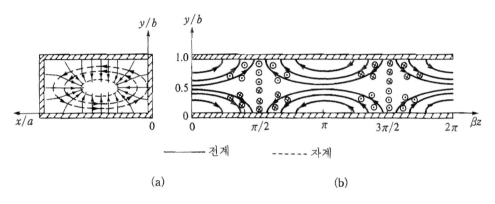

그림 5.6  구형도파관 TM$_{11}$모드의 전자계 분포도.

단주파수 $f_c$에 접근함에 따라 급격히 무한대로 증가함을 알 수 있다. TM$_{11}$모드의 전자계 분포를 나타내면 그림 5.6에 보인 바와 같다.

---

**예제 5-1**

$a = 2.286$ cm, $b = 1.016$ cm 인 단면적을 갖는 길이가 일정한 $X$ 대역용 동(銅)도파관이 있다. 이 도파관의 유전체는 공기이다. 처음 4개의 전파모드에 대한 차단주파수를 구하여라. 동작주파수가 $f = 10$ GHz 일 때 길이가 1 m 인 이 도파관의 감쇠는 얼마인가?

[풀이]  식 (5-23)으로부터 차단주파수는

$$f_c = \frac{c}{2\pi}\sqrt{(m\pi/a)^2 + (n\pi/b)^2}$$

이므로, 처음 몇 개의 $m$과 $n$값에 대한 차단주파수를 구하면 다음과 같다.

$$\text{TE}_{10} \; ; \quad f_c = 6.562 \text{ GHz}$$
$$\text{TE}_{20} \; ; \quad f_c = 13.123 \text{ GHz}$$
$$\text{TE}_{01} \; ; \quad f_c = 14.764 \text{ GHz}$$
$$\text{TE}_{11}, \text{TM}_{11} \; ; \quad f_c = 16.156 \text{ GHz}$$
$$\text{TE}_{21}, \text{TM}_{21} \; ; \quad f_c = 19.753 \text{ GHz}$$
$$\text{TE}_{12}, \text{TM}_{12} \; ; \quad f_c = 30.248 \text{ GHz}$$

그러므로 처음 4개의 모드는 TE$_{10}$, TE$_{20}$, TE$_{01}$, 및 TE$_{11}$ 이다. 10 GHz 에서 $k = 209.44$ m$^{-1}$이므로 TE$_{10}$모드의 전파상수는

$$\beta = \sqrt{k^2 - (\pi/a)^2} = \sqrt{(2\pi f/c)^2 - (\pi/a)^2} = 158.05 \text{ m}^{-1}$$

이다.

동판의 표면저항은

$$R_s = \sqrt{\pi f \mu / \sigma} = 0.026 \,(\Omega)$$

이다. 여기서 $\sigma = 5.8 \times 10^7 \,\mathrm{S/m}$(동)이다.

그러므로 식 (5-35)로부터 감쇠상수는

$$\alpha_c = \frac{R_s}{a^3 b \beta k \eta} \left( 2b\pi^2 + a^3 k^2 \right) = 0.0125 \,\mathrm{Np/m}$$

$$\alpha_c(\mathrm{dB/m}) = -20 \log e^{-\alpha_c} = 0.11 \,\mathrm{dB/m}$$

이다.

---

구형도파관에서 **TE** 모드와 **TM** 모드에 관한 결과식을 요약하면 표 5-1에 보인 바와 같다. 구형도파관에서 가장 낮은 차원의 몇몇 **TE** 모드와 **TM** 모드에 대한 전자계의 분포를 나타내면 그림 5.7에 보인 바와 같다.

표 5-1  구형도파관에 대한 결과식

| | $\mathrm{TE}_{mn}$ 모드 | $\mathrm{TM}_{mn}$ 모드 |
|---|---|---|
| $k$ | $\omega \sqrt{\mu\varepsilon}$ | $\omega \sqrt{\mu\varepsilon}$ |
| $k_c$ | $\sqrt{(m\pi/a)^2 + (n\pi/b)^2}$ | $\sqrt{(m\pi/a)^2 + (n\pi/b)^2}$ |
| $\beta$ | $\sqrt{k^2 - k_c^2}$ | $\sqrt{k^2 - k_c^2}$ |
| $\lambda_c$ | $\dfrac{2\pi}{k_c}$ | $\dfrac{2\pi}{k_c}$ |
| $\lambda_g$ | $\dfrac{2\pi}{\beta}$ | $\dfrac{2\pi}{\beta}$ |
| $v_P$ | $\dfrac{\omega}{\beta}$ | $\dfrac{\omega}{\beta}$ |
| $\alpha_d$ | $\dfrac{k^2 \tan\delta}{2\beta}$ | $\dfrac{k^2 \tan\delta}{2\beta}$ |
| $E_z$ | $0$ | $E_{mn} \sin\dfrac{m\pi x}{a} \sin\dfrac{n\pi y}{b} e^{-j\beta z}$ |
| $H_z$ | $H_{mn} \cos\dfrac{m\pi x}{a} \cos\dfrac{n\pi y}{b} e^{-j\beta z}$ | $0$ |
| $E_x$ | $\dfrac{j\omega\mu n\pi}{k_c^2 b} H_{mn} \cos\dfrac{m\pi x}{a} \sin\dfrac{n\pi y}{b} e^{-j\beta z}$ | $\dfrac{-j\beta m\pi}{k_c^2 a} E_{mn} \cos\dfrac{m\pi x}{a} \sin\dfrac{n\pi y}{b} e^{-j\beta z}$ |
| $E_y$ | $\dfrac{-j\omega\mu m\pi}{k_c^2 a} H_{mn} \sin\dfrac{m\pi x}{a} \cos\dfrac{n\pi y}{b} e^{-j\beta z}$ | $\dfrac{-j\beta n\pi}{k_c^2 b} E_{mn} \sin\dfrac{m\pi x}{a} \cos\dfrac{n\pi y}{b} e^{-j\beta z}$ |
| $H_x$ | $\dfrac{j\beta m\pi}{k_c^2 a} H_{mn} \sin\dfrac{m\pi x}{a} \cos\dfrac{n\pi y}{b} e^{-j\beta z}$ | $\dfrac{j\omega\varepsilon n\pi}{k_c^2 b} E_{mn} \sin\dfrac{m\pi x}{a} \cos\dfrac{n\pi y}{b} e^{-j\beta z}$ |
| $H_y$ | $\dfrac{j\beta n\pi}{k_c^2 b} H_{mn} \cos\dfrac{m\pi x}{a} \sin\dfrac{n\pi y}{b} e^{-j\beta z}$ | $\dfrac{-j\omega\varepsilon m\pi}{k_c^2 a} E_{mn} \cos\dfrac{m\pi x}{a} \sin\dfrac{n\pi y}{b} e^{-j\beta z}$ |
| $Z$ | $Z_{\mathrm{TE}} = \dfrac{k\eta}{\beta}$ | $Z_{\mathrm{TM}} = \dfrac{\beta\eta}{k}$ |

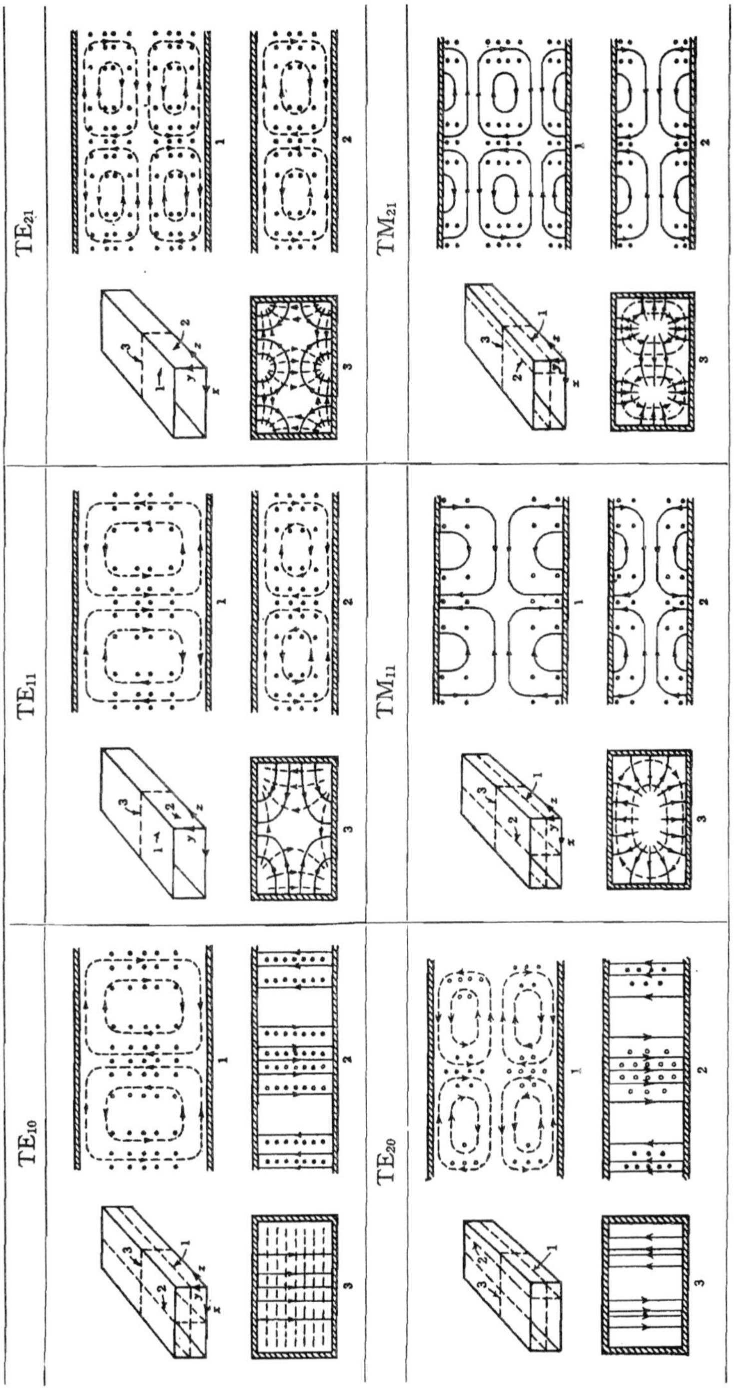

그림 5.7 구형도파관에서 몇 가지 모드에 대한 전자계 분포도.

## [3]  구형도파관의 특성

구형도파관의 전자계에 관한 식들을 살펴보면 다음과 같은 특성을 얻을 수 있다.

### (1) 모드의 직교성

TE 모드와 TM 모드의 전자계 성분은 모두 삼각함수로 표시되므로 이들 모드 사이에는 직교성(orthogonality)이 있다. 따라서 각 모드는 다른 모드의 존재와 아무런 관계없이 관내를 따라 에너지를 전파할 수 있다.

### (2) 차단주파수와 차단파장

$e^{-j\beta z}$에 따라 $+z$축을 따라 전파하는 전자파의 전파상수 $\beta$는

$$\beta = \sqrt{k^2 - k_c^2} \tag{5-45}$$

이므로 $k > k_c$일 때 $\beta$는 실수가 되며 전파모드가 된다. 만약 $k < k_c$이면 $j\beta$는 정(+)의 실수가 되어 $e^{-j\beta z}$는 $+z$방향에서 지수함수적으로 감쇠한다. 즉, $+z$방향으로 전파하지 못한다. 이 상태를 차단모드라 한다. 이 두 가지 상태의 임계점, 즉 $k = k_c$일 때의 주파수를 $f_c$라 하면

$$\omega_c \sqrt{\mu\varepsilon} = k_c = \sqrt{(m\pi/a)^2 + (n\pi/b)^2}$$

으로부터

$$f_c = \frac{1}{2\pi\sqrt{\mu\varepsilon}}\sqrt{\left(\frac{m\pi}{a}\right)^2 + \left(\frac{n\pi}{b}\right)^2} \tag{5-46}$$

를 얻는다. 이 $f_c$를 차단주파수(cutoff frequency)라 한다. 또 $k = \omega\sqrt{\mu\varepsilon}$에서 $\omega = 2\pi f$, $\sqrt{\mu\varepsilon} = 1/(f\lambda)$ ($\lambda$는 파장)을 사용하면 $k = 2\pi/\lambda$이므로 $k = k_c$일 때 파장 $\lambda_c$는

$$\frac{2\pi}{\lambda_c} = \sqrt{\left(\frac{m\pi}{a}\right)^2 + \left(\frac{n\pi}{b}\right)^2} \tag{5-47}$$

로부터

$$\lambda_c = \frac{2}{\sqrt{\left(\frac{m}{a}\right)^2 + \left(\frac{n}{b}\right)^2}} \tag{5-48}$$

가 된다. 이 $\lambda_c$를 차단파장(cutoff wavelength)이라 한다. $k > k_c$일 때 파는 전파하므로 차단주파수보다 높은 주파수의 파는 전파하지만 그것보다 낮은 주파수의 파는 차단된다. 이와 같은 사실로부터 도파관은 일종의 고역통과필터로 볼 수 있다. 식 (5-46)을 살펴보면 통과주

파수는 도파관의 크기 $a$와 $b$ 및 모드의 번호 $m$, $n$에 따라 결정됨을 알 수 있다.

### (3) 관내파장

도파관 축방향의 파장을 $\lambda_g$로 표시하고 관내파장(guide wavelength)이라 한다. 전파상수에 관한 식 (5-45)

$$\beta^2 = k^2 - k_c^2$$

에 $\beta = 2\pi/\lambda_g$, $k = 2\pi/\lambda$, $k_c = 2\pi/\lambda_c$ 등의 관계식을 대입하면

$$\left(\frac{2\pi}{\lambda_g}\right)^2 = \left(\frac{2\pi}{\lambda}\right)^2 - \left(\frac{2\pi}{\lambda_c}\right)^2 \tag{5-49}$$

가 된다. 그러므로

$$\lambda_g = \frac{\lambda}{\sqrt{1 - (\lambda/\lambda_c)^2}} \tag{5-50}$$

가 된다. 여기서 $\lambda$는 자유공간의 파장이다.

앞에서 설명한 바와 같이 도파관이 파를 전송하기 위해서는 $\lambda < \lambda_c$이어야 하며, 식 (5-49)로부터 $\lambda_g > \lambda$임을 알 수 있다. 즉 관내파장은 항상 자유공간의 파장보다 크다.

### (4) 기본모드

식 (5-48)로부터 알 수 있는 바와 같이 도파관의 크기가 주어지면, 이를 전송할 수 있는 파장은 모드에 따라 달라지며 각 모드마다 한 개의 차단파장이 존재한다. 이 중에서 차단파장이 가장 큰 모드를 특히 기본모드(dominant mode)라고 하며 다른 모드와 구분한다. 따라서 $a > b$인 경우에 구형도파관의 기본모드는 TE 모드에서는 $TE_{10}$ 모드이고 TM 모드에서는 $TM_{11}$ 모드이다. $TE_{10}$ 모드의 차단주파수가 $TM_{11}$ 모드의 경우보다 작으므로 구형도파관의 기본모드는 $TE_{10}$ 모드이다. 기본모드인 $TE_{10}$ 모드의 차단파장을 $\lambda_{c10}$이라고 하고, 그 다음 TE 모드인 $TE_{01}$ 모드의 차단파장을 $\lambda_{c01}$이라고 하면, 식 (5-48)로부터

$$\lambda_{c10} = 2a \quad ; \quad TE_{10} \text{ 모드}$$
$$\lambda_{c01} = 2b \quad ; \quad TE_{01} \text{ 모드}$$

이므로 전송하고자 하는 마이크로파의 파장을 $\lambda_0$라고 할 때 $\lambda_{c01} < \lambda_0 < \lambda_{c10}$이 되도록 설계하여야 한다. 즉,

$$2b < \lambda_0 < 2a$$

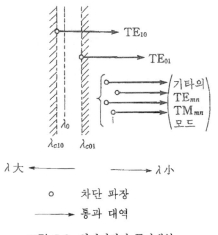

그림 **5.8** 차단파장과 통과대역.

가 되도록 $a$, $b$를 선택하면, 이 도파관에서는 파장이 $\lambda_0$인 $TE_{10}$모드만을 전송할 수 있으며, $TE_{01}$과 이보다 입사차단파장이 짧은 모드는 차단상태가 되므로 전송하지 않는다. 따라서 기본모드만의 단일모드를 전송한다. 위의 설명은 그림 5.8에 보인 바와 같다.

### (5) 축퇴모드

임의로 주어진 하나의 도파관에서 서로 다른 모드는 일반적으로 서로 다른 파장을 갖지만, 그 중에는 서로 다른 모드가 동일한 파장을 갖는 경우가 있다. 이 경우 두 개의 모드는 축퇴 (degenerate)되었다고 한다. 예를 들면 $TE_{11}$모드와 $TM_{11}$모드는 전자계 분포가 서로 다르지만 동일한 차단파장을 갖는다. 일반적으로 $TE_{mn}$모드와 $TM_{mn}$모드는 $m \neq 0$, $n \neq 0$일 때 축퇴되고 있다.

### (6) 도체손실에 의한 구형도파관의 감쇠상수

$TE_{10}$모드를 전송하는 구형도파관에서 도체손실에 의한 도파관의 감쇠상수를 구하는 방법을 구형도파관의 일반적인 $TE_{mn}$모드와 $TM_{mn}$모드에 확장하여 얻은 결과를 소개하면 다음과 같다.

① $TE_{mn}$모드 $(m \neq 0,\ n \neq 0)$

$$a_c = \frac{2R_s}{b\eta\sqrt{1-\left(\dfrac{f_c}{f}\right)^2}}\left\{\left(1+\frac{b}{a}\right)\left(\frac{f_c}{f}\right)^2 + \left[1-\left(\frac{f_c}{f}\right)^2\right]\left[\frac{\dfrac{b}{a}\left(\dfrac{b}{a}\,m^2+n^2\right)}{\dfrac{b^2m^2}{a^2}+n^2}\right]\right\} \quad (5\text{-}51)$$

② TM$_{mn}$모드

$$\alpha_c = \frac{2R_s}{b\eta\sqrt{1-\left(\frac{f_c}{f}\right)^2}}\left[\frac{m^2\left(\frac{b}{a}\right)^3 + n^2}{m^2\left(\frac{b}{a}\right)^2 + n^2}\right] \tag{5-52}$$

위의 공식에서 단위길이에 대한 유전체손실에 의한 감쇠상수가 포함되지 않았으나, 이 감쇠
상수에 앞에서 설명한 방법으로 구한 단위길이에 대한 유전체손실에 의한 감쇠상수를 합하면
전체 감쇠상수를 구할 수 있다.

## [4] 도파관의 정합

도파관의 내부에 금속판을 넣어서 비교적 간단하게 부하와 임피던스정합을 할 수 있다. 그
대표적인 예를 몇 가지 들면 다음과 같다. 그림 5.9(a)는 구형도파관의 TE$_{10}$모드에 대하여
자계에 직각으로(도파관 축방향) 얇은 금속판을 세우고 중앙에 틈새(slit)를 만든 것이다. 이
경우에는 전계가 틈새의 양 금속판에 평행하므로 전류는 틈새와 평행하게 금속판을 흐른다.
이 때 양 금속판 사이에서 자기에너지가 발생하므로 인덕터를 회로에 션트(shunt)로 접속한
것과 같은 작용을 한다. 이 인덕턴스에 의한 등가서셉턴스 $B_L$의 근사식은 다음과 같다.

$$b_L = \frac{B_L}{Y_{10}} = -\frac{\lambda_g}{a}\cot^2\left(\frac{\pi\delta}{2a}\right) \tag{5-53}$$

여기서 $Y_{10} = 1/Z_{10}$이며 $Z_{10}$은 TE$_{10}$모드에 대한 도파관의 파동임피던스이고 $\delta$와 $a$는 그림
에 주어진 값이며 $\lambda_g$는 관내파장이다. 윗식을 살펴보면 틈새 $\delta$를 크게 할수록 인덕턴스값이
증가한다는 사실을 알 수 있다.

그림 5.9(b)의 경우에는 전계가 틈새의 양 금속판에 수직이므로 틈새 사이에 전하가 축적
된다. 이것은 마치 커패시터와 같은 작용을 하기 때문에 회로에 커패시터 $C$를 션트로 접속
한 것과 같은 작용을 한다. 이 커패시턴스에 의한 등가서셉턴스 $B_c$의 근사식은 다음과 같다.

$$b_c = \frac{B_c}{Y_{10}} = \frac{4b}{\lambda_g}\ln\left(\csc\frac{\pi\delta}{2b}\right) \tag{5-54}$$

그림 5.9(c)는 그림 (a)와 (b)를 조합한 것과 같기 때문에 공진회로가 된다. 이 틈새의 크
기를 어느 특정한 주파수에 대하여 공진이 되도록 하면 병렬공진회로를 형성하므로 높은 저항
으로 동작한다. 공진이 일어나면 병렬공진회로의 임피던스가 대단히 높기 때문에 이 병렬공
진회로를 삽입하여도 그 영향이 대단히 적다. 그러므로 공진주파수와 동일한 주파수를 갖는
전자파는 마치 금속판이 없는 도파관에서 파가 통과하는 것처럼 통과한다.

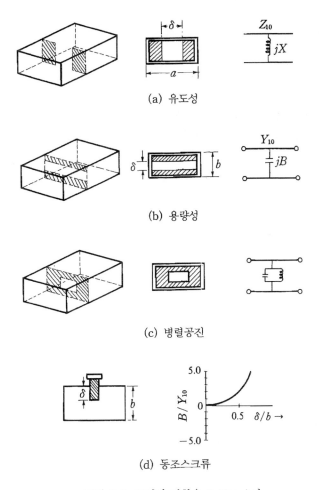

(a) 유도성

(b) 용량성

(c) 병렬공진

(d) 동조스크류

그림 5.9  도파관 정합용 2-포트 소자.

그림 5.9(d)는 동조용(tuning) 도체봉 또는 스크류(screw)를 도파관에 삽입한 경우이다. 이 장치는 편리하기 때문에 실험장치 등에 많이 사용한다. 도파관에 도체봉을 삽입한 길이 $\delta$ 가 $\lambda/4$($\lambda$는 자유공간 파장)에 가까워질 때까지는 용량성이고 $\lambda/4$ 보다 길어지면 유도성이다. 길이 $\delta$이 $\lambda/4$일 때 공진상태가 되어 리액턴스는 0이 된다.

금속판 대신에 도파관 안에 부분적으로 유전체를 삽입하여 임피던스를 정합하거나 위상천이(phase shift)를 할 수 있다. 이에 관심이 있는 독자는 이 항에서 인용한 문헌*을 참고하기 바란다(*R. E. Collin, Field Theory of Guided Waves, IEEE PRESS, New York, 1991(chapter 8).).

## 5.3  원형도파관

### [1]  기본방정식

그림 5.10에 보인 바와 같이 원형도파관(cylindrical waveguide)의 관축은 $z$방향이고 단면의 반경은 $a$인 원이다. 도파관 벽은 이상적 도체이며 내부는 완전유전체라 하자. 앞에서 설명한 바와 같이 풀고자 하는 기본 미분방정식은 구형도파관의 경우처럼 다음과 같다.

**(1) TM 모드**

$$\nabla_t^2 e_z + k_c^2 e_z = 0 \tag{5-55a}$$

여기서 도체도파관 벽에서 경계조건은 다음과 같다.

$$e_z = 0 \tag{5-55b}$$

**(2) TE 모드**

$$\nabla_t^2 h_z + k_c^2 h_z = 0 \tag{5-56a}$$

여기서 도체도파관 벽에서 경계조건은 다음과 같다.

$$\frac{\partial h_z}{\partial n} = 0 \tag{5-56b}$$

여기서 $n$은 도체벽에 직각인 성분(예를 들면 $\partial n = \partial \rho$)이다.

그러나 그림 5.10에 보인 바와 같은 원형도파관에 관한 **Maxwell** 방정식을 풀기 위해서는 경계조건을 적용하기 편리한 원통좌표계(cylindrical coordinate)로 전개하여야 한다. 원통좌표계에서 2차원 **Laplace** 연산자 $\nabla_t^2$는 다음과 같다.

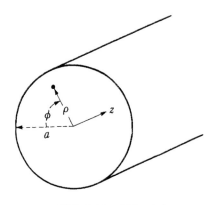

그림 5.10  원형도파관.

$$\nabla_t^2 = \frac{\partial^2}{\partial \rho^2} + \frac{1}{\rho} \frac{\partial}{\partial \rho} + \frac{1}{\rho^2} \frac{\partial^2}{\partial \phi^2}$$

앞절에서처럼 횡전자계 성분은 관축 성분으로 표시될 수 있다. 이는 식 (5-5)를 단순히 극좌표 형으로 변환하면 구할 수 있다. 즉,

$$h_\rho = \frac{j}{k_c^2} \left[ \frac{\omega \varepsilon}{\rho} \frac{\partial e_z}{\partial \phi} - \beta \frac{\partial h_z}{\partial \rho} \right] \tag{5-57a}$$

$$h_\phi = \frac{-j}{k_c^2} \left[ \omega \varepsilon \frac{\partial e_z}{\partial \rho} + \frac{\beta}{\rho} \frac{\partial h_z}{\partial \phi} \right] \tag{5-57b}$$

$$e_\rho = \frac{-j}{k_c^2} \left[ \beta \frac{\partial e_z}{\partial \rho} + \frac{\omega \mu}{\rho} \frac{\partial h_z}{\partial \phi} \right] \tag{5-57c}$$

$$e_\phi = \frac{-j}{k_c^2} \left[ \frac{\beta}{\rho} \frac{\partial e_z}{\partial \phi} - \omega \mu \frac{\partial h_z}{\partial \rho} \right] \tag{5-57d}$$

또는

$$H_\rho = \frac{j}{k_c^2} \left[ \frac{\omega \varepsilon}{\rho} \frac{\partial E_z}{\partial \phi} - \beta \frac{\partial H_z}{\partial \rho} \right] \tag{5-58a}$$

$$H_\phi = \frac{-j}{k_c^2} \left[ \omega \varepsilon \frac{\partial E_z}{\partial \rho} + \frac{\beta}{\rho} \frac{\partial H_z}{\partial \phi} \right] \tag{5-58b}$$

$$E_\rho = \frac{-j}{k_c^2} \left[ \beta \frac{\partial E_z}{\partial \rho} + \frac{\omega \mu}{\rho} \frac{\partial H_z}{\partial \phi} \right] \tag{5-58c}$$

$$E_\phi = \frac{-j}{k_c^2} \left[ \frac{\beta}{\rho} \frac{\partial E_z}{\partial \phi} - \omega \mu \frac{\partial H_z}{\partial \rho} \right] \tag{5-58d}$$

이다. 여기서 $k_c^2 = k^2 - \beta^2$, 시간적 변화는 $e^{-j\omega t}$ 이고 $z$방향으로 전파하는 전파상수만을 고려하면 $E_z = e_z(\rho, \phi) e^{-j\beta z}$, $H_z = h_z(\rho, \phi) e^{-j\beta z}$ 이다. $e^{+j\beta z}$인 경우에는 윗식의 $\beta$를 $-\beta$로 대치하여야 한다는 점에 유의해야 한다. 윗식의 증명은 다음과 같이 생각하면 쉽게 설명할 수 있다. 즉 단위벡터 $\mathbf{a}_x$와 $\mathbf{a}_y$가 각각 $\mathbf{a}_\rho$와 $\mathbf{a}_\phi$와 동일한 방향으로 대응하도록 직각좌표계와 극좌표계를 생각하면 식 (5-5)로부터 식 (5-57)을 쉽게 얻을 수 있다.

## [2] TM 모드

식 (5-55a)를 원통좌표계로 나타내면

$$\left[ \frac{\partial^2}{\partial \rho^2} + \frac{1}{\rho} \frac{\partial}{\partial \rho} + \frac{1}{\rho^2} \frac{\partial^2}{\partial \phi^2} + k_c^2 \right] e_z = 0 \tag{5-59}$$

이다. 윗식에 변수분리법을 적용하기 위하여

$$e_z = R(\rho) \Phi(\phi) \tag{5-60a}$$

또는

$$E_z = e_z(\rho, \phi) e^{-j\beta z} \tag{5-60b}$$

라 놓으면 식 (5-59)는

$$\left[\frac{\rho^2}{R}\frac{d^2R}{d\rho^2} + \frac{\rho}{R}\frac{dR}{d\rho} + \rho^2 k_c^2\right] + \left[\frac{1}{\varPhi}\frac{d^2\varPhi}{d\phi^2}\right] = 0 \tag{5-61}$$

가 된다. 윗식에서 첫번째 괄호 안의 항은 $\rho$ 만의 함수이고, 두 번째 괄호 안의 항은 $\phi$ 만의 함수이므로 식이 성립하기 위해서는 각 항이 상수이어야 하며, 이 두 상수의 합은 0이 되어야 한다. 그러므로 두 번째 항을 $-n^2$ 이라 놓으면

$$\frac{1}{\varPhi}\frac{d^2\varPhi}{d\phi^2} = -n^2$$

$$\frac{\rho^2}{R}\frac{d^2R}{d\rho^2} + \frac{\rho}{R}\frac{dR}{d\rho} + \rho^2 k_c^2 = n^2$$

또는

$$\frac{d^2\varPhi}{d\phi^2} + n^2\varPhi = 0 \tag{5-62}$$

$$\frac{d^2R}{d\rho^2} + \frac{1}{\rho}\frac{dR}{d\rho} + \left[k_c^2 - \frac{n^2}{\rho^2}\right]R = 0 \tag{5-63}$$

이 된다. 식 (5-62)는

$$\varPhi = A\sin n\phi + B\cos n\phi \tag{5-64}$$

의 해를 갖는다. 여기서 $A$ 와 $B$ 는 임의의 상수이다. 식 (5-63)은 $k_c^2$ 을 1로 대치하면 다음과 같은 **Bessel** 방정식이 된다. 그러므로

$$R(\rho) = R_1(k_c\rho)$$

로 놓고, 이를 식 (5-63)에 대입하면 다음과 같은 $n$차 **Bessel** 방정식이 된다.

$$\frac{d^2R_1}{d(k_c\rho)^2} + \frac{1}{(k_c\rho)}\frac{dR_1}{d(k_c\rho)} + \left[1 - \frac{n^2}{(k_c\rho)^2}\right]R_1 = 0 \tag{5-65}$$

윗식의 일반해는 다음과 같다.

$$R_1(k_c\rho) = R(\rho) = CJ_n(k_c\rho) + DN_n(k_c\rho) \tag{5-66}$$

여기서 $C$ 와 $D$ 는 임의의 상수이며 $J_n$ 과 $N_n$ 은 각각 제 1종과 제 2종의 **Bessel** 함수이다. $n = 0, 1$ 및 2에 대한 **Bessel** 함수를 나타내면 그림 5.11에 보인 바와 같다. 따라서 $e_z$ 에 대한 해는

$$e_z = (A\sin n\phi + B\cos n\phi)[CJ_n(k_c\rho) + DN_n(k_c\rho)] \tag{5-67}$$

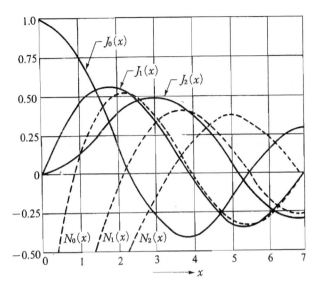

그림 5.11　0차, 1차 및 2차 Bessel 함수.

가 된다. 윗식에 도파관 벽에 관한 다음과 같은 경계조건

① $0 \leq \rho \leq a$ 에서 $e_z$ 는 유한

② $\rho = a$ 에서 $e_z(\rho, \phi) = 0$

를 적용하면 ①의 조건으로부터 제 2 종 **Bessel** 함수 항 $N_n(k_c\rho)$ 은 제거되어야 한다. 왜냐하면 $N_n(k_c\rho)$ 는 $\rho = 0$ 에서 $-\infty$ 이므로 $D = 0$ 이어야 한다. 또한 ②의 조건으로부터 $\rho = a$ 에서 $e_z = 0$ 이 되기 위해서는

$$J_n(k_c a) = 0 \tag{5-68}$$

이 되어야 한다. 윗식에서 $m$ 번째 근을 $p_{nm}$ 이라 놓으면

$$k_c a = p_{nm}$$

또는

$$k_c = \frac{p_{nm}}{a} \tag{5-69}$$

가 된다. 따라서 식 (5-67)은

$$e_z = E_0 J_n(k_c\rho) \cos n\phi$$

또는

$$e_z = E_0 J_n\left(\frac{p_{nm}}{a}\rho\right) \cos n\phi \tag{5-70}$$

표 5-2   $p_{nm}$의 값($J_n = 0$의 근)

| m | n | | | |
|---|---|---|---|---|
| | 0 | 1 | 2 | 3 |
| 1 | 2.40 | 3.83 | 5.14 | 6.38 |
| 2 | 5.52 | 7.02 | 8.42 | 9.76 |
| 3 | 8.65 | 10.17 | 11.62 | 13.02 |

의 형식으로 나타낼 수 있다. 여기서 $E_0$는 임의의 상수이며 $n$은 정수이다.

식 (5-67)에서 $A \sin n\phi + B \cos n\phi = \sqrt{A^2 + B^2} \cos[n\phi - \tan^{-1}(A/B)]$ 이므로 sine 과 cosine 항의 합성으로 나타내는 것보다 식 (5-70)에 보인 바와 같이 단순한 cosine 함수로 나타낼 수 있도록 $z$축에 관하여 좌표계를 $\tan^{-1}(A/B)$만큼 회전시키면 된다. $nm$에 따른 $p_{nm}$의 몇 가지 값을 나타내면 표 5-2에 보인 바와 같다.

식 (5-70)과 $h_z = 0$을 식 (5-57)에 대입하면 다음과 같은 횡전자계 성분을 얻는다.

$$h_\rho = -\frac{j\omega\varepsilon n E_0}{k_c^2 \rho} J_n\left(\frac{p_{nm}}{a}\rho\right)\sin n\phi \tag{5-71a}$$

$$h_\phi = -\frac{j\omega\varepsilon p_{nm} E_0}{k_c^2 a} J_n'\left(\frac{p_{nm}}{a}\rho\right)\cos n\phi \tag{5-71b}$$

$$e_\rho = -\frac{j\beta p_{nm} E_0}{k_c^2 a} J_n'\left(\frac{p_{nm}}{a}\rho\right)\cos n\phi \tag{5-71c}$$

$$e_\phi = \frac{j\beta n E_0}{k_c^2 \rho} J_n\left(\frac{p_{nm}}{a}\rho\right)\sin n\phi \tag{5-71d}$$

여기서 $J_n'$ 은 $J_n$의 미분을 나타낸다. 또는

$$H_\rho = h_\rho(\rho, \phi)e^{-j\beta z}, \qquad H_\phi = h_\phi(\rho, \phi)e^{-j\beta z}$$
$$E_\rho = e_\rho(\rho, \phi)e^{-j\beta z}, \qquad E_\phi = e_\phi(\rho, \phi)e^{-j\beta z}$$

[3]   TE 모드

TM 모드의 경우와 같은 절차에 따라 $H_z = 0$ 대신에 $E_z = 0$을 사용하면

$$h_z = H_0 J_n(k_c\rho) \cos n\phi \tag{5-72a}$$

또는

$$H_z = h_z(\rho, \phi)e^{-j\beta z} \tag{5-72b}$$

와 같은 형식을 얻는다. 지금 도파관 벽 ($\rho = a$)에 관한 경계조건, 식 (5-56b)로부터

표 5-3  $p'_{nm}$의 값($J'_n = 0$의 근)

| $m$ | $n$ | | | |
|---|---|---|---|---|
| | 0 | 1 | 2 | 3 |
| 1 | 3.83 | 1.84 | 3.05 | 4.20 |
| 2 | 7.02 | 5.33 | 6.71 | 8.02 |
| 3 | 10.17 | 8.54 | 9.97 | 11.35 |

$$\frac{\partial h_z}{\partial \rho} = 0$$

이다. 위의 조건은 $\phi$의 모든 값에 대하여 성립해야 하므로

$$J'_n(k_c a) = 0 \tag{5-73}$$

가 된다. 여기서 $J'_n(k_c a)$는 $J_n(k_c \rho)$를 $\rho$로 미분한 것을 나타낸다. 식 (5-73)의 $m$번째의 근을 $p'_{nm}$이라 놓으면

$$k_c a = p'_{nm}$$

또는

$$k_c = \frac{p'_{nm}}{a} \tag{5-74}$$

가 된다.

$nm$에 따른 $p'_{nm}$의 몇 가지 값에 대하여 나타내면 표 5-3에 보인 바와 같다.

따라서 식 (5-72)는

$$h_z = H_0 J_n\left(\frac{p'_{nm}}{a}\rho\right)\cos n\phi \tag{5-75}$$

와 같이 나타낼 수 있다.

식 (5-72)와 $e_z = 0$을 식 (5-57)에 대입하면, 다음과 같은 횡전자계 성분을 얻을 수 있다.

$$h_\rho = -\frac{j\beta\, p'_{nm} H_0}{k_c^2 a} J'_n\left(\frac{p'_{nm}}{a}\rho\right)\cos n\phi \tag{5-76a}$$

$$h_\phi = \frac{j\beta n H_0}{k_c^2 \rho} J_n\left(\frac{p'_{nm}}{a}\rho\right)\sin n\phi \tag{5-76b}$$

$$e_\rho = \frac{j\omega\mu n H_0}{k_c^2 \rho} J_n\left(\frac{p'_{nm}}{a}\rho\right)\sin n\phi \tag{5-76c}$$

$$e_\phi = \frac{j\omega\mu\, p'_{nm} H_0}{k_c^2 a} J'_n\left(\frac{p'_{nm}}{a}\rho\right)\cos n\phi \tag{5-76d}$$

또는

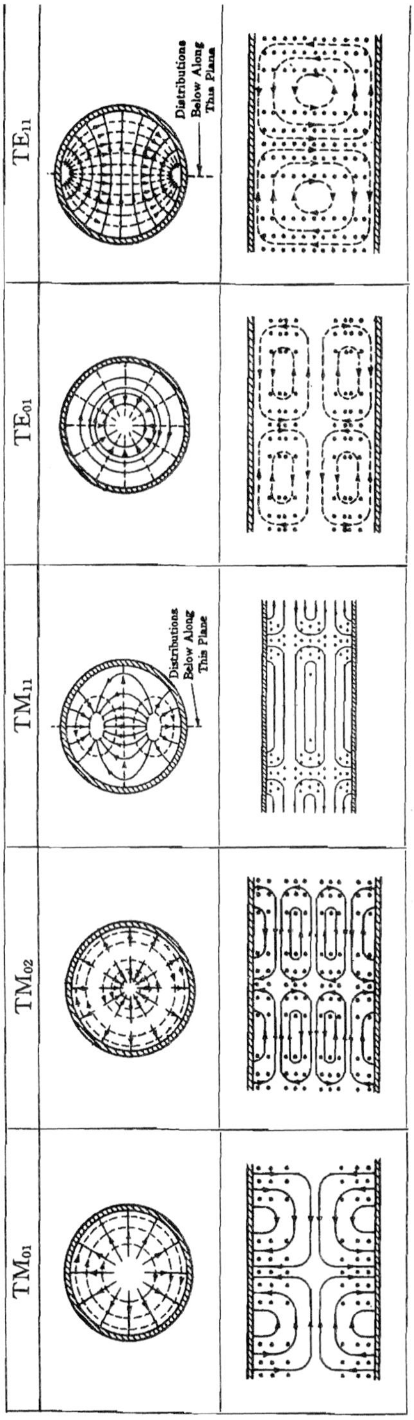

그림 5.12 원형도파관에서 몇 가지 낮은 모드에 대한 전자계 분포도.

$$H_\rho = h_\rho(\rho, \phi)\, e^{-j\beta z}, \quad H_\phi = h_\phi(\rho, \phi)\, e^{-j\beta z}$$

$$E_\rho = e_\rho(\rho, \phi)\, e^{-j\beta z}, \quad E_\phi = e_\phi(\rho, \phi)\, e^{-j\beta z}$$

원형도파관에서 몇 개의 낮은 모드에 대한 전자계 분포를 나타내면 그림 5.12에 보인 바와 같다.

## [4] 원형도파관의 특성

### (1) 모드의 직교성

구형도파관의 경우와 마찬가지로 TE 모드와 TM 모드의 전자계 성분은 모두 $\phi$의 삼각함수로 표시되므로 이들의 모드는 0에서 $2\pi$까지의 범위에서 직교성을 갖는다. 따라서 원형도파관의 경우도 각각의 모드는 다른 모드와 아무런 관계없이 에너지를 전파할 수 있다.

### (2) 차단주파수와 차단파장

구형도파관의 경우와 마찬가지로 $k_c = \omega_c \sqrt{\mu\varepsilon}$ 이므로 $f_c = k_c / (2\pi\sqrt{\mu\varepsilon})$ 이다. 식 (5-69)와 (5-74)로부터

$$k_c = \frac{p_{nm}}{a} \qquad (\text{TM}_{nm}\,모드)$$

$$k_c = \frac{p'_{nm}}{a} \qquad (\text{TE}_{nm}\,모드)$$

이므로 TM 모드와 TE 모드의 차단주파수는 다르다. 즉,

$$f_c = \frac{p_{nm}}{2\pi a\sqrt{\mu\varepsilon}} = \frac{p_{nm}\, c}{2\pi a\sqrt{\varepsilon_r}} \qquad (\text{TM}_{nm}\,모드) \tag{5-77}$$

$$f_c = \frac{p'_{nm}}{2\pi a\sqrt{\mu\varepsilon}} = \frac{p'_{nm}\, c}{2\pi a\sqrt{\varepsilon_r}} \qquad (\text{TE}_{nm}\,모드) \tag{5-78}$$

또한 차단파장은 $k_c = 2\pi/\lambda_c$ 로부터

$$\lambda_c = \frac{2\pi a}{p_{nm}} \qquad (\text{TM}_{nm}\,모드) \tag{5-79}$$

$$\lambda_c = \frac{2\pi a}{p'_{nm}} \qquad (\text{TE}_{nm}\,모드) \tag{5-80}$$

이다. 여기서 $c = \dfrac{1}{\sqrt{\mu_0\,\varepsilon_0}}$ 이다. 그러므로 $f_c$보다 높은 주파수, 다시 말해서 $\lambda_c$보다 파장이 짧은 파만이 그 모드로 전송될 수 있다.

### (3) 관내파장

구형도파관의 경우와 마찬가지로 관내파장 $\lambda_g$ 는

$$\lambda_g = \frac{\lambda}{\sqrt{1 - \left(\frac{\lambda}{\lambda_c}\right)^2}} \qquad (5\text{-}81)$$

이다. 여기서 $\beta = \sqrt{k^2 - k_c^2}$ 이며 $\beta = \frac{2\pi}{\lambda_g}$ 이다. 따라서 $\lambda_c$ 에 식 (5-79)나 (5-80)을 대입하면, 원형도파관의 경우도 $\lambda_g > \lambda$ 임을 알 수 있다.

**(4) 파동임피던스**

원형도파관에서 파동임피던스는 다음과 같다.

$$Z_{\mathrm{TM}} = \frac{E_\rho}{H_\phi} = \frac{-E_\phi}{H_\rho} = \frac{\eta\beta}{k}, \qquad Z_{\mathrm{TE}} = \frac{E_\rho}{H_\phi} = \frac{-E_\phi}{H_\rho} = \frac{\eta k}{\beta}$$

또는

$$Z_{\mathrm{TM}} = \eta\sqrt{1 - \left(\frac{\lambda}{\lambda_c}\right)^2}, \qquad Z_{\mathrm{TE}} = \frac{\eta}{\sqrt{1 - \left(\frac{\lambda}{\lambda_c}\right)^2}} \qquad (5\text{-}82)$$

**(5) 기본모드**

원형도파관의 기본모드는 식 (5-79), (5-80)의 $\lambda_c$ 가 가장 큰 경우이므로 주어진 크기 $a$ 에 대하여 $p_{nm}$, $p'_{nm}$ 의 값 중에서 가장 작은 값에 해당하는 모드가 기본모드이다. 표 5-2 와 5-3 을 비교하면 가장 작은 값은 $p'_{11} = 1.84$ 이다. 따라서 **TE$_{11}$** 모드가 원형도파관의 기본모드이다. TE$_{11}$ 모드의 차단파장은 $\lambda_c = 3.41a$ 이다.

**(6) 축퇴모드**

식 (5-69)와 식 (5-74)로 주어지는 $p_{nm}$ 과 $p'_{nm}$ 이 같게 되었을 때 이 두 가지 모드는 축퇴 (degenerate)되었다고 한다. TE$_{0m}$ 모드와 TM$_{1m}$ 모드는 축퇴되었음을 알 수 있다. 원형도 파관에 관한 결과식을 요약하면 표 5-4 에 보인 바와 같다.

**(7) 도체손실에 의한 원형도파관의 감쇠상수**

**TE$_{10}$** 모드로 전파하는 구형도파관에서 도체손실로 인한 도파관의 감쇠상수를 구하는 방법을 원형도파관의 일반적인 **TE$_{nm}$** 모드와 **TM$_{nm}$** 모드에 확장하여 얻은 결과를 참고로 소개하면 다음 과 같다.

① TE$_{nm}$ 모드 
$$\alpha_c = \frac{R_s}{a\eta\sqrt{1 - (f_c/f)^2}}\left[\left(\frac{f_c}{f}\right)^2 + \frac{n^2}{(p'_{nm})^2 - n^2}\right] \qquad (5\text{-}83)$$

② TM$_{nm}$ 모드 
$$\alpha_c = \frac{R_s}{a\eta\sqrt{1 - (f_c/f)^2}} \qquad (5\text{-}84)$$

표 5-4  원형도파관에 대한 결과식

| | $\mathrm{TE}_{nm}$ | $\mathrm{TM}_{nm}$ |
|---|---|---|
| $k$ | $\omega\sqrt{\mu\varepsilon}$ | $\omega\sqrt{\mu\varepsilon}$ |
| $k_c$ | $\dfrac{p'_{nm}}{a}$ | $\dfrac{p_{nm}}{a}$ |
| $\beta$ | $\sqrt{k^2-k_c^2}$ | $\sqrt{k^2-k_c^2}$ |
| $\lambda_c$ | $\dfrac{2\pi}{k_c}$ | $\dfrac{2\pi}{k_c}$ |
| $\lambda_g$ | $\dfrac{2\pi}{\beta}$ | $\dfrac{2\pi}{\beta}$ |
| $v_p$ | $\dfrac{\omega}{\beta}$ | $\dfrac{\omega}{\beta}$ |
| $\alpha_d$ | $\dfrac{k^2\tan\delta}{2\beta}$ | $\dfrac{k^2\tan\delta}{2\beta}$ |
| $E_z$ | $0$ | $(A\sin n\phi + B\cos n\phi)J_n(k_c\rho)\,e^{-j\beta z}$ |
| $H_z$ | $(A\sin n\phi + B\cos n\phi)J_n(k_c\rho)\,e^{-j\beta z}$ | $0$ |
| $E_\rho$ | $\dfrac{-j\omega\mu n}{k_c^2\rho}(A\cos n\phi - B\sin n\phi)J_n(k_c\rho)\,e^{-j\beta z}$ | $\dfrac{-j\beta}{k_c}(A\sin n\phi + B\cos n\phi)J'_n(k_c\rho)\,e^{-j\beta z}$ |
| $E_\phi$ | $\dfrac{j\omega\mu}{k_c}(A\sin n\phi + B\cos n\phi)J'_n(k_c\rho)\,e^{-j\beta z}$ | $\dfrac{-j\beta n}{k_c^2\rho}(A\cos n\phi - B\sin n\phi)J_n(k_c\rho)\,e^{-j\beta z}$ |
| $H_\rho$ | $\dfrac{-j\beta}{k_c}(A\sin n\phi + B\cos n\phi)J'_n(k_c\rho)\,e^{-j\beta z}$ | $\dfrac{j\omega\varepsilon n}{k_c^2\rho}(A\cos n\phi - B\sin n\phi)J_n(k_c\rho)\,e^{-j\beta z}$ |
| $H_\phi$ | $\dfrac{-j\beta n}{k_c^2\rho}(A\cos n\phi - B\sin n\phi)J_n(k_c\rho)\,e^{-j\beta z}$ | $\dfrac{-j\omega\varepsilon}{k_c}(A\sin n\phi + B\cos n\phi)J'_n(k_c\rho)\,e^{-j\beta z}$ |
| $Z$ | $Z_{\mathrm{TE}} = \dfrac{k\eta}{\beta}$ | $Z_{\mathrm{TM}} = \dfrac{\beta\eta}{k}$ |

위의 식에는 유전체손실에 의한 감쇠상수는 포함되지 않았으나, 앞에서 설명한 방법으로 구할 수 있다. 단위길이에 대한 유전체손실에 의한 감쇠상수를 단위길이에 대한 도체손실에 의한 감쇠상수에 합하면 전체 감쇠상수를 구할 수 있다. 원형도파관의 $\mathrm{TE}_{nm}$ 모드와 $\mathrm{TM}_{nm}$ 모드에 대한 몇 개의 차단주파수를 $\mathrm{TE}_{11}$ 모드의 차단주파수로 정규화한 값을 도시하면 그림 5.13에 보인 바와 같다.

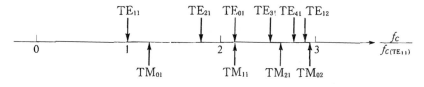

그림 5.13  원형도파관에서 TE 모드와 TM 모드의 정규화된 차단주파수.

**예제 5-2**

$a = 0.5\,\text{cm}$ 이고 $\varepsilon_r = 2.25$ 인 원형도파관의 첫번째 두 개의 전파모드에 대한 차단주파수를 구하여라. 만약 도파관이 은도금되어 있고 유전체의 손실탄젠트(loss tangent)가 0.001 이라 하면 $f = 13.0\,\text{GHz}$ 에서 동작하는 길이 50 cm 인 도파관의 감쇠상수를 계산하여라.

**[풀 이]**  그림 5.13 으로부터 첫번째 두 가지 전파모드는 $TE_{11}$ 과 $TM_{01}$ 모드이다. 그러므로 이들의 차단주파수는 식 (5-77)과 (5-78)을 사용하여 계산하면 다음과 같다.

$$TE_{11} \ ; \quad f_c = \frac{p'_{11}c}{2\pi a\sqrt{\varepsilon_r}} = \frac{1.84(3\times10^8)}{2\pi(0.005)\sqrt{2.25}} = 11.71\,\text{GHz}$$

$$TM_{01} \ ; \quad f_c = \frac{p_{01}c}{2\pi a\sqrt{\varepsilon_r}} = \frac{2.40(3\times10^8)}{2\pi(0.005)\sqrt{2.25}} = 15.27\,\text{GHz}$$

그러므로 $f = 13.0\,\text{GHz}$ 에서는 $TE_{11}$ 모드만이 전송 가능하다. 파수는

$$k = \frac{2\pi f\sqrt{\varepsilon_r}}{c} = \frac{2\pi(13\times10^9)\sqrt{2.25}}{3\times10^8} = 408.4\,\text{m}^{-1}$$

이고 $TE_{11}$ 모드의 전파상수는

$$\beta = \sqrt{k^2 - \left(\frac{p'_{11}}{a}\right)^2} = \sqrt{(408.4)^2 - \left(\frac{1.84}{0.005}\right)^2} = 177.1\,\text{m}^{-1}$$

이다. 유전체손실에 의한 감쇠상수는 식 (5-9)로부터 다음과 같이 구할 수 있다.

$$\alpha_d = \frac{k^2\tan\delta}{2\beta} = \frac{(408.4)^2(0.001)}{2(177.1)} = 0.47\,\text{Np/m}$$

은의 도전율은 $\sigma = 6.17\times10^7\,\text{S/m}$ 이므로 표면저항은

$$R_s = \sqrt{\pi f\mu_0/\sigma} = 0.029\,\Omega$$

이다. 그러므로 식 (5-83)으로부터 도체손실에 의한 $TE_{11}$ 의 감쇠상수를 구하면

$$\alpha_c = \frac{R_s}{a\eta\sqrt{1-(f_c/f)^2}}\left[\left(\frac{f_c}{f}\right)^2 + \frac{n^2}{(p'_{11})^2 - n^2}\right]$$

$$= \frac{R_s}{ak\eta\beta}\left(k_c^2 + \frac{k^2}{(p'_{11})^2 - 1}\right) = 0.066\,\text{Np/m}$$

이다. 여기서 $n = 1$ 이다. 그러므로 전체 감쇠상수는

$$\alpha = \alpha_c + \alpha_d = 0.54\,\text{NP/m}$$

가 된다. 위의 결과를 살펴보면 유전체손실이 지배적이라는 사실을 알 수 있다. 따라서 50 cm 길이의 도파관에 의한 감쇠량은

$$\text{감쇠량(dB)} = -20 \log e^{-al} = -20 \log e^{-(0.54)(0.5)}$$
$$= 2.38 \text{ dB}$$

---

## 5.4 위상속도와 군속도

도파관내에서 전자파의 속도에는 위상속도(phase velocity)와 군속도(group velocity)가 있다. 위상속도는

$$v_p = f \lambda_g = \frac{f \lambda}{\sqrt{1 - \left(\frac{\lambda}{\lambda_c}\right)^2}} = \frac{v}{\sqrt{1 - \left(\frac{\lambda}{\lambda_c}\right)^2}} = \frac{v}{\sqrt{1 - \left(\frac{\omega_c}{\omega}\right)^2}} \tag{5-85}$$

이다. 여기서 $v = f \lambda$는 매질에서 광속도이며 $\omega = 2\pi f$ 이다.

도파관의 전송영역에서는 $\lambda < \lambda_c$이므로 $v_p > v$이다. 즉, 위상속도는 매질에서 광속도보다 빠르다. 이상은 단일주파수를 전송하는 경우이지만 일반적으로 신호를 전송하기 위해서는 반송파로 신호를 변조해야 한다. 따라서 변조된 신호는 반송파 주파수를 중심으로 일정한 대역폭을 갖는다. 이와 같은 대역폭은 신호의 주파수 스펙트럼에 따라 결정된다. 따라서 식 (5-85)에서 보는 바와 같이 주파수가 달라지면 그의 위상속도도 달라지므로 전파상수 $\beta$도 주파수에 따라 변한다. 이와 같이 $\beta$가 주파수에 따라 변하면 전송속도가 달라지므로 주어진 신호파형이 도파관을 따라 전송할 때 일그러진다. 이와 같은 현상을 분산(dispersion)이라 한다. 이런 경우에는 신호의 속도를 단일위상속도로 나타낼 수 없다. 이를 좀더 상세히 설명하면 다음과 같다. 지금 대역폭이 좁은 신호 $s(t)$를 반송파 주파수 $f_0$에 의해서 다음과 같이 진폭변조된 경우를 생각해 보자.

$$g(t) = s(t) \cos \omega_0 t = Re \{s(t) e^{j\omega_0 t}\} \tag{5-86}$$

윗식을 **Fourier** 변환하면

$$G(\omega) = \int_{-\infty}^{\infty} [s(t) e^{j\omega_0 t}] e^{-j\omega t} dt$$
$$= \int_{-\infty}^{\infty} s(t) e^{-j(\omega - \omega_0)t} dt \tag{5-87}$$
$$= S(\omega - \omega_0)$$

이다. 여기서 $S(\omega) = \mathscr{F}[s(t)] = \int_{-\infty}^{\infty} s(t) e^{-j\omega t} dt$ 이며, $s(t)$의 최고주파수 성분 $f_m$은 $f_m \ll f_0$라 한다.

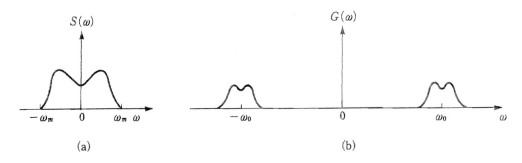

그림 5.14 신호 $s(t)$와 $g(t)$의 Fourier 변환.

$S(\omega)$로 $G(\omega)$의 스펙트럼을 나타내면 그림 5.14에 보인 바와 같다. 여기서 $S(\omega)$의 최대 각주파수는 $\omega_m$이며 $\omega_m \ll \omega_0$이다. 따라서 전송시스템의 시스템함수를 $Ae^{-j\beta(\omega)z}$라 하면 (여기서 $A$는 상수, $\beta$는 주파수의 함수) 출력신호의 스펙트럼 $G_0(\omega)$는

$$G_0(\omega) = AS(\omega - \omega_0)e^{-j\beta z} \tag{5-88}$$

이다. 여기서 입력신호 $g(t)$는 식 (5-86)에 보인 바와 같이 복소수형식으로 나타내었으므로 식 (5-88)을 역변환한 후 이의 실수부를 취하면 원하는 출력신호 $g_0(t)$를 얻을 수 있다. 즉,

$$\begin{aligned}
g_0(t) &= \frac{1}{2\pi} Re\left[ \int_{-\infty}^{\infty} G_0(\omega) e^{j\omega t} \, d\omega \right] \\
&= \frac{1}{2\pi} Re\left[ \int_{\omega_0-\omega_m}^{\omega_0+\omega_m} AS(\omega - \omega_0) e^{j(\omega t - \beta z)} \, d\omega \right]
\end{aligned} \tag{5-89}$$

이다.

일반적으로 전파상수 $\beta$는 $\omega$의 복잡한 함수이다. 그러나 만약 $S(\omega)$가 $\omega_m \ll \omega_0$인 좁은 대역폭을 갖는다고 하면 $\beta$를 $\omega_0$에 관하여 다음과 같은 **Taylor** 급수로 표시할 수 있다.

$$\beta(\omega) = \beta(\omega_0) + \frac{d\beta}{d\omega}\bigg|_{\omega=\omega_0} (\omega - \omega_0) + \frac{1}{2} \frac{d^2\beta}{d\omega^2}\bigg|_{\omega=\omega_0} (\omega - \omega_0)^2 + \cdots \tag{5-90}$$

윗식에서 첫번째 두 항만을 취하면

$$\beta(\omega) \cong \beta_0 + \beta_0'(\omega - \omega_0) \tag{5-91}$$

와 같이 근사화할 수 있다. 여기서

$$\beta_0 = \beta(\omega_0)$$

$$\beta_0' = \frac{d\beta}{d\omega}\bigg|_{\omega=\omega_0}$$

이다. 식 (5-89)에서 $y = \omega - \omega_0$으로 놓으면 $\omega = \omega_0 \pm \omega_m$일 때 $y = \pm \omega_m$이고 $dy = d\omega$ 이다. 따라서 식 (5-91) $\beta(y) = \beta_0 + \beta_0'y$로 주어지므로 식 (5-89)를 $y$의 함수로 치환시킬 수 있다. 즉,

$$
\begin{aligned}
g_0(t) &= \frac{A}{2\pi} Re\left\{ e^{j(\omega_0 t - \beta_0 z)} \int_{-\omega_m}^{\omega_m} S(y) e^{j(t - \beta_0' z)y} \, dy \right\} \\
&= A \, Re\left\{ s(t - \beta_0' z) e^{j(\omega_0 t - \beta_0 z)} \right\} \\
&= A \, s(t - \beta_0' z) \cos(\omega_0 t - \beta_0 z) \\
&= A \, s\left( t - \frac{1}{v_g} z \right) \cos(\omega_0 t - \beta_0 z)
\end{aligned}
\tag{5-92}
$$

가 된다. 윗식에서 반송파의 시간지연은 정보신호와 관계없이 일정하지만 정보신호의 지연은 신호의 주파수성분에 따라 변하고 있으므로 $\beta$가 $\omega$의 선형함수가 아니면 주파수성분에 따라 달라지므로 포락선에 왜곡을 일으킨다. 즉 분산성을 갖는다. 이와 같은 포락선(또는 정보신호)의 속도 $v_g$를 군속도라고 한다. 즉,

$$
v_g = \frac{1}{\beta_0'} = \left( \frac{d\beta}{d\omega} \right)^{-1} \Bigg|_{\omega = \omega_0}
\tag{5-93}
$$

도파관에서는 $\omega^2 \mu\varepsilon = k_c^2 + \beta^2$의 관계식을 갖는다. 그러므로 도파관에서 군속도는

$$
\begin{aligned}
v_g &= \frac{d}{d\beta} \left( \frac{1}{\sqrt{\mu\varepsilon}} \sqrt{k_c^2 + \beta^2} \right) = \frac{v\beta}{k} \\
&= \frac{v\lambda}{\lambda_g}
\end{aligned}
\tag{5-94}
$$

이 된다. 전송영역에서는 $\lambda_g > \lambda$이므로 $v_g$는 매질에서 광속 $v = \dfrac{1}{\sqrt{\mu\varepsilon}}$보다 낮다. 식 (5-85)와 (5-94)로부터

$$
v_g \, v_p = v^2
\tag{5-95}
$$

의 관계를 얻는다.

다음으로 도파관내의 군속도가 도파관내를 전송하는 전자기에너지의 속도와 같음을 증명해 보자. 설명의 편의상 구형도파관의 **TE₁₀**모드를 예로 들어 전송전력을 설명한다. **TE₁₀**모드는 그림 5.15에 보인 바와 같이 양쪽 금속판 벽을 비스듬한 각도로 반사하며 진행하는 두 개의 평면파의 합성으로 볼 수 있다. 이와 같은 사실을 수학적으로 증명하기 위하여 $y$방향으로 편파(polarization)되고 각각 $\zeta$와 $\zeta'$방향으로 전파하는 동일한 진폭을 갖는 중첩된 평면파를 살펴보자.

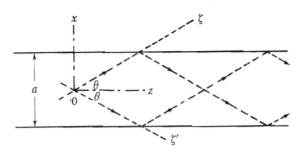

그림 5.15  위·아래 금속판 벽을 반사하며 진행하는
두 평면파에 의한 $TE_{10}$모드의 설명도.

이 두 평면파의 합성전계는 다음과 같은 페이저형식으로 나타낼 수 있다.

$$E_y = E_0 \, e^{-jk\zeta} + E_0 \, e^{-jk\zeta'} \tag{5-96}$$

여기서 $k = \omega\sqrt{\mu\varepsilon}$이며 $\zeta$와 $\zeta'$는 두 평면파가 각각 그림 5.15에 보인 바와 같이 전파하는 방향이다.

$\zeta$와 $\zeta'$을 $x$와 $z$로 표시하면

$$\zeta = x\sin\theta + z\cos\theta \tag{5-97a}$$

$$\zeta' = -x\sin\theta + z\cos\theta \tag{5-97b}$$

와 같으며 이들을 식 (5-96)에 대입하면,

$$
\begin{aligned}
E_y &= E_0 \, e^{-jkx\sin\theta} \, e^{-jkz\cos\theta} + E_0 \, e^{jkx\sin\theta} \, e^{-jkz\cos\theta} \\
&= 2E_0 \cos\,(kx\sin\theta)\, e^{-jkz\cos\theta}
\end{aligned}
\tag{5-98}
$$

가 된다. 다음으로

$$\cos\theta = \sqrt{1 - \left(\frac{\omega_c}{\omega}\right)^2}$$

라 놓으면, 이는 $\omega > \omega_c$일 때만 항상 값을 갖는다. 따라서

$$k\cos\theta = \omega\sqrt{\mu\varepsilon}\sqrt{1 - \left(\frac{\omega_c}{\omega}\right)^2} = \beta \tag{5-99a}$$

$$k\,x\sin\theta = \omega\sqrt{\mu\varepsilon}\,\frac{\omega_c}{\omega}\,x = \frac{\pi x}{a} \tag{5-99b}$$

이므로 식 (5-98)은 다음과 같이 된다.

$$E_y = 2E_0 \cos\frac{\pi x}{a}\, e^{-j\beta z} \tag{5-100}$$

이 $E_y$의 분포는 **TE₁₀**모드에 관한 $E_y$의 식 (5-28b)와 동일한 형식임을 알 수 있다. 다만 윗식에서는 $x$의 원점이 도파관의 모서리가 아니고 중앙이라는 사실이다. 이와 같은 사실은 식 (5-28b)의 sine 항이 식 (5-100)에 보인 바와 같이 cosine 항으로 변경되었다는 것이다. 그러나 물리적 결과는 두 경우 모두 동일하다.

위·아래 금속판 벽을 비스듬하게 반사하면서 진행하는 평면파와 관련된 에너지를 생각하면 $z$방향으로 전송되는 에너지속도의 성분은

$$v \cos\theta = v\sqrt{1 - (\omega_c/\omega)^2} = v_g \tag{5-101}$$

이다. 여기서 $v$는 매질에서 광속이다. 이는 앞에서 구한 군 속도와 동일함을 알 수 있다. 따라서 군 속도를 에너지의 전송속도로 볼 수 있다.

## 5.5  동축선로

동축선로는 마이크로파 분야에 많이 사용되는 전송선로이기 때문에 이 절에서 좀더 상세히 살펴보기로 한다.

### [1]  TEM 모드

3장에서 이미 설명한 바와 같이 두 선로로 구성된 그림 5.16과 같은 동축선로(coaxial line)의 기본모드는 TEM 모드이다.

동축선로의 중심도체(inner conductor)의 전위를 $V_0$[V]라 하고 바깥도체(outer conductor)의 전위를 0[V]라 하면, 전자장은 스칼라 전위함수 $\Phi(\rho, \phi)$로부터 유도할 수 있다. 이 스칼라 전위함수는 **Laplace** 방정식을 만족하는 해이다. 이 Laplace 방정식을 원통좌표계로 나타내면

$$\frac{1}{\rho}\frac{\partial}{\partial\rho}\left[\rho\frac{\partial\Phi(\rho, \phi)}{\partial\rho}\right] + \frac{1}{\rho^2}\frac{\partial^2\Phi(\rho, \phi)}{\partial\phi^2} = 0 \tag{5-102}$$

이 된다. 위의 방정식의 해는 다음과 같은 경계조건을 만족해야 한다.

$$\Phi(a, \phi) = V_0 \tag{5-103a}$$

$$\Phi(b, \phi) = 0 \tag{5-103b}$$

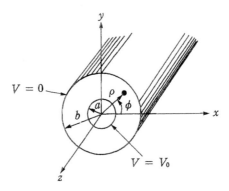

그림 5.16  동축선로의 설명도.

경계조건 식 (5-103)은 $\phi$에 관계없이 일정하므로 식 (5-102)는 다음과 같이 간단해진다.

$$\frac{1}{\rho}\,\frac{\partial}{\partial\rho}\left(\rho\frac{\partial\varPhi}{\partial\rho}\right)=0$$

윗식을 $\rho$에 관하여 두 번 적분하면

$$\varPhi\,(\rho,\ \phi)=C\ln\rho+D \qquad\qquad (5\text{-}104)$$

가 된다. 식 (5-103)의 경계조건을 식 (5-104)에 적용하면 다음과 같은 두 개의 방정식을 얻을 수 있다.

$$\varPhi\,(a,\ \phi)=V_0=C\ln a+D \qquad\qquad (5\text{-}105a)$$
$$\varPhi\,(b,\ \phi)=0=C\ln b+D \qquad\qquad (5\text{-}105b)$$

위의 연립방정식으로부터 $C$와 $D$를 구해서 식 (5-104)에 대입하면

$$\varPhi\,(\rho,\ \phi)=\frac{V_0\ln\,(b/\rho)}{\ln\,(b/a)} \qquad\qquad (5\text{-}106)$$

가 된다.

그러므로 횡성분 전계를 구하면 다음과 같다.

$$\mathbf{e}_t\,(\rho,\ \phi)=-\nabla_t\varPhi\,(\rho,\ \phi)=-\left[\mathbf{a}_\rho\frac{\partial\varPhi}{\partial\rho}+\mathbf{a}_\phi\frac{1}{\rho}\,\frac{\partial\varPhi}{\partial\phi}\right]$$
$$=\mathbf{a}_\rho\,\frac{V_0}{\rho\ln\,(b/a)}=\mathbf{a}_\rho\,e_\rho\,(\rho) \qquad\qquad (5\text{-}107)$$

여기서 $\varPhi$는 $\phi$에 관계없이 일정하므로 $\partial\varPhi/\partial\phi=0$ 임에 유의하여라. 따라서 전파상수를 포함한 전계는

$$\mathbf{E}(\rho,\ \phi,\ z) = \mathbf{e}(\rho,\ \phi)\,e^{-j\beta z} = \mathbf{a}_\rho \frac{V_0\,e^{-j\beta z}}{\rho \ln(b/a)} \tag{5-108}$$

$$= \mathbf{a}_\rho\,E_\rho(\rho,\ \phi,\ z)$$

이다. 여기서 전파상수는 $\beta = k = \omega\sqrt{\mu\varepsilon}$ 이다. 또한 횡성분 자계는

$$\mathbf{h}_t(\rho,\ \phi) = \frac{1}{\eta}\,\mathbf{a}_z \times \mathbf{e}_t(\rho,\ \phi) = \mathbf{a}_\phi \frac{V_0}{\eta\rho \ln(b/a)} \tag{5-109}$$

이다. 여기서 $\eta = \sqrt{\mu/\varepsilon}$ 는 매질의 고유임피던스이다. 따라서 전파상수를 포함한 자계는

$$\mathbf{H}(\rho,\ \phi,\ z) = \mathbf{a}_\phi \frac{V_0\,e^{-j\beta z}}{\eta\rho \ln(b/a)} \tag{5-110}$$

$$= \mathbf{a}_\phi\,H_\phi(\rho,\ \phi,\ z)$$

이다. 여기서 $H_\phi = E_\rho/\eta$ 이다.

지금까지 구한 식들의 타당성을 확인하기 위하여 식 (5-108)을 사용하여 두 도체 사이의 전위차를 구하면

$$V_{ab} = \int_{\rho=a}^{b} E_\rho(\rho,\ \phi,\ z)\,d\rho = V_0\,e^{-j\beta z} \tag{5-111}$$

가 된다. 이는 기대한 바와 같이 전진전압파(forward-traveling voltage wave)에 해당한다.

동축선로의 중심도체에 흐르는 전체 전류는 Ampere 법칙과 식 (5-110)으로부터 다음과 같이 구할 수 있다.

$$I_a = \int_{\phi=0}^{2\pi} H_\phi(a,\ \phi,\ z)\,a\,d\phi = \frac{2\pi\,V_0\,e^{-j\beta z}}{\eta \ln\!\left(\dfrac{b}{a}\right)} \tag{5-112}$$

바깥 도체에 흐르는 전류는 위의 전류와 방향이 반대이므로 부($-$)값을 갖는다. 이를 보이면 다음과 같다. 바깥도체($\rho = b$)의 표면전류밀도는

$$\mathbf{J}_s = -\mathbf{a}_\rho \times \mathbf{H}(b,\ \phi,\ z) = -\mathbf{a}_z \frac{V_0\,e^{-j\beta z}}{\eta b \ln\!\left(\dfrac{b}{a}\right)} \tag{5-113}$$

이므로 바깥도체에 흐르는 전체 전류는

$$I_b = \int_{\phi=0}^{2\pi} J_s\,b\,d\phi = -\frac{2\pi\,V_0\,e^{-j\beta z}}{\eta \ln\!\left(\dfrac{b}{a}\right)} = -I_a \tag{5-114}$$

이다. 따라서 특성임피던스는 다음과 같이 주어진다.

$$Z_0 = \frac{V_0}{I_a} = \frac{\eta \ln\left(\dfrac{b}{a}\right)}{2\pi} \tag{5-115}$$

## [2] TE 모드와 TM 모드

동축선로도 평행판 도파관처럼 **TEM** 모드 외에 TE 모드와 TM 모드를 전송할 수 있다. 실제로 이러한 고차모드(higher mode)는 일반적으로 차단된다. 그러나 실제로 이러한 고차모드를 피하기 위해서 가장 낮은 도파관형식의 모드의 차단주파수를 알아보는 것은 중요하다. 이에 대한 수학적인 해석은 앞항에서 설명한 원형도파관의 기본모드인 **TE**₁₁ 모드와 비교하여 동축선로의 TE 모드의 첫번째 차단주파수를 근사적으로 구한다. 동축선로의 첫번째 TE 모드는 원형도파관의 중앙에 중심도체를 삽입한 것을 제외하면 원형도파관의 **TE**₁₁ 모드와 비슷하다. 그러므로 동축선로의 첫번째 TE 모드 전계의 위쪽 반구는 구형도파관의 **TE**₁₀ 모드가 그림 5.17에 보인 바와 같이 일그러진 것으로 볼 수 있다. 이와 같은 구형도파관의 평균폭은 다음과 같은 근사식으로 나타낼 수 있다.

$$\text{평균폭} \simeq \pi \frac{a+b}{2}$$

그러므로 동축선로의 근사적 차단주파수는

$$f_c = \frac{\text{매질의 속도}}{2 \times \text{폭}} = \frac{c}{\pi(a+b)} \tag{5-116}$$

이다. 여기서 **TE**₁₀ 모드의 차단파장은 $\lambda_c = 2a \, (a \text{는 폭})$이며 $f_c = c/\lambda_c$ 임에 유의하면 식 (5-116)을 쉽게 이해할 수 있다.

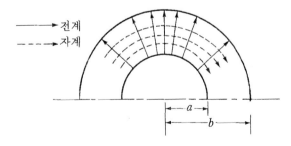

그림 **5.17** 동축선로의 고차모드.

**예제 5-3**

중심도체의 반경이 2 mm 이고 유전체가 공기인 50 Ω의 동축선로에서 첫번째 고차모드의 차단주파수를 구하여라.

[**풀이**] 차단주파수를 구하기 위해서는 우선 동축선로의 바깥도체의 반경을 식 (5-115)로부터 구해야 한다. 즉,

$$Z_0 = \frac{120\pi}{2\pi} \ln \frac{a}{b} = 60 \ln \frac{a}{b}$$

이므로

$$b = ae^{Z_0/60} = (2 \times 10^{-3}) \, e^{5/6} = 4.6 \text{ mm}$$

따라서 구하고자 하는 근사적 차단주파수는 식 (5-116)으로부터

$$f_c \cong \frac{3 \times 10^8}{\pi (2 + 4.6) \times 10^{-3}} = 14.5 \text{ GHz}$$

위의 예제를 보면 이들의 차단주파수는 흔히 사용하는 동축선로의 사용주파수보다 훨씬 높기 때문에 일반적으로 고차모드는 큰 문제가 되지 않음을 알 수 있다.

## [3] 동축선로의 파라미터

그림 5.16에 보인 동축선로의 파라미터는 5.5절에서 구한 TEM파의 전계에 관한 식 (5-108)과 자계에 관한 식 (5-110)을 식 (3-116), (3-117), (3-118) 및 (3-119)에 대입하여 계산하면 다음과 같은 결과를 얻는다.

$$L = \frac{\mu}{(2\pi)^2} \int_{\phi=0}^{2\pi} \int_{\rho=a}^{b} \frac{1}{\rho^2} \rho \, d\rho \, d\phi = \frac{\mu}{2\pi} \ln (b/a) \qquad \text{H/m} \qquad (5\text{-}117\text{a})$$

$$C = \frac{\epsilon'}{[\ln (b/a)]^2} \int_{\phi=0}^{2\pi} \int_{\rho=a}^{b} \frac{1}{\rho^2} \rho \, d\rho \, d\phi = \frac{2\pi\epsilon'}{\ln (b/a)} \qquad \text{F/m} \qquad (5\text{-}117\text{b})$$

$$R = \frac{R_s}{(2\pi)^2} \left\{ \int_{\phi=0}^{2\pi} \frac{1}{a^2} a \, d\phi + \int_{\phi=0}^{2\pi} \frac{1}{b^2} b \, d\phi \right\}$$

$$= \frac{R_s}{2\pi} \left( \frac{1}{a} + \frac{1}{b} \right) \qquad \qquad \qquad \text{Ω/m} \qquad (5\text{-}117\text{c})$$

$$G = \frac{\omega\epsilon''}{[\ln (b/a)]^2} \int_{\phi=0}^{2\pi} \int_{\rho=a}^{b} \frac{1}{\rho^2} \rho \, d\rho \, d\phi = \frac{2\pi\omega\epsilon''}{\ln (b/a)} \qquad \text{S/m} \qquad (5\text{-}117\text{d})$$

참고로 동축선로 외에 두 선과 평행선로의 파라미터를 요약하면 표 5-5에 보인 바와 같다.

표 5-5   일반적인 전송선로의 파라미터

| | | | |
|---|---|---|---|
| | | | |
| $L$ | $\dfrac{\mu}{2\pi}\ln\dfrac{b}{a}$ | $\dfrac{\mu}{\pi}\cosh^{-1}\left(\dfrac{D}{2a}\right)$ | $\dfrac{\mu d}{W}$ |
| $C$ | $\dfrac{2\pi\varepsilon'}{\ln b/a}$ | $\dfrac{\pi\varepsilon'}{\cosh^{-1}(D/2a)}$ | $\dfrac{\varepsilon' W}{d}$ |
| $R$ | $\dfrac{R_s}{2\pi}\left(\dfrac{1}{a}+\dfrac{1}{b}\right)$ | $\dfrac{R_s}{\pi a}$ | $\dfrac{2R_s}{W}$ |
| $G$ | $\dfrac{2\pi\omega\varepsilon''}{\ln b/a}$ | $\dfrac{\pi\omega\varepsilon''}{\cosh^{-1}(D/2a)}$ | $\dfrac{\omega\varepsilon'' W}{d}$ |

## [4]   동축선로의 감쇠상수

무손실 동축선로의 전자계는 식 (5-108)과 (5-110)으로부터

$$\mathbf{E}(\rho,\ \phi,\ z)=\mathbf{a}_\rho\frac{V_0\,e^{-j\beta z}}{\rho\ln(b/a)} \tag{5-118a}$$

$$\mathbf{H}(\rho,\ \phi,\ z)=\mathbf{a}_\phi\frac{V_0\,e^{-j\beta z}}{2\pi\rho Z_0} \tag{5-118b}$$

이다. 여기서 $a<\rho<b$이다.

식 (2-52e)로부터 무손실 동축선로에 흐르는 전력을 구하면

$$\begin{aligned}
P_T&=\frac{1}{2}\,Re\left[\int_s\mathbf{E}\times\mathbf{H}^*\cdot d\mathbf{s}\right]\\
&=\frac{|V_0|^2}{2Z_0}\int_{\rho=a}^b\int_{\phi=0}^{2\pi}\frac{\rho}{2\pi\,\rho^2\ln(b/a)}\,d\phi\,d\rho=\frac{|V_0|^2}{2Z_0}
\end{aligned} \tag{5-119}$$

이다. 단위길이에 대한 도체의 손실전력은 식 (2-54b)로부터 구할 수 있다.

$$\begin{aligned}
P_c&=\frac{R_s}{2}\int_s|\mathbf{H}|^2\,ds\\
&=\frac{R_s}{2}\int_{z=0}^1\left[\int_{\phi=0}^{2\pi}|H_\phi(\rho=a)|^2\,ad\phi+\int_{\phi=0}^{2\pi}|H_\phi(\rho=b)|^2\,bd\phi\right]dz\\
&=\frac{R_s|V_0|^2}{4\pi Z_0^2}
\end{aligned} \tag{5-120}$$

단위길이에 대한 유전체 손실전력은 식 (2-52d)에서 $\sigma = \omega \varepsilon''$ 을 대입하여 계산할 수 있다. 이와 같은 결과는 독자의 연습문제로 남긴다.

$$
\begin{aligned}
P_d &= \frac{\omega \varepsilon''}{2} \int_V |\mathbf{E}|^2 \, dv \\
&= \frac{\omega \varepsilon''}{2} \int_{\rho=a}^{b} \int_{\phi=0}^{2\pi} \int_{z=0}^{1} |E_\rho|^2 \, \rho \, dz \, d\phi \, d\rho \\
&= \frac{\pi \omega \varepsilon'' |V_0|^2}{\ln(b/a)}
\end{aligned}
\tag{5-121}
$$

이다. 식 (3-96)에 의하면 감쇠상수는

$$
\begin{aligned}
\alpha &= \frac{P_c + P_d}{2 P_T} \\
&= \frac{R_s}{2\eta \ln(b/a)} \left( \frac{1}{a} + \frac{1}{b} \right) + \frac{\omega \varepsilon'' \eta}{2}
\end{aligned}
\tag{5-122}
$$

이다.

위의 결과로부터 도체손실에 의한 감쇠상수는

$$
\alpha_c = \frac{R_s}{2\eta \ln(b/a)} \left( \frac{1}{a} + \frac{1}{b} \right)
\tag{5-123}
$$

이고 유전체손실에 의한 감쇠상수는

$$
\alpha_d = \frac{\omega \varepsilon'' \eta}{2}
\tag{5-124}
$$

이다.

# 5.6 리지도파관과 횡공진법

## [1] 리지도파관

폭이 $a$ 이고 높이가 $b$ 인 구형도파관 $(a > b)$ 의 기본모드 TE$_{10}$ 의 차단주파수를 $f_{c10}$ 이라 하면 다음 모드 TE$_{20}$ 의 차단주파수는 $f_{c10}$ 의 2 배이므로 기본모드 TE$_{10}$ 만이 전송될 수 있는 최대 주파수대역폭은 한 옥타브(octave ; 2 : 1 대역) 이하이다. 따라서 훨신 넓은 대역폭에 걸쳐서 단일모드만이 전송되는 도파관을 필요로 하는 시스템이 있다. TEM 모드만을 전송하는 전송선로는 차단주파수가 없으므로 이러한 요구를 만족시킬 수 있으나, 이 전송선로의 단면적은 전송하고자 하는 TEM 파의 최소파장에 비하여 작아야 한다. 예를 들면 동축선로는

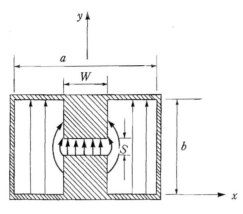

그림 5.18 리지도파관.

TEM 모드 외에 고차모드인 TE 와 TM 파도 존재하므로 고차모드의 여진(excitation)을 피하기 위해서는 바깥 동선의 반경을 파장에 비하여 작게 하여야 한다. 그러나 단면적이 작아지면 비교적 큰 감쇠가 수반되므로 다른 형식의 도파관이 필요하게 된다. 이와 같은 조건을 만족하는 도파관이 그림 5.18 에 보인 리지도파관(ridge waveguide)이다. 이는 구형도파관 내부의 윗면이나 아래면 또는 윗면과 아래면에 네모진 도체막대(리지)를 삽입한 도파관이다.

이와 같은 리지도파관의 전계분포는 그림 5.18 에서 실선으로 보인 바와 같이 중앙부에 집중되고 있으므로 마치 한 가운데에 정전용량(capacitance)을 $z$축 방향으로 분포시킨 것처럼 볼 수 있다. 따라서 원래의 구형도파관의 $TE_{10}$ 파에 대하여 도파관의 폭 $a$가 등가적으로 넓어진 것과 같으므로 차단주파수는 낮아진다(원래의 $TE_{10}$ 모드의 차단파장은 $\lambda_{c10} = 2a$ 임에 유의하여라). 즉, 리지도파관은 단일모드에 대해서 매우 넓은 주파수대역 특성을 갖는다. 동작대역폭은 5 : 1 또는 그 이상도 가능하다. 그러나 다른 한편 전자계 에너지는 주로 도파관의 중앙부분에 집중되고 있으므로 도파관보다 좁은 부분에 전류가 밀집된 채로 흐르고 있기 때문에 전송손실이 증가된다. 또한 중앙부분의 윗면과 아랫면의 간격이 좁기 때문에 전계에 대한 내압(耐壓)이 낮아져서 사용 가능한 전력이 낮아진다. 이와 같은 이유로 고전력 전송선로로 사용하는 경우에는 충분한 검토가 필요하다.

TE 와 TM 파에 관한 Maxwell 방정식의 일반 해에 의하면 5.1절에서 설명한 바와 같이 균일한 도파관의 전파상수는

$$\beta = \sqrt{k^2 - k_c^2} = \sqrt{k^2 - (2\pi/\lambda_c)^2}$$

로 주어진다. 따라서 차단주파수에서 $\beta = 0$ 이므로 도파관의 차단주파수만 알면 전파상수는 결정된다. 또한 차단파수는 $k_c = \sqrt{k_x^2 + k_y^2}$ 로 주어지므로 전파가 진행하는 $z$방향과는 관계없이 도파관의 단면적 구조에 따라 결정된다. 앞절에서는 도파관에 관한 파동방정식에 적절

한 경계조건을 적용해서 $k_c$를 구했다. 이 방법을 사용하면 도파관내의 모든 전자계현상을 완전하게 나타낼 수 있으나 그 과정이 매우 복잡하다. 특히 도파관내에 유전체판을 삽입한 경우는 복잡한 경계조건이 적용되므로 그 해를 구하는 과정도 복잡하다. 그러므로 도파관의 전파상수에만 관심을 갖는 경우에는 관내에 관한 정보가 모두 필요한 것은 아니다. 다음에서 설명하는 횡공진법(transverse resonace technique)을 사용하면 차단주파수를 더 간단하게 직접 구할 수 있다.

## [2]  횡공진법

구형도파관에서 $TE_{10}$모드는 그림 5.15에서 설명한 바와 같이 차단주파수에서 $\theta = 90°$가 되어 두 개의 TEM 파가 두 개의 평행한 도체벽($x = \pm a/2$) 사이를 전파한다. 그러므로 차단주파수에서 도파관은 그림 5.19에 보인 바와 같이 높이가 $b$이고 길이가 $a/2$인 단락된 평행판 전송선로로 볼 수 있다. 예를 들면 $TE_{10}$모드인 경우 $\lambda_c = 2a$이므로 선로의 길이 $a/2 = \lambda_c/4$이다. 따라서 길이가 $\lambda_c/4$인 단락된 평행전송선로의 입력임피던스는 무한대($\infty$)가 된다. $TE_{20}$모드인 경우 $\lambda_c = a$이므로 $a/2 = \lambda_c/2$이므로 입력임피던스는 영(0)이다. 이를 일반화하면, $TE_{m0}$에서 $m$ = 기수이면 $Z_{xx} = \infty$인 반면 $m$ = 우수이면 $Z_{xx} = 0$이 된다. 이와 같은 조건을 응용해서 여러 가지 모드의 차단주파수를 구하는 방법을 횡공진법(transeverse resonance method)이라 한다.

그림 5.18에 보인 바와 같은 리지도파관인 경우는 높이가 $b$이고 길이가 $(a-W)/2$인 단락된 두 개의 평행판 전송선로 사이에 높이가 $S$이고 길이가 $W$인 평행판선로가 연결된 등가회로로 볼 수 있다. 높이가 변경되는 접속점에서 프린징전계(fringing electric field)가 발생되고 있으므로 이 접속계단 근처에 전계에너지를 축적한다. 이와 같은 프린징 전계효과를 션트용량성 서셉턴스(shunt capacitive susceptance) $jB$로 등가화하면 리지도파관의 단면은 그림 5.20에 보인 바와 같은 등가 전송선로회로가 된다.

차단주파수에만 그림 5.20에 보인 전송선로회로에 $x$방향으로 정재파의 전자계가 존재할

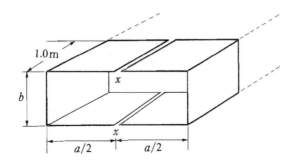

그림 5.19  횡공진법의 설명도.

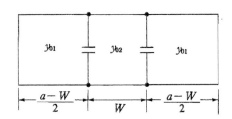

그림 5.20  차단주파수에서 리지도파관의 등가 전송선로회로.

수 있다. $TE_{10}$ 모드인 경우 도파관의 중심축에 최대전압과 최소전류가 존재하므로 $x = a/2$ 에서 $x$ 방향으로 단락회로를 본 입력임피던스는 앞에서 설명한 바와 같이 무한대이다. 이에 대응하는 어미드턴스는 영이다. 접속계단에서 단락회로를 향하여 본 어드미턴스는

$$Y = -jY_{c1}\cot k_c\frac{a-W}{2} + jB \tag{5-125}$$

로 주어진다(식 (3-75) 참고). 여기서 $Y_{c1}$ 는 높이가 $b$ 인 평행판선로의 특성어드미턴스이고 $k_c = \dfrac{2\pi}{\lambda_c}$ 이다.

$Y$ 를 부하로 한 입력어드미턴스는 식 (3-65a)로부터

$$Y_{in} = Y_{02}\frac{Y + jY_{02}\tan k_c\,W/2}{Y_{02} + jY\tan k_c\,W/2} \tag{5-126}$$

가 된다. $Y_{in} = 0$ 이 되기 위해서는

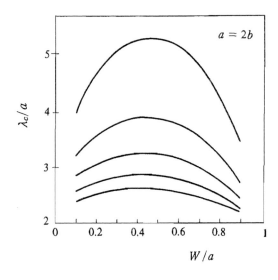

그림 5.21  $TE_{10}$ 모드에 대한 리지도파관의 정규화한 차단파장 $\lambda_c/a$ 와 $W/a$ 의 관계.

$$jB - jY_{01}\cot k_c \frac{a-W}{2} + jY_{02}\tan k_c \frac{W}{2} = 0 \qquad (5\text{-}127)$$

이 되어야 한다. 이는 $\text{TE}_{m0}(m = 기수)$모드의 횡공진조건이다. 두 개의 특성어드미턴스는 평행판 사이의 간격에 반비례하므로 $Y_{02} = (b/S)\,Y_{01}$의 관계를 갖는다. 준정적 등각사상법 (quasistatic conformal mapping method)을 사용하여 구한 정규화된 용량성 서셉턴스의 근사값은 다음과 같다(N. Marcuvitz, "Waveguide Handbook", Vol.10).

$$\frac{B}{Y_{01}} = \frac{2b}{\lambda_c}\left[ 1 - \ln 4u + \frac{1}{3}\,u^2 + \frac{1}{2}\,(1-u^2)^4\frac{b^2}{\lambda_c^2} \right] ; \; u = \frac{S}{b} < 0.5 \qquad (5\text{-}128)$$

고유방정식(eigenvalue equation)을 나타내는 식 (5-127)은 초월방정식(transcendental equation)이다. 특별한 값에 대하여 구한 결과를 나타내면 그림 5.21에 보인 바와 같다.

## 연습문제

5.1   $f = 20\,\text{GHz}$에서 동작하는 $K$-밴드 도파관의 길이에 대한 감쇠상수 dB/m를 구하여라. 여기서 도파관의 재료는 황동(brass)이고 채워진 전체 유전체는 $\varepsilon_r = 2.6$이며 $\tan\delta = 0.01$이다. 도파관의 규격과 황동의 도전율은 부록을 참고하여라.

5.2   그림 (문 5.2)에 보인 감쇠기는 차단주파수 이하에서 동작하는 한 부분의 도파관을 사용하여 만들 수 있다. 만약 $a = 2.286\,\text{cm}$이고 동작주파수가 $f = 12\,\text{GHz}$이라 하면 입력과 출력측 도파관 사이에서 100 dB의 감쇠를 얻기 위해 필요한 차단주파수용 도파관의 길이는 얼마가 되겠는가? 여기서 계단형 불연속성에 의한 반사는 무시한다.

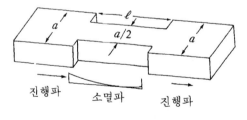

그림  문 5.2

5.3   $\text{TE}_{10}$모드에 대한 구형도파관의 각 벽에 흐르는 표면전류밀도의 식을 구하고 구형도파관의 넓은 쪽 벽의 중심축을 따라 좁은 홈(slot)을 만들어도 도파관이 동작하는 데 아무런 영향을 미치지 않는 이유를 설명하여라(이와 같은 슬롯 안에 프로브(probe)를 삽입하여 도파관내의 정재파를 측정한다).

5.4  크기가 $a \times b$인 구형도파관의 $TM_{11}$모드에 대해서 도체 벽에 흐르는 표면전류밀도에 관한 식을 유도하여라.

5.5  구형도파관의 $TM_{mn}$모드에서 불완전한 도체벽에 의한 감쇠상수에 관한 식을 유도하여라.

5.6  공기로 채워진 표준 $S$-밴드 구형도파관의 크기는 $a = 7.21\,cm$이고 $b = 3.40\,cm$이다. 파장이 다음과 같을 때 어떤 모드가 전파되는가?

   (1) $\lambda = 10\,cm$        (2) $\lambda = 5\,cm$

5.7  기본모드에서 동작주파수가 $3\,GHz$이고 크기가 $a \times b\,(b < a < 2b)$이며, 채워진 유전체가 공기인 구형도파관이 있다. 동작주파수를 기본모드의 차단주파수보다 적어도 20% 높게 하고 또한 다음 고차모드의 차단주파수보다는 적어도 20% 낮게 하고자 한다. 이 구형도파관의 크기 $a$와 $b$의 범위를 결정하여라.

5.8  재질이 구리이고 크기가 $a = 7.20\,cm$, $b = 3.40\,cm$이며, 공기로 채워진 구형도파관이 있다. 이 도파관은 기본모드에서 동작주파수가 $3\,GHz$이다. $f_c$, $\lambda_g$, $a_c$를 구하고 전파하는 파의 전자장이 50% 감쇠되는 거리를 구하여라.

5.9  길이가 $1\,m$이고, $a = 2.25\,cm$, $b = 1.00\,cm$인 공기로 채워진 구형도파관이 $TE_{10}$모드에서 동작주파수가 $10\,GHz$이다. 파가 종단에 이르렀을 때 몇 dB 감쇠하겠는가? 여기서 도파관의 재질은 황동(brass)이며 도전율은 $\sigma = 1.57 \times 10^7\,S/m$이다.

5.10  주파수 $f = 10\,GHz$에서 동작하는 $X$-밴드용 구형도파관($a = 2.29\,cm$, $b = 1.02\,cm$)을 미지의 부하에 연결해 측정한 결과, 부하로부터 $6\,cm$되는 곳에서 전계의 크기는 최소가 되었고 정재파비는 1.80이 되었다. SWR이 1이 되기 위해 필요한 대칭용량성 동조 스크류(symmetrical capacitive tuning screw)의 위치와 크기를 구하여라. 여기서 구형도파관의 유전체는 공기이다.

5.11  원형도파관의 횡성분 장을 축방향의 장으로 나타낸 식 (5-41a~d)를 유도하여라.

5.12  $10\,GHz$ 신호가 원형도파관을 통과할 때 가장 낮은 차단주파수가 신호주파수의 80% 이하인 원형도파관의 반경을 구하여라. 여기서 원형도파관의 유전체는 공기이다. 또한 만약 이 원형도파관이 $15\,GHz$에서 동작한다면 전파모드는 무엇인가?

5.13  유한한 도전율을 갖는 원형도파관에서 $TM_{mn}$모드의 감쇠정수에 관한 식을 구하여라.

5.14  $a = 0.8\,cm$인 원형도파관이 있다. 첫번째 네 개의 전파모드에 대한 차단주파수를 구하여라.

5.15  중심도체의 반경이 $1\,mm$이고 바깥도체의 반경이 $3\,mm$인 동축선로가 있다. 동축선로의 유전체는 비유전율이 $\varepsilon_r = 2.8$, 손실탄젠트가 $\tan\delta = 0.005$이며, 도체의 재질은 구리로서 도전율은 $\sigma = 5.8 \times 10^7\,S/m$이다. $3\,GHz$에서 이 선로의 파라미터 $R$, $L$, $G$, $C$ 및 특성임피던스와 전파상수를 구하여라.

# 6 장

# 마이크로파 집적회로용 전송선로

1965년경 전까지 거의 모든 마이크로파 장비는 동축선로, 도파관 또는 평행판 도파관 (parallel plate waveguide)을 사용하였다. 그러나 최근에는 마이크로파 집적회로(MIC ; microwave integrated circuits) 또는 모노리식 마이크로파 집적회로(MMIC ; monolithic MIC)가 출현하여 평면형 전송선로(planar transmission line)의 구조를 널리 사용하고 있다. 그 이유는 기판(substrate)의 한 면을 자유롭게 사용하여 반도체 소자를 부착할 수 있기 때문이다.

이 장에서는 평행 스트립선로, 마이크로 스트립선로, 코프레이너 스트립(coplanar strip) 선로, 차폐 스트립(shielded strip)선로, 슬롯(slot)선로, 핀(fin)선로 등에 관하여 설명한다. 이들의 구조는 그림 5.1에 보인 바와 같으며, 여기에 참고로 재래식 전송선로의 구조도 함께 포함하였다. 마이크로파 집적회로에 적합한 전송선로는 그 구조가 평면형 구조이어야 한다는 것이다. 따라서 그림 5.1에서 보는 바와 같이 여러 가지 모양의 평면형 전송선로를 만들어 MIC에 사용할 수 있다. 스트립선로[1-7], 마이크로 스트립선로[8-10], 슬롯선로[10,11], 코프레이너 도파관 및 코프레이너선로[10,12]는 대표적인 평면형 전송선로이다.

이러한 전송선로들을 사용해서 실현된 회로들을 재래식 마이크로파 회로와 비교하면 무게가 가볍고, 크기가 작고, 성능이 향상되고, 신뢰성과 다산성(reproducibility)이 좋고 비용이 적게 드는 명확한 장점을 갖는다.

## 6.1 스트립선로

스트립선로(또는 **triplate**)는 수동 MIC용으로 사용하는 가장 보편적인 전송선로의 하나였다. 스트립선로는 특별히 전체 회로의 일부에 Gunn 다이오드 또는 믹서 다이오드와 같은 능

동 또는 수동 소자를 회로설계의 한 부분으로 포함하거나 또는 회로를 소형화할 필요가 있는
경우에 동축형이나 도파관 회로보다 이점이 많다. 그러나 회로 사이의 격리와 전력취급 용량
면에서는 동축형이나 도파관에 비하여 상당한 단점도 있다. 따라서 설계자는 이러한 장단점
을 고려하여 적절히 절충할 줄 알아야 한다. 스트립선로의 구조와 전자계의 분포는 그림 6.1에
보인 바와 같다. 간격이 $b$인 두 개의 넓은 접지도체판 사이의 중앙에 폭이 $W$인 엷은 도체
스트립이 있으며, 이 두 개의 접지판 사이의 전 영역은 균일한 유전체로 채워져 있다. 스트립
선로는 두 개의 도체와 균일한 유전체를 가졌으므로 기본모드는 TEM 파이다.

스트립선로에 대한 해석은 앞에서 다루었던 전송선로와 도파관에 대한 단순한 해석과는 달
리 복잡하다. 스트립선로의 기본모드인 TEM 파만을 생각하면 정전계적 해석만으로도 전파
상수와 특성임피던스를 충분히 계산할 수 있다. 컨포멀 매핑(conformal mapping)에 의해서
Laplace 방정식의 정확한 해를 구할 수 있지만 그 과정이 매우 복잡하므로 생략한다.

3장에서 설명한 바와 같이 TEM 모드의 위상속도는

$$v_p = 1/\sqrt{\mu_0\,\varepsilon_0\,\varepsilon_r} = c/\sqrt{\varepsilon_r} \tag{6-1}$$

이므로 스트립선로의 전파상수는

$$\beta = \frac{\omega}{v_p} = \omega\sqrt{\mu_0\,\varepsilon_0\,\varepsilon_r} = k_0\sqrt{\varepsilon_r} \tag{6-2}$$

이다. 여기서 $c = 3 \times 10^8\,\mathrm{m/sec}$ 는 자유공간의 광속이다.

전송선로의 특성임피던스는

$$Z_0 = \sqrt{\frac{L}{C}} = \sqrt{\frac{LC}{C^2}} = \frac{1}{v_p C}\ \Omega \tag{6-3}$$

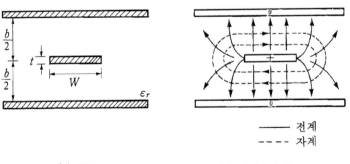

(a) 구조               (b) 전자계의 분포

그림 6.1  단일 스트립선로.

이다. 여기서 $L$과 $C$는 선로의 단위길이에 대한 인덕턴스와 커패시턴스이다.

따라서 $C$를 알면 $Z_0$를 구할 수 있다. 앞에서 설명한 것처럼 컨포멀 매핑을 사용해서 Laplace 방정식을 풀면 스트립선로의 단위길이에 대한 커패시턴스를 구할 수 있으나 그 과정이 매우 복잡하기 때문에 특성임피던스에 대한 결과만을 소개하기로 한다. 스트립선로는 중심도체의 두께 $t$에 따라 특성임피던스의 정확도가 달라지므로 $t = 0$인 경우와 $t \neq 0$인 경우에 대한 결과는 다음과 같다.

## [1]  $t = 0$인 경우

스트립선로의 특성임피던스를 설명하는 방정식은 여러 사람이 소개하였으나 이 책에서는 비교적 정확한 Cohn[1]에 의한 결과를 소개한다. 특성임피던스는

$$Z_0 = \frac{30\pi}{\sqrt{\varepsilon_r}} \frac{K(k)}{K(k')} \ \Omega \tag{6-4}$$

이다. 여기서 $k = \text{sech} \dfrac{\pi W}{2b}$, $k' = \tanh \dfrac{\pi W}{2b}$이고 $K(k)$는 제1종의 완전한 타원함수 (complete elliptic function of the first kind)이며, $K(k')$는 $K(k)$의 보조함수 (complementary function)이다.

$K(k)/K(k')$에 대한 근사식은 다음과 같다.

$$\frac{K(k)}{K(k')} = \begin{cases} \left[ \dfrac{1}{\pi} \ln \left( 2 \dfrac{1 + \sqrt{k'}}{1 - \sqrt{k'}} \right) \right]^{-1} & ; \quad 0 \leq k \leq 0.7 \\[4mm] \dfrac{1}{\pi} \ln \left( 2 \dfrac{1 + \sqrt{k}}{1 - \sqrt{k}} \right) & ; \quad 0.7 \leq k \leq 1 \end{cases} \tag{6-5}$$

여기서 $k' = \sqrt{1 - k^2}$이다.

## [2]  $t \neq 0$인 경우

중심선로의 두께를 무시할 수 없는 스트립선로에 대한 해석은 많은 사람들이 발표하였으나 그 중 잘 알려지고 가장 정확한 근사식은 Cohn[2]이 제시하였으며 그 결과식은 다음과 같다.

$$Z_0 = \frac{30\pi}{\sqrt{\varepsilon_r}} \frac{(b - t)}{W_e + C_f b / \pi} \ \Omega \tag{6-6}$$

여기서

$$\frac{W_e}{b} = \frac{W}{b} \tag{6-7}$$

$$C_f = 2\ln\left(\frac{1}{1-t/b}+1\right) - \frac{t}{b}\ln\left\{\frac{1}{(1-t/b)^2}-1\right\} \tag{6-8}$$

이다. 식 (6-6), (6-7) 및 (6-8)에 의한 데이터의 정확도는 $W/(b-t) \geq 0.35$ 와 $t/b \leq 0.25$ 의 범위에서 $1\%$ 의 오차를 갖지만 $0.05 \leq W/(b-t) \leq 0.35$ 와 $t/b \leq 0.25$ 의 범위에서 $20\%$ 정도의 오차를 갖기 때문에 Bahl과 Garg[6]는 $W_e/b$ 에 대한 다음과 같은 실험적 공식을 유도하여 $0.05 \leq W/(b-t) \leq 0.35$ 와 $t/b \leq 0.25$ 범위에서 약 $1\%$ 의 오차를 얻었다.

$$\frac{W_e}{b} = \frac{W}{b} - \frac{(0.35-W/b)^2}{1+12t/b} \tag{6-9}$$

여기서 $W_e$ 는 $W$ 의 실효값이다.

위의 식들에 두께가 0인 $t=0$ 를 대입하면 다음과 같은 결과를 얻는다.

$$Z_0 = \frac{30\pi}{\sqrt{\varepsilon_r}}\frac{b}{W_e+0.441b} \tag{6-10a}$$

여기서

$$\frac{W_e}{b} = \frac{W}{b} - \begin{cases} 0 & ;\quad \dfrac{W}{b} > 0.35 \\[2ex] (0.35-W/b)^2 & ;\quad \dfrac{W}{b} < 0.35 \end{cases} \tag{6-10b}$$

이다.

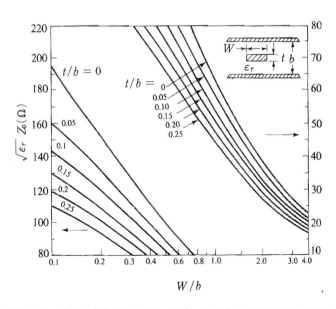

그림 6.2  $t/b$ 를 파라미터로 갖는 $W/b$ 에 대한 스트립선로의 특성임피던스.

스트립선로를 설계하려면 주어지는 특성임피던스에 대한 스트립 폭 $W$를 구할 필요가 있으므로 식 (6-10)을 역변환하면 $b$와 $\varepsilon_r$를 파라미터로 하는 다음과 같은 설계식을 얻을 수 있다.

$$\frac{W}{b} = \begin{cases} x & : \quad \sqrt{\varepsilon_r}\, Z_0 < 120 \\ 0.85 - \sqrt{0.6 - x} & : \quad \sqrt{\varepsilon_r}\, Z_0 > 120 \end{cases} \qquad (6\text{-}11)$$

$$x = \frac{30\pi}{\sqrt{\varepsilon_r}\, Z_0} - 0.441$$

$t \neq 0$ 인 경우도 위와 같은 역변환을 하면 설계식을 얻을 수 있다. $t/b$를 파라미터로 하는 $W/b$의 함수로 특성임피던스를 나타내면 그림 6.2 에 보인 바와 같다.

---

**예제 6-1**

길이가 $\lambda/4$ 이고 특성임피던스가 50 Ω이다. 4 GHz 에서 동작하는 스트립선로를 설계하고자 한다. 여기서 스트립선로에 사용한 유전체의 비유전율은 4 이고 스트립선로의 중심도체의 두께는 무시할 수 있다고 한다.

[**풀이**] 주어진 특성임피던스는 $Z_0 = 50$ Ω이고 $\varepsilon_r = 4$ 이므로 $Z_0\sqrt{\varepsilon_r} = 50 \times \sqrt{4} = 100$ 이다. 따라서 $t = 0$ 이므로 그림 6.2 로부터 $t/b = 0$ 에 대응하는 $W/b$ 는 약 0.51 이다. 관내파장을 구하기 위해서 우선 자유공간의 파장을 구하면

$$\lambda_0 = \frac{c}{f} = \frac{3 \times 10^{10}}{4 \times 10^9} = 7.5 \text{ cm}$$

이므로 관내파장 $\lambda_g$ 는

$$\lambda_g = \frac{\lambda_0}{\sqrt{\varepsilon_r}} = \frac{7.5}{\sqrt{4}} = 3.75 \text{ cm}$$

이다. 그러므로 $\lambda/4$ 의 관내파장에 해당하는 실제의 길이는

$$\frac{\lambda_g}{4} = \frac{3.75}{4} = 0.94 \text{ cm}$$

이다.

---

## [3] 유전체와 도체에 의한 감쇠

스트립선로를 준 TEM 선로로 생각하면, 유전체손실에 의한 감쇠상수는 식 (5-10)으로부터

$$\alpha_d = \frac{k \tan \delta}{2} \ \mathrm{Np/m} \ (\text{TEM 파}) \tag{6-12}$$

이다. 스트립선로는 TEM 형식의 선로이므로 유전체손실에 의한 감쇠상수는 다른 TEM 선로의 경우와 같은 형식이다.

도체손실에 의한 감쇠상수의 근사식은 다음과 같다[6].

$$\alpha_c = \begin{cases} \dfrac{2.7 \times 10^{-3} R_s \, \varepsilon_r \, Z_0}{30\pi \, (b - t)} A & ; \quad \sqrt{\varepsilon_r} \, Z_0 < 120 \\[4mm] \dfrac{0.16 R_s}{Z_0 \, b} B & ; \quad \sqrt{\varepsilon_r} \, Z_0 > 120 \end{cases} \quad \mathrm{Np/m} \qquad \begin{matrix} (6\text{-}13\mathrm{a}) \\[4mm] (6\text{-}13\mathrm{b}) \end{matrix}$$

여기서

$$A = 1 + \frac{2W}{b - t} + \frac{1}{\pi} \frac{b + t}{b - t} \ln \left( \frac{2b - t}{t} \right)$$

$$B = 1 + \frac{b}{(0.5W + 0.7t)} \left( 0.5 + \frac{0.414t}{W} + \frac{1}{2\pi} \ln \frac{4\pi W}{t} \right)$$

이고 $R_s$는 도체의 표면저항으로 $R_s = \sqrt{\pi f \mu_0 / \sigma} \ \Omega/\mathrm{m}^2$ 이다.

---

**예제 6-2**

$b = 0.32 \ \mathrm{cm}$ 이고 $\varepsilon_r = 2.20$ 인 $50 \ \Omega$ 구리 스트립선로의 중심 스트립 폭을 구하여라. 또한 유전체 손실탄젠트가 $0.001$ 이고 동작주파수가 $10 \ \mathrm{GHz}$ 인 경우 감쇠상수 $[\mathrm{dB}/\lambda]$ 를 계산하여라. 여기서 도체판의 두께는 $t = 0.01 \ \mathrm{mm}$ 이고 $f = 10 \ \mathrm{GHz}$ 에서 구리의 표면저항은 $R_s = 0.026 \ \Omega$ 이다.

**[풀이]** $\sqrt{\varepsilon_r} \, Z_0 = \sqrt{2.2} \times 50 = 74.2$ 이고 $x = 30\pi/(\sqrt{\varepsilon_r} \, Z_0) - 0.441 = 0.83$ 이므로

식 (6-11)에 의하여

$$W = bx = 0.32 \times 0.83 = 0.266 \ \mathrm{cm}$$

이고, $f = 10 \ \mathrm{GHz}$ 에서 파수는

$$k = \frac{2\pi f \sqrt{\varepsilon_r}}{c} = 310.6 \ \mathrm{m}^{-1}$$

이다. 식 (6-12)로부터 유전체손실에 의한 감쇠상수는

$$\alpha_d = \frac{k \tan \delta}{2} = \frac{310.6 \times 0.001}{2} = 0.155 \ \mathrm{Np/m}$$

이고, 식 (6-13)으로부터 도체손실에 의한 감쇠상수는

$$\alpha_c = \frac{2.7 \times 10^{-3} R_s \, \varepsilon_r \, Z_0 A}{30\pi \, (b - t)} = 0.121 \text{ Np/m}$$

이다. 여기서 $A = 4.71$ 이다.

따라서 전체 감쇠상수는

$$\alpha = \alpha_d + \alpha_c = 0.276 \text{ Np/m}$$

이며 dB/m 로 표현하면

$$\alpha = 20 \times \alpha \times \log e = 2.39 \text{ dB/m}$$

이다. 주파수 $10\,\text{GHz}$ 에서 스트립선로의 파장은

$$\lambda = \frac{c}{\sqrt{\varepsilon_r} \, f} = 2.02 \text{ cm}$$

이므로 단위파장에 대한 감쇠는

$$\alpha = (2.39)\,(0.0202) = 0.048 \text{ dB}/\lambda$$

이다.

---

## 6.2  마이크로 스트립선로

스트립선로와는 달리 마이크로 스트립선로는 그림 6.3 에 보인 바와 같이 스트립과 도체판 사이의 전자계 분포가 기판 안에 완전히 집속되어 있지 않기 때문에 비균질 전송선로 (inhomogeneous transmission line)이다.

그러므로 마이크로 스트립을 따라 전파하는 모드는 순수한 TEM 이 아닌 준 **TEM** (quasi -TEM)이다. 마이크로 스트립선로는 얇은 접지도체판 위에 두께가 $h$ 이고 비유전율이 $\varepsilon_r$ 인 유전체가 있으며 그 위에 두께가 $t$ 이고 폭이 $W$ 인 도체스트립을 프린트한 것이다. 마이크로 스트립선로는 가장 널리 사용하고 있는 평면형 전송선로 중의 하나이다. 그 이유는 마이크로 스트립선로를 사진석판기술 과정 (photolithographic process)으로 제조할 수 있으므로 다른 수동·능동 마이크로파 소자와 함께 쉽게 집적화할 수 있기 때문이다(MIC 에 매우 유용). 이에 대한 해석적·수치적 해를 다룬 문헌[10]은 대단히 많다. 이들 해 중에서 준정적 접근방법 (quasi-static approach)이 가장 간단하지만 그 사용범위에 제한이 있다. 반면에 전파 접근 방법(full-wave approach)은 완전하고 엄격하므로 사용범위가 넓다. 그러나 실질적인 응용 에서는 대부분 스트립의 폭$(W)$과 기판의 두께$(h)$가 유전체에서 사용하고자 하는 파장보다 훨씬 작기$(\lambda \gg h)$ 때문에 전자계를 준 TEM 파로 취급한다. 이 경우에 전자계는 근본적으

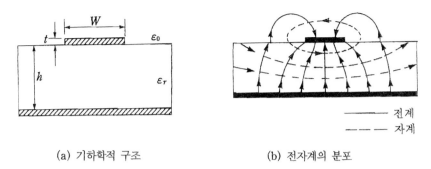

(a) 기하학적 구조                    (b) 전자계의 분포

그림 6.3  마이크로 스트립선로.

로 정적(static)인 경우와 동일하다. 준정적 접근방법에서는 두 가지의 커패시턴스 값으로부터 전송특성 파라미터를 계산할 수 있다. 하나는 마이크로 스트립의 유전체를 공기로 취급한 경우의 단위길이에 대한 커패시턴스 $C_a$이고 다른 하나는 원래의 유전체에서 단위길이에 대한 커패시턴스 $C$이다.

위의 두 커패시턴스를 사용하여 마이크로 스트립선로의 특성파라미터를 구하는 과정을 설명하면 다음과 같다. 3장에서 설명한 바와 같이 TEM 모드로 전파하는 무손실 전송선로의 특성임피던스는

$$Z_0 = \sqrt{\frac{L}{C}} \tag{6-14a}$$

또는

$$Z_0 = v_p L \tag{6-14b}$$

또는

$$Z_0 = \frac{1}{v_p C} \tag{6-14c}$$

이므로 어떤 종류의 전송선로일지라도 주모드가 TEM 파인 경우에 $C$와 $L$을 알면 특성임피던스와 전파상수 등을 구할 수 있다. 여기서 위상속도 $v_p$와 전파상수 $\beta$는

$$v_p = \sqrt{\frac{1}{LC}} \tag{6-15a}$$

$$\beta = \omega \sqrt{LC} \tag{6-15b}$$

이다. 따라서 주어진 마이크로 스트립선로의 단위길이에 대한 커패시턴스는 $C$이므로 마이크로 스트립선로의 특성파라미터는 식 (6-14)로 주어진다. 그러나 유전체를 공기로 대치한 경우의 마이크로 스트립선로의 단위길이에 대한 특성임피던스는

$$Z_{0a} = \sqrt{\frac{L}{C_a}} \tag{6-16a}$$

이고 공기에서 빛의 속도는

$$c = \frac{1}{\sqrt{C_a L}} \tag{6-16b}$$

이므로 식 (6-16b)로부터

$$L = \frac{1}{c^2 C_a} \tag{6-16c}$$

$$Z_{0a} = \frac{1}{c\, C_a} \tag{6-16d}$$

를 얻을 수 있다. 여기서 $c \cong 3 \times 10^8\,\text{m/s}$ 는 자유공간에서 광속이며 $L$ 은 유전체에 관계없이 일정하다. 또한 첨자 $a$ 는 공기 (air)를 의미한다.

그러므로 식 (6-14a)에 식 (6-16c)를 대입하면 마이크로 스트립선로의 특성임피던스와 전파상수는

$$Z_0 = \frac{1}{c\sqrt{CC_a}} \tag{6-17}$$

$$\beta = k_0 \sqrt{\frac{C}{C_a}} = k_0 \sqrt{\varepsilon_{\text{eff}}} \tag{6-18}$$

이다. 여기서 $k_0 = \omega\sqrt{\mu_0 \varepsilon_0}$ 이며 $\varepsilon_{\text{eff}}$ 는 실효유전상수 (effective dielectric constant)라 하며 다음과 같다.

$$\varepsilon_{\text{eff}} = \frac{C}{C_a} = \left(\frac{\lambda_0}{\lambda_g}\right)^2 = \left(\frac{C}{v_p}\right)^2 \tag{6-19}$$

여기서 $v_p = C/\sqrt{\varepsilon_{\text{eff}}}$ 이고, $\lambda_0$ 는 자유공간에서 파장이며 $\lambda_g$ 는 마이크로 스트립선로에서 파장이다. 실효유전상수 $\varepsilon_{\text{eff}}$ 는 유전체판과 공기영역의 전자계까지 고려한 등가균일 유전상수로 볼 수 있다. 마이크로 스트립선로의 특성임피던스에 대한 수치계산법은 매우 광범위한 계산과정이 필요하다. $Z_0$, $Z_{0a}$ 및 $\varepsilon_{\text{eff}}$ 사이의 유용한 관계는 식 (6-16a)와 (6-19)에 의하여

$$Z_{0a} = Z_0 \sqrt{\varepsilon_{\text{eff}}}$$

또는

$$Z_0 = \frac{Z_{0a}}{\sqrt{\varepsilon_{\text{eff}}}} \tag{6-20}$$

이다.

유전체 기판 위의 스트립의 폭 $W$가 매우 넓은 마이크로 스트립선로($W \rightarrow \infty$)인 경우 거의 모든 전계가 기판유전체에 집중하기 때문에 평행판 커패시터(parallel plate capacitor)와 같은 작용을 한다. 그러므로 극한에 이르면

$$\varepsilon_{eff} \rightarrow \varepsilon_r$$

와 같이 된다. 반면에 $W \rightarrow 0$이 되면 기판유전체 경계면 위의 유전체가 공기($\varepsilon_r = 1$)일 때

$$\varepsilon_{eff} \cong \frac{1}{2}(\varepsilon_r + 1) \qquad\qquad (6\text{-}21)$$

와 같이 된다. 그러므로 실효유전상수의 범위는

$$\frac{1}{2}(\varepsilon_r + 1) \leq \varepsilon_{eff} \leq \varepsilon_r \qquad\qquad (6\text{-}22)$$

이다. 이를 다음과 같이 일반화하면 편리하다.

$$\varepsilon_{eff} = 1 + q(\varepsilon_r - 1) \qquad\qquad (6\text{-}23)$$

윗식에서 $q$는 **filling factor** [9]로서

$$q = \frac{\varepsilon_{eff} - 1}{\varepsilon_r - 1}$$

이며 다음과 같은 범위를 갖는다.

$$\frac{1}{2} \leq q \leq 1 \qquad\qquad (6\text{-}24)$$

## [ 1 ]  실효유전상수와 특성임피던스

많은 문헌에 마이크로 스트립선로의 해석에 관한 연구결과가 발표되고 있다. 그 중에서 $0.05 < W/h < 20$이고 $\varepsilon_r < 16$인 실용적 범위의 마이크로 스트립선로를 해석하는 데 가장 널리 사용되고 있는 결과식 [13]을 소개하면 다음과 같다. 여기서 스트립의 두께 $t$는 무시한다 (즉, $t/h = 0$).

$W/h < 1$인 경우

$$Z_0 = \frac{60}{(\varepsilon_{eff})^{1/2}} \ln\left(\frac{8h}{W} + 0.25\frac{W}{h}\right) \qquad\qquad (6\text{-}25a)$$

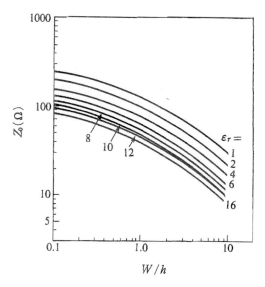

그림 6.4  마이크로 스트립선로의 특성임피던스.

여기서

$$\varepsilon_{eff} = \frac{\varepsilon_r + 1}{2} + \frac{\varepsilon_r - 1}{2}\left[\left(1 + \frac{12h}{W}\right)^{-1/2} + 0.041\left(1 - \frac{W}{h}\right)^2\right] \tag{6-25b}$$

$W/h \geq 1$인 경우

$$Z_0 = \frac{120\pi}{(\varepsilon_{eff})^{1/2}}\frac{1}{\left[\frac{W}{h} + 1.393 + 0.667\ln\left(\frac{W}{h} + 1.4444\right)\right]} \tag{6-26a}$$

여기서

$$\varepsilon_{eff} = \frac{\varepsilon_r + 1}{2} + \frac{\varepsilon_r - 1}{2}\left(1 + \frac{12h}{W}\right)^{-1/2} \tag{6-26b}$$

그림 6.4는 $\varepsilon_r$를 파라미터로 하는 $W/h$에 대한 마이크로 스트립선로의 특성임피던스를 나타내는 곡선이다.

식 (6-25)와 (6-26)으로부터 특성임피던스와 유전상수 등이 주어진 경우에 대응하는 마이크로 스트립선로의 설계식을 구하면 다음과 같다.

$W/h \leq 2$인 경우

$$\frac{W}{h} = \frac{8\exp(A)}{\exp(2A) - 2} \tag{6-27a}$$

$W/h \geq 2$인 경우

$$\frac{W}{h} = \frac{2}{\pi}\left\{ B - 1 - \ln(2B-1) + \frac{\varepsilon_r - 1}{2\varepsilon_r}\left[\ln(B-1) + 0.39 - \frac{0.61}{\varepsilon_r}\right]\right\} \tag{6-27b}$$

여기서

$$A = \frac{Z_0}{60}\left(\frac{\varepsilon_r + 1}{2}\right)^{1/2} + \frac{\varepsilon_r - 1}{\varepsilon_r + 1}\left(0.23 + \frac{0.11}{\varepsilon_r}\right)$$

$$B = \frac{377\pi}{2Z_0(\varepsilon_r)^{1/2}}$$

다음으로 스트립 두께가 $t/h \neq 0$인 경우에 대하여 고찰한다. $t/h \neq 0$인 경우에는 윗식들의 $W$ 대신에 다음과 같은 변형된 실효 폭 $W_{eff}$[14]를 사용하면 정확한 식을 구할 수 있다(여기서 $0.1 \leq W/h \leq 20$ ; $t/h \leq 0.2$).

$\dfrac{W}{h} > \dfrac{1}{2\pi}$인 경우

$$\frac{W_{eff}}{h} = \frac{W}{h} + \frac{t}{\pi h} + \frac{t}{\pi h}\left(1 + \ln\frac{2h}{t}\right) \tag{6-28a}$$

$\dfrac{W}{h} < \dfrac{1}{2\pi}$인 경우

$$\frac{W_{eff}}{h} = \frac{W}{h} + \frac{t}{\pi h}\left(1 + \ln\frac{4\pi W}{t}\right) \tag{6-28b}$$

---

**예제 6-3**

마이크로 스트립선로의 파라미터가 다음과 같을 때

스트립의 두께 ; $t \leq 0.005h$

유전체 ; 알루미너(alumina)

$\varepsilon_r = 10,\quad W/h = 0.95$

다음을 구하여라.

(a) 실효유전상수       (b) 특성임피던스       (c) 위상속도

[**풀이**] 식 (6-25) $(t = 0)$로부터

(a) $\varepsilon_{eff} = \dfrac{10+1}{2} + \dfrac{10-1}{2}\left[\left(1 + \dfrac{12}{0.95}\right)^{-1/2} + 0.041(1 - 0.95)^2\right] = 6.71$

(b) $Z_0 = \dfrac{60}{(6.71)^{1/2}}\ln\left(\dfrac{8}{0.95} + 0.25 \times 0.95\right) = 49.99\ \Omega$

(c) $v_p = \dfrac{3 \times 10^8}{(6.71)^{1/2}} = 1.16 \times 10^8\,\text{m/s}$

---

## [2]  유전체와 도체에 의한 감쇠

마이크로 스트립선로를 준 TEM 선로로 생각하면, 식 (5-10)으로부터 유전체 감쇠상수는

$$\alpha_d = \frac{k_0\,\varepsilon_r\,(\varepsilon_{\text{eff}}-1)\,\tan\delta}{2\,\sqrt{\varepsilon_{\text{eff}}}\,(\varepsilon_r-1)}\ \text{Np/m} \tag{6-29}$$

이다. 여기서 $k=\sqrt{\varepsilon_{\text{eff}}}\,k_0$, $k_0=\omega\sqrt{\mu_0\,\varepsilon_0}=\dfrac{2\pi}{\lambda_0}$ 이다. 식 (6-29)는 식 (5-10)에 다음과 같은 filling factor를 곱해서 구한 결과식이다.

$$q=\frac{\varepsilon_r\,(\varepsilon_{\text{eff}}-1)}{\varepsilon_{\text{eff}}\,(\varepsilon_r-1)}$$

도체손실에 의한 감쇠상수의 근사식[15]은 다음과 같다.

$$\alpha_c = \frac{R_s}{Z_0\,W}\ \text{Np/m} \tag{6-30}$$

여기서 $R_s=\sqrt{\pi f \mu_0/\sigma}$ 는 도체의 표면저항이다.

　대부분의 마이크로 스트립 기판의 경우 도체손실이 유전체손실보다 훨씬 크다. 그러나 기판이 반도체인 경우는 예외가 될 수 있다. 참고로 마이크로 스트립도체의 전류분포는 그림 6.5에 보인 바와 같다.

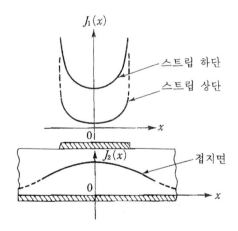

그림 6.5  마이크로 스트립도체의 전류분포.

## 6.3   슬롯 스트립선로

슬롯 스트립선로(slot stripline)는 그림 6.6에 보인 바와 같이 아주 높은 유전율을 갖는 유전체 기판의 한 면에 부착된 얇은 도체층을 분리하는 좁은 슬롯 또는 갭(gap)으로 구성하며 기판의 다른 면은 유전체 판으로 되어 있다.

그러므로 슬롯선로는 마이크로 스트립선로의 구조와 보완적 구조를 갖는다. 이와 같은 슬롯선로는 마이크로 스트립선로의 경우처럼 유전체 기판을 뚫어서 회로를 구성할 필요가 없으므로 MIC나 MMIC 응용에 유리하다. 예를 들면 마이크로파용 필터, 결합기(couplers) 및 페라이트 소자용 기판의 반대편에 슬롯선로만을 사용할 수도 있다.

전파의 주모드는 TEM 파가 아니고 TE 파이다. 이에 관한 해석방법이 문헌에 많이 소개되고 있으나 슬롯선로의 파장과 임피던스에 대한 간결한 수식은 없다. 특히 CAD 기술을 사용하는 경우 이 점이 회로를 해석하고 설계할 때 심각한 문제점으로 등장한다. 그러나 Cohn[11]의 참고문헌을 토대로 계산한 결과를 curve fitting하여 얻은 슬롯선로의 특성임피던스와 파장에 대한 결과식[16]을 소개하면 다음과 같다. 이 식들의 정확도는 주어진 파라미터의 범위내에서 약 2%의 오차를 갖는다.

$$9.7 \leq \varepsilon_r \leq 20$$
$$0.02 \leq W/h \leq 1.0$$
$$0.01 \leq h/\lambda_0 \leq (h/\lambda_0)_c$$

여기서 $(h/\lambda_0)_c$는 슬롯선로에서 $TE_{10}$ 표면파모드에 대한 차단값이며 다음과 같다.

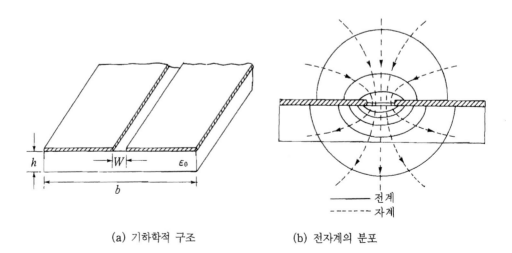

(a) 기하학적 구조          (b) 전자계의 분포

그림 6.6  슬롯선로의 구조.

$$(h/\lambda_0)_c = 0.25/\sqrt{\varepsilon_r - 1} \tag{6-31}$$

$0.02 \leq W/h \leq 0.2$ 인 경우

$$\frac{\lambda_g}{\lambda_0} = 0.923 - 0.195 \ln (\varepsilon_r) + 0.2 \frac{W}{h}$$
$$- \left(0.126 \frac{W}{h} + 0.02\right) \ln \left(\frac{h}{\lambda_0} \times 10^2\right) \tag{6-32a}$$

$$Z_0 = 72.62 - 15.283 \ln (\varepsilon_r) + 50 \frac{(W/h - 0.02)(W/h - 0.1)}{W/h}$$
$$+ \ln \left(\frac{W}{h} \times 10^2\right)(19.23 - 3.693 \ln \varepsilon_r)$$
$$- \left[0.139 \ln \varepsilon_r - 0.11 + \frac{W}{h}(0.465 \ln \varepsilon_r + 1.44)\right]$$
$$\times \left(11.4 - 2.636 \ln \varepsilon_r - \frac{h}{\lambda_0} \times 10^2\right)^2 \tag{6-32b}$$

$0.2 \leq W/h \leq 1.0$ 인 경우

$$\frac{\lambda_g}{\lambda_0} = 0.987 - 0.21 \ln (\varepsilon_r) + \frac{W}{h}(0.111 - 0.0022 \varepsilon_r)$$
$$- \left(0.053 + 0.041 \frac{W}{h} - 0.0014 \varepsilon_r\right) \ln \left(\frac{h}{\lambda_0} \times 10^2\right) \tag{6-33a}$$

$$Z_0 = 113.19 - 23.257 \ln (\varepsilon_r) + 1.25 \frac{W}{h}(114.59 - 22.531 \ln \varepsilon_r)$$
$$+ 20 \left(\frac{W}{h} - 0.2\right)\left(1 - \frac{W}{h}\right)$$
$$- \left[0.15 + 0.1 \ln (\varepsilon_r) + \frac{W}{h}(-0.79 + 0.899 \ln \varepsilon_r)\right]$$
$$\times \left[10.25 - 2.171 \ln (\varepsilon_r) + \frac{W}{h}(2.1 - 0.617 \ln \varepsilon_r) - \frac{h}{\lambda_0} \times 10^2\right]^2 \tag{6-33b}$$

---

## 예제 6-4

슬롯선로를 다음과 같은 특성을 갖는 GaAs 기판 위에 제조하였다.

$$\varepsilon_r = 13.10, \quad f = 5\,\text{GHz}, \quad W = 0.625\,\text{mm}, \quad h = 3.48\,\text{mm}$$

다음을 구하여라.

(a) $\lambda_g/\lambda_0$                             (b) 특성임피던스 $Z_0$

**[풀 이]**    (a) $\lambda_g / \lambda_0$

$W/h = 0.625/3.48 = 0.179$ 이므로 식 (6-32a)로부터

$$\lambda_g / \lambda_0 = 0.923 - \{0.195 \times \ln(13.10)\} + (0.2 \times 0.179)$$
$$- \left\{(0.126 \times 0.179 + 0.02) \times \ln\left(\frac{3.48}{60} \times 10^2\right)\right\}$$
$$= 0.38$$

(b) 특성임피던스 $Z_0$

식 (6-32b)로부터

$$Z_0 = 72.62 - \{15.283 \times \ln(13.10)\} + 50\frac{(0.179 - 0.02)(0.179 - 0.1)}{0.179}$$
$$+ \ln(0.179 \times 10^2) \times \{19.23 - 3.693 \times \ln(13.1)\}$$
$$- [0.139 \times \ln(13.10) - 0.11 + 0.179 \times \{0.465 \times \ln(13.10) + 1.44\}]$$
$$\times \left[11.4 - 2.636 \times \ln(13.10) - \left(\frac{3.48}{60} \times 10^2\right)\right]$$
$$= 65.879 \ \Omega$$

## 6.4  코프레이너 선로

코프레이너 도파관(CPW ; coplanar waveguide)은 MIC에 널리 쓰이고 있다. 코프레이너 도파관을 마이크로파 회로에 사용하면 회로를 설계할 때 융통성이 향상되며, 회로의 성능을 개선할 수 있다. 코프레이너 도파관(CPW)의 구성은 그림 6.7에 보인 바와 같다. 그림 6.8에 보인 바와 같이 CPW의 보완적 구조를 갖는 또 다른 유망한 코프레이너 스트립(CPS ; coplanar strip)이 있다. 위의 두 구조를 코프레이너 선로(coplanar line)라고 한다. 그 이유는 모든 도체를 유전체 기판 윗면의 동일한 평면에 제조하기 때문이다. 이 선로는 능동 또는 수동 소자와 같은 집중소자를 병렬 또는 직렬로 회로구성할 때 용이한 장점을 갖고 있다.

그림 6.7에서 유전체 기판의 높이 $h$는 무한대이고 유전체 위의 공간은 공기로 채워진 경우 선로를 전파하는 순수한 TEM 모드에 대한 단위길이의 등가 정커패시턴스(static capacitance)는 컨포멀 매핑(conformal mapping technique)에 의해 구할 수 있다[12]. 즉,

$$C = 2\varepsilon_0 \frac{K(k)}{K(k')} + 2\varepsilon_r \varepsilon_0 \frac{K(k)}{K(k')} = 4\varepsilon_0 \frac{(\varepsilon_r + 1)}{2} \frac{K(k)}{K(k')} \qquad (6\text{-}34)$$

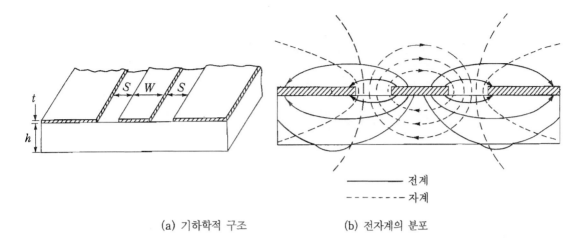

(a) 기하학적 구조          (b) 전자계의 분포

그림 6.7  코프레이너 도파관(CPW).

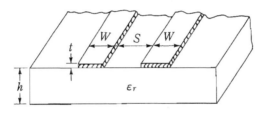

그림 6.8  코프레이너 스트립(CPS).

실효유전상수는

$$\varepsilon_{eff} = \frac{\varepsilon_r + 1}{2} \tag{6-35}$$

이므로 식 (6-14c)로부터 특성임피던스는

$$Z_0 = \frac{\eta_0 K(k')}{4\sqrt{\varepsilon_{eff}} K(k)} \tag{6-36}$$

이다. 여기서 $v_p = \sqrt{\mu_o/\varepsilon_{eff}}$ 이고 $\eta_0 = \sqrt{\mu_o/\varepsilon_0} = 120\pi$ 이다.

실제로 사용되는 코프레이너 선로의 유전체 기판은 그림 6.7과 그림 6.8에 보인 바와 같이 높이가 유한하기 때문에 실효유전상수가 식 (6-35)보다 작아지므로 특성임피던스는 높아진다.

코프레이너 선로는 준 TEM 모드를 전송할 수 있으므로 준정적 접근방법(quasi-static approach)을 사용하여 해석할 수 있다. 이들의 특성임피던스와 실효유전상수를 요약하면 표 6-1에 보인 바와 같다.

표 6-1   코프레이너 선로의 특성임피던스[17]

| 구   조 | 특성임피던스($\Omega$) | 실효유전상수 |
|---|---|---|
| 코프레이너 도파관 | $Z_0 = \dfrac{30\pi K(k')}{\sqrt{\varepsilon_{eff}}\, K(k)}$ | $\varepsilon_{eff} = 1 + \dfrac{\varepsilon_r - 1}{2}\dfrac{K(k')\,K(k_1)}{K(k)\,K(k_1')}$ |
| 코프레이너 스트립 | $Z_0 = \dfrac{120\pi K(k)}{\sqrt{\varepsilon_{eff}}\, K(k')}$ | $\varepsilon_{eff} = 1 + \dfrac{\varepsilon_r - 1}{2}\dfrac{K(k')\,K(k_1)}{K(k)\,K(k_1')}$ |

$$k = \frac{a}{b}, \qquad a = \frac{S}{2}, \qquad b = \frac{S}{2} + W$$

$$k_1 = \frac{\sinh\,(\pi a/2h)}{\sinh\,(\pi b/2h)}$$

여기서 $K(k)/K(k')$는 식 (6-5)로 주어진다.

---

## 예제 6-5

GaAs($\varepsilon_r = 12.9$) 기판위에 $S = 50\,[\mu\text{m}]$, $W = 50\,[\mu\text{m}]$인 코프레이너 도파관을 제작하였다. GaAs 기판의 아랫부분이 무한대($h = \infty$)인 경우와 기판의 높이가 $h = 250\,[\mu\text{m}]$인 경우에 대하여 다음 사항을 비교하여라.

(1) 커패시턴스                   (2) 특성임피던스

[**풀 이**]   (1) $h = \infty$인 경우 ;
   식 (6-34)로부터

$$C = 2\varepsilon_0(\varepsilon_r + 1)\,\frac{K(k)}{K(k')}$$
$$= 2 \times 8.854 \times 10^{-12} \times (12.9 + 1) \times 0.639$$
$$= 157\,[\text{pF/m}]$$
$$Z_0 = \frac{1}{Cv_p} = \frac{1}{157 \times 10^{-12} \times 1.138 \times 10^8} = 55.97\ \Omega$$

여기서 $k = \dfrac{a}{b} = \dfrac{S}{S + 2W} = \dfrac{50}{50 + 100} = 0.333,\ k' = \sqrt{1 - k^2} = 0.943$

$$v_p = \left(\frac{2}{\varepsilon_r + 1}\right)^{1/2} c = \left(\frac{2}{12.9 + 1}\right)^{1/2} (3 \times 10^8) = 1.138 \times 10^8\,\text{m/s}$$

식 (6-5)로부터

$$\frac{K(k)}{K(k')} = \left[\frac{1}{\pi}\ln\left(2\frac{1 + \sqrt{k'}}{1 - \sqrt{k'}}\right)\right]^{-1} = \left[\frac{1}{\pi}\ln\left(2\frac{1 + \sqrt{0.943}}{1 - \sqrt{0.943}}\right)\right]^{-1} = 0.639$$

(2) $h = 250 \,[\mu m]$ 인 경우 ;

표 6-1로부터

$$\varepsilon_{eff} = 1 + \frac{\varepsilon_r - 1}{2} \frac{K(k')}{K(k)} \frac{K(k_1)}{K(k_1')}$$

$$= 1 + \left(\frac{12.9 - 1}{2}\right)\left(\frac{1}{0.639}\right)(0.632) = 6.885$$

여기서

$$k_1 = \frac{\sinh\,(\pi a/2h)}{\sinh\,(\pi b/2h)} = \frac{\sinh\,(\pi S/4h)}{\sinh\,[\,\pi\,(S + 2W)/4h\,]}$$

$$k_1' = \sqrt{1 - k_1^2} = \sqrt{1 - 0.323^2} = 0.946$$

$$\frac{K(k_1)}{K(k_1')} = \left[\frac{1}{\pi}\ln\left(2\frac{1 + \sqrt{k_1'}}{1 - \sqrt{k_1'}}\right)\right]^{-1} = \left[\frac{1}{\pi}\ln\left(2\frac{1 + \sqrt{0.946}}{1 - \sqrt{0.946}}\right)\right]^{-1}$$

$$= 0.632$$

$$Z_0 = \frac{30\pi}{\sqrt{\varepsilon_{eff}}} \frac{K(k')}{K(k)} = \frac{30\pi}{\sqrt{6.885}}\left(\frac{1}{0.639}\right) = 56.21\ \Omega$$

$$C = \frac{1}{Z_0\,v_p} = \frac{1}{(56.21)\,(1.143 \times 10^8)} = 156\ \mathrm{pF/m}$$

여기서 $v_p = 3 \times 10^8/\sqrt{\varepsilon_{eff}} = 3 \times 10^8/\sqrt{6.885} = 1.143 \times 10^8\,\mathrm{m/s}$

위의 두 경우를 비교하면 거의 비슷함을 알 수 있다.

## 6.5  핀 선로

마이크로 스트립은 마이크로파 집적회로(MIC)에 널리 사용되고 있다. 그러나 미리미터파 (millimeter wave length)가 되면 현대 시스템이 요구하는 정도로 정밀하게 마이크로 스트 립회로를 제조하기에는 어렵다. 이러한 문제와 전파복사(radiation) 및 고차 모드 등의 기타 어려운 문제를 해결하기 위하여 그림 6.9에 보인 바와 같은 집적화된 핀 선로(integrated fin line)를 흔히 사용한다. 핀 선로는 다이오드(diode)와 같은 2-단자소자 사용에 적합하지 만 트랜지스터와 같은 3-단자 소자는 사용될 수 없다.

만약 리지도파관에서 리지의 폭 $W$가 매우 작으면 그림 6.9에 보인 바와 같은 핀(fin) 선 로가 된다. 보통 핀은 구형도파관의 E면에 올려놓은 얇은 유전체에 부착한 얇은 도체 조각 (foil)이다. 기본모드인 경우 전류는 축방향으로 흐른다. 따라서 핀 사이에 전계가 형성되므 로 도파관 자체는 중요하지 않게 된다. 핀 선로는 테이퍼(taper)나 $\lambda/4$ 트랜스포머를 사용하 여 도파관과 정합시킬 수 있다.

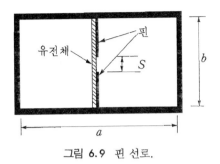

그림 6.9 핀 선로.

핀 선로의 차단파장도 역시 횡공진법을 사용하여 구할 수 있다. 핀은 도파관의 중심 사이에 다음과 같은 정규화된 용량성 서셉턴스를 발생하도록 한 것으로 등가화한다[18].

$$\frac{B}{Y_c} = \frac{2b}{\lambda_c}\left[ \ln\frac{1}{\alpha_2} + \sum_{n=1}^{4}\left(\frac{\pi}{\Gamma_n b} - \frac{1}{n}\right)P_n^2 + \frac{\left(\frac{\pi}{\Gamma_1 b} - 1\right)P_1^2}{1 + \left(\frac{\pi}{\Gamma_1 b} - 1\right)\alpha_2^2} \right] \tag{6-37}$$

여기서

$$P_1 = \alpha_1$$

$$P_2 = 2\alpha_1^2 + \alpha_2^2 - 1$$

$$P_3 = 4\alpha_1^3 + 6\alpha_1\alpha_2^2 - 3\alpha_1$$

$$P_4 = 8\alpha_1^4 + 3\alpha_2^4 + 24\alpha_1^2\alpha_2^2 - 8\alpha_1^2 - 4\alpha_2^2 + 1$$

$$\alpha_1 = \cos^2\frac{\pi S}{2b}$$

$$\alpha_2 = \sin^2\frac{\pi S}{2b}$$

$$\Gamma_n = \left[\left(\frac{n\pi}{b}\right)^2 - \left(\frac{2\pi}{\lambda_c}\right)^2\right]^{1/2}$$

이다. 핀 선로 단면의 등가회로는 그림 6.10에 보인 바와 같이 도파관 중심에 연결된 용량성 서셉턴스 $jB$를 갖는 길이가 $a/2$인 두 개의 단락된 전송선로로 이루어진다. 중심$(x = a/2)$에서 단락회로를 본 입력어드미턴스는

$$Y_{in} = -jY_0\cot k_c\frac{a}{2} + j\frac{B}{2}$$

이므로 공진조건은

$$\frac{Y_{in}}{Y_0} = -j\cot\frac{\pi a}{\lambda_c} + j\frac{B}{2Y_0} = 0 \tag{6-38}$$

이다.

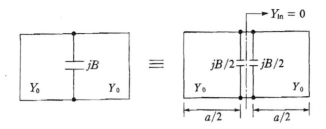

그림 6.10 핀 선로 단면의 등가회로.

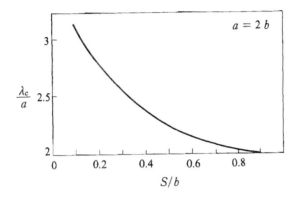

그림 6.11 핀 선로의 정규화된 차단파장 $\lambda_c/a$와 $S/b$의 관계.

$a = 2b$인 특별한 예를 나타내면 그림 6.11에 보인 바와 같다.

앞에서 설명한 MIC 및 MMIC 용 전송선로 시스템 이외에도 여러 가지 형태가 있으나 이 책의 범위를 벗어나므로 생략한다. 특히 이 분야에 관심이 있는 독자는 문헌[10]을 참고하면 많은 도움이 될 것으로 생각한다.


## 연습문제

6.1 절연체의 비유전율(polystyrene)은 $\varepsilon_r = 2.56$, 차폐된 두 접지판 사이의 간격은 $b = 0.178$ cm 이고 스트립의 폭은 $W = 0.064$ cm 이며 스트립의 두께는 $t = 0.036$ cm 이다. 특성임피던스를 구하여라.

6.2 특성임피던스가 $Z_0 = 100\ \Omega$인 스트립선로를 설계하여라. 여기서 접지판 사이의 간격은 $b = 0.316$ cm 이고 채운 매질의 비유전율은 $\varepsilon_r = 2.20$ 이다. 또 주파수가 $f = 4.0$ GHz 인 경우 이 전송선로의 파장을 구하여라.

6.3 두께가 $h = 0.5$ mm 이고 비유전율이 $\varepsilon_r = 9.7$ 인 알루미나 유전체 기판을 사용하여 마이크로

스트립선로를 제작하였다. 마이크로 스트립선로의 폭이 $W = 0.5\,mm$인 경우 다음을 구하여라.

(1) 실효유전율

(2) 특성임피던스

(3) 주파수가 2 GHz 일 때 마이크로 스트립선로에서 파장

6.4 문제 6.3에서 마이크로 스트립선로는 두께가 $t = 0.02\,mm$인 동판이다. 마이크로 스트립선로의 감쇠상수를 구하여라. 여기서 주파수는 4 GHz 이고 손실탄젠트는 $\tan\delta = 2 \times 10^{-4}$이다.

6.5 특성임피던스가 $Z_0 = 100\,\Omega$인 마이크로 스트립선로를 설계하여라. 여기서 유전체의 두께는 $h = 0.158\,cm$이고 $\varepsilon_r = 2.0$이다. 또 주파수가 $f = 4.0\,GHz$인 경우, 이 전송선로의 파장을 구하여라.

6.6 동(銅)도체와, 10 GHz 에서 비유전율이 $\varepsilon_r = 4$인 석영(Quartz)으로 제조된 마이크로 스트립선로가 있다. 유전체의 두께는 $h = 0.4836\,mm$이고 스트립의 폭은 $W = 0.635\,mm$이며 스트립의 두께는 $t = 0.071\,mm$이다. 다음 사항을 구하여라.

(1) 마이크로 스트립선로의 특성임피던스 $Z_0$

(2) filling factor $q$

(3) 유전체 감쇠상수 $\alpha_d$

(4) 동도체의 표면저항 $R_s$

(5) 도체의 감쇠상수 $\alpha_c$

6.7 $f = 5\,GHz$에서 동작하는 마이크로파 안테나의 급전회로(feed network)에 길이가 $16\lambda$이고 특성임피던스가 50 Ω인 프린트(print) 전송선로가 필요하다. 이때 다음과 같은 두 경우가 가능하다.

(1) $h = 0.16\,cm$이고 $\varepsilon_r = 2.20$, $\tan\delta = 0.001$인 동 마이크로 스트립선로

(2) $b = 0.32\,cm$이고 $\varepsilon_r = 2.20$, $t = 0.01\,mm$, $\tan\delta = 0.001$인 동 마이크로 스트립선로

감쇠상수를 최소화하기 위해서는 어떤 선로를 사용해야 하는가?

## 참고문헌

[1] S. B. Cohn, "Characteristic Impedance of Shielded Strip Transmission Line," IRE Trans. Microwave Theory Tech., Vol. MTT-2, July 1954, pp. 52-55.

[2] S. B. Cohn, "Problems in Strip Transmission Lines," IRE Trans. Microwave Theory Tech., Vol. MTT-2, July 1954, pp. 52-55.

[3] Vendelin, G. D., "Limitations on Stripline Q," Microwave J., Vol. 13, May 1970, pp. 63-69.

[4] Gunston, M. A. R., *Microwave Transmission-Line Impedance Data*, Van Nostrand -Reinhold, London, 1972, pp. 38-39.

[5] Howe, H., Jr., *Stripline Circuit Design*, Artech House, Dedham, Mass., 1974.

[6] I. J. Bahl and R. Garg, "Designer's Guide to Stripline Circuits," Microwaves, Vol. 17, Jan. 1978, pp. 90-96.

[7] Wheeler, H. A., 'Transmission Line Properties of a Stripline Between Parallel planes," IEEE Trans. Microwave Theory Tech., Vol. MTT-26, Nov., 1978, pp. 866 -876.

[8] Barrett, R. M., "Microwave Printed-Circuit－Historical Survey," IRE Trans. MIcrowave Theory Tech., Vol. MTT-3, Mar., 1955, pp. 1-9.

[9] Wheeler, H. A., "Transmission Line Properties of Parallel Strips Separated by a Dielectric Sheets," IEEE Trans. Microwave Theory Tech., Vol. MTT-13, No. 2, Mar. 1965, pp. 172-185.

[10] K. C. Gupta, R. Garg and I. J. Bahl, *Microstrip Lines and Slot Lines*, Artech House, Dedham, Mass., 1979.

[11] S. B. Cohn, "Slotline on a Dielectric Substrate," IEEE Trans. Microwave Theory Tech., Vol. MTT-17, Oct. 1969., pp. 768-778.

[12] Wen, C. P., "Coplanar Waveguide: A Surface Strip Transmission Line Suitable for Non-Reciprocal Gyromagnetic Device," IEEE Trans. Microwave Theory Tech., Vol. MTT-17, Dec. 1969, pp. 1087-1090.

[13] E. O. Hammerstad, "Equations for Microstrip Circuit Design," Proc. European Microwave Conf. Microwave Exhibitors & Publishers Ltd., Kent, U.K., 1975, pp. 268 -272.

[14] I. J. Bahl and R. Garg, "Simple and Accurate Formulas for a Microstrip with Finite Thickness," Proc. IEEE, Vol. 5, No. 11, Nov. 1977, pp. 1611-1612.

[15] I. J. Bahl, and D. K. Trivedi, "A Designers Guide to Microstrip Line", Microwaves, Vol, 16, No. 5, May 1977, 174-182.

[16] R. Grag and K. C. Gupta, "Expression for Wavelength and Impedance of Slotline," IEEE Trns. Microwave Theory Tech., Vol. MTT-24, Aug. 1976, p. 532.

[17] G. Ghione and C. Naldi, "Analytical Formulas for Coplanar Lines in Hybrid and Monolithic MICs," Electron Lett., Vol. 20, 1984, pp. 179-181.

[18] R. E. COLLIN, *Field Theory of Guided Wave*, 2nd ED., chap. 8, IEEE Press, Piscataway, NJ, 1990.

장

# 마이크로파 공진기

3장에서 설명한 전송선로의 이론에 의하면 원하는 공진주파수에 대응하는 파장 $\lambda$의 $\lambda/2$ 또는 그 배수가 되는 길이의 전송선로의 양단을 단락하면 집중소자(lumped element) RLC 로 구성된 공진회로와 동일한 특성을 갖는 마이크로파대의 공진기를 만들 수 있다. 이에 관한 구체적 예를 이 장에서 다루기로 한다. 마이크로파 공진기는 필터, 발진기, 주파수측정기 및 동 조형증폭기(tuned amplifier) 등을 포함한 넓은 범위에 걸쳐 사용되고 있다. 전송선로에 의 한 공진기와 마찬가지로 도파관에서도 양끝을 단락시키면 공진현상이 일어난다. 이와 같이 도파관의 양단을 단락시킨 후 도체로 유전체를 완전히 밀봉해서 공동(cavity)으로 만든 것을 공동공진기(cavity resonator)라고 한다.

공동공진기는 이론적으로 대단히 많은 공진모드를 가지며 각각의 모드는 각각 한 개의 공진 주파수를 갖는다. 이중 가장 낮은 공진주파수를 갖는 공진모드를 기본모드(dominant mode) 라 한다. 이 장에서는 구형도파관(rectangular cavity)과 원형도파관(cylindrical cavity) 을 사용하며 이 양단을 도체판으로 단락한 도파관을 도파관형 공동공진기(waveguide-type cavity resonator)라 한다. 이 밖에 유전체 공동공진기(dielectric cavity resonator)가 있다.

## 7.1  구형과 원형 공동공진기

구형과 원형 공동공진기는 도파관이론으로 쉽게 해석할 수 있다. 5장 도파관의 이론과 마찬 가지로 그림 7.1에 보인 바와 같은 좌표계를 사용한다. 여기서 공진기의 길이는 $d$이다.

도파관의 양단을 단락시키면 반사계수는 양쪽 종단에서 $-1$이다. 그러므로 공진기 안에는 입사파와 반사파가 존재한다. 즉, 구형도파관에서 $\text{TE}_{mn}$모드 또는 $\text{TM}_{mn}$모드의 횡전계 $(E_x,\ E_y)$는

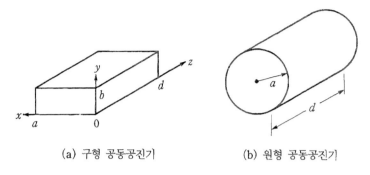

(a) 구형 공동공진기          (b) 원형 공동공진기

그림 7.1  구형과 원형 공동공진기의 좌표계.

$$\mathbf{E}_t(x, y, z) = \mathbf{e}_t(x, y)[A^+ e^{-j\beta z} + A^- e^{+j\beta z}] \tag{7-1}$$

와 같이 주어진다(표 5-1 참고). 여기서 $\mathbf{e}_t(x, y)$는 모드의 횡전계, $A^+$, $A^-$는 입사파와 반사파의 임의의 진폭이며 전파상수는

$$\beta^2 = k^2 - k_c^2 = \omega^2 \mu\varepsilon - k_c^2 \tag{7-2}$$

이다.

도파관 양단$(z = 0, d)$에 대한 경계조건, $E_x = E_y = 0$을 식 (7-1)에 적용하면 $z = 0$에서 $\mathbf{E}_t = 0$이므로 $A^+ = -A^-$ 또는 $A^-/A^+ = -1$임을 알 수 있다. 따라서 식 (7-1)은 $z = d$에서는

$$\mathbf{E}_t(x, y, d) = -\mathbf{e}_t(x, y)A^+ 2j \sin \beta d = 0$$

이 된다. 그러므로 윗식의 유일한 해$(A^+ \neq 0)$는

$$\beta d = l\pi, \quad \text{또는} \quad \beta = \frac{l\pi}{d} \quad ; \quad l = 1, 2, 3, \cdots\cdots \tag{7-3}$$

임을 알 수 있다. 따라서

$$d = l\frac{\lambda_g}{2}$$

이다. $\mathrm{TE}_{mn}$인 경우 $l \neq 0$임을 설명하면 다음과 같다. $\mathbf{TE}_{mn}$인 경우 $\mathbf{H}_z$는 식 (5-20)으로부터

$$H_z(x, y, z) = H_{mn} \cos\frac{m\pi x}{a} \cos\frac{n\pi y}{b} e^{-j\beta z}$$

로 주어진다. 지금 도파관의 양단을 단락시키면 앞에서 설명한 바와 같이 입사파와 반사파가 존재하므로 식 (5-20)은

$$H_z(x, y, z) = H_{mn}\cos\frac{m\pi x}{a}\cos\frac{n\pi y}{b}[A^+e^{-j\beta z} + A^-e^{+j\beta z}]$$

가 된다. 윗식에 $A^-/A^+ = -1$과 $\beta = l\pi/d$의 조건을 대입하면

$$H_z(x, y, z) = H_{mnl}\cos\frac{m\pi x}{a}\cos\frac{n\pi y}{b}\sin\frac{l\pi z}{d} \tag{7-4}$$

가 된다. 그러므로 $l = 0$이면 $H_z = 0$이 되어 **TE$_{mn0}$** 모드가 존재하지 않는다.

또한 **TM$_{mn}$** 인 경우 $E_z$는 식 (5-39)으로부터

$$E_z(x, y, z) = E_{mn}\sin\frac{m\pi x}{a}\sin\frac{n\pi y}{b}e^{-j\beta z} \tag{5-39}$$

로 주어진다. 지금 $\pm z$방향으로 진행하는 횡전계 방향을 동일하도록 하면 $-z$방향으로 진행하는 횡자계의 방향은 $+z$방향의 횡자계의 방향과 반대가 되어야 한다. 즉 $\mathbf{H}_t(x, y, z) = \mathbf{h}_t(x, y)[A^+e^{-j\beta z} - A^-e^{+j\beta z}]$이므로 TM$_{mn}$의 $z$축 방향의 전계 $E_z$는

$$E_z(x, y, z) = E_{mn}\sin\frac{m\pi x}{a}\sin\frac{n\pi y}{b}[A^+e^{-j\beta z} - A^-e^{+j\beta z}]$$

로 주어진다. 마찬가지로 윗식에 위의 경계조건을 적용하면

$$E_z(x, y, z) = E_{mnl}\sin\frac{m\pi x}{a}\sin\frac{n\pi y}{b}\cos\frac{l\pi z}{d} \tag{7-5}$$

가 된다. 그러므로 TM$_{mnl}$인 경우에는 $l = 0$이라도 $E_z$는 존재한다는 점에 유의하여라.

식 (7-2)에 식 (7-3)을 대입하고 정리하면 다음과 같은 공진주파수에 관한 식을 얻는다.

$$\omega_0 = \frac{1}{\sqrt{\mu\varepsilon}}\sqrt{k_c^2 + \left(\frac{l\pi}{d}\right)^2} \tag{7-6}$$

위의 공식은 구형공진기뿐만 아니라 원형공진기에도 적용할 수 있다. 다만 $k_c^2$은 구형도파관인 경우에는

$$k_c^2 = \left(\frac{m\pi}{a}\right)^2 + \left(\frac{n\pi}{b}\right)^2 \quad ; \quad \text{TE 모드와 TM 모드}$$

이고, 원형도파관인 경우에는

$$k_c^2 = \begin{cases} \left(\dfrac{p_{nm}}{a}\right)^2 & ; \quad \text{TM 모드} \\[2mm] \left(\dfrac{p'_{nm}}{b}\right)^2 & ; \quad \text{TE 모드} \end{cases}$$

이다. $k_c^2$ 에 관한 윗식을 식 (7-6)에 대입하면 다음과 같은 공진주파수 $f_{mnl}$ 을 얻는다.

## [1]  구형 공동공진기

$$\text{TE 모드와 TM 모드} \ ; \quad f_{mnl} = \frac{1}{2\pi \sqrt{\mu\varepsilon}} \sqrt{\left(\frac{m\pi}{a}\right)^2 + \left(\frac{n\pi}{b}\right)^2 + \left(\frac{l\pi}{d}\right)^2} \tag{7-7}$$

구형 공동공진기의 $\text{TE}_{mnl}$ 모드와 $\text{TM}_{mnl}$ 모드의 전자계 분포를 나타내면 그림 7.2에 보인 바와 같다.

만약 $b < a < d$ 이면 기본모드(가장 낮은 공진주파수)는 $\text{TE}_{101}$ 모드이다. 이는 길이 $\lambda_g/2$ 인 $\text{TE}_{10}$ 모드 도파관의 양단을 도체판으로 단락시킨 기본모드이다. 또한 TM 모드의 기본모드는 $\text{TM}_{110}$ 모드이다.

## [2]  원형 공동공진기

$$\text{TE}_{nml} \text{ 모드} \ ; \quad f_{nml} = \frac{1}{2\pi \sqrt{\mu\varepsilon}} \sqrt{\left(\frac{p'_{nm}}{a}\right)^2 + \left(\frac{l\pi}{d}\right)^2} \tag{7-8a}$$

$$\text{TM}_{nml} \text{ 모드} \ ; \quad f_{nml} = \frac{1}{2\pi \sqrt{\mu\varepsilon}} \sqrt{\left(\frac{p_{nm}}{a}\right)^2 + \left(\frac{l\pi}{d}\right)^2} \tag{7-8b}$$

원형 공동공진기의 $\text{TE}_{mnl}$ 모드와 $\text{TM}_{mnl}$ 모드의 전자계 분포를 나타내면 그림 7.3에 보인 바와 같다.

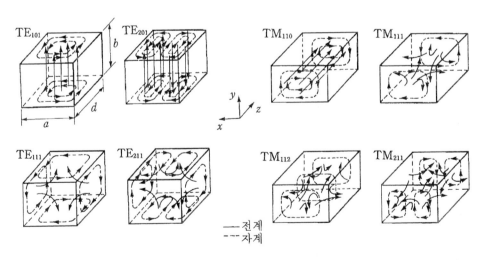

그림 7.2  구형 공동공진기의 전자계 분포.

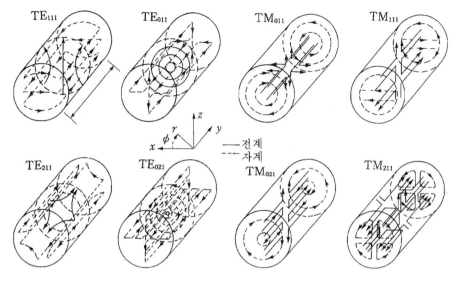

그림 **7.3**   원형 공동공진기의 전자계 분포.

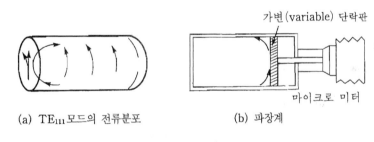

(a) TE_{111}모드의 전류분포          (b) 파장계

그림 **7.4**   TE_{111}모드를 사용한 파장계.

TE 모드의 기본모드는 TE_{111}모드인 반면 TM 모드의 기본모드는 TM_{010}모드이다. 원형 공동공진기를 사용하여 그림 7.4에 보인 바와 같은 마이크로파 파장측정기(wave meter)를 만들 수 있다. 도체벽에 흐르는 전류는 그림 7.4(a)에 보인 바와 같이 분포하고 있으므로 벽과 가변 단락판 사이에 전류가 흐른다. 그러므로 그림 7.4(b)에 보인 바와 같이 가변 단락판의 접촉저항을 적게 하지 않으면 손실이 커져서 양호도 $Q$가 낮아진다. 공동공진기의 길이를 조정하여 공진주파수를 구한다.

공동공진기에서 유의할 점은 세 개의 첨자를 사용하여 공동공진기에 존재할 수 있는 각 모드를 구별하는 것이다. 첨자 세 개 중 첫번째와 두 번째의 첨자는 도파관의 모드를 나타내고 세 번째 첨자는 축방향과 관련된 반파장의 수를 나타낸다. 예를 들면 구형 공진기의 TE_{101}모드는 TE_{10}도파관모드에서 유도할 수 있으며 세 번째 첨자는 공진기의 길이를 나타내는 것으로서 그 길이가 한 개의 반파장임을 나타낸다. 이 모드의 공진주파수는

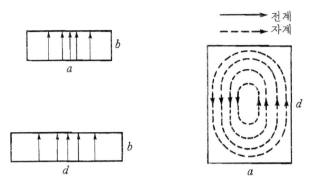

그림 7.5  TE₁₀₁ 모드의 전자계 분포.

$$\omega_0 = \frac{1}{\sqrt{\mu\varepsilon}}\sqrt{\left(\frac{1\cdot\pi}{a}\right)^2 + \left(\frac{0\cdot\pi}{b}\right)^2 + \left(\frac{1\cdot\pi}{d}\right)^2}$$

이다.

TE₁₀₁ 모드의 전자계 분포를 나타내면 그림 7.5에 보인 바와 같다.

---

**예제 7-1**

TE₁₀ℓ 모드 구형 공동공진기의 전자계를 구하여라.

[**풀이**] 식 (5-20)과 식 (5-21)로부터 TE₁₀모드에 대한 전자계를 구하면 다음과 같다.

$$E_y = \frac{-j\omega\mu\pi}{k_c^2\,a}H_{10}\sin\frac{\pi x}{a}\,e^{-j\beta z} \tag{7-9a}$$

$$H_x = \frac{j\beta\pi}{k_c^2\,a}H_{10}\sin\frac{\pi x}{a}\,e^{-j\beta z} \tag{7-9b}$$

$$H_z = H_{10}\cos\frac{\pi x}{a}\,e^{-j\beta z} \tag{7-9c}$$

따라서 식 (7-1)에 $A^+ = A^-$ 의 경계조건을 적용하면

$$E_y = E_{10}\sin\frac{\pi x}{a}\,(e^{-j\beta z} - e^{j\beta z}) = 2E_{10}\sin\frac{\pi x}{a}\cos\frac{l\pi}{d}z \tag{7-10a}$$

$$H_x = -\frac{E_{10}}{Z_{TE}}\sin\frac{\pi x}{a}\,(e^{-j\beta z} - e^{j\beta z}) = \frac{-2jE_{10}}{Z_{TE}}\sin\frac{\pi x}{a}\sin\frac{l\pi z}{d} \tag{7-10b}$$

$$H_z = \frac{2j\pi}{k\eta a}E_{10}\cos\frac{\pi x}{a}\sin\frac{l\pi z}{d} \tag{7-10c}$$

이 된다. 여기서 $E_{10} = \dfrac{-j\omega\mu\pi}{k_c^2\,a}H_{10}$ 이라 놓으면 $k_c^2 = \left(\dfrac{\pi}{a}\right)^2$, $H_{10} = \dfrac{j\pi}{k\eta a}E_{10}$ 이 되며, 식 (5-25)로부터 $E_y/H_x = -Z_{TE}$ 이다. 윗식에서 $\pm z$ 방향으로 진행하는 전계의 방향을 동일하도록 하면 $-z$ 방

향으로 진행하는 자계의 방향은 +$z$방향으로 진행하는 자계의 방향과 반대가 되어야 하는 사실에 유의하여라.

윗식을 살펴보면 전자계는 공동 안에서 정재파를 형성하고 있음을 알 수 있다.

---

**예제 7-2**

$a = 10\,\mathrm{cm}$, $b = 4\,\mathrm{cm}$, $d = 10\,\mathrm{cm}$인 구형 공동공진기와 $a = 5\,\mathrm{cm}$, $d = 4\,\mathrm{cm}$인 원형 공동공진기에서 기본모드 주파수를 구하여라. 이 두 공동의 크기는 대략 비슷하다. 여기서 공동의 유전체는 공기이다.

[**풀 이**]  (1) 구형 공동공진기의 공진주파수는 식 (7-7)로부터

$$f_0 = \frac{1}{2\pi\sqrt{\mu\varepsilon}}\sqrt{\left(\frac{m\pi}{0.1}\right)^2 + \left(\frac{n\pi}{0.04}\right)^2 + \left(\frac{l\pi}{0.1}\right)^2}$$

이므로 가능한 한 작은 $m$, $n$, $l$에 대하여 선택을 하면 $m = 1$, $n = 0$, $l = 1$일 때 최소의 공진주파수가 됨을 알 수 있다. 이에 해당하는 모드는 $\mathrm{TE}_{101}$모드가 된다. 즉,

$$f_0 = \frac{3\times10^8}{2\pi}\sqrt{(10\pi)^2 + (10\pi)^2} = 2.12\,\mathrm{GHz}$$

여기서 유의할 점은 TM모드의 첫번째 두 첨자는 0을 가질 수 없으므로 최소 공진주파수는 TE 모드가 된다는 사실이다.

(2) 원형 공동공진기의 공진주파수는 식 (7-8)로부터

$$f_0 = \frac{1}{2\pi\sqrt{\mu\varepsilon}}\sqrt{\left(\frac{p_{nm}}{0.05} \text{ 또는 } \frac{p'_{nm}}{0.05}\right)^2 + \left(\frac{l\pi}{0.04}\right)^2}$$

이므로 표 5-2와 표 5-3을 참고하면 $p$와 $p'$에 대한 최소값은 각각 2.40과 1.84이지만 $l = 0$인 가장 낮은 모드는 $\mathrm{TM}_{010}$모드이므로 이의 공진주파수는

$$f_0 = \frac{3\times10^8}{2\pi}\sqrt{\left(\frac{2.40}{0.05}\right)^2} = 2.29\,\mathrm{GHz}$$

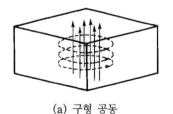

(a) 구형 공동              (b) 원형 공동

그림 7.6  구형 공동과 원형 공동의 전자계 분포.

이다. 두 경우의 공진주파수는 대략 같지만 모드는 근본적으로 다르다. 이는 좌표계를 다르게 선택했기 때문이다. 두 공동을 비슷하게 놓으면 이들의 모드에 대한 전자계는 그림 7.6에 보인 바와 같이 비슷하다.

## 7.2  공동공진기의 에너지

완전도체(이상적 도체)인 공동공진기에 일단 전자계를 여진시키면 전원을 제거하여도 공동공진기에서 전자계를 그대로 유지하기 때문에 공동공진기에 대한 Maxwell 방정식의 해를 소스-프리 해(source-free solution)라고 한다. 즉, 완전도체로 밀폐된 공동에 식 (2-51)을 적용하면

$$j\omega_0 \int_V (\mu|\mathbf{H}|^2 - \varepsilon|\mathbf{E}|^2)\, dv = 0 \tag{7-11}$$

이 된다. 공진주파수 $f_0$는 0이 아니므로 공진주파수에서 윗식은 다음과 같이 된다.

$$\int_V \mu|\mathbf{H}|^2\, dv = \int_V \varepsilon|\mathbf{E}|^2\, dv \tag{7-12}$$

즉 전계에 의한 시간 평균에너지는 자계에 의한 시간 평균에너지와 같다. 이것이 모든 공동공진기의 특징이다. 좀더 상세하게 이를 관찰하면 에너지가 전계와 자계 사이를 왕복한다는 것을 알 수 있다. 이는 집중소자, $L$과 $C$로 구성된 공진회로의 현상과 동일하다.

---

**예제 7-3**

구형 공동공진기에서 $TE_{101}$모드의 시간평균 전계에너지와 자계에너지를 구하여라.

[풀이]   예제 7-1을 참고하면 시간평균 전계에너지는

$$W_e = \frac{1}{2}\int_V \frac{1}{2}\, \varepsilon|\mathbf{E}|^2\, dv = \frac{\varepsilon}{4}\int_V E_y \cdot E_y^*\, dv = \frac{\varepsilon|E_0|^2}{16}\, abd \tag{7-13a}$$

이고 시간평균 자계에너지는

$$
\begin{aligned}
W_m &= \frac{1}{2}\int_V \frac{1}{2}\, \mu|\mathbf{H}|^2\, dv = \frac{\mu}{4}\int_V (H_x \cdot H_x^* + H_z \cdot H_z^*)\, dv \\
&= \frac{\mu|E_0|^2}{16}\, abd\left(\frac{1}{Z_{TE}^2} + \frac{\pi^2}{k^2\eta^2 a^2}\right) = \frac{\varepsilon|E_0|^2}{16}\, abd = W_e
\end{aligned}
\tag{7-13b}
$$

이다. 여기서 윗식의 괄호 안에 $Z_{TE} = k\eta/\beta$와 $\beta = \sqrt{k^2 - (\pi/a)^2}$을 대입하면

$$\left(\frac{1}{Z_{\mathrm{TE}}^2} + \frac{\pi^2}{k^2\eta^2 a^2}\right) = \frac{\beta^2 + (\pi/a)^2}{k^2\eta^2} = \frac{1}{\eta^2} = \frac{\varepsilon}{\mu}$$

가 된다. 식 (7-13)으로부터 $W_e = W_m$임을 확인할 수 있다.

---

## 7.3 공동공진기의 양호도

도체벽에 의한 전력손실은 식 (5-32)로부터

$$P_c = \frac{R_s}{2} \int_{\text{도체벽}} |\mathbf{H}_t|^2 \, ds \tag{7-14}$$

이다. 여기서 표면전류밀도 $|\mathbf{J}_s| = |\mathbf{H}_t|$이고 $R_s = \sqrt{\pi f \mu_0 / \sigma}$는 도체벽의 표면저항이며 $\mathbf{H}_t$는 도체표면에서 접선성분자계이다.

식 (7-10b, c)를 식 (7-14)에 대입하면 $\mathrm{TE}_{10l}$모드 공진기에서 소모된 평균전력은

$$\begin{aligned}
P_c &= \frac{R_s}{2}\Big\{ 2\int_{y=0}^{b}\int_{x=0}^{a} |H_x(z=0)|^2 \, dx\, dy \\
&\quad + 2\int_{z=0}^{d}\int_{y=0}^{b} |H_z(x=0)|^2 \, dy\, dz \\
&\quad + 2\int_{z=0}^{d}\int_{x=0}^{a} \big[ |H_x(y=0)|^2 + |H_z(y=0)|^2 \big] \, dx\, dz\Big\} \\
&= \frac{R_s E_0^2 \lambda^2}{8\eta^2}\left( \frac{l^2 ab}{d^2} + \frac{bd}{a^2} + \frac{l^2 a}{2d} + \frac{d}{2a}\right)
\end{aligned} \tag{7-15}$$

가 된다. 여기서 각 항마다 2를 곱한 것은 공동공진기(직 6면체)는 대칭이므로 면적분은 3면에 대해서만 구하면 되기 때문이다. 또한 $k = 2\pi/\lambda$와 $Z_{\mathrm{TE}} = k\eta/\beta = 2d\eta/l\lambda$의 관계를 사용하였다.

공진회로의 양호도(quality factor) $Q$는 다음과 같이 정의한다.

$$\begin{aligned}
Q &= 2\pi \frac{\text{공진시 축적된 평균에너지}\,(W)}{\text{공진주파수의 한 주기동안 소모된 에너지}\,(P)} \\
&= \omega_0 \frac{\text{공진시 축적된 평균에너지}\,(W)}{\text{평균 소모전력}\,(P)}
\end{aligned} \tag{7-16}$$

여기서 $\omega_0 = 2\pi f_0$는 공진 각주파수 [rad/s]이다. 그러므로 도체손실만을 고려한 $\mathrm{TE}_{10l}$모드의 양호도 $Q$는

$$Q_c = \omega_0 \frac{W_e + W_m}{P_c} = \frac{\omega_0 W}{P_c}$$

$$= \frac{k^3 abd\eta}{4\pi^2 R_s} \frac{1}{[(l^2ab/d^2) + (bd/a^2) + (l^2a/2d) + (d/2a)]} \tag{7-17}$$

$$= \frac{(kad)^3 b\eta}{2\pi^2 R_s} \frac{1}{(2l^2a^3b + 2bd^3 + l^2a^3d + ad^3)}$$

이다.

유전체에 의한 전력손실을 계산하면 다음과 같다. 식 (2-52d)로부터 유전체에 의한 전력손실은

$$P_d = \frac{\omega}{2} \int_V \varepsilon'' \, |\mathbf{E}|^2 \, dv = \frac{abd \, \omega \, \varepsilon'' \, |E_0|^2}{8} \tag{7-18}$$

이다. 여기서 유전체손실은 유효도전율 $\sigma = \omega\varepsilon'' = \omega\varepsilon_r \varepsilon_0 \tan\delta$로 주어지며 $\mathbf{E}$는 식 (7-10a)로 주어진다. 그러므로 식 (7-17)로부터 손실유전체로 채워진 완전도체 공동공진기의 $Q_d$는

$$Q_d = \frac{\omega_0 W}{P_d} = \frac{\varepsilon'}{\varepsilon''} = \frac{1}{\tan\delta} \tag{7-19}$$

이다. 여기서 유전체손실을 나타내는 유전율은 $\varepsilon = \varepsilon' - j\varepsilon''$이지만 $W_e$에 관계되는 유전율은 $\varepsilon$의 실수부임에 유의하여라. 즉,

$$\varepsilon = \varepsilon'$$

식 (7-19)는 임의의 공동공진모드에 적용할 수 있다. 따라서 도체벽에서 전력손실과 유전체에서 전력손실을 고려하면 전체 전력손실은 $P_c + P_d$이므로 전체 $Q_u$는

$$Q_u = \frac{\omega_0 W}{P_c + P_d} = \left( \frac{1}{Q_c} + \frac{1}{Q_d} \right)^{-1}$$

또는

$$\frac{1}{Q_u} = \frac{1}{Q_c} + \frac{1}{Q_d} \tag{7-20a}$$

가 된다. 여기서 $W = W_e + W_m$이다. 이와 같은 공동공진기 자체만의 $Q$를 무부하 $Q_u$ (unloaded $Q$)라 한다. 이와 대조적으로 공동공진기에 전송선로와 같은 외부회로가 결합된 전체의 $Q$를 부하 $Q_l$ (loaded $Q$)라 한다. 지금 공진기 자체에 의한 전력손실을 $P$, 외부회로에 의한 전력손실을 $P_{ext}$라 하면 식 (7-16)의 정의에 의하여

$$Q_l = \frac{\omega_0 W}{P + P_{ext}}$$

가 된다. 따라서

$$\frac{1}{Q_l} = \frac{1}{Q_u} + \frac{1}{Q_{ext}}$$  (7-20b)

이다. 여기서

$$Q_{ext} = \frac{\omega_0 W}{P_{ext}}$$

이다. 여기서 공진시 $W = W_e + W_m = 2W_e = 2W_m$ 임에 유의하여라.

---

**예제 7-4**

단면의 크기가 $a = 4.755\,cm$, $b = 2.215\,cm$ 인 WR-187 H-band 동(銅)도파관으로 만든 $TE_{10l}$ 모드의 구형 공동공진기가 있다. 만약 이 공진기의 공진주파수가 $f = 5\,GHz$ 이라 하면 $l = 1$ 및 $l = 2$ 인 공진모드에 필요한 공진기의 길이 $d$ 와 $Q$ 를 구하여라. 여기서 $f = 5\,GHz$ 에서 동의 도전율은 $\sigma = 5.183 \times 10^7\,S/m$ 이고 공동 안의 유전체는 폴리에틸렌 (polyethylene ; $\varepsilon_r = 2.25$, $\tan\delta = 0.0004$) 이다.

[**풀이**] 파수 $k$ 는

$$k = \omega\sqrt{\mu\varepsilon} = \frac{2\pi f \sqrt{\varepsilon_r}}{c} = 1.5708\,cm^{-1}$$

이다. 식 (7-7)로부터 $TE_{10l}$ 모드의 공진에 필요한 길이 $d$ 는

$$d = \frac{l\pi}{\sqrt{k^2 - (\pi/a)^2}}$$

이다. 여기서 $m = 1$, $n = 0$ 이다.

$$l = 1 \text{인 경우} ; \quad d = \frac{\pi}{\sqrt{(1.5708)^2 - (\pi/4.755)^2}} = 2.20\,cm$$

$$l = 2 \text{인 경우} ; \quad d = 2(2.20) = 4.40\,cm$$

파동임피던스는 $\eta = \frac{377}{\sqrt{\varepsilon_r}} = 251.33\,\Omega$ 이다.

식 (7-17)로부터 도체손실만을 고려한 $Q_c$ 는

$$l = 1 \text{인 경우} ; \quad Q_c = 8561.48$$

$$l = 2 \text{인 경우} ; \quad Q_c = 1515.37$$

이며, 여기서 $R_s = \sqrt{\pi f \mu_0 / \sigma} = 1.84 \times 10^{-2}\,\Omega$ 이다.

또한 식 (7-19)로부터 $l = 1$ 과 $l = 2$ 에 대한 유전체손실만을 고려한 $Q_d$ 는

$$Q_d = \frac{1}{\tan \delta} = \frac{1}{0.0004} = 2500$$

이다. 그러므로 전체 $Q$는 식 (7-20)으로부터

$$l = 1 \text{인 경우} \; ; \quad Q = \left(\frac{1}{8561.48} + \frac{1}{2500}\right)^{-1} = 1934.98$$

$$l = 2 \text{인 경우} \; ; \quad Q = \left(\frac{1}{1515.37} + \frac{1}{2500}\right)^{-1} = 943.48$$

이다. 여기서 유의할 점은 $Q$에 주된 영향을 주는 것은 유전체손실이라는 사실이다. 유전체가 공기인 공동공진기를 사용하면 더 높은 $Q$를 얻을 수 있다.

## 7.4  도파관 및 공동공진기의 여진(또는 결합)

도파관 및 공동공진기를 여진(exciting)하는 경우에는, 평행 2선 회로의 경우와 달리 접속할 단자가 없으므로 특수한 방법이 필요하다.

도파관 및 공동공진기를 여진하는 방법에는, (1) 전계에 의한 방법, (2) 자계에 의한 방법, (3) 전자계에 의한 방법의 세 종류가 있다. 도파관 및 공동공진기의 경우도 전기회로에서처럼 가역정리(reciprocity theory)가 적용된다.

### [1]  전계에 의한 여진

통상 프로브(probe)를 그림 7.7에 보인 바와 같이 도파관이나 공동공진기에 넣는 방법이다. 이때 프로브가 방사하는 전기력선의 방향과 도파관 및 공동공진기의 전기력선의 방향과 일치하도록 하고, 도파관이나 공동공진기의 전기력선이 최대가 되는 곳에 프로브를 놓는다. 도파관의 경우, 만약 도파관의 한쪽 개구를 도체판으로 단락시키고, 그곳으로부터 $\lambda_g/4$의 거리의 중앙에 프로브를 삽입하면 그곳은 전계의 최대점이 되므로 최대결합이 되는 곳이다.

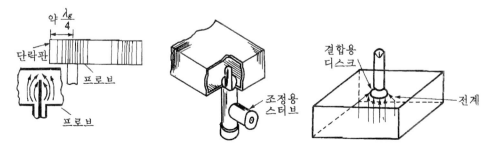

그림 **7.7**  전계에 의한 여진.

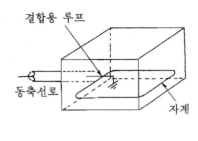
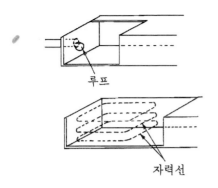

그림 **7.8** 자계에 의한 여진.

$TE_{101}$ 모드로 동작하는 구형공동공진기의 경우는 프로브를 그림 7.7(c)에 보인 바와 같이 공동공진기의 중앙에 삽입한다. 도파관과 동축선로 사이의 임피던스정합은 프로브의 위치를 조금 변경하거나, 또는 정합용 스터브의 사용에 의하여 이룰 수 있다.

위의 설명은 도파관 및 공동공진기를 동축케이블로 여진하는 경우였으나, 가역성이 성립하므로 반대로 도파관이나 공동공진기의 에너지를 동축케이블에 전송할 수 있다.

### [2] 자계에 의한 여진

동축선로의 중앙선 끝에 그림 7.8에 보인 바와 같이 루프(loop)를 붙여서, 그 루프에 최대전류가 흐르도록 하면 루프 부근에 최대의 자장이 발생한다. 이 자장이 도파관 및 공동공진기의 자장과 일치하도록 하면 된다. 루프를 그림 7.8에 보인 바와 같이 도파관 및 공동공진기의 자속(magnetic flux)을 최대로 쇄교(link)하도록 놓으면 결합은 최대가 된다. 결합도를 변경하고자 할 때는 루프를 회전하거나 루프의 위치를 변화하면 된다. 가역성이 성립하므로 도파관이나 공동공진기의 에너지를 동축선로로 전송시킬 수 있다.

### [3] 전자계에 의한 여진

도파관의 에너지를 직접 공간에 방사시킬수도 있지만 공간의 임피던스와 도파관 파동임피던스가 정합(matching)되지 않으므로 도파관의 개구에서 반사가 일어난다. 이와같은 반사를 제거하기 위해서 그림 7.9에 보인 바와 같이 도파관의 개구에 혼(horn)을 붙이면 임피던스를 정합할 수 있다. 공동공진기를 도파관과 결합시키는 경우에는 그림 7.10에 보인 바와 같이 개구(aperture)에 의해서 한쪽의 전자계를 다른쪽으로 옮겨질 수 있도록 할 수 있다. 도파관과 도파관의 결합도 공동공진기의 경우와 마찬가지이다. 이 경우 개구의 크기에 따라 결합의 크기를 조정할 수 있다.

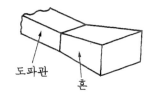

그림 7.9   혼에 의한 도파관의 정합.

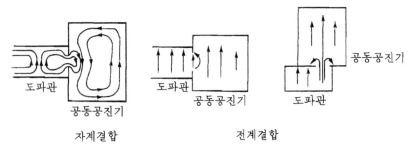

자계결합                             전계결합

그림 7.10   도파관과 공동공진기의 결합.

## 7.5   전송선로에 의한 공진기

마이크로파 주파수와 같은 높은 주파수대역에서는 일반적으로 집중소자를 사용하기 어렵기 때문에 보통 분포정수회로를 더 널리 사용한다. 이 절에서는 여러 가지 길이를 갖는 전송선로를 사용하여 공진기를 구성하는 방법에 관하여 살펴본다.

### [1]   종단이 단락된 $\lambda/2$ 선로

그림 7.11에 보인 바와 같이 길이가 일정한 전송선로의 한쪽 종단을 단락시킨 손실선로를 생각하자. 이 선로의 특성임피던스를 $Z_0$, 전파상수를 $\beta$, 감쇠상수를 $\alpha$라 하고 각주파수 $\omega = \omega_0$에서 선로의 길이를 $d = l$이라 한다(여기서 $\lambda = 2\pi/\beta$). 입력임피던스는 식 (3-54)로부터

$$Z_{in} = Z_0 \tanh (\alpha + j\beta) l$$

이다. 여기서 $r = \alpha + j\beta$이다. 윗식에 쌍곡선 탄젠트(hyperbolic tangent)에 대한 등식을 사용하면

$$Z_{in} = Z_0 \frac{\tanh \alpha l + j \tan \beta l}{1 + j \tan \beta l \tanh \alpha l} \tag{7-21}$$

이 된다. 윗식에 $a = 0$(무손실)을 대입하면

$$Z_{\text{in}} = jZ_0 \tan \beta l \tag{7-22}$$

가 된다. 실질적으로 대부분의 전송선로에서 손실이 작기 때문에 $al \ll 1$로 볼 수 있다. 따라서 $\tanh al \cong al$이다. 지금 $\omega = \omega_0 + \Delta\omega$(여기서 $\Delta\omega \ll \omega_0$)라 하면

TEM 선로인 경우 ;

$$\beta l = \frac{\omega l}{v_p} = \frac{\omega_0 l}{v_p} + \frac{\Delta\omega l}{v_p}$$

이며, 여기서 $v_p$는 전송선로의 위상속도이다. $\omega = \omega_0$에서 $l = \lambda/2 = \pi v_p/\omega_0$이므로

$$\beta l = \pi + \frac{\Delta\omega\pi}{\omega_0}$$

이다. 따라서

$$\tan \beta l = \tan \left( \pi + \frac{\Delta\omega\pi}{\omega_0} \right) = \tan \frac{\Delta\omega\pi}{\omega_0} \cong \frac{\Delta\omega\pi}{\omega_0}$$

이다. 위의 결과를 식 (7-21)에 대입하면

$$Z_{\text{in}} \cong Z_0 \frac{al + j(\Delta\omega\pi/\omega_0)}{1 + j(\Delta\omega\pi/\omega_0)\,al} \cong Z_0 \left( al + j\frac{\Delta\omega\pi}{\omega_0} \right) \tag{7-23}$$

가 되고, $\dfrac{\Delta\omega al}{\omega_0} \ll 1$이다.

식 (7-23)을 직렬 RLC 공진회로로 등가화하기 위하여 직렬공진회로의 입력임피던스를 나타내면

$$Z_{\text{in}} = R + j\left( \omega L - \frac{1}{\omega C} \right) = R + j\omega L \left( 1 - \frac{1}{\omega^2 LC} \right)$$
$$= R + j\omega L \left( \frac{\omega^2 - \omega_0^2}{\omega^2} \right)$$

이다. 여기서 $\omega_0 = \dfrac{1}{\sqrt{LC}}$는 공진 각주파수이다. 윗식에서 $\omega^2 - \omega_0^2 = (\omega - \omega_0)(\omega + \omega_0)$이므로 $\Delta\omega/\omega_0 \ll 1$이면 $\omega^2 - \omega_0^2 = \Delta\omega(2\omega - \Delta\omega) \cong 2\omega\Delta\omega$이다. 따라서

$$Z_{\text{in}} \cong R + j2L\Delta\omega \tag{7-24}$$

가 된다. 그러므로 식 (7-23)과 식 (7-24)를 비교하여 등가직렬회로의 $R$과 $L$을 구하면

$$R = Z_0 al \tag{7-25a}$$

$$L = \frac{Z_0\pi}{2\omega_0} \tag{7-25b}$$

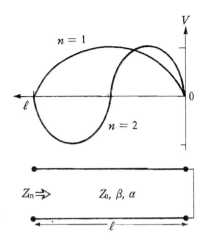

그림 7.11   종단이 단락된 손실이 있는 전송선로와 전압분포.
($n = 1$ ; $l = \lambda/2$, $n = 2$ ; $l = \lambda$)

이다. 따라서 등가회로의 $C$는 $\omega_0 = \dfrac{1}{\sqrt{LC}}$의 관계로부터 다음과 같이 구할 수 있다.

$$C = \frac{1}{\omega_0^2 L} \tag{7-25c}$$

그러므로 그림 7.11에 보인 바와 같이 $l = \lambda/2$ 또는 $l = \lambda$가 되면 $\Delta\omega = 0$이므로 이 전송선로는 공진기가 된다. 이 공진기가 공진할 때 입력임피던스는 $Z_{in} = R = Z_0 \alpha l$이다. 이 공진기의 공진은 $l = \lambda/2$에 대응하는 주파수뿐만 아니라 $l = n\lambda/2 (n = 1, 2, 3, \cdots)$에 대응하는 여러 주파수에서 공진현상이 일어난다. $n = 1$과 $n = 2$에 대한 전압분포를 나타내면 그림 7.11에 보인 바와 같다. 이 공진기의 양호도 $Q$는

$$Q = \frac{\omega_0 L}{R} = \frac{\pi}{2\alpha l} = \frac{\beta}{2\alpha} \tag{7-26}$$

이다. 여기서 $l = \lambda/2$이다. 이 식을 살펴보면 기대한 바와 같이 선로의 감쇠가 증가함에 따라 $Q$가 감소함을 알 수 있다.

---

**예제 7-5**

도체의 재질이 동(銅)이고 중심도체의 반경이 1 mm이고 바깥도체의 반경이 4 mm인 동축선로로 만든 $\lambda/2$ 공진기가 있다. 유전체가 공기인 동축선로 공진기와 유전체가 teflon인 공진기의 $Q$를 비교하여라. 여기서 공진주파수는 $f_0 = 5\,\text{GHz}$이고 동의 도전율은 $\sigma = 5.813 \times 10^7\,\text{S/m}$이다.

[**풀 이**]  우선 표면저항을 구하면

$$R_s = \sqrt{\pi f \mu_0 / \sigma} = 1.84 \times 10^{-2} \, \Omega/\text{m}^2$$

이므로 공기로 채운 동축선로에서 도체손실에 의한 감쇠상수는 식 (5-123)으로부터

$$\begin{aligned}
\alpha_c &= \frac{R_s}{2\eta \ln(b/a)} \left( \frac{1}{a} + \frac{1}{b} \right) \\
&= \frac{1.84 \times 10^{-2}}{2 \times 377 \times \ln(0.004/0.001)} \left( \frac{1}{0.001} + \frac{1}{0.004} \right) \\
&= 0.022 \, \text{Np/m}
\end{aligned}$$

이고 부록 G로부터 teflon은 $\varepsilon_r = 2.08$이고 $\tan \delta = 0.0004$이므로 teflon으로 채운 동축선로에서 도체손실에 의한 감쇠상수는

$$\begin{aligned}
\alpha_c &= \frac{1.84 \times 10^{-2} \times \sqrt{2.08}}{2 \times 377 \times \ln(0.004/0.001)} \left( \frac{1}{0.001} + \frac{1}{0.004} \right) \\
&= 0.032 \, \text{Np/m}
\end{aligned}$$

이다. 공기에 의한 유전체손실은 0이지만 teflon에 의한 손실은

$$\begin{aligned}
\alpha_d &= k_0 \frac{\sqrt{\varepsilon_r}}{2} \tan \delta \\
&= \frac{104.7 \times \sqrt{2.08} \times 0.0004}{2} = 0.03 \, \text{Np/m}
\end{aligned}$$

이다. 여기서 $k_0 = \omega_0 \sqrt{\mu_0 \varepsilon_0} = 104.7$이다. 식 (7-26)으로부터 $Q$를 구하면

$$Q_a = \frac{\beta}{2\alpha} = \frac{104.7}{2 \times 0.022} = 2380$$

$$Q_t = \frac{\beta}{2\alpha} = \frac{104.7 \times \sqrt{2.08}}{2 \times (0.032 + 0.03)} = 1218$$

가 된다. 윗식을 살펴보면 공기로 채운 $Q_a$가 teflon으로 채운 $Q_t$보다 거의 두 배가 됨을 알 수 있다. 은 도금을 한 도체를 사용하면 더 큰 $Q$를 얻을 수 있다.

---

## [2]  종단이 단락된 $\lambda/4$ 선로

병렬형태의 공진기는 한쪽 종단을 단락시킨 $\lambda/4$ 길이의 전송선로를 사용하여 얻을 수 있다. 이때 길이 $l$인 단락선로의 입력임피던스는

$$Z_\text{in} = Z_0 \tanh (\alpha + j\beta) l$$
$$= Z_0 \frac{\tanh \alpha l + j \tan \beta l}{1 + j \tan \beta l \tanh \alpha l} \tag{7-27}$$
$$= Z_0 \frac{1 - j \tanh \alpha l \cot \beta l}{\tanh \alpha l - j \cot \beta l}$$

이다. 여기서 윗식의 최종 결과는 분모와 분자에 $-j \cot (\beta l)$을 곱하여 얻은 식이다.

지금 $\omega = \omega_0$에서 $l = \lambda/4$이고 $\omega = \omega_0 + \Delta\omega$ $(\Delta\omega \ll \omega_0)$라 하면 **TEM** 선로인 경우,

$$\beta l = \frac{\omega_0 l}{v_p} + \frac{\Delta\omega l}{v_p} = \frac{\pi}{2} + \frac{\pi\Delta\omega}{2\omega_0}$$

이므로

$$\cot \beta l = \cot\left(\frac{\pi}{2} + \frac{\pi\Delta\omega}{2\omega_0}\right) = -\tan\frac{\pi\Delta\omega}{2\omega_0} \simeq \frac{-\pi\Delta\omega}{2\omega_0}$$

이다.

[1] 항의 경우와 마찬가지로 작은 손실에 대하여 $\tan \alpha l \cong \alpha l$이다. 위의 결과들을 식 (7-27)에 대입하면

$$Z_\text{in} = Z_0 \frac{1 + j\alpha l \pi\Delta\omega/2\omega_0}{\alpha l + j\pi\Delta\omega/2\omega_0} \cong \frac{Z_0}{\alpha l + j\pi\Delta\omega/2\omega_0} \tag{7-28}$$

를 얻는다. 여기서 $(\alpha l \pi\Delta\omega/2\omega_0) \ll 1$이다.

이 결과를 병렬 **RLC** 공진회로의 입력임피던스로 등가화하기 위해서 병렬 RLC 공진회로의 입력임피던스를 나타내면

$$Z_\text{in} = \left(\frac{1}{R} + \frac{1}{j\omega L} + j\omega C\right)^{-1} \tag{7-29}$$

가 된다. 윗식의 $\dfrac{1}{j\omega L} = \dfrac{1}{j\omega_0\left(1 + \dfrac{\Delta\omega}{\omega_0}\right)}$에 다음과 같은 등식

$$\frac{1}{1+x} \cong 1 - x + \cdots$$

을 적용하면 식 (7-29)는 다음과 같이 근사화할 수 있다.

$$Z_\text{in} \cong \left(\frac{1}{R} + \frac{1 - \Delta\omega/\omega_0}{j\omega_0 L} + j\omega_0 C + j\Delta\omega C\right)^{-1}$$
$$\cong \left(\frac{1}{R} + j\frac{\Delta\omega}{\omega_0^2 L} + j\Delta\omega C\right)^{-1}$$

$$\cong \left( \frac{1}{R} + 2j\Delta\omega C \right)^{-1}$$

$$\cong \frac{R}{1 + 2j\Delta\omega RC} \cong \frac{R}{1 + 2jQ\Delta\omega/\omega_0} \tag{7-30}$$

여기서 $\omega_0^2 = 1/LC$, $\omega = \omega_0 + \Delta\omega$, $\Delta\omega/\omega_0 \ll 1$, $Q = \omega_0 RC$이다. $R = \infty$일 때 식 (7-30)
은 다음과 같이 간단하게 쓸 수 있다.

$$Z_{in} = \frac{1}{j2C(\omega - \omega_0)}$$

그러므로 식 (7-28)과 식 (7-30)을 비교하여 등가병렬회로의 $R$, $L$, $C$를 구하면 다음과
같다.

$$R = \frac{Z_0}{\alpha l} \tag{7-31a}$$

$$C = \frac{\pi}{4\omega_0 Z_0} \tag{7-31b}$$

$$L = \frac{1}{\omega_0^2 C} \tag{7-31c}$$

그림 7.11에서 $l = \lambda/4$에 대응하는 전압분포가 병렬공진현상을 나타낸다. 공진상태에서
이 공진기의 입력임피던스는 $Z_{in} = R = Z_0/\alpha l$이다.

식 (7-31)로부터 이 병렬공진기의 양호도 $Q$는

$$Q = \omega_0 RC = \frac{\pi}{4\alpha l} = \frac{\beta}{2\alpha}$$

이다. 공진상태에서 $l = \pi/(2\beta)$이다.

## [3] 종단이 개방된 $\lambda/2$ 선로

마이크로 스트립회로에서 흔히 사용하는 실제의 공진기는 그림 7.12에 보인 바와 같이 종
단이 개방된 전송선로로 구성한다. 전송선로의 길이가 $l = \lambda/2$ 또는 $l = n\lambda/2 (n = 1, 2, 3,$
$\cdots)$일 때 이 공진기는 병렬공진회로처럼 동작한다.

종단이 개방된 길이 $l$인 전송선로의 입력임피던스는 식 (3-53)으로부터

$$Z_{in} = Z_0 \coth (\alpha + j\beta) l = Z_0 \frac{1 + j\tan\beta l \tanh\alpha l}{\tanh\alpha l + j\tan\beta l} \tag{7-32}$$

이다. 앞에서와 마찬가지로 공진주파수 $\omega = \omega_0$에서 $l = \lambda/2$이고 $\omega = \omega_0 + \Delta\omega$라 놓으면

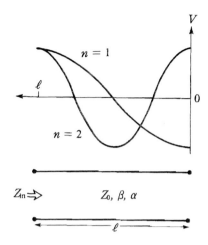

그림 7.12  종단이 개방된 손실이 있는 전송선로와 전압분포.
($n = 1$ ; $l = \lambda/2$, $n = 2$ ; $l = \lambda$)

$$\beta l = \pi + \frac{\pi \Delta \omega}{\omega_0}$$

이므로

$$\tan \beta l = \tan \frac{\pi \Delta \omega}{\omega_0} \cong \frac{\pi \Delta \omega}{\omega_0}$$

이고 $\tanh \alpha l \cong \alpha l$ 이다. 위의 결과를 식 (7-32)에 대입하면 **입력임피던스**는

$$Z_{\text{in}} = \frac{Z_0}{\alpha l + j(\pi \Delta \omega / \omega_0)} \tag{7-33}$$

가 된다.

식 (7-30)과 식 (7-33)을 비교하여 등가병렬회로의 $R$, $L$, $C$를 구하면 다음과 같다.

$$R = \frac{Z_0}{\alpha l} \tag{7-34a}$$

$$C = \frac{\pi}{2\omega_0 Z_0} \tag{7-34b}$$

$$L = \frac{1}{\omega_0^2 C} \tag{7-34c}$$

식 (7-34)로부터 병렬공진회로의 양호도 $Q$를 구하면

$$Q = \omega_0 RC = \frac{\pi}{2\alpha l} = \frac{\beta}{2\alpha} \tag{7-35}$$

이다. 여기서 공진상태일 때 $l = \pi/\beta$ 이다.

---

## 예제 7-6

특성임피던스가 50 Ω이고 길이가 $l = \lambda/2$ 인 개방된 마이크로 스트립선로로 만들어진 마이크로 스트립 공진기를 살펴보자. 비유전율이 $\varepsilon_r = 2.2$ 이고 $\tan\delta = 0.001$ 인 유전체 기판의 높이는 $h = 0.159\,\text{cm}$ 이다. 도체는 동(Cu)이다. 공진주파수가 $f_0 = 5\,\text{GHz}$ 인 공진기의 길이를 구하여라.

[**풀 이**]  식 (6-26)과 (6-27)로부터 특성임피던스가 50 Ω인 마이크로 스트립선로의 폭 $W$ 와 유효 유전율 $\varepsilon_{\text{eff}}$ 를 계산하면

$$W = 0.49\,\text{cm}, \qquad \varepsilon_{\text{eff}} = 1.87$$

를 얻는다. 그러므로 공진기의 길이는

$$l = \frac{\lambda}{2} = \frac{v_p}{2f} = \frac{c}{2f\sqrt{\varepsilon_{\text{eff}}}} = \frac{3 \times 10^8}{2\,(5 \times 10^9)\,\sqrt{1.87}} = 2.19\,\text{cm}$$

가 된다. 전파상수는

$$\beta = \frac{2\pi f}{v_p} = \frac{2\pi f\,\sqrt{\varepsilon_{\text{eff}}}}{c} = \frac{2\pi\,(5 \times 10^9)\,\sqrt{1.87}}{3 \times 10^8} = 143.2\,\text{rad/m}$$

식 (6-30)으로부터 도체손실에 의한 감쇠상수는

$$\alpha_c = \frac{R_s}{Z_0 W} = \frac{1.84 \times 10^{-2}}{50\,(0.0049)} = 0.075\,\text{Np/m}$$

이며, 여기서 $R_s$ 는 (예제 6-6)에서 구한 값을 사용하였다. 식 (6-29)로부터 유전체손실에 의한 감쇠상수는

$$\alpha_d = \frac{k_0\,\varepsilon_r\,(\varepsilon_{\text{eff}} - 1)\,\tan\delta}{2\sqrt{\varepsilon_{\text{eff}}}\,(\varepsilon_r - 1)} = \frac{(104.7)\,(2.2)\,(0.87)\,(0.001)}{2\,\sqrt{1.87}\,(1.2)}$$

$$= 0.0611\,\text{Np/m}$$

그러므로 식 (7-35)로부터 $Q$ 는 다음과 같이 구해진다.

$$Q = \frac{\beta}{2\alpha} = \frac{143.2}{2\,(0.075 + 0.0611)} = 526.08$$

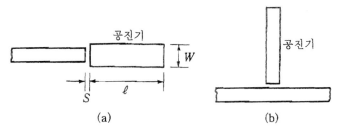

그림 7.13  마이크로 스트립 공진기를 마이크로 스트립선로와 결합시키는 예.

## [4]  마이크로 스트립 공진기

마이크로 스트립 전송선로를 사용하는 마이크로파 회로에서는 종단이 단락된 마이크로 스트립선로를 단순한 공진기로 사용할 수 있다. 예를 들어 설명하면 다음과 같다. 앞에서 설명한 바와 같이 종단이 개방된 반파장($\lambda_g/2$)의 마이크로 스트립선로는 공진기를 형성한다. 이를 결합시키는 예를 들면 다음과 같다. 그림 7.13(a)에 보인 바와 같이 마이크로 스트립선로의 입력측과 용량성으로 결합시키는 경우와 그림 7.13(b)에 보인 바와 같이 마이크로 스트립선로의 옆과 용량성으로 결합시키는 경우 등이 있다. 여기서 마이크로 스트립선로의 폭 $W$는 마이크로 스트립공진기의 특성임피던스를 결정한다.

## 7.6  유전체 공진기

유전체 공진기(DR ; dielectric resonator)는 유전율이 높은 유전체를 그림 7.14에 보인 바와 같이 원통(cylinder), 구체(sphere), 평행 6면체(parallelepiped)의 모양으로 만든 것이다.

이들의 구조는 도체 공동공진기와 유사한 모드를 유지하지만 도체의 경우와 달리 전자계가 유전체 밖에까지 확장된다. 유전체 공진기의 크기는 $\lambda_0/\sqrt{\varepsilon_r}$ (여기서 $\lambda_0$는 자유공간에서의 파장, $\varepsilon_r$는 유전상수)에 따른다. 예를 들어 $\varepsilon_r = 100$이면 유전체 공진기의 크기는 도체 공동공진기의 크기에 비해 약 1/10 정도이다. 이러한 이유로 유전체 공진기는 필터와 발진회로와 같은 마이크로 스트립회로에 사용되는 다른 공진기보다 매우 유망하다. 비유전율이 높은 유전체를 사용하면 그 크기가 자유공간의 파장에 비해 매우 작기 때문에 공진기 밖의 전자계는 준정자계(quasistatic field)가 되어 전파복사가 거의 일어나지 않는다. 따라서 만약 낮은 손실을 갖는 높은 유전체를 사용하면 유전체 공진기는 비교적 높은 $Q$를 나타낸다. 유전체 공진기의 무부하 $Q$의 대표적 값은 약 100에서 수백의 범위에 이른다. 만약 공진기를 그림 7.15에 보인 바와 같이 차폐시키면 전파복사에 의한 에너지의 손실이 없기 때문에 무부하 $Q$를 매질의 고유(intrinsic) $Q_0$에 접근시킬 수 있다.

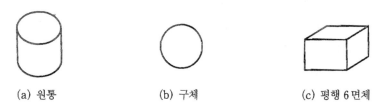

(a) 원통          (b) 구체          (c) 평행 6면체

그림 7.14  유전체 공진기의 기본구조.

유전체 공진기의 공진주파수는 공진기의 크기와 유전체의 유전상수에 따르기 때문에 온도의 변화에 따라 변한다. 그러므로 팽창계수가 낮고 비교적 온도에 무관한 안정성을 갖는 유전체를 사용하는 것이 필수적이다. 최근에 유전율이 높고, $Q$가 크고, 온도특성이 우수한 세라믹 혼합물(ceramic compound)이 개발되고 있다. 이의 한 예를 들면 $Ba_2Ti_9O_{20}$(balium tetratitanate)이다. 이는 유전율이 약 40, 손실 $\tan \delta$가 약 0.0005이므로 고유양호도 $Q = 1/\tan \delta = 2,000$이다.

공진기와 마이크로 스트립선로 사이의 결합은 그림 7.15에서 보인 바와 같이 간격 $d$에 의해 조정된다. 기본 공진모드는 방위각에 따르지 않는 방위각 전계성분(azimuthal electric field) $E_\phi$이다. 이 전계는 $z$축에 정재파를 형성한다. 이와 같은 유전체 공진기는 원리적으로는 구형이나 원통 공동공진기와 유사하다. 유전율이 높은 유전체를 사용하면 대부분의 전자계가 유전체 안으로 집속되지만 도체 공동공진기와는 달리 전자장의 일부가 유전체 공진기의 옆면과 아랫면, 윗면으로 프린징(fringing)하거나 새어 나간다(leakage). 유전체 공진기의 구조는 극히 간단하지만 이에 대한 Mamwell 방정식의 정확한 해를 구하는 일은 도체 공동공진기의 경우보다 훨씬 어렵다. 이와 같은 이유로 유전체 공진기의 기본모드인 $TE_{01\delta}$모드의 정확한 공진주파수는 정밀한 수치계산에 의해서만 구할 수 있다. 원통 유전체 공진기의

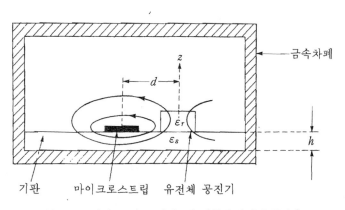

그림 7.15  마이크로 스트립선로와 결합된 유전체 공진기.

$TE_{01\delta}$모드는 원통 도체공진기의 $TE_{010}$모드와 유사하다. 유전체 공진기를 마이크로파 회로에서 효과적으로 사용하기 위해서는 공진기와 여러 형태의 전송선로의 결합에 관하여 정확한 지식을 가져야 한다. 공진기와 마이크로 스트립선로 사이의 결합은 주로 공진기와 마이크로 스트립선로 사이의 거리에 따라 결정된다. 그러므로 이 항에서는 Kajfez[19]가 소개한 결과식만을 소개한다. 이의 오차는 ±2% 이내이다.

### (1) 격리된 평면원통 유전체 공진기

유전체 자체에 의한 공진주파수는 다음과 같다.

$$f_0 = \frac{34}{a\sqrt{\varepsilon_r}}\left(\frac{a}{H} + 3.45\right) \text{GHz} \tag{7-36}$$

여기서 $a$는 공진기의 반경 [mm] 이고 $H$는 유전체의 높이 [mm] 이며 공진주파수의 단위는 GHz 이다.

위의 관계식은 다음과 같은 범위내에서 약 2%의 오차를 갖는다.

$$0.5 < a/H < 2, \quad 30 < \varepsilon_r < 50$$

### (2) MIC용 유전체 공진기

원통 유전체 공진기와 마이크로 스트립선로의 결합을 나타내는 그림 7.16에 보인 바와 같은 MIC의 한 예를 살펴본다.

주어진 주파수에 대한 원통 유전체 공진기의 크기를 구하는 절차를 설명하면 다음과 같다.

① 공진기의 직경 $(D = 2a)$은 다음의 조건을 만족하도록 선택한다.

$$\frac{5.4}{k_0\sqrt{\varepsilon_s}} > 2a > \frac{5.4}{k_0\sqrt{\varepsilon_r}} \tag{7-37}$$

여기서 $\varepsilon_s$와 $\varepsilon_r$은 각각 기판의 비유전율과 공진기의 비유전율이며 $k_0$는 자유공간에서 전파상수이다.

② $TE_{01\delta}$에 대한 전파상수 $\beta$ :

$$\beta = \sqrt{k_0^2\,\varepsilon_r - k^2} \tag{7-38}$$

③ 감쇠상수 :

$$\alpha_1 = \sqrt{(k')^2 - k_0^2\,\varepsilon_s} \tag{7-39a}$$

$$\alpha_2 = \sqrt{(k')^2 - k_0^2\,\varepsilon_s} \tag{7-39b}$$

여기서

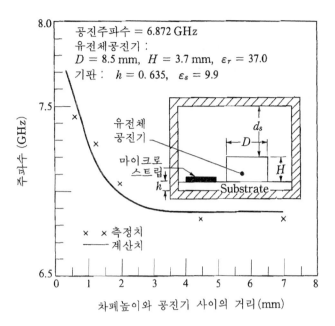

그림 7.16 차폐의 덮개 높이와 공진주파수의 관계.

$$k' = \frac{2.405}{a} + \frac{Y_0}{2.405a\left[1 + (2.43/Y_0) + 0.291\,Y_0\right]}$$

$$Y_0 = \sqrt{(k_0\,a)^2(\varepsilon_s - 1) - 2.405^2}$$

④ 공진기의 높이 $H$ :

$$H = \frac{1}{\beta}\left\{\tan^{-1}\left(\frac{\alpha_1}{\beta}\coth(\alpha_1 h)\right) + \tan^{-1}\left(\frac{\alpha_2}{\beta}\coth(\alpha_2 d_s)\right)\right\} \tag{7-40}$$

그림 7.16 에 보인 곡선은 차폐의 높이 $d_s$ 의 함수로 나타낸 공진주파수이다.

## 7.7  파의 속도와 분산

지금까지는 전자파의 전파에 관한 두 가지 형식의 속도만을 다루었다. 즉,

① 매질 안에서 광속($v = 1/\sqrt{\mu\varepsilon}$ )
② 위상속도($v_p = \omega/\beta$)

매질 안에서 광속은 주어진 매질 안에서 전파하는 평면파의 속도이다. 다른 한편 위상속도는 일정한 위상이 전파하는 속도이다. 예를 들면 **TEM** 평면파에서는 위의 두 속도가 동일하지만

다른 형식의 유도파(또는 도파)의 전파(guided wave propagation)에서는 위상속도가 빛의 속도보다 더 빠를 수도 있고 느릴 수도 있다.

　만약 선로 또는 도파관의 위상속도와 감쇠가 주파수에 따라 변하지 않는 정수라면 한 개 이상을 포함한 신호의 위상은 왜곡되지 않는다. 그러나 만약 위상속도가 주파수에 따라 다르면 각각의 주파수성분은 그들의 전송선로 또는 도파관을 따라 전파할 때 원래의 위상관계를 유지하지 못하므로 신호에 왜곡이 발생한다. 이와 같은 현상은 위상속도가 더 빠른 파와 더 늦은 파를 발생하게 하므로 신호가 선로를 따라 전파할 때 원래의 위상관계가 점점 분산된다. 이러한 효과를 분산(dispersion)이라 한다. 이 경우에는 주어진 신호를 한 묶음으로 볼 수 있는 단일위상속도가 존재하지 않는다. 그러나 만약 신호의 대역폭이 비교적 적거나 또는 분산이 너무 심하지 않으면 군속도(group velocity)를 정의하여 이와 같은 성질을 갖는 신호의 전파속도로 사용할 수 있다.

## 연습문제

7.1　공기로 채운 다음과 같은 공동공진기가 있다. 기본모드와 이들의 주파수를 구하여라.

　(1) $a > b > d$

　(2) $a > d > b$

　(3) $a = b = d$

7.2　기본모드의 공진주파수가 $f = 10\,\text{GHz}$인 동으로 만든 정사면체 공동공진기(cubic cavity)의 크기와 $Q$를 구하여라.

7.3　무손실 구형 공동공진기의 크기가 $a = 8\,\text{cm}$, $b = 6\,\text{cm}$, $d = 5\,\text{cm}$이고 유전체는 공기이다. 첫번째 12개의 최저차 모드와 각각의 공진주파수를 구하여라.

7.4　손실 도체벽과 무손실 유전체로 구성된 구형 공동공진기의 $\text{TM}_{111}$모드에 대한 $Q$를 유도하여라.

7.5　크기가 $a = 4\,\text{cm}$, $b = 3\,\text{cm}$, $d = 5\,\text{cm}$이고 유전체가 공기이며, 재질은 황동($\sigma = 1.57 \times 10^7$ S/m)인 구형 공동공진기가 있다.

　(1) 이 공동공진기에 대한 기본모드와 공진주파수를 구하여라.

　(2) $E_0$를 $10\,\text{V/m}$라 가정했을 때 공진주파수에서 $Q$와 축적된 전계·자계 에너지의 시간평균을 구하여라.

7.6　문제 7.5의 구형 공동공진기가 유전상수 $\varepsilon_r = 2.5$인 무손실 유전체로 채워져 있을 때

　(1) 기본모드의 공진주파수를 구하여라.

　(2) $Q$를 구하여라.

(3) $E_0$를 10 V/m 라 가정했을 때 공진주파수에서 축적된 전계·자계 에너지의 시간평균을 구하여라.

7.7 길이가 $d$인 구형 공동공진기를 $a \times b$인 구형도파관으로부터 만들었다. 이 공진기가 $TE_{101}$ 모드에서 동작된다고 한다.

(1) $b$를 고정했을 때 $Q$가 최고로 되는 상대적인 $a$와 $d$의 크기를 구하여라.

(2) (1)과 같이 가정했을 때 $a/b$의 함수로 $Q$를 나타내어라.

7.8 재질이 구리이고 유전체가 공기인 구형 공동공진기에 대하여

(1) $a = d = 1.8 \times b = 3.6$ cm 일 때 $TE_{101}$ 모드에 대한 $Q$를 계산하여라.

(2) $Q$를 20% 만큼 크게 하기 위해서는 $b$를 얼마로 해야 하는가?

7.9 크기가 $a \times b \times d$인 구형 공동공진기의 $TM_{110}$ 공진모드에 대한 $Q$를 구하여라.

7.10 공기로 채운 구형 공동공진기가 있다. 주파수 5.2 GHz, 6.5 GHz 및 7.5 GHz 에서 첫번째 세 개의 공진모드를 갖는다. 공동공진기의 크기를 구하여라.

7.11 원형 공동공진기의 길이가 $d = 2a$(여기서 $a$는 반경)인 동으로 만든 원형 공동공진기를 설계하고자 한다. 다음을 구하여라.

(1) $TM_{010}$ 모드의 공진주파수가 $f = 10$ GHz 인 $a$와 $d$

(2) 공진시의 $Q$

7.12 도체와 무손실유전체로 구성된 원형 공동공진기의 $TM_{nm0}$의 공진모드에 대한 $Q$를 구하여라.

7.13 $\varepsilon_r = 36.2$, $2a = 7.99$ mm, $h = 2.14$ mm 인 원형 유전체 공진기의 주파수를 구하여라.

7.14 그림 (문 7.14)에 보인 바와 같이 부하를 부가한 병렬공진 RLC 회로가 있다. 부하를 연결하지 않은 경우의 $Q$와 부하를 연결한 경우의 $Q$를 구하여라.

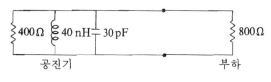

그림 문 7.14

7.15 길이가 $\lambda/4$인 개방선로를 사용하여 전송선로 공진기를 만들고자 한다. 선로의 복소전파상수가 $\alpha + j\beta$인 경우 이 공진기의 $Q$를 구하여라.

7.16 특성임피던스가 100 Ω이고 길이가 3.0 cm 인 동축선로를 사용하여 그림 (문 7.16)에 보인 바와 같이 한쪽 종단은 단락시키고 다른 종단에 커패시터를 연결한 공진기를 만들고자 한다. 여

기서 동축선로의 유전체는 공기이다. 다음을 구하여라.

(1) $f = 6.0\,GHz$ 에서 기본모드(가장 낮은 모드)의 공진상태를 얻고자 한다. 이에 필요한 커패시터의 값

(2) $10\,k\,\Omega$의 저항을 커패시터와 병렬로 연결하여 손실을 갖도록 한 경우의 $Q$

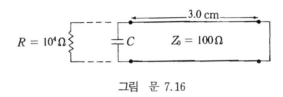

그림  문 7.16

# 참고문헌

[1]   S. B. Cohn, "Characteristic Impedance of Shielded Strip Transmission Line," IRE Trans. Microwave Theory Tech., Vol. MTT-2, July 1954, pp. 52-55.

[2]   S. B. Cohn, "Problems in Strip Transmission Lines," IRE Trans. Microwave Theory Tech., Vol. MTT-2, Mar. 1955, pp. 119-126.

[3]   G. D. Vendelin, "Limitations on Stripline Q," Microwave J., Vol. 13, May 1970, pp. 63 -69.

[4]   M. A. R. Gunston, *Microwave Transmission-Line Impedance Data*, Van Nostrand -Reinhold, London, 1972, pp. 38-39.

[5]   H. Howe, Jr., *Stripline Circuit Design*, Artech House, Dedham, Mass., 1974.

[6]   I. J. Bahl and R. Garg, "Designer's Guide to Stripline Circuits," Microwaves, Vol. 17, Jan. 1978, pp. 90-96.

[7]   H. A. Wheeler, 'Transmission Line Properties of a Stripline Between Parallel planes," IEEE Trans. Microwave Theory Tech., Vol. MTT-26, Nov. 1978, pp. 866 -876.

[8]   R. M. Barrett, "Microwave Printed-Circuit — Historical Survey," IRE Trans. MIcrowave Theory Tech., Vol. MTT-3, Mar. 1955, pp. 1-9.

[9]   H. A. Wheeler, H. A, "Transmission Line Properties of Parallel Strips Separated by a Dielectric Sheets," IEEE Trans. Microwave Theory Tech., Vol. MTT-13, No. 2, Mar. 1965, pp. 172-185.

[10]  K. C. Gupta, R. Garg and I. J. Bahl, *Microstrip Lines and Slot Lines*, Artech House, Dedham, Mass., 1979.

[11]  S. B. Cohn, "Slotline on a Dielectric Substrate," IEEE Trans. Microwave Theory

Tech., Vol. MTT-17, Oct. 1969., pp. 768-778.

[12] C. P. Wen, "Coplanar Waveguide : A Surface Strip Transmission Line Suitable for Non-Reciprocal Gyromagnetic Device," IEEE Trans. Microwave Theory Tech., Vol. MTT-17, Dec. 1969, pp. 1087-1090.

[13] E. O. Hammerstad, "Equations for Microstrip Circuit Design," Proc. European Microwave Conf. Microwave Exhibitors & Publishers Ltd., Kent, U.K., 1975, pp. 268 -272.

[14] I. J. Bahl and R. Garg, "Simple and Accurate Formulas for a Microstrip with Finite Thickness," Proc. IEEE, Vol. 5, No. 11, Nov. 1977, pp. 1611-1612.

[15] I. J. Bahl, and D. K. Trivedi, "A Designers Guide to Microstrip Line", Microwaves, Vol. 16, No. 5, May 1977, pp. 174-182.

[16] R. Grag and K. C. Gupta, "Expression for Wavelength and Impedance of Slotline," IEEE Trns. Microxave Theory Tech., Vol. MTT-24, Aug. 1976, p. 532.

[17] G. Ghione and C. Naldi, "Analytical Formulas for Coplanar Lines in Hybrid and Monolithic MICs," Electron Lett., Vol. 20, 1984, pp. 179-181.

[18] R. E. Collin, *Field Theory of Guided Wave*, 2nd ED., Chap. 8, IEEE Press, Piscataway, NJ, 1990.

[19] D. Kajfez and P. Guillon, *Dielectric Resonators*, Artech House, Dedham, Mass., 1986.

# 장

# 마이크로파 회로

Maxwell 방정식들의 복잡성 때문에 특별한 경우들에 대한 해를 구하는 여러 가지 특수한 기법들이 발전되어 왔다. 이 특수한 기법들은 사용 주파수범위에 따라 응용이 달라진다. 사용되는 주파수의 파장 $\lambda$와 장치의 근사적 크기 $l$의 상대적 크기에 따라 다음과 같이 세 가지 범위로 분류된다.

$$\lambda \gg l$$
$$\lambda \cong l$$
$$\lambda \ll l$$

첫번째 경우에 사용되는 특수해석기법은 회로이론이며 두 번째는 마이크로파 이론이고 세 번째는 광학으로 알려져 있다. $\lambda \gg l$일 때는 다음 절에서 설명할 준정적장 근사계산법(quasi-static field approximation)이라고 부르는 계산법을 적용하면 Maxwell 방정식들로부터 회로이론의 기본법칙을 얻을 수 있으므로 회로이론의 기본법칙을 마이크로파 회로에 확장하여 적용하는 것이 **Maxwell** 방정식을 사용하여 전자장적으로 해석하는 것보다 더욱 쉽다. 만일 Maxwell 방정식을 풀어서 전기회로를 해석한다고 생각하면 얼마나 복잡한 문제인가를 생각해 보자. 회로이론은 Maxwell 방정식을 근사화시켜서 발전된 것이 아니며, 실험적으로 얻은 법칙들로부터 독립적으로 발전되어 왔다. 그러나 회로이론과 Maxwell 방정식의 연관성은 전자기학의 기초에 관한 이해를 더해 주기 때문에 중요하다. 더욱이 장이론(field theory)에 대한 회로이론의 관계를 이해하면 장이론과 회로이론의 경계에 놓여 있는 전송선로와 안테나를 해석하는 데 큰 도움이 된다. 좀더 구체적으로 설명하면 다음과 같다.

낮은 주파수에서 사용되는 회로의 크기는 파장에 비하여 매우 작기 때문에 회로를 집중 수동소자 또는 능동소자(lumped passive or active component)와 회로의 임의의 점에 부가된 전압·전류원을 서로 연결한 것으로 취급할 수 있다. 이 경우 회로의 크기는 회로의 한 점과 다른 점간의 위상을 무시할 수 있을 만큼 작기 때문에 Kirchhoff의 전압·전류 법칙과 임피던스 개념을 이용하여 회로를 해석할 수 있다. 그러나 일반적으로 이와 같이 낮은 주파수에서 사용하는 회로해석기법은 마이크로파 회로에 직접 응용할 수 없다.

이 장(章)의 목적은 회로와 회로망의 개념을 확장해서 흥미 있는 마이크로파 회로를 해석하고 설계하는 데 있다. 이와 같은 방법을 선호하는 주된 이유는 Maxwell 방정식을 사용하여 마이크로파 문제를 푸는 것보다 간단하고 직관적인 개념인 회로망 해석법을 적용하는 것이 훨씬 더 쉽기 때문이다. 예를 들면 주어진 특별한 문제를 전자장으로 해석하는 것은 실제로 필요로 하는 것보다 훨씬 더 많은 정보를 준다. 즉, 주어진 문제에 대한 Maxwell 방정식의 해는 완전한 것이기 때문에 공간의 모든 점에서의 전계와 자계를 준다. 그러나 일반적으로 관심이 있는 것은 단자(terminal) 사이의 전압·전류, 소자에 흐르는 전력 혹은 어떤 다른 형태의 양(量)이다. 회로 및 회로망 해석을 사용하는 또 다른 이유는 주어진 회로망에서 각 소자의 동작을 상세히 해석하지 않고도 주어진 문제를 변경하거나 또는 몇 가지 소자만으로 원하는 해를 구할 수 있기 때문에 매우 편리하다. 그러나 이와 같은 회로해석법을 너무 단순하게 하면 오차가 발생한다. 이 경우에는 Maxwell 방정식을 사용하는 전자장 해석법에 따라야 한다. 회로 해석법을 어느 경우에 사용할 것인가를 결정할 수 있는 능력을 주는 것도 마이크로파 공학도를 위한 교육의 일부이다.

마이크로파 회로망 해석에 대한 기본절차는 다음과 같다. 첫째로 기본적이고 표준적인 문제는 Maxwell 방정식과 장 해석법을 사용하여 정확하게 다루어 회로 혹은 전송선로의 정수(parameter)와 직접 관련된 양을 구한다. 예를 들어서 5장에서 도파관과 동축선로를 취급할 때 선로의 전파상수와 특성임피던스를 유도했다. 이와 같은 결과는 전송선로 혹은 도파관의 길이, 전파상수 그리고 특성임피던스로 나타낼 수 있는 일종의 분포소자(distributed component)로 취급할 수 있기 때문이다. 이와 같은 분포소자로 구성된 전체 시스템의 동작은 회로망 및 전송선로 이론으로 해석할 수 있다.

## 8.1  준정적장

장 이론으로부터 회로이론에 접근할 수 있도록 하는 중요한 기본 근사법은 준정적장(quasi-static field)에 의한 근사계산법이다. 그러므로 이 절에서는 준정적장에 관하여 설명한다. 그림 8.1에 보인 바와 같이 전원을 포함하고 있는 체적을 $V$라 하고 $R$는 전원점과 임의의 전자장 측정점 $P$ 사이의 거리라고 하면, 스칼라 전위함수 $\Phi$와 벡터 전위함수 $\mathbf{A}$는

$$\Phi = \frac{1}{4\pi\varepsilon} \int_V \frac{\rho(\mathbf{r}')\,e^{j(\omega t - kR)}}{R}\,dv' = \frac{e^{j\omega t}}{4\pi\varepsilon} \int_V \frac{\rho e^{-jkR}}{R}\,dv' \qquad (8\text{-}1a)$$

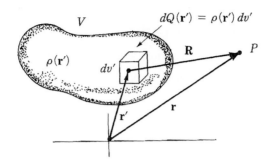

그림 **8.1** 체적 $V$내의 연속전하분포 $\rho(\mathbf{r}')$에 의하여 발생된 장과 장점 $\mathbf{r}$의 관계.

$$\mathbf{A} = \frac{\mu}{4\pi} \int_V \frac{\mathbf{J}(\mathbf{r}') \, e^{j(\omega t - kR)}}{R} \, dv' = \frac{\mu e^{j\omega t}}{4\pi} \int_V \frac{\mathbf{J} e^{-jkR}}{R} \, dv' \qquad (8\text{-}1b)$$

이다. 여기서 $k = \omega\sqrt{\mu\varepsilon}$, $\mathbf{r}'$은 전하 및 전류원의 위치를 나타내는 위치벡터이고 $\mathbf{r}$는 측정점 $P$의 위치벡터이며, $dv'$은 $\mathbf{r}'$에 위치한 미소체적이다. $R \ll \lambda$일 때 $kR = \dfrac{2\pi R}{\lambda} \ll 1$이므로 $e^{-jkR}$을 급수로 표시하면

$$e^{-jkR} = 1 - jkR - \frac{k^2 R^2}{2} + \cdots\cdots \qquad (8\text{-}2)$$

로 놓을 수 있다. 따라서 식 (8-1)은

$$\Phi \cong \frac{e^{j\omega t}}{4\pi\varepsilon} \int_V \frac{\rho}{R} \, dv' \qquad (8\text{-}3a)$$

$$\mathbf{A} \cong \frac{\mu e^{j\omega t}}{4\pi} \int_V \frac{\mathbf{J}}{R} \, dv' \qquad (8\text{-}3b)$$

과 같이 간단해진다. 윗식들은 $e^{j\omega t}$에 따라서 변하지만 그 공간변화는 정적장(static field) 인 경우와 같으므로 이 식들을 준정적장(quasi-static field)이라 부른다. 이와 같이 지연효과 (retarding effect)를 무시한 접근방식이 준정적장 근사법이다. 즉 회로가 매우 작아서 장이 이 회로의 한 부분에서 다른 부분으로 전파하는 데 소요되는 시간이 주기 $2\pi/\omega$에 비하여 무 시할 수 있기 때문이다. 이는 수학적으로 $e^{-jkR} \cong 1$에 해당한다.

---

**예제 8-1**

$kR$의 값이 다음과 같이 주어진 실제적 대상물에 준정적장 근사법을 사용할 수 있는지를 밝혀라.

(a) $f = 60\,\text{Hz}$, $R = 1\,\text{m}$인 전력선로

(b) $f = 1\,\text{MHz}$, $R = 1\,\text{m}$ 인 전파전송(wave propagation)

(c) $f = 1\,\text{MHz}$, $R = 10^{-3}\,\text{m}$ 인 마이크로파 회로

(d) $f = 10\,\text{GHz}$, $R = 2 \times 10^{-2}\,\text{m}$ 인 마이크로파

(e) $f = 10^{15}\,\text{Hz}$, $R = 10^{-2}\,\text{m}$ 인 광파

[**풀 이**]  (a) $\lambda = c/f = 3 \times 10^8/60 = 5 \times 10^6\,\text{m}$

$$kR = 2\pi/\lambda = 2\pi/(5 \times 10^6) = (2\pi/5) \times 10^{-6} \ll 1$$

그러므로 사용 가능하다.

(b) $\lambda = 3 \times 10^8/10^6 = 300\,\text{m}$

$$kR = 2\pi/300 = (2\pi/3) \times 10^{-2} \ll 1$$

그러므로 사용 가능하다.

(c) $\lambda = 300\,\text{m}$

$$kR = 2\pi \times 10^{-3}/300 = (2\pi/3) \times 10^{-5} \ll 1$$

그러므로 사용 가능하다.

(d) $\lambda = 3 \times 10^8/10^{10} = 3 \times 10^{-2}\,\text{m}$

$$kR = 2\pi \times 2 \times 10^{-2}/(3 \times 10^{-2}) = 4\pi/3$$

그러므로 사용 불가능하다.

(e) $\lambda = 3 \times 10^8/10^{15} = 3 \times 10^{-7}\,\text{m}$

$$kR = (2\pi \times 10^{-2})/(3 \times 10^{-7}) = (2\pi/3) \times 10^5$$

그러므로 사용 불가능하다.

## 8.2  임피던스와 어드미턴스 행렬 및 $ABCD$ 행렬

주어진 회로망을 나타내는 행렬식의 종류는 여러 가지 있으나 이 절에서는 가장 기본이 되는 임피던스 행렬, 어드미턴스 행렬, 및 $ABCD$ 행렬에 관하여 설명하고자 한다.

그림 8.2  선형 2-포트 회로망.

그림 8.2에 보인 단순한 2-포트 회로망의 임피던스 행렬은

$$V_1 = Z_{11} I_1 + Z_{12} I_2$$
$$V_2 = Z_{21} I_1 + Z_{22} I_2$$

또는

$$[V] = [Z][I] \qquad (8\text{-}4)$$

이다. 여기서 $[Z]$는 임피던스 행렬이며 다음과 같이 주어진다.

$$[Z] = \begin{bmatrix} Z_{11} & Z_{12} \\ Z_{21} & Z_{22} \end{bmatrix}$$

$$[V] = \begin{bmatrix} V_1 \\ V_2 \end{bmatrix} \qquad [I] = \begin{bmatrix} I_1 \\ I_2 \end{bmatrix}$$

2-포트 회로망의 어드미턴스 행렬은

$$I_1 = Y_{11} V_1 + Y_{12} V_2$$
$$I_2 = Y_{21} V_1 + Y_{22} V_2$$

또는

$$[I] = [Y][V] \qquad (8\text{-}5)$$

로 주어진다. 여기서 $[Y]$는 어드미턴스 행렬이며 다음과 같이 주어진다.

$$[Y] = \begin{bmatrix} Y_{11} & Y_{12} \\ Y_{21} & Y_{22} \end{bmatrix}$$

위의 두 행렬 표시의 주된 장점은 개·폐회로 측정(open circuit-short circuit test)에 의해서 행렬의 각 파라미터를 구할 수 있다는 것이다. 가역성 회로망(reciprocal network)에서 $Z_{12} = Z_{21}$, $Y_{12} = Y_{21}$의 관계가 성립함은 이미 아는 사실이다. 2-포트 회로망을 $T$ 또는 $\pi$형의 등가회로망으로 나타내는 것이 유용할 때가 많다. 가역성 2-포트 회로망을 $T$ 또는 $\pi$ 등가회로로 나타내면 그림 8.3에 보인 바와 같다. 특히 $T$형 등가회로는 임피던스 행렬에 유용하고 $\pi$형 등가회로는 어드미턴스 행렬에 유용하다.

또 다른 유용한 회로망 표시는 다음과 같이 정의하는 방정식이다.

$$V_1 = A V_2 - B I_2$$
$$I_1 = C V_2 - D I_2$$

또는

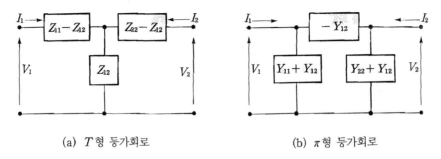

(a)  $T$형 등가회로          (b)  $\pi$형 등가회로

그림 **8.3**  2-포트의 등가회로.

$$\begin{bmatrix} V_1 \\ I_1 \end{bmatrix} = \begin{bmatrix} A & B \\ C & D \end{bmatrix} \begin{bmatrix} V_2 \\ -I_2 \end{bmatrix}$$
(8-6)

여기서 유의할 점은 그림 8.2에 보인 포트 2의 전류 $I_2$의 방향과 반대되는 방향을 기준전류 (+)의 방향으로 취했다는 것이다. 따라서 포트 2의 전류 $I_2$는 $-I_2$가 된다. **ABCD** 파라미 터로 구성된 행렬을 **ABCD**행렬 또는 전송행렬(transmission matrix)이라 한다. 이와 같은 이름을 붙인 것은 입력포트의 전압과 전류가 출력포트의 전압과 관련이 있도록 하였기 때문 이다. 여기서 전류 $I_2$에 (−) 부호를 붙인 이유는 전송시스템에서 출력포트로 전류가 들어가 는 것보다 출력포트에서 전류가 나온다고 생각하는 것이 편리하기 때문이다. 이와 같은 행렬 을 사용하면 여러개의 2-포트 회로망을 종속(cascade)시킬 때 매우 편리하다. 예를 들면 그 림 8.4에 보인 바와 같이 두 개의 2-포트 회로망을 직렬로 연결한 경우 두 개의 회로망의 **ABCD**행렬은 각각

$$\begin{bmatrix} V_1 \\ I_1 \end{bmatrix} = \begin{bmatrix} A_1 & B_1 \\ C_1 & D_1 \end{bmatrix} \begin{bmatrix} V_2' \\ -I_2' \end{bmatrix}, \quad \begin{bmatrix} V_1' \\ I_1' \end{bmatrix} = \begin{bmatrix} A_2 & B_2 \\ C_2 & D_2 \end{bmatrix} \begin{bmatrix} V_2 \\ -I_2 \end{bmatrix}$$

와 같이 주어지므로 $V_2' = V_1'$, $-I_2' = I_1'$이라 놓으면

$$\begin{bmatrix} V_1 \\ I_1 \end{bmatrix} = \begin{bmatrix} A_1 & B_1 \\ C_1 & D_1 \end{bmatrix} \begin{bmatrix} A_2 & B_2 \\ C_2 & D_2 \end{bmatrix} \begin{bmatrix} V_2 \\ -I_2 \end{bmatrix}$$
(8-7)

가 된다. 즉, 종속된 2-포트의 전송행렬은 개개의 2-포트의 전송행렬을 곱한 것과 같다.

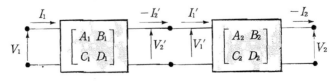

그림 **8.4**  종속된 2-포트.

임피던스 또는 어드미턴스 행렬과 전송행렬의 관계는 쉽게 구할 수 있다. 즉,

$$A = \frac{Z_{11}}{Z_{21}} \qquad B = -\frac{1}{Y_{21}}$$

$$C = \frac{1}{Z_{21}} \qquad D = -\frac{Y_{11}}{Y_{21}} \qquad\qquad (8\text{-}8)$$

이 되며, 이 결과는 독자의 연습문제로 남긴다.

다음으로 특성임피던스가 $Z_0$(ohm)이고 복소전파상수가 $\gamma = \alpha + j\beta$이며, 길이가 $l$인 그림 8.5에 보인 전송선로의 임피던스, 어드미턴스 및 $ABCD$행렬을 구하기로 한다. 식 (3-40)과 식 (3-41)로부터 선로의 전압과 전류 분포는

$$V(z) = V^+ e^{-\gamma z} + V^- e^{+\gamma z} \qquad\qquad (8\text{-}9a)$$

$$I(z) = (V^+/Z_0)\, e^{-\gamma z} - (V^-/Z_0)\, e^{+\gamma z} \qquad\qquad (8\text{-}9b)$$

로 주어진다. 먼저 길이가 $l$인 전송선로에서 $ABCD$행렬의 각 파라미터를 구하기 위하여 그림 8.5와 그림 8.6을 비교하면 $V(0) = V_2$, $I(0) = -I_2$가 되어야 한다.

위의 두 식으로부터

$$V^+ + V^- = V_2$$

$$V^+ - V^- = -I_2 Z_0$$

가 된다. 윗식으로부터 $V^+$와 $V^-$를 구하면

$$V^+ = (1/2)\,(V_2 - I_2 Z_0)$$

$$V^- = (1/2)\,(V_2 + I_2 Z_0)$$

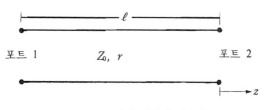

그림 8.5  일정한 길이의 전송선로.

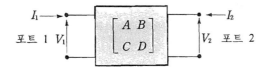

그림 8.6  $ABCD$행렬 모델.

가 된다. 윗식을 식 (8-9)에 대입하여 정리하면

$$V(z) = V_2 \left[ \frac{e^{+\gamma z} + e^{-\gamma z}}{2} \right] + I_2 Z_0 \left[ \frac{e^{+\gamma z} - e^{-\gamma z}}{2} \right]$$

$$= V_2 \cosh \gamma z + I_2 Z_0 \sinh \gamma z$$

$$I(z) = - \frac{V_2}{Z_0} \left[ \frac{e^{+\gamma z} - e^{-\gamma z}}{2} \right] - I_2 \left[ \frac{e^{+\gamma z} + e^{-\gamma z}}{2} \right]$$

$$= - \frac{V_2}{Z_0} \sinh \gamma z - I_2 \cosh \gamma z$$

가 된다. 또 그림 8.5와 8.6을 비교하면 포트 1의 전압과 전류는 각각 $V(-l) = V_1$과 $I(-l) = I_1$라 놓을 수 있으므로 윗식은 다음과 같이 된다.

$$V_1 = V_2 \cosh \gamma l - I_2 Z_0 \sinh \gamma l$$

$$I_1 = \frac{V_2}{Z_0} \sinh \gamma l - I_2 \cosh \gamma l$$

또는

$$\begin{bmatrix} V_1 \\ I_1 \end{bmatrix} = \begin{bmatrix} A & B \\ C & D \end{bmatrix} \begin{bmatrix} V_2 \\ -I_2 \end{bmatrix} \tag{8-10a}$$

여기서

$$\begin{bmatrix} A & B \\ C & D \end{bmatrix} = \begin{bmatrix} \cosh \gamma l & Z_0 \sinh \gamma l \\ (1/Z_0) \sinh \gamma l & \cosh \gamma l \end{bmatrix} \tag{8-10b}$$

식 (8-10)에 임피던스나 어드미턴스의 정의를 적용하면 임피던스 행렬과 어드미턴스 행렬을 쉽게 구할 수 있다. 즉,

$$[Z] = \begin{bmatrix} Z_0 \coth \gamma l & \dfrac{Z_0}{\sinh \gamma l} \\ \dfrac{Z_0}{\sinh \gamma l} & Z_0 \coth \gamma l \end{bmatrix} \tag{8-11}$$

$$[Y] = \begin{bmatrix} Y_0 \coth \gamma l & \dfrac{-Y_0}{\sinh \gamma l} \\ \dfrac{-Y_0}{\sinh \gamma l} & Y_0 \coth \gamma l \end{bmatrix} \tag{8-12}$$

참고로 몇 개의 유용한 2-포트 회로망에 대한 $ABCD$ 행렬을 나타내면 표 8-1에 보인 바와 같다.

표 8-1  유용한 2-포트 회로망의 $ABCD$ 파라미터

| 회 로 | | $ABCD$ 파라미터 |
|---|---|---|
| $Z$ | $A = 1$<br>$C = 0$ | $B = Z$<br>$D = 1$ |
| $Y$ | $A = 1$<br>$C = Y$ | $B = 0$<br>$D = 1$ |
| $Z_0, \beta, \alpha = 0$<br>$\ell$ | $A = \cos \beta l$<br>$C = jY_0 \sin \beta l$ | $B = jZ_0 \sin \beta l$<br>$D = \cos \beta l$ |
| $N : 1$ | $A = N$<br>$C = 0$ | $B = 0$<br>$D = \dfrac{1}{N}$ |
| $Y_3$, $Y_1$, $Y_2$ | $A = 1 + \dfrac{Y_2}{Y_3}$<br>$C = Y_1 + Y_2 + \dfrac{Y_1 Y_2}{Y_3}$ | $B = \dfrac{1}{Y_3}$<br>$D = 1 + \dfrac{Y_1}{Y_3}$ |
| $Z_1$, $Z_2$, $Z_3$ | $A = 1 + \dfrac{Z_1}{Z_3}$<br>$C = \dfrac{1}{Z_3}$ | $B = Z_1 + Z_2 + \dfrac{Z_1 Z_2}{Z_3}$<br>$D = 1 + \dfrac{Z_2}{Z_3}$ |

## 8.3  산란행렬

예를 들면 0.5 GHz 이하의 낮은 주파수에서는 전압과 전류를 측정할 수 있으므로 주어진 회로망의 $Z$, $Y$ 및 $H$ 파라미터 등을 직접 구할 수 있다. 그러나 주파수가 높아지면 일정한 방향으로 진행하는 파나 또는 정재파의 전력과 위상을 직접 측정하는 것이 더 용이하므로 전압과 전류보다는 신호의 흐름과 직접 관련이 있는 산란파라미터(scattering parameter, 또는 $S$-parameter)를 사용한다. 이 파라미터로 구성된 행렬은 입사파, 반사파 및 전송파의 개념을 토대로 한다. 마이크로파 회로의 특성을 다룰 때 $S$ 파라미터를 선호하는 주된 이유는 정합

그림 **8.7**  2-포트 회로망(여기서 $Z_{01}$과 $Z_{02}$는 2-포트의 입력과 출력측에
연결된 전송선로의 특성임피던스).

된 임피던스 시스템에서 이들을 측정할 수 있다는 것이다. 마이크로파 주파수에서는 개·폐
(open 또는 close)회로방식에 의해서 다른 회로망의 파라미터를 측정하는 일이 매우 어렵기
때문이다. 예를 들면, 산란행렬의 파라미터를 구하는 경우, 정합용 또는 기준단자용 부하를
사용해서 구하는 중요한 장점은 트랜지스터와 같은 능동소자를 포함한 회로망의 특성을 구할
때 더 명확해진다.

그림 8.7에 보인 2-포트 회로망의 출력측 포트 2를 정합시키면 포트 2에서 흘러나온 모
든 에너지는 반사파를 갖지 않는다. 이와 같은 조건이 되면 주어진 회로망은 정상적 동작상태
에 놓이나 개·폐회로 시험을 하려고 하면 회로가 불안하거나 또는 오동작을 할 수 있다. 마
이크로파에서 $S$-파라미터를 사용하는 또 다른 이유는 대부분의 마이크로파 전원이 일정한 전
력원이라는 사실이다. 이와 대조적으로 대부분의 낮은 주파수전원은 전압이 일정한 전압원이
거나 또는 전류가 일정한 전류원이다. 전송선로의 전압이나 전류의 분포는 일정하지 않다. 그
러므로 시간평균전력의 제곱근처럼 일정한 크기를 갖는 변수는 2-포트 회로망의 특성을 설명
하는 데 유용하다.

입사와 반사파의 식 (3-22)와 식 (3-23)을 다시 옮겨 쓰면

$$V(z) = V^+ e^{-\gamma z} + V^- e^{+\gamma z}$$
$$I(z) = I^+ e^{-\gamma z} + I^- e^{+\gamma z}$$

이다. 윗식으로부터

$$V^+ e^{-\gamma z} = \frac{1}{2}\left[V(z) + Z_0 I(z)\right] \tag{8-13a}$$

$$V^- e^{+\gamma z} = \frac{1}{2}\left[V(z) - Z_0 I(z)\right] \tag{8-13b}$$

를 얻는다. 여기서 $\dfrac{V^+}{I^+} = -\dfrac{V^-}{I^-} = Z_0$이다.

## [1]  단일포트 회로망의 산란파라미터

그림 8.8에 보인 단일포트 회로망에서 발진기 $V_g$가 선로의 특성임피던스 $Z_0$와 정합된 경

우 단일포트의 입력신호는 입사파가 되며 선로를 따라 전송된다. 그러나 기준면(reference plane) $T_1$에서 선로의 특성임피던스 $Z_0$이 1-포트 회로망의 입력임피던스 $Z_{in}$과 다르면 입사파의 일부는 기준면 $T_1$에서 반사(또는 산란)되고 나머지는 단일포트에서 소모된다. 발진기와 선로 사이의 정합이 정확하게 이루어지면 반사파는 전압발진기에서 흡수된다. 즉, 기준면 $T_1$에서 단일포트를 향하여 본 입력임피던스 $Z_{in} \neq Z_0$이면 $T_1$에서 반사파가 발생한다. 지금 기준면 $T_1$의 위치를 $z = l$이라 놓으면 식 (8-13)으로부터 $T_1$에서의 입사파의 전압 $V_1^+$와 반사파의 전압 $V_1^-$은

$$V_1^+ = V^+ e^{-\gamma l} = \frac{1}{2}\left[V(l) + Z_0 I(l)\right] \tag{8-14a}$$

$$V_1^- = V^- e^{+\gamma l} = \frac{1}{2}\left[V(l) - Z_0 I(l)\right] \tag{8-14b}$$

가 된다.

지금 윗식을 특성임피던스 $\sqrt{Z_0}$로 정규화된 입사전압파 $a_1$과 반사전압파 $b_1$은 각각 다음과 같이 정의된다.

$$a_1 = \frac{V_1^+}{\sqrt{Z_0}} = \frac{1}{2}\left(\frac{V_1}{\sqrt{Z_0}} + \sqrt{Z_0}\, I_1\right) \tag{8-15a}$$

$$b_1 = \frac{V_1^-}{\sqrt{Z_0}} = \frac{1}{2}\left(\frac{V_1}{\sqrt{Z_0}} - \sqrt{Z_0}\, I_1\right) \tag{8-15b}$$

여기서 $V_1 = V(l)$, $I_1 = I(l)$이다.

$a_1$과 $b_1$의 물리적 의미를 살펴보기 위하여 단일포트 회로망에서 소모된 전력 $P$를 생각하기로 한다. 즉,

$$P = \frac{1}{2} Re\left[V_1 I_1^*\right]$$

여기서 별표 *는 공액복소수를 나타낸다. 식 (8-15)를 $V_1$과 $I_1$에 관하여 풀면

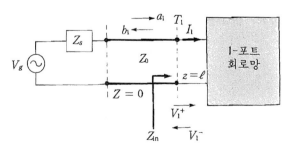

그림 **8.8** 단일포트 $S$파라미터의 설명도.

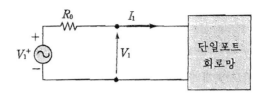

그림 8.9  가용전력을 설명하기 위한 단일포트 회로망.

$$V_1 = (a_1 + b_1)\sqrt{Z_0} \qquad\qquad (8\text{-}16\text{a})$$

$$I_1 = \frac{a_1 - b_1}{\sqrt{Z_0}} \qquad\qquad (8\text{-}16\text{b})$$

가 된다. 그러므로 단일포트 회로망에서 소모된 전력은

$$
\begin{aligned}
P &= \frac{1}{2}(a_1 a_1^* - b_1 b_1^*) \\
&= \frac{1}{2}(|a_1|^2 - |b_1|^2)
\end{aligned}
\qquad\qquad (8\text{-}17)
$$

이 된다. 윗식을 살펴보면 $\frac{1}{2}a_1 a_1^*$ 항은 입사전력으로 해석할 수 있는 한편 $\frac{1}{2}b_1 b_1^*$ 항은 반사전력으로 생각할 수 있다. 그러므로 이 두 전력의 차가 단일포트 회로망에서 소모된 전력이 된다. 여기에서 유의할 것은 $a_1$과 $b_1$은 복소수라는 사실이며, $a_1$과 $b_1$은 정규화된 전압파이지만 [watt]의 단위를 갖기 때문에 일반적으로 전력파(power wave)라 부른다.

$\frac{1}{2}a_1 a_1^*$ 가 포트 1의 가용전력(available power)임을 보이기 위하여 그림 8.8을 그림 8.9에 보인 바와 같이 간단히 하면 단자전압 $V_1$은

$$V_1 = V_1^+ - R_0 I_1$$

이므로 입력전압 $V^+$은

$$V^+ = V_1 + R_0 I_1$$

이다. 윗식을 식 (8-15a)에 대입하면 입사전압파 $a_1$은

$$a_1 = \frac{V_1^+}{2\sqrt{R_0}}$$

이므로

$$\frac{1}{2}a_1 a_1^* = \frac{|V_1^+|^2}{8R_0}$$

가 된다. 이는 내부저항이 $R_0$인 전압원 $V_1^+$의 가용전력이다. 즉 단자로부터 부하에 전달되

는 최대전력이다.

입사전압파와 반사전압파의 관계는 다음과 같은 식으로 쓸 수 있다.

$$b_1 = S_{11}\,a_1 \tag{8-18}$$

여기서 $S_{11}$ 을 단일포트 회로망에 대한 산란파라미터라 부른다.

식 (8-18)을 입력반사계수 $\varGamma_{\text{in}}$ 의 정의에 적용하면

$$\varGamma_{\text{in}} = S_{11} = \frac{b_1}{a_1} \tag{8-19}$$

의 관계를 얻는다.

## [2] 2-포트 회로망의 산란행렬

단일포트 회로망에 대한 개념을 확장해서 그림 8.10에 보인 2-포트 회로망에 적용하면 포트 1의 기준면 $T_1$ 과 포트 2의 기준면 $T_2$ 에서 2쌍의 입사전압파 $\{a_1,\ a_2\}$ 과 반사전압파 $\{b_1,\ b_2\}$ 는 단일포트 회로망에서 정의한 바와 같은 방식에 의해서 다음과 같이 주어진다.

$$a_1 = \frac{1}{2}\left(\frac{V_1}{\sqrt{Z_{01}}} + \sqrt{Z_{01}}\,I_1\right) \tag{8-20a}$$

$$b_1 = \frac{1}{2}\left(\frac{V_1}{\sqrt{Z_{01}}} - \sqrt{Z_{01}}\,I_1\right) \tag{8-20b}$$

$$a_2 = \frac{1}{2}\left(\frac{V_2}{\sqrt{Z_{02}}} + \sqrt{Z_{02}}\,I_2\right) \tag{8-20c}$$

$$b_2 = \frac{1}{2}\left(\frac{V_2}{\sqrt{Z_{02}}} - \sqrt{Z_{02}}\,I_2\right) \tag{8-20d}$$

여기서 $Z_{01}$ 과 $Z_{02}$ 는 각각 입력과 출력 포트에서의 기준임피던스이다.

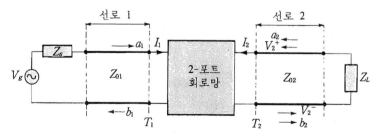

그림 8.10 2-포트 $S$ 파라미터의 설명도.

입력선로의 특성임피던스 $Z_{01}$에 정확하게 정합된 입력전압원에 의한 입사전압파 $a_1$의 일부는 선로 1과 2 사이에 삽입된 2-포트 회로망의 포트 2에 도착한다. 이는 반사전압파 $b_2$를 이룬다. 입사파의 나머지는 회로망의 포트 1에서 반사되어 선로 1로 돌아간다. 마찬가지로 2-포트 회로망의 포트 2에서 파 $a_2$의 일부는 파 $b_1$에 전송되고 나머지는 반사되어 선로 2로 돌아간다. 위의 설명을 토대로 2-포트 회로망에 대한 산란파라미터를 입사전압파와 반사전압파로 표시하면 다음과 같다.

$$b_1 = S_{11}\,a_1 + S_{12}\,a_2$$
$$b_2 = S_{21}\,a_1 + S_{22}\,a_2 \tag{8-21}$$

여기서 유의할 것은 주어진 2-포트 회로망이 선형이라 가정하였기 때문에 각 전압파에 대하여 중첩의 원리가 성립한다는 사실이다. 이를 행렬식으로 표시하면

$$\begin{bmatrix} b_1 \\ b_2 \end{bmatrix} = \begin{bmatrix} S_{11} & S_{12} \\ S_{21} & S_{22} \end{bmatrix} \begin{bmatrix} a_1 \\ a_2 \end{bmatrix} \tag{8-22}$$

가 된다. 행렬 $[S]$를 산란행렬(scattering matrix)이라 부르며 다음과 같이 정의한다.

$$[S] = \begin{bmatrix} S_{11} & S_{12} \\ S_{21} & S_{22} \end{bmatrix}$$

산란행렬의 각 파라미터를 구하면 다음과 같다. 먼저 입력반사계수(input reflection coefficient) $S_{11}$과 순방향 전송계수(forward transmission coefficient) $S_{21}$을 구하기 위하여 2-포트 회로망의 출력포트를 정합하면 $a_2 = 0$이 되므로 식 (8-21)로부터

$$S_{11} = \frac{b_1}{a_1} \bigg|_{a_2=0}$$
$$S_{21} = \frac{b_2}{a_1} \bigg|_{a_2=0} \tag{8-23a}$$

를 얻는다. 주어진 회로망의 입력측을 정합시키면 $a_1 = 0$이므로 출력반사계수(output reflection coefficient) $S_{22}$와 역방향 전송계수(reverse transmission coefficient) $S_{12}$는

$$S_{22} = \frac{b_2}{a_2} \bigg|_{a_1=0}$$
$$S_{12} = \frac{b_1}{a_2} \bigg|_{a_1=0} \tag{8-23b}$$

가 된다.

## [3]  $n$-포트 회로망의 산란행렬

그림 8.11에 보인 바와 같은 $n$-포트 회로망이 되어도 2-포트 회로망에 적용한 것과 같은 방법으로 $n$개의 포트에 확장 적용하면

$$\begin{bmatrix} b_1 \\ b_2 \\ \vdots \\ \vdots \\ b_n \end{bmatrix} = \begin{bmatrix} S_{11} & S_{12} & S_{13} & \cdots\cdots & S_{1n} \\ S_{21} & & & & \vdots \\ S_{31} & & & & \vdots \\ \vdots & & & & \vdots \\ S_{n1} & S_{n2} & S_{n3} & \cdots\cdots & S_{nn} \end{bmatrix} \begin{bmatrix} a_1 \\ a_2 \\ \vdots \\ \vdots \\ a_n \end{bmatrix}$$

또는

$$[b] = [S][a] \tag{8-24}$$

가 된다. 여기서 산란행렬 $[S]$의 각 파라미터는

$$S_{ij} = \frac{b_i}{a_j}\bigg|_{a_k=0\,;\,k \neq j} \tag{8-25}$$

에 의해서 구할 수 있다. 여기서 $k$는 $j$번째 포트를 제외한 모든 포트이다. 이는 2-포트 회로망의 경우를 확장한 결과로서 다음 절에서 자세히 다룬다.

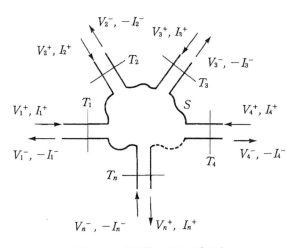

그림 8.11  임의의 $n$-포트 회로망.

---

## 예제 8-2

특성임피던스 50 Ω에 정합된 그림 8.12에 보인 3 dB 감쇠기의 $S$파라미터를 구하여라.

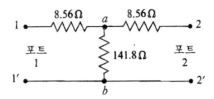

그림 8.12   50 Ω 특성임피던스에 정합된 3 dB 감쇠기.

[풀이] 식 (8-23a)로부터

$$S_{11} = \frac{b_1}{a_1} \bigg|_{a_2=0} = \Gamma_{in}|_{a_2=0} = \frac{Z_{in} - Z_0}{Z_{in} + Z_0} = 0$$

여기서

$$Z_{in} = 8.56 + [141.8(8.56 + 50)]/(141.8 + 8.56 + 50) = 50 \ \Omega$$

$$Z_0 = 50 \ \Omega$$

또한 주어진 감쇠기는 대칭이므로 $S_{22} = 0$ 이다.

포트 2에 $Z_0 = 50 \ \Omega$이 종단되었을 때 $V_1^- = 0$ 이고, $V_2^+ = 0$ 이므로 전압분배법에 의해

$$S_{21} = \frac{b_2}{a_1} \bigg|_{a_2=0} = \frac{V_2}{V_1} = \left[ \frac{41.44}{41.44 + 8.56} \right] \left[ \frac{50}{50 + 8.56} \right] = 0.707$$

이는 입력전력의 반인 3 dB에 해당한다. 따라서 $S_{12} = S_{21} = 0.707$ 이다.

여기서 $41.44 = (141.8)(58.56)/(141.8 + 58.56)$는 단자 2와 2′ 사이에 50 Ω 부하를 달고 단자 $ab$에서 본 임피던스이다.

---

지금 임피던스 행렬 $[Z]$ 혹은 어드미턴스 행렬 $[Y]$로부터 산란행렬 $[S]$를 구하는 방법을 보이고자 한다. 식 (8-4)로 주어진 임피던스에 관한 식을 다시 옮겨 쓰면

$$V_1 = Z_{11} I_1 + Z_{12} I_2$$

$$V_2 = Z_{21} I_1 + Z_{22} I_2$$

이다. 이 방정식을 그림 8.7에 보인 기준임피던스 $\sqrt{Z_{01}}$ 과 $\sqrt{Z_{02}}$로 다음과 같이 정규화하면

$$\frac{V_1}{\sqrt{Z_{01}}} = \frac{Z_{11} I_1 \sqrt{Z_{01}}}{Z_{01}} + \frac{Z_{12} I_2 \sqrt{Z_{02}}}{\sqrt{Z_{01} Z_{02}}}$$

$$\frac{V_2}{\sqrt{Z_{02}}} = \frac{Z_{21} I_1 \sqrt{Z_{01}}}{\sqrt{Z_{01} Z_{02}}} + \frac{Z_{22} I_2 \sqrt{Z_{02}}}{Z_{02}}$$

또는

$$v_1 = z_{11} \, i_1 + z_{12} \, i_2 \tag{8-26a}$$

$$v_2 = z_{21} \, i_1 + z_{22} \, i_2 \tag{8-26b}$$

가 된다. 여기서

$$v_1 = \frac{V_1}{\sqrt{Z_{01}}}, \quad v_2 = \frac{V_2}{\sqrt{Z_{02}}}, \quad i_1 = I_1 \sqrt{Z_{01}}, \quad i_2 = I_2 \sqrt{Z_{02}} \tag{8-27a}$$

$$z_{ij} = \frac{Z_{ij}}{\sqrt{Z_{0i} Z_{0j}}} \quad ; \quad i, j = 1, 2 \tag{8-27b}$$

식 (8-26)을 정규화된 임피던스 행렬 $[z]$로 나타내면

$$[v] = [z][i] \tag{8-28a}$$

여기서

$$[z] = \begin{bmatrix} \dfrac{1}{\sqrt{Z_{01}}} & 0 \\ 0 & \dfrac{1}{\sqrt{Z_{02}}} \end{bmatrix} \begin{bmatrix} Z_{11} & Z_{12} \\ Z_{21} & Z_{22} \end{bmatrix} \begin{bmatrix} \dfrac{1}{\sqrt{Z_{01}}} & 0 \\ 0 & \dfrac{1}{\sqrt{Z_{02}}} \end{bmatrix} \tag{8-28b}$$

이다. 마찬가지 절차에 의하여

$$[i] = [y][v] \tag{8-29}$$

를 얻을 수 있다. 여기서

$$[y] = [z]^{-1} \tag{8-30}$$

식 (8-27a)로 주어진 정규화된 전압과 전류를 식 (8-20)에 대입하면

$$a_j = \frac{1}{2}(v_j + i_j) \quad ; \quad j = 1, 2$$

$$b_j = \frac{1}{2}(v_j - i_j) \quad ; \quad j = 1, 2$$

이므로 이를 열행렬(column matrix)로 나타내면

$$[a] = \frac{1}{2}\{[v] + [i]\}$$
$$\tag{8-31}$$
$$[b] = \frac{1}{2}\{[v] - [i]\}$$

가 된다. 그러므로

$$[v] = [a] + [b] = [a] + [S][a] = \{[I] + [S]\}[a]$$
$$[i] = [a] - [b] = [a] - [S][a] = \{[I] - [S]\}[a]$$

이다. 식 (8-28a)에 위의 행렬을 대입하면

$$[v] = [z][i] = [z]\{[I] - [S]\}[a] = \{[I] + [S]\}[a]$$

또는

$$[z] = \{[I] + [S]\}\{[I] - [S]\}^{-1} \tag{8-32}$$

이다. 여기서 $[I]$는 단위행렬(identity matrix)이다. 마찬가지 방법으로 다음과 같은 세 개의 매우 유용한 관계식을 구할 수 있다.

$$[S] = \{[z] - [I]\}\{[z] + [I]\}^{-1} \tag{8-33}$$
$$[y] = \{[I] - [S]\}\{[I] + [S]\}^{-1} \tag{8-34}$$
$$[S] = \{[I] - [y]\}\{[I] + [y]\}^{-1} \tag{8-35}$$

## 8.4  산란행렬의 특성

산란행렬에는 다음과 같은 두 가지의 유용한 특성이 있다.

### [1]  대칭성

만약 주어진 회로망이 가역성(reciprocity)이면 그 산란행렬은 대칭이 된다. 이를 증명하면 다음과 같다.

$$[v] = [z][i]$$

이며

$$[v] = [a] + [b]$$
$$[i] = [a] - [b]$$

이므로

$$\{[z] + [I]\}[b] = \{[z] - [I]\}[a]$$

또는

$$[S] = \{[z] + [I]\}^{-1}\{[z] - [I]\}$$

이다. 윗 식을 전치(transpose)시키면 다음과 같은 전치행렬(transposed matrix)을 얻는다.

$$[S]_t = \{[z] - [I]\}_t\{[z] + [I]\}_t^{-1}$$

여기서 하첨자 $t$ 는 전치를 의미한다. 지금 $[I]$ 는 단위행렬이므로 $[I]_t = [I]$ 이고 회로망이 가역성이면 $[z]$ 는 대칭이므로 $[z]_t = [z]$ 이다. 따라서 가역성 회로망에 대한 산란행렬은

$$[S]_t = [S] \tag{8-36}$$

대칭이 된다.

## [2] 단일성

만약 회로망이 무손실이면 그 산란행렬은 단일성(unitary)이 된다. 즉,

$$[S^*]_t[S] = [I] \tag{8-37}$$

여기서 $S^*$ 는 $S$ 의 공액복소수이다.

식 (8-37)을 증명하면 다음과 같다. 에너지 보존법칙에 의하면 무손실 회로망에 유입된 총 전력은 0 이 되어야 한다. 그러므로 회로망에 공급된 정규화된 평균전력도 0 이 되어야 한다. 즉,

$$P_{av} = \frac{1}{2}Re\{[v]_t[i]^*\} = \frac{1}{2}Re\{([a]_t + [b]_t)([a]^* - [b]^*)\}$$

$$= \frac{1}{2}Re\{[a]_t[a]^* - [a]_t[b]^* + [b]_t[a]^* - [b]_t[b]^*\}$$

$$= \frac{1}{2}[a]_t[a]^* - \frac{1}{2}[b]_t[b]^* = 0$$

또는

$$\sum_{i=1}^{n} a_i a_i^* - \sum_{j=1}^{n} b_j b_j^* = 0 \tag{8-38}$$

가 되어야 한다. 여기서 $-[a]_t[b]^* + [b]_t[a]^*$ 는 $A - A^*$ 와 같이 표현할 수 있으며, 이는 허수가 되며 식 (8-38)은 실수만을 갖는다. 식 (8-38)을 행렬로 표기하면

$$[a]_t[a]^* = [b]_t[b]^* \tag{8-39}$$

이다. 윗식에 식 (8-24)를 대입하면

$$[a]_t[a]^* = [a]_t[S]_t[S]^*[a]^*$$

가 되므로 윗식을 만족하기 위해서는 다음과 같은 관계가 성립해야 한다.

$$[S]_t [S]^* = [I] \qquad (8\text{-}40)$$

식 (8-40)의 행렬방정식을 다음과 같이 행렬파라미터로 표시할 수 있다. 모든 $i$, $j$에 대하여

$$\sum_{k=1}^{n} S_{ki} S_{kj}^* = \delta_{ij} \qquad (8\text{-}41)$$

이다. 여기서 $\delta_{i,j}$는 $i = j$이면 $\delta_{ij} = 1$이고, $i \neq j$이면 $\delta_{ij} = 0$인 Kronecker delta 기호이다. 따라서 만약 $i = j$이면 식 (8-41)은

$$\sum_{k=1}^{n} S_{ki} S_{kj}^* = \sum_{k=1}^{n} |S_{ki}|^2 = 1 \qquad (8\text{-}42a)$$

과 같이 되는 한편, 만약 $i \neq j$이면

$$\sum_{k=1}^{n} S_{ki} S_{kj}^* = 0 \qquad (8\text{-}42b)$$

이 된다. 따라서 그림 8.13에 보인 바와 같이 $n$포트 회로망의 $j$번째 포트에만 전력 $P_0$를 입사하고 나머지 포트에 무반사종단(no reflection termination)을 접속하면 각 포트에는

$$P_0 |S_{kj}|^2 = P_k \qquad (8\text{-}43)$$

의 전력이 무반사종단에 이른다. 여기서 $k$는 $j$번째 포트를 제외한 모든 포트를 가리킨다.

그러므로 식 (8.42a)와 (8.43)으로부터

$$\sum_{k=1}^{n} \left[ \frac{P_k}{P_0} \right] = \frac{\sum_{k=1}^{n} P_k}{P_0} = 1 \qquad (8\text{-}44)$$

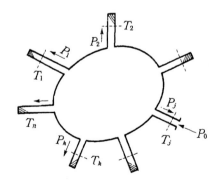

그림 8.13  $n$-포트 회로망.

이다. 즉, $j$번째 포트에 입사된 전력 $P_0$는 각 포트에서 나온 전력의 총합 $\sum P_k$와 같다. 이는 회로망에 손실이 없으면 에너지 보존법칙이 성립함을 보여 주는 예이다.

---

## 예제 8-3

어떤 2-포트 회로망을 측정한 결과 그 산란행렬은 다음과 같다.

$$[S] = \begin{bmatrix} 0.1\underline{/\,0^\circ} & 0.8\underline{/\,90^\circ} \\ 0.8\underline{/\,90^\circ} & 0.2\underline{/\,0^\circ} \end{bmatrix}$$

주어진 회로망이 가역성인지 또는 손실이 없는지를 밝혀라. 포트 2를 단락시킨 경우 포트 1에서 반사손실(RL: return loss)은 얼마인가?

**[풀 이]**  측정된 산란행렬 $[S]$가 대칭이므로 주어진 회로망은 가역성이다. $[S]$는 식 (8-41)을 만족하여야 하기 때문에 데이터를 식 (8-42)에 대입하면

$$|S_{11}|^2 + |S_{12}|^2 = (0.1)^2 + (0.8)^2 = 0.65 \neq 1$$

가 된다. 여기서 첫행($i = 1$)이다. 그러므로 주어진 회로망은 손실이 있다. 또 포트 2를 단락시킨 경우, 포트 1에서 반사계수 $\Gamma$는 다음과 같이 계산할 수 있다. 포트 2를 단락하면 포트 2에서 반사계수는

$$\Gamma_2 = -1 = -\frac{v_2^-}{v_2^+} = -\frac{b_2}{a_2}$$

이므로 이 관계를 산란행렬의 정의식에 대입하면

$$b_1 = S_{11}\,a_1 + S_{12}\,a_2 = S_{11}\,a_1 - S_{12}\,b_2 \tag{1}$$
$$b_2 = S_{21}\,a_1 + S_{22}\,a_2 = S_{21}\,a_1 - S_{22}\,b_2 \tag{2}$$

가 된다. 위의 두 번째 방정식 (2)를 $b_2$에 관하여 풀면

$$b_2 = \frac{S_{21}}{1 + S_{22}}\,a_1 \tag{3}$$

이므로 식 (1)을 $a_1$으로 나누고 식 (3)의 관계를 적용하면

$$\Gamma_1 = \frac{v_1^-}{v_1^+} = \frac{b_1}{a_1} = S_{11} - S_{12} \cdot \left(\frac{b_2}{a_1}\right) = S_{11} - \frac{S_{12}\,S_{21}}{1 + S_{22}}$$

가 된다. 그러므로 반사손실($RL$)은

$$RL = -20\log|\Gamma_1| = 3.97\ \text{dB}$$

이다.

$S$파라미터에 관하여 명심해야 할 중요한 점은 포트 $n$에서 회로망을 향하여 본 반사계수 $\Gamma_n$은 다른 모든 포트가 정합되지 않는 한, $\Gamma_n \neq S_{nn}$이라는 사실이다. 위의 예는 이를 설명하는 좋은 예이다. 마찬가지로, 포트 $m$에서 포트 $n$으로 향하는 전송계수(transmission coefficient)도, 다른 모든 포트가 정합되지 않는 한 $T_{nm} \neq S_{nm}$이다. 선형회로망의 $S$파라미터는 회로망 자체만의 성질을 나타내므로 모든 포트가 정합되었다는 조건에서만 정의할 수 있다. 한 회로망의 종단(termination)이나 여진(excitation)을 변경시켜도 그 $S$파라미터는 변하지 않으나 주어진 포트에서 본 반사계수 또는 두 포트 사이의 전송계수는 변할 수 있다.

## [3] 기준면의 이동

회로망의 산란파라미터를 측정할 때 측정장비를 그 회로망에 직접 연결하는 것이 실용적이지 못한 경우가 흔히 있다. 이 경우 일반적으로 측정하고자 하는 장치와 측정기 사이에 전송선로를 연결하여 측정한다. 따라서 전송선로의 삽입에 의한 위상천이(phase shift)를 계산하여 이 값을 제거하면 측정하고자 하는 회로망 자체의 $S$파라미터를 구할 수 있다. 그림 8.14는 측정하고자 하는 2-포트 회로망을 전기적 길이가 다른 두 개의 전송선로 사이에 삽입한 예이다.

두 개의 전송선로를 그림 8.14에 보인 바와 같이 연결하면, 2-포트 회로망의 포트 1과 포트 2의 기준면이 각각 $T_1$과 $T_2$에서 $T_1'$과 $T_2'$으로 바뀐다. 바뀐 기준면 $T_1'$과 $T_2'$에서 측정한 $S$파라미터를 산란행렬 $[S']$으로 표시하면 다음과 같다.

$$\begin{bmatrix} b_1' \\ b_2' \end{bmatrix} = \begin{bmatrix} S_{11}' & S_{12}' \\ S_{21}' & S_{22}' \end{bmatrix} \begin{bmatrix} a_1' \\ a_2' \end{bmatrix} \tag{8-45}$$

또한 구하고자 하는 2-포트 회로망에서 원래의 산란행렬 $[S]$를

$$\begin{bmatrix} b_1 \\ b_2 \end{bmatrix} = \begin{bmatrix} S_{11} & S_{12} \\ S_{21} & S_{22} \end{bmatrix} \begin{bmatrix} a_1 \\ a_2 \end{bmatrix} \tag{8-46}$$

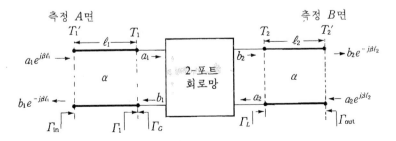

그림 8.14  전송선로를 사용한 2-포트 회로망의 측정.

라 놓으면 그림 8.14에서

$$\begin{bmatrix} a_1' \\ a_2' \end{bmatrix} = \begin{bmatrix} a_1\,e^{+j\beta l_1} \\ a_2\,e^{+j\beta l_2} \end{bmatrix} = \begin{bmatrix} e^{j\beta l_1} & 0 \\ 0 & e^{j\beta l_2} \end{bmatrix} \begin{bmatrix} a_1 \\ a_2 \end{bmatrix}$$

$$\begin{bmatrix} b_1' \\ b_2' \end{bmatrix} = \begin{bmatrix} b_1\,e^{-j\beta l_1} \\ b_2\,e^{-j\beta l_2} \end{bmatrix} = \begin{bmatrix} e^{-j\beta l_1} & 0 \\ 0 & e^{-j\beta l_2} \end{bmatrix} \begin{bmatrix} b_1 \\ b_2 \end{bmatrix}$$

와 같이 됨을 쉽게 알 수 있으므로 위의 관계를 식 (8-45)에 대입하면

$$\begin{bmatrix} e^{-j\beta l_1} & 0 \\ 0 & e^{-j\beta l_2} \end{bmatrix} \begin{bmatrix} b_1 \\ b_2 \end{bmatrix} = \begin{bmatrix} S_{11}' & S_{12}' \\ S_{21}' & S_{22}' \end{bmatrix} \begin{bmatrix} e^{j\beta l_1} & 0 \\ 0 & e^{j\beta l_2} \end{bmatrix} \begin{bmatrix} a_1 \\ a_2 \end{bmatrix}$$

이므로

$$[S] = [T]\,[S']\,[T] \tag{8-47}$$

또는

$$[S] = \begin{bmatrix} S_{11}'\,e^{j2\beta l_1} & S_{12}'\,e^{j\beta(l_1+l_2)} \\ S_{21}'\,e^{j\beta(l_1+l_2)} & S_{22}'\,e^{j2\beta l_2} \end{bmatrix}$$

이다. 여기서

$$[T] = \begin{bmatrix} e^{j\beta l_1} & 0 \\ 0 & e^{j\beta l_2} \end{bmatrix}$$

## [4] 산란변환행렬

종속된 회로망을 취급하는 경우 임피던스 행렬이나 어드미턴스 행렬을 사용하는 것보다 $ABCD$행렬을 사용하는 것이 더 편리한 바와 같이 종속된 회로망을 취급하는 경우 산란행렬의 불편함을 극복할 수 있는 새로운 행렬인 산란변환행렬(scattering transfer matrix)을 정의한다. 즉, 산란변환 파라미터는 입력포트의 입사전압파 $a_1$과 반사전압파 $b_1$을 다음과 같이 출력포트의 입사전압파 $a_2$와 반사전압파 $b_2$의 독립변수의 함수로 정의한다.

$$\begin{bmatrix} b_1 \\ a_1 \end{bmatrix} = \begin{bmatrix} T_{11} & T_{12} \\ T_{21} & T_{22} \end{bmatrix} \begin{bmatrix} a_2 \\ b_2 \end{bmatrix} \tag{8-48}$$

산란행렬식으로부터 산란변환 파라미터를 구하면

$$T_{11} = S_{12} - \frac{S_{11}\,S_{22}}{S_{21}}$$

$$T_{12} = \frac{S_{11}}{S_{21}}$$

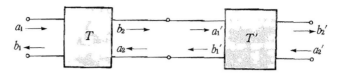

그림 8.15 두 개의 2-포트 회로망의 종속연결.

$$T_{21} = -\frac{S_{22}}{S_{21}}$$

$$T_{22} = \frac{1}{S_{21}}$$

를 얻는다. 그림 8.15에 보인 종속회로망에서 산란변환행렬을 적용하면 다음과 같다. 각각의 회로망의 산란변환행렬은 각각

$$\begin{bmatrix} b_1 \\ a_1 \end{bmatrix} = \begin{bmatrix} T_{11} & T_{12} \\ T_{21} & T_{22} \end{bmatrix} \begin{bmatrix} a_2 \\ b_2 \end{bmatrix}$$

$$\begin{bmatrix} b_1' \\ a_1' \end{bmatrix} = \begin{bmatrix} T_{11}' & T_{12}' \\ T_{21}' & T_{22}' \end{bmatrix} \begin{bmatrix} a_2' \\ b_2' \end{bmatrix}$$

이므로 다음과 같은 관계를 윗식에 적용하면

$$\begin{bmatrix} b_1' \\ a_1' \end{bmatrix} = \begin{bmatrix} a_2 \\ b_2 \end{bmatrix}$$

종속회로망의 산란변환행렬은

$$\begin{bmatrix} b_1 \\ a_1 \end{bmatrix} = \begin{bmatrix} T_{11} & T_{12} \\ T_{21} & T_{22} \end{bmatrix} \begin{bmatrix} T_{11}' & T_{12}' \\ T_{21}' & T_{22}' \end{bmatrix} \begin{bmatrix} a_2' \\ b_2' \end{bmatrix} \tag{8-49}$$

가 된다. $b_1/a_1$의 비를 취하면 전체 회로망에 대한 $S_{11}$이 된다.

## 8. 5  전력이득

이 절에서는 임의의 전원임피던스와 부하임피던스를 갖는 임의의 2-포트 회로망의 전력전달 특성에 관하여 살펴본다. 그림 8.16에 보인 2-포트 회로망은 필터 또는 증폭기를 나타내는 일반적 구성도이다. 이러한 회로망에 유용한 세 종류의 전력이득을 2-포트 회로망의 $S$ 파라미터와 전원과 부하에서 반사계수로 표시되는 식을 구한다.

세 종류의 전력이득을 정의하면 다음과 같다.

① 동작전력이득(operating power gain)

$G_p$는 2-포트 회로망의 입력에 공급된 전력 $P_{in}$에 대하여 부하 $Z_L$에서 소모된 전력 $P_L$의 비이다. 즉, 주어진 능동회로가 전원임피던스 $Z_s$에 강하게 의존하고 있을지라도 이득($G = P_L/P_{in}$)은 $Z_s$에 의존하지 않는다.

② 변환전력이득(transducer power gain)

$G_t$는 전원으로부터 가용할 수 있는 전력 $P_{as}$와 부하에 공급된 전력 $P_L$의 비이다. 즉, 이득($G_t = P_L/P_{as}$)은 $Z_s$와 $Z_L$에 의존하므로 앞에서 정의한 이득과 다음 항에서 정의할 이득보다 좋은 장점을 갖는다.

③ 가용전력이득(available power gain)

$G_a$는 전원으로부터 가용할 수 있는 전력 $P_{as}$에 대한 2-포트 회로망으로부터 가용할 수 있는 전력 $P_{an}$의 비이다. 즉, $G_a = \dfrac{P_{an}}{P_{as}}$, 여기서 $\Gamma_L = \Gamma_{out}^*$일 때 $P_L = P_{an}$이고 $\Gamma_{in} = \Gamma_s^*$일 때 $P_{in} = P_{as}$이다.

위에서 정의한 전력이득을 설명하기 위하여 전원과 2-포트 회로망의 입력포트 사이에서 입사파와 반사파의 관계를 살펴보기로 한다. 그림 8.16에서 $b_s$는 무반사부하($\Gamma_{in} = 0$)인 경우의 전원전력파이다. 그러나 일반적으로 부하는 정합되지 못하므로 2-포트 회로망에 입사된 파 $b_s$는 그림 8.16에서 보는 바와 같이 $b_s\Gamma_{in}$의 반사파가 전원측으로 돌아가면 전원측에서는 다시 $b_s\Gamma_{in}\Gamma_s$가 반사된다. 이와 같은 과정을 한없이 반복한 결과에 의해서 전원측으로

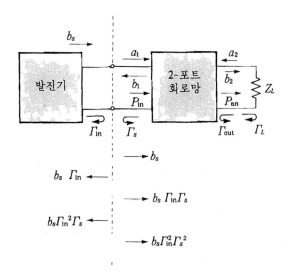

그림 8.16 전원과 2-포트 회로망 사이의 반사파.

돌아온 반사파의 합은

$$b_1 = b_s \Gamma_{\text{in}} [1 + \Gamma_{\text{in}} \Gamma_s + (\Gamma_{\text{in}} \Gamma_s)^2 + \cdots]$$
$$= \frac{b_s \Gamma_{\text{in}}}{1 - \Gamma_{\text{in}} \Gamma_s} \tag{8-50}$$

가 된다. 여기서

$$\Gamma_{\text{in}} = \frac{Z_{\text{in}} - Z_0}{Z_{\text{in}} + Z_0} \tag{8-51a}$$

$$\Gamma_s = \frac{Z_s - Z_0}{Z_s + Z_0} \tag{8-51b}$$

이다. 여기서 $Z_0$는 주어진 2-포트 회로망의 $S$파라미터 측정에 사용된 기준임피던스(또는 특성임피던스)이다. $\Gamma_{\text{in}} = b_1/a_1$이므로 식 (8-50)은

$$b_1 = \frac{b_s b_1}{a_1 - \Gamma_s b_1} \tag{8-52a}$$

또는

$$a_1 = b_s + b_1 \Gamma_s \tag{8-52b}$$

가 된다. 윗식은 $S$파라미터 해석에서 중요한 식이다. 2-포트 회로망의 입사전압파 $a_1$는 부하가 무반사($b_1 = 0$)가 아닌 한 $b_s$와 같지 않다. 식 (8-52b)에 $b_1 = a_1 \Gamma_{\text{in}}$을 대입하면

$$a_1 = b_s + \Gamma_{\text{in}} \Gamma_s a_1 \tag{8-53a}$$

또는

$$a_1 = \frac{b_s}{1 - \Gamma_{\text{in}} \Gamma_s} \tag{8-53b}$$

를 얻는다.

## [1]  동작 전력이득

일반적으로 부하가 있는 2-포트 회로망의 입력단이 부정합(mismatching)이면 반사계수 $\Gamma_{\text{in}}$이 발생한다. $\Gamma_{\text{in}}$을 구하면 다음과 같다. $S$파라미터의 정의에 의하면 $a_2 = \Gamma_L b_2$이므로

$$b_1 = S_{11} a_1 + S_{12} a_2 = S_{11} a_1 + S_{12} \Gamma_L b_2 \tag{8-54a}$$
$$b_2 = S_{21} a_1 + S_{22} a_2 = S_{21} a_1 + S_{22} \Gamma_L b_2 \tag{8-54b}$$

이다. 여기서

$$\Gamma_L = \frac{Z_L - Z_0}{Z_L + Z_0} \tag{8-55}$$

식 (8-54)에서 $b_2$를 소거하고 $b_1/a_1$를 구하면

$$\Gamma_{\text{in}} = \frac{b_1}{a_1} = S_{11} + \frac{S_{12} S_{21} \Gamma_L}{1 - S_{22} \Gamma_L} = \frac{S_{11} - \Delta \Gamma_L}{1 - S_{22} \Gamma_L} = \frac{Z_{\text{in}} - Z_0}{Z_{\text{in}} + Z_0} \tag{8-56}$$

가 된다. 여기서 $\Delta = S_{11} S_{22} - S_{12} S_{21}$ 이고 $Z_{\text{in}}$ 는 부하가 있는 회로망의 포트 1을 향하여 본 임피던스이다. 이는 임의의 부하를 갖는 2-포트 회로망의 입력반사계수에 대한 일반적인 결과식이다. 이 식은 신호흐름도에서 구한 결과와 같음을 확인할 수 있다. 마찬가지 방법으로 포트 1에 $Z_s$를 부가하였을 때 회로망의 포트 2를 향하여 본 반사계수는

$$\Gamma_{\text{out}} = \frac{b_2}{a_2} = S_{22} + \frac{S_{12} S_{21} \Gamma_s}{1 - S_{11} \Gamma_s} = \frac{S_{22} - \Delta \Gamma_s}{1 - S_{11} \Gamma_s} \tag{8-57}$$

가 된다.

식 (8-38)에 보인 바와 같이 부하에 공급된 전력은 부하에 입사된 전력에서 부하로부터 반사된 전력을 뺀 결과이다. 즉,

$$P_L = \frac{1}{2} |b_2|^2 - \frac{1}{2} |a_2|^2 = \frac{1}{2} |b_2|^2 (1 - |\Gamma_L|^2) \tag{8-58}$$

마찬가지로 부하가 있는 2-포트 회로망에 입사하는 입력전력은

$$P_{\text{in}} = \frac{1}{2} |a_1|^2 - \frac{1}{2} |b_1|^2 = \frac{1}{2} |a_1|^2 (1 - |\Gamma_{\text{in}}|^2) \tag{8-59}$$

이다. 식 (8-59)에 식 (8-53b)를 대입하면 입력전력은

$$P_{\text{in}} = \frac{1}{2} \frac{|b_s|^2}{|1 - \Gamma_{\text{in}} \Gamma_s|^2} (1 - |\Gamma_{\text{in}}|^2) \tag{8-60}$$

이므로 전력이득은

$$G = \frac{P_L}{P_{\text{in}}} = \frac{|b_2|^2}{|b_s|^2} |1 - \Gamma_{\text{in}} \Gamma_s|^2 \frac{1 - |\Gamma_L|^2}{1 - |\Gamma_{\text{in}}|^2} \tag{8-61}$$

가 된다. 여기서 $\dfrac{|b_2|^2}{|b_s|^2}$ 는 다음과 같이 구해진다.

식 (8-53b)와 (8-54b)로부터

$$\frac{b_2}{a_1} = \frac{S_{21}}{1 - S_{22} \Gamma_L}$$

$$\frac{a_1}{b_s} = \frac{1}{1 - \Gamma_{\text{in}} \Gamma_s}$$

이므로

$$\frac{b_2}{b_s} = \frac{S_{21}}{(1 - S_{22}\,\Gamma_L)\,(1 - \Gamma_{\text{in}}\,\Gamma_s)} \tag{8-62}$$

를 얻는다. 그러므로 식 (8-61)에 식 (8-62)를 대입하면 동작전력이득은

$$G_p = \frac{1}{1 - |\Gamma_{\text{in}}|^2}|S_{21}|^2\frac{1 - |\Gamma_L|^2}{|1 - S_{22}\,\Gamma_L|^2} \tag{8-63}$$

이다.

---

### 예제 8-4

바이어스 전압과 전류가 각각 $V_{ds} = 4\,\text{V}$ 와 $I_{ds} = 40\,\text{mA}$ 이고 사용주파수가 $8\,\text{GHz}$ 이며 측정에 사용한 기준임피던스가 $50\,\Omega$인 경우 GaAs MESFET 의 $S$파라미터는

$$S_{11} = 0.45\underline{/165°} \qquad \Gamma_L = 0.42\underline{/140°}$$
$$S_{12} = 0.08\underline{/10°}$$
$$S_{21} = 1.91\underline{/10°}$$
$$S_{22} = 0.48\underline{/15°}$$

이다. 다음을 구하여라.

(a) 입력반사계수    (b) 동작전력이득    (c) 부하가 정합된 경우의 동작전력이득

[풀 이]　(a) 입력반사계수

$$\Gamma_{\text{in}} = \frac{S_{11} - \Delta\Gamma_L}{1 - S_{22}\,\Gamma_L}$$

$$= \frac{0.45\underline{/165°} - (0.36\underline{/-8°} \times 0.42\underline{/140°})}{1 - (0.48\underline{/15°} \times 0.42\underline{/140°})}$$

$$= 0.452\underline{/184°}$$

(b) 동작전력이득

$$G_p = \frac{1}{1 - |0.42|^2}|1.91|^2\frac{1 - |0.42|^2}{|1 - 0.48\underline{/15°} \times 0.42\underline{/140°}|}$$

$$= 3.30 = 5.18\,\text{dB}$$

(c) $\Gamma_L = 0$ 인 경우의 전력이득

$$G_p = \frac{|S_{21}|^2}{1 - |\Gamma_{\text{in}}|^2}\text{이므로}$$

$$G_p = \frac{|1.91|^2}{1 - |0.45|^2} = 4.56 = 6.59\,\text{dB}$$

## [2] 변환 전력이득

전원으로부터 가용할 수 있는 전력 $P_{as}$는 회로망에 공급할 수 있는 최대전력이다. 이와 같은 최대전력은 부하된 회로망의 입력 임피던스가 3장에서 설명한 바와 같이 전원 임피던스 $Z_s$의 공액복소수와 같을 때 얻을 수 있다. 즉, 식 (8-60)으로부터

$$P_{as} = P_{in}\Big|_{\Gamma_{in}=\Gamma_s^*} = \frac{1}{2}\frac{|b_s|^2}{1-|\Gamma_s|^2} \tag{8-64}$$

를 얻는다. 그러므로 변환전력이득 $G_t$는 식 (8-58)과 (8-64)로부터

$$G_t = \frac{P_L}{P_{as}} = \frac{|b_2|^2}{|b_s|^2}(1-|\Gamma_s|^2)(1-|\Gamma_L|^2) \tag{8-65}$$

이다. 윗식에 식 (8-62)를 대입하면 변환전력이득은

$$G_t = \frac{1-|\Gamma_s|^2}{|1-\Gamma_{in}\Gamma_s|^2}|S_{21}|^2\frac{1-|\Gamma_L|^2}{|1-S_{22}\Gamma_L|^2} \tag{8-66a}$$

가 된다. 또는

$$G_t = \frac{1-|\Gamma_s|^2}{|1-S_{11}\Gamma_s|^2}|S_{21}|^2\frac{1-|\Gamma_L|^2}{|1-\Gamma_{out}\Gamma_L|^2} \tag{8-66b}$$

이다. 여기서 식 (8-56)과 (8-57)로부터 다음과 같은 관계식을 얻는다.

$$1-\Gamma_{in}\Gamma_s = \frac{(1-S_{11}\Gamma_s)(1-\Gamma_{out}\Gamma_L)}{1-S_{22}\Gamma_L}$$

변환전력이득에 관한 세 가지 특별한 경우를 살펴보자.

① 정합 변환전력이득 ($\Gamma_s = \Gamma_L = 0$)

회로망의 입력과 출력측 모두가 각각 전원임피던스와 부하임피던스에 완전히 정합된 경우의 변환전력이득 $G_{tm}$는

$$G_{tm} = |S_{21}|^2 \tag{8-67}$$

이다.

② 단방향성 변환전력이득 ($|S_{12}|^2 = 0$)

단방향성 (unilateral) 변환전력이득 $G_{tu}$는 귀환증폭기의 무손실 가역성 귀환회로를 조정하여 역방향의 전력이득이 0이 되도록 ($|S_{12}|^2 = 0$) 한 경우의 순방향 전력이득이다. 즉,

$$G_{tu} = \frac{1-|\Gamma_s|^2}{|1-S_{11}\Gamma_s|^2}|S_{21}|^2\frac{1-|\Gamma_L|^2}{|1-S_{22}\Gamma_L|^2} \tag{8-68}$$

이며, 여기서 식 (8-57)로부터 $\Gamma_{out} = S_{22}$ 임에 유의하여라.

### ③ 최대 단방향성 변환전력이득

최대 단방향성 변환전력이득 $(G_{tum})$ 은 $\Gamma_s = S_{11}^*$ 이고 $\Gamma_L = S_{22}^*$ 인 경우이다.

$$G_{tum} = \frac{|S_{21}|^2}{(1-|S_{11}|^2)(1-|S_{22}|^2)} \tag{8-69}$$

---

### 예제 8-5

바이어스 전압과 전류가 각각 $V_{ds} = 4\,V$ 와 $I_{ds} = 30\,mA$ 이고 사용주파수가 $8\,GHz$ 이며 측정에 사용된 기준임피던스가 $50\,\Omega$ 인 경우 GaAs MESFET 의 $S$ 파라미터는

$$S_{11} = 0.55\underline{/158°} \qquad \Gamma_s = 0.20\underline{/0°}$$
$$S_{12} = 0.01\underline{/-5°} \qquad \Gamma_L = 0.33\underline{/0°}$$
$$S_{21} = 1.95\underline{/9°}$$
$$S_{22} = 0.46\underline{/-148°}$$

이다. 다음을 구하여라.

(a) 변환전력이득                    (b) 정합 변환전력이득
(c) 단방향성 변환전력이득            (d) 최대 단방향성 변환전력이득

[풀 이]    (a) 식 (8-66a)로부터

$$G_t = \frac{(1-|\Gamma_s|^2)|S_{21}|^2(1-|\Gamma_L|^2)}{|1-\Gamma_{in}\Gamma_s|^2|1-S_{22}\Gamma_L|^2}$$
$$= \frac{(1-0.2^2) \times 1.95^2 \times (1-0.33^2)}{|1-(0.55\underline{/0.158°} \times 0.2)|^2|1-(0.46\underline{/-148°} \times 0.33)|^2}$$
$$= 2.09 = 3.21\,dB$$

여기서 $\Gamma_{in}$ 은 식 (8-56)으로부터

$$\Gamma_{in} = S_{11} + \frac{S_{12}S_{21}\Gamma_L}{1-S_{22}\Gamma_L} = 0.54\underline{/157.78°}$$

이다.

(b) 식 (8-67)로부터

$$G_{tm} = |S_{21}|^2 = |1.95|^2 = 3.80 = 5.8\,dB$$

(c) 식 (8-68)로부터

$$G_{tu} = \frac{1 - |\,0.20\,|^2}{|\,1 - 0.55\underline{/158°} \times 0.20\,|^2} |\,1.95\,|^2 \frac{1 - |\,0.33\,|^2}{|\,1 - 0.46\underline{/-148°} \times 0.33\,|^2}$$

$$= 0.79 \times 3.80 \times 0.70$$

$$= 2.10 = 3.22 \text{ dB}$$

(d) 식 (8-69)로부터

$$G_{tum} = \frac{1}{1 - |\,0.55\,|^2} |\,1.95\,|^2 \frac{1}{1 - |\,0.46\,|^2}$$

$$= 1.43 \times 3.80 \times 1.27$$

$$= 6.9 = 8.38 \text{ dB}$$

---

## [3] 가용전력이득

회로망으로부터 가용할 수 있는 전력 $P_{an}$ 은 부하에 공급할 수 있는 최대전력이므로 식 (8-58)로부터

$$P_{an} = P_L \bigg|_{\Gamma_L = \Gamma_{out}^*} = \frac{1}{2} |\,b_2\,|^2 (1 - |\Gamma_{out}|^2) \tag{8-70}$$

가 된다. 따라서 가용전력이득은 식 (8-64)와 식 (8-70)으로부터

$$G_a = \frac{P_{an}}{P_{as}} = \frac{|\,b_2\,|^2}{|\,b_s\,|^2} (1 - |\,\Gamma_s\,|^2)(1 - |\,\Gamma_{out}\,|^2) \tag{8-71a}$$

를 얻는다. 윗식에 식 (8-62)를 대입하면

$$G_a = \frac{1}{1 - |\,\Gamma_s\,|^2} |\,S_{21}\,|^2 \frac{1 - |\,\Gamma_{out}\,|^2}{|\,1 - S_{22}\Gamma_{out}\,|^2} \tag{8-71b}$$

또는

$$G_a = \frac{1 - |\,\Gamma_s\,|^2}{|\,1 - S_{11}\Gamma_s\,|^2} |\,S_{21}\,|^2 \frac{1}{1 - |\,\Gamma_{out}\,|^2} \tag{8-71c}$$

이다.

---

**예제 8-6**

바이어스 전압과 전류가 각각 $V_{ds} = 5\,\text{V}$ 와 $I_{ds} = 40\,\text{mA}$ 이고 사용주파수가 $9\,\text{GHz}$ 이며 측정에 사용한 기준임피던스가 $50\,\Omega$인 경우 GaAs MESFET 의 $S$ 파라미터는

$$S_{11} = 0.65\underline{/-154°} \qquad \Gamma_s = 0.38\underline{/25°}$$
$$S_{12} = 0.02\underline{/40°}$$
$$S_{21} = 2.05\underline{/185°}$$
$$S_{22} = 0.55\underline{/-30°}$$

이다. 다음을 구하여라.

(a) 출력반사계수                             (b) 가용전력이득

**[풀 이]**   (a) 출력반사계수

$$\Gamma_{out} = \frac{S_{22} - \Delta\Gamma_s}{1 - S_{11}\Gamma_s} = \frac{0.55\underline{/-30°} - 0.33\underline{/170°} \times 0.38\underline{/25°}}{1 - 0.65\underline{/-154°} \times 0.38\underline{/25°}}$$
$$= 0.47 - j0.28 = 0.55\underline{/-31°}$$

(b) 가용전력이득

$$G_a = \frac{1 - |0.38|^2}{|1 - 0.65\underline{/-154°} \times 0.38\underline{/25°}|^2} |2.04|^2 \frac{1}{1 - |0.55|^2}$$
$$= 3.78 = 5.77 \text{ dB}$$

---

# 연습문제

**8.1**   비가역성 무손실 회로망은 반드시 순수한 허수 임피던스행렬을 갖는가?

**8.2**   그림 (문 8.2)에 보인 2-포트 회로망에 대한 $[Z]$ 와 $[Y]$ 행렬을 구하여라.

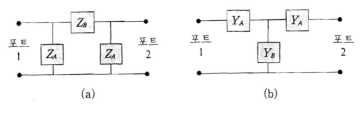

(a)                                (b)

그림 문 8.2

**8.3**   2-포트 회로망의 입·출력포트에서 전압과 전류가 다음과 같다.

$$V_1 = 10\underline{/0°}, \qquad I_1 = 0.1\underline{/40°}$$
$$V_2 = 12\underline{/30°}, \qquad I_2 = 0.15\underline{/100°}$$

특성임피던스가 $Z_0 = 50\ \Omega$일 때 입·출력포트에서 입사전압과 반사전압을 구하여라.

8.4 특성임피던스가 $Z_0 = 50\ \Omega$이고 길이가 $l$인 전송선로로 구성된 2-포트 회로망의 산란행렬을 구하여라. 여기서 입·출력단은 모두 정합되어 있다.

8.5 무손실, 수동, 가역성 2-포트 회로망에서 $|S_{21}|^2 = 1 - |S_{11}|^2$이 성립함을 보여라.

8.6 모든 포트에서 정합을 이루고 무손실이며 가역성이 성립하는 3-포트 회로망을 구성하는 것이 불가능함을 보여라. 모든 포트에서 정합되고 손실이 없는 비가역성 3-포트 회로망(서큘레이터)을 구성하는 것은 가능한가?

8.7 4-포트 회로망의 산란행렬이 아래와 같이 주어진 경우 다음을 구하여라.

$$[S] = \begin{bmatrix} 0.1\underline{/90°} & \dfrac{1}{\sqrt{2}}\underline{/-45°} & \dfrac{1}{\sqrt{2}}\underline{/45°} & 0 \\[2mm] \dfrac{1}{\sqrt{2}}\underline{/-45°} & 0 & 0 & \dfrac{1}{\sqrt{2}}\underline{/45°} \\[2mm] \dfrac{1}{\sqrt{2}}\underline{/-45°} & 0 & 0 & \dfrac{1}{\sqrt{2}}\underline{/-45°} \\[2mm] 0 & \dfrac{1}{\sqrt{2}}\underline{/45°} & \dfrac{1}{\sqrt{2}}\underline{/-45°} & 0 \end{bmatrix}$$

(1) 이 회로는 무손실인가?
(2) 이 회로는 가역성인가?
(3) 포트 1을 제외한 다른 모든 포트가 정합을 이룰 때 포트 1에서 반사손실(return loss)은 얼마인가?
(4) 포트 2와 4를 제외한 다른 모든 포트가 정합을 이룰 때 포트 2와 4 사이의 삽입손실(insertion loss)과 위상은 얼마인가?
(5) 포트 3을 단락하고 포트 3과 1을 제외한 다른 모든 포트가 정합을 이룰 때 포트 1에서 본 반사계수는 얼마인가?

8.8 4-포트 회로망의 산란행렬이 아래와 같다. 포트 3과 4를 전기적 길이가 $100°$인 정합된 무손실 전송선로로 연결한 경우 포트 1과 2 사이의 삽입손실과 위상을 구하여라.

$$[S] = \begin{bmatrix} 0.6\underline{/90°} & 0 & 0 & 0.8\underline{/0°} \\ 0 & 0.707\underline{/45°} & 0.707\underline{/-45°} & 0 \\ 0 & 0.707\underline{/-45°} & 0.707\underline{/45°} & 0 \\ 0.8\underline{/0°} & 0 & 0 & 0.6\underline{/90°} \end{bmatrix}$$

8.9 특성임피던스가 각각 $Z_{01}$과 $Z_{02}$인 두 개의 전송선로를 그림 (문 8.9)에 보인 바와 같이 연결한 2-포트 회로망이 있다. 이 회로망의 일반화된 산란파라미터를 구하여라.

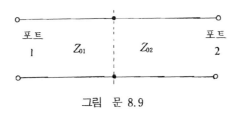

그림  문 8.9

8.10 표 8-1에 보인 회로망 중에서 두 번째, 세 번째 및 네 번째 회로망에 대한 $ABCD$파라미터를 증명하여라.

8.11 $ABCD$파라미터를 사용하여 그림 (문 8.11)에 보인 부하저항에 걸린 전압 $V_L$을 구하여라.

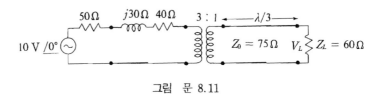

그림  문 8.11

8.12 그림 (문 8.12)에 보인 바와 같이 50 Ω의 전원, 정합된 3 dB 감쇠기와 50 Ω의 부하로 구성된 마이크로파 회로망이 있다. 다음을 구하여라.

   (1) 가용전력이득, 변환전력이득 및 동작전력이득

   (2) 부하를 25 Ω로 변경하였을 때 (1)항의 이득은 각각 어떻게 변하는가?

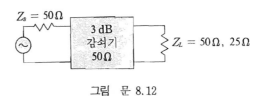

그림  문 8.12

# 9 장

# 마이크로파 증폭기

과거에는 진공관을 사용하여 마이크로파 증폭기를 설계하였으나 오늘날에는 반도체 소자를 사용한 마이크로파 증폭기가 주류를 이루고 있다. 반도체 소자를 사용한 마이크로파 증폭기는 GaAs FET(gallium arsenide field effect transistor)와 BJT(bipolar junction transistor)를 사용한 트랜지스터 증폭기와 IMPATT, Gunn, 터널(tunnel) 다이오드 등을 사용한 반사형 증폭기(reflection amplifier)로 분류할 수 있다.

트랜지스터 증폭기는 가격이 싸고 신뢰성이 매우 우수하여 저잡음과 중(中)전력 증폭용으로 60 GHz 까지 사용할 수 있다. 이 장에서는 저잡음, 협대역, 저전력 증폭기에 관하여 설명한다. 증폭기의 해석과 설계는 트랜지스터 증폭기의 $S$ 파라미터를 토대로 전개한다. 마이크로파 트랜지스터 증폭기를 설계하는 데 가장 중요하게 고려하여야 할 사항은 안정성(stability), 전력이득, 대역폭(bandwidth), 잡음, DC 바이어스 조건이다. 여기에서 소개하는 설계방법은 BJT 에는 물론 FET 에도 사용할 수 있다.

## 9.1 증폭기의 안정성

증폭기가 발진하지 않고 동작하기 위한 증폭기의 안정성은 증폭기를 설계할 때 가장 중요하게 고려하여야 할 사항으로서 $S$ 파라미터, 정합회로망, 종단(termination) 조건에 의해서 결정될 수 있다. 그림 9.1에 보인 2-포트 회로망에서 입력 또는 출력 포트 임피던스가 부성(negative) 저항을 가지면 발진이 일어날 수 있다. 이는 $|\Gamma_{in}| > 1$ 이거나 또는 $|\Gamma_{out}| > 1$ 임을 의미한다. $\Gamma_{in}$ 과 $\Gamma_{out}$ 은 전원과 부하의 정합회로에 의존하기 때문에 증폭기의 안정성도 정합회로를 나타내는 $\Gamma_S$ 와 $\Gamma_L$ 에 의존한다. 따라서 FET 와 같은 단방향성 소자에서는 $|S_{11}| > 1$ 또는 $|S_{22}| > 1$ 일 때 발진이 일어난다.

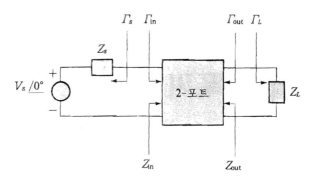

그림 9.1  2-포트 회로망.

안정성에는 두 가지 형식이 있다.

① 무조건 안정(unconditional stability)

그림 9.1에 보인 2-포트 회로망에서 주어진 주파수에서 모든 전원임피던스와 부하임피던스($|\Gamma_s| < 1, |\Gamma_L| < 1$)에 대하여 $|\Gamma_{in}| < 1$이고 $|\Gamma_{out}| < 1$인 회로망은 무조건 안정하다.

② 조건부 안정(conditional stability)

주어진 주파수에서 일정한 범위의 전원임피던스와 부하임피던스에 대해서만 $|\Gamma_{in}| < 1$이고 $|\Gamma_{out}| < 1$인 회로망은 조건부 안정하다.

여기서 유의할 점은 회로망의 안정조건은 주파수에 의존하기 때문에 증폭기는 설계하고자 하는 주파수범위에서 안정해야 한다는 사실이다. 일정한 주파수에서 무조건 안정에 대한 조건을 반사계수로 나타내면

$$|\Gamma_s| < 1 \tag{9-1a}$$

$$|\Gamma_L| < 1 \tag{9-1b}$$

$$|\Gamma_{in}| = \left| S_{11} + \frac{S_{12}\,S_{21}\,\Gamma_L}{1 - S_{22}\,\Gamma_L} \right| < 1 \tag{9-1c}$$

$$|\Gamma_{out}| = \left| S_{22} + \frac{S_{12}\,S_{21}\,\Gamma_s}{1 - S_{11}\,\Gamma_s} \right| < 1 \tag{9-1d}$$

이 된다. 여기서 $\Gamma_L = \dfrac{Z_L - Z_0}{Z_L + Z_0}$, $\Gamma_s = \dfrac{Z_s - Z_0}{Z_s + Z_0}$를 풀면 2-포트 회로망의 무조건 안정성에 대한 필요충분조건(necessary and sufficient condition)을 구할 수 있으나 이에 앞서 조건부 안정인 트랜지스터 해석에 특별히 유익한 도해적 해석(graphical analysis)을 소개한다.

먼저 $|\Gamma_{in}| = 1$과 $|\Gamma_{out}| = 1$에 각각 대응하는 $\Gamma_L$과 $\Gamma_s$의 영역을 구하기 위하여 식 (9-1c), (9-1d)를 1로 놓고 $\Gamma_L$과 $\Gamma_s$에 관하여 풀면 $\Gamma_L$과 $\Gamma_s$의 값은 안정원(stability circle)이라 부르는 원 위에 존재한다. 즉,

$$\left| S_{11} + \frac{S_{12}\,S_{21}\,\Gamma_L}{1 - S_{22}\,\Gamma_L} \right| = 1$$

$$| S_{11}(1 - S_{22}\,\Gamma_L) + S_{12}\,S_{21}\,\Gamma_L | = |1 - S_{22}\,\Gamma_L|$$

$$| S_{11} - \Delta\Gamma_L | = |1 - S_{22}\,\Gamma_L| \tag{9-2}$$

여기서 $\Delta = S_{11}\,S_{22} - S_{12}\,S_{21}$ 이다. 윗식의 양변을 제곱하면

$$| S_{11} - \Delta\Gamma_L |^2 = (S_{11} - \Delta\Gamma_L)(S_{11} - \Delta\Gamma_L)^*$$

$$| 1 - S_{22}\,\Gamma_L |^2 = (1 - S_{22}\,\Gamma_L)(1 - S_{22}\,\Gamma_L)^*$$

이므로 이를 정리하면

$$| S_{11} |^2 + | \Delta |^2 | \Gamma_L |^2 - (\Delta\Gamma_L\,S_{11}^* + \Delta^*\Gamma_L^*\,S_{11})$$
$$= 1 + | S_{22} |^2 | \Gamma_L |^2 - (S_{22}^*\,\Gamma_L^* + S_{22}\,\Gamma_L)$$

$$(| S_{22} |^2 - | \Delta |^2)\,\Gamma_L\,\Gamma_L^* - (S_{22} - \Delta S_{11}^*)\,\Gamma_L - (S_{22}^* - \Delta^*\,S_{11})\,\Gamma_L^* = | S_{11} |^2 - 1$$

$$\Gamma_L\,\Gamma_L^* - \frac{(S_{22} - \Delta S_{11}^*)\,\Gamma_L + (S_{22}^* - \Delta^*\,S_{11})\,\Gamma_L^*}{| S_{22} |^2 - | \Delta |^2} = \frac{| S_{11} |^2 - 1}{| S_{22} |^2 - | \Delta |^2}$$

가 된다. 윗식의 양변에 $| S_{22} - \Delta S_{11}^* |^2 / (| S_{22} |^2 - | \Delta |^2)^2$ 을 더하고 정리하면

$$\left| \Gamma_L - \frac{(S_{22} - \Delta S_{11}^*)^*}{| S_{22} |^2 - | \Delta |^2} \right|^2 = \frac{| S_{11} |^2 - 1}{| S_{22} |^2 - | \Delta |^2} + \frac{| S_{22} - \Delta S_{11}^* |^2}{(| S_{22} |^2 - | \Delta |^2)^2}$$

또는

$$\left| \Gamma_L - \frac{(S_{22} - \Delta S_{11}^*)^*}{| S_{22} |^2 - | \Delta |^2} \right| = \left| \frac{S_{12}\,S_{21}}{| S_{22} |^2 - | \Delta |^2} \right| \tag{9-3a}$$

이 된다. 위와 같은 방법으로 $\Gamma_s$ 에 관하여 구하면 다음과 같은 결과를 얻는다.

$$\left| \Gamma_s - \frac{(S_{11} - \Delta S_{22}^*)^*}{| S_{11} |^2 - | \Delta |^2} \right| = \left| \frac{S_{12}\,S_{21}}{| S_{11} |^2 - | \Delta |^2} \right| \tag{9-3b}$$

식 (9-3)으로부터 $\Gamma_L$ 평면과 $\Gamma_s$ 평면에서 $| \Gamma_{\text{in}} | = 1$ 과 $| \Gamma_{\text{out}} | = 1$ 에 해당하는 원의 반경과 중심을 각각 구하면 다음과 같다.

$| \Gamma_{\text{in}} | = 1$ 에 해당하는 $\Gamma_L$ 의 값(출력안정원)은 다음과 같은 원주 위에 존재한다.

$$r_L = \left| \frac{S_{12}\,S_{21}}{| S_{22} |^2 - | \Delta |^2} \right| \quad ; \quad \text{반경} \tag{9-4a}$$

$$c_L = \frac{(S_{22} - \Delta S_{11}^*)^*}{| S_{22} |^2 - | \Delta |^2} \quad ; \quad \text{중심} \tag{9-4b}$$

$| \Gamma_{\text{out}} | = 1$ 에 해당하는 $\Gamma_s$ 의 값(입력안정원)은 다음과 같은 원주 위에 존재한다.

$$r_s = \left| \frac{S_{12}\,S_{21}}{|S_{11}|^2 - |\Delta|^2} \right| \quad ; \quad 반경 \tag{9-5a}$$

$$c_s = \frac{(S_{11} - \Delta S_{22}^*)^*}{|S_{11}|^2 - |\Delta|^2} \quad ; \quad 중심 \tag{9-5b}$$

한 개의 일정한 주파수에서 측정한 2-포트 회로망의 $S$파라미터에 대한 입력안정원과 출력안정원을 스미스 도표에 나타내면 그림 9.2에 보인 바와 같다. $\Gamma_L$평면에서 출력안정원 경계선의 어느 한쪽이 $|\Gamma_{in}| < 1$에 해당하면 다른쪽은 $|\Gamma_{in}| > 1$에 해당한다. 마찬가지로 $\Gamma_s$평면에서 입력안정원 경계선의 어느 한쪽이 $|\Gamma_{out}| < 1$에 해당하면 다른쪽은 $|\Gamma_{out}| > 1$에 해당함을 알 수 있다. 여기서 중요한 것은 스미스 도표에서 어느 곳이 안정한 영역인가를 판단하는 것이다. 이를 결정하기 위하여 $Z_L = Z_0$(트랜지스터의 $S$파라미터 측정에 사용된 기준 특성임피던스)라 놓으면 $\Gamma_L = 0$이므로 식 (9-1c)로부터 $|\Gamma_{in}| = |S_{11}|$이다. 따라서 $\Gamma_L = 0$일 때 $|S_{11}| < 1$이면 $|\Gamma_{in}| < 1$이다. 즉, $\Gamma_L = 0$인 경우 $|\Gamma_{in}| < 1$이므로 그림 9.2에 보인 스미스 도표의 중심은 안정한 동작점을 나타낸다. 따라서 $|\Gamma_{in}| = 1$인 원 밖이 안정영역이다. 반면에 만약 $Z_L = Z_0$일 때 $|S_{11}| > 1$이면 $\Gamma_L = 0$일 때 $|\Gamma_L| > 1$이므로 스미스 도표의 중심은 불안정한 동작점을 나타낸다. 따라서 $|\Gamma_L| = 1$인 원 안이 안정영역이다.

그림 9.3은 위에서 설명한 두 경우를 설명하는 그림이다. 사선을 그은 부분이 안정하게 동작하는 $\Gamma_L$의 영역을 나타낸다. 마찬가지로 그림 9.4는 $\Gamma_s$의 안정영역과 불안정영역을 보여주는 설명도이다. 주어진 소자가 모든 전원임피던스와 부하임피던스에 대하여 무조건 안정하기 위해서는 안정원이 그림 9.5에 보인 바와 같이 완전히 스미스 도표 밖에 존재해야 한다. 이를 수학적으로 설명하면 다음과 같다.

$$|S_{11}| < 1인 경우, \quad ||c_L| - r_L| > 1 \tag{9-6a}$$

$$|S_{22}| < 1인 경우, \quad ||c_s| - r_s| > 1 \tag{9-6b}$$

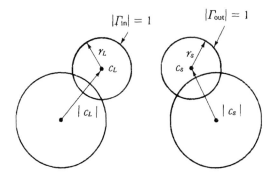

그림 9.2  스미스 도표에 보인 안정원.

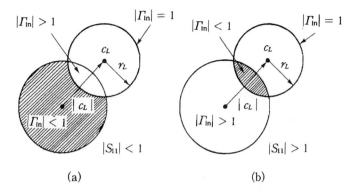

그림 9.3  $\Gamma_L$평면에서 안정영역(사선부분)과 불안정영역을 설명하는 스미스 도표.

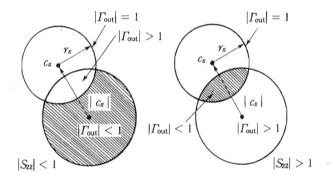

그림 9.4  $\Gamma_s$평면에서 안정영역(사선부분)과 불안정영역을 설명하는 스미스 도표.

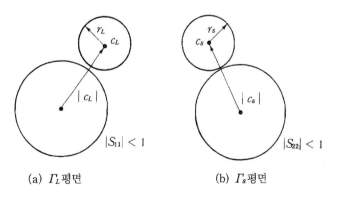

(a)  $\Gamma_L$평면                    (b)  $\Gamma_s$평면

그림 9.5  무조건 안정에 대한 설명도.

만약  $|S_{11}| > 1$ 이거나 또는  $|S_{22}| > 1$ 이면,  $\Gamma_L = 0$  혹은  $\Gamma_s = 0$ 으로 종단되면  $|\Gamma_{\text{in}}| > 1$  또는  $|\Gamma_{\text{out}}| > 1$ 의 원인이 되기 때문에(그림 9.3, 9.4 참조) 회로망은 불안정하다.

다음으로 2-포트 회로망이 무조건 안정하기 위한 **필요충분조건**은 매우 편리하고 중요하기 때문에 그 결과식을 소개한다. 이의 증명은 복잡하므로 생략한다(본인의 저서 "마이크로파 공학", 청문각 참고). 즉,

$$K = \frac{1 + |\Delta|^2 - |S_{11}|^2 - |S_{22}|^2}{2|S_{12}S_{21}|} > 1 \tag{9-7a}$$

$$|\Delta| < 1 \tag{9-7b}$$

이다.

따라서 2-포트 회로망이 무조건 안정하기 위해서는 오직 $K > 1$이고 $|\Delta| < 1$일 때만 가능하다.

$\Gamma_L$과 $\Gamma_s$를 선택했을 때 $|\Gamma_{in}| > 1$ 또는 $|\Gamma_{out}| > 1$인 결과가 발생할지라도 만약 그림 9.1에 보인 전체 입력과 전체 출력 루프(loop) 저항성분이 정(+)이 되면 그 회로를 안정하다고 말할 수 있다. 다른 말로 바꾸어 설명하면 다음과 같다. 만약

$$Re\{Z_s + Z_{in}\} > 0 \tag{9-8a}$$

이고,

$$Re\{Z_L + Z_{out}\} > 0 \tag{9-8b}$$

이면 그 회로는 안정하다.

조건부 안정인 트랜지스터라도 저항성이 되도록 부하를 조절하거나 또는 부성귀환(negative feedback)을 부가하면 무조건 안정으로 만들 수 있다. 그러나 이러한 기법은 전력이득, 잡음지수 등을 열화(degradation)시키기 때문에 협대역 증폭기에 사용하는 것은 바람직하지 못하다. 조건부 안정인 트랜지스터를 사용하여 협대역 증폭기를 설계하는 경우에는 적절한 $\Gamma_L$과 $\Gamma_s$의 값을 선택하여 안정성을 유지하는 것이 최선의 방법이다. 반면에 이 기법은 조건부 안정인 트랜지스터를 사용하여 광대역 증폭기를 설계하는 경우에 바람직하다.

---

**예제 9-1**

1 GHz에서 50 Ω의 기준임피던스에 대한 Si BJT의 $S$파라미터는 다음과 같다.

$$S_{11} = 0.49 \underline{/-156.6°}$$
$$S_{21} = 6.70 \underline{/85°}$$
$$S_{12} = 0.044 \underline{/43°}$$
$$S_{22} = 0.50 \underline{/-33°}$$

$K$와 $|\Delta|$를 구하고 안정원을 그려라.

[풀 이]  식 (9-7)로부터 $K$와 $|\Delta|$를 구하면

$$\Delta = S_{11} S_{22} - S_{12} S_{21} = 0.2 \, \underline{/252.58°}$$

$$K = \frac{1 + |\Delta|^2 - |S_{11}|^2 - |S_{22}|^2}{2 \, |S_{12} S_{21}|} = 0.93$$

이다. $|\Delta| = 0.203 < 1$ 이지만 $K < 1$ 이므로 주어진 소자는 조건부 안정이다. 식 (9-4)로부터 안정원의 중심과 반경을 구하면 다음과 같다.

$$c_L = \frac{(S_{22} - \Delta S_{11}^*)^*}{|S_{22}|^2 - |\Delta|^2} = 2.37 \, \underline{/44.32°}$$

$$r_L = \frac{|S_{12} S_{21}|}{|S_{22}|^2 - |\Delta|^2} = 1.41$$

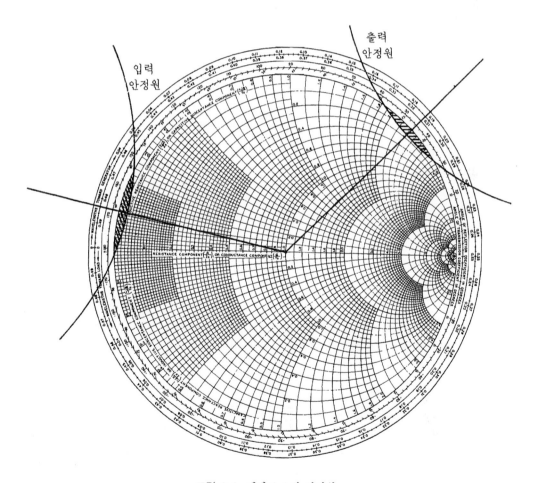

그림 9.6  예제 9-1의 안정원.

$$c_s = \frac{(S_{11} - \Delta S_{22}^*)^*}{|S_{11}|^2 - |\Delta|^2} = 2.44\,\underline{/168.39^\circ}$$

$$r_s = \frac{|S_{12}\,S_{21}|}{|S_{11}|^2 - |\Delta|^2} = 1.48$$

위의 결과를 이용하여 입력과 출력의 안정원을 그리면 그림 9.6에 보인 바와 같다. $|S_{11}| < 1$이고 $|S_{22}| < 1$이기 때문에 스미스 도표의 중앙부분이 $\Gamma_s$와 $\Gamma_L$에 대한 안정동작영역이다. 불안정한 영역은 사선으로 표시한 부분이다.

## 9.2  최대 변환전력이득

1단(single-stage) 마이크로파 트랜지스터 증폭기는 일반적으로 그림 9.7에 보인 바와 같이 구성할 수 있다. 트랜지스터의 입·출력측에 정합회로를 사용한다.

설명의 편의를 위하여 변환전력이득의 식 (8-66b)를 옮겨 쓰면

$$
\begin{aligned}
G_t &= \frac{1 - |\Gamma_s|^2}{|1 - \Gamma_{\text{in}}\Gamma_s|^2}\,|S_{21}|^2\,\frac{1 - |\Gamma_L|^2}{|1 - S_{22}\Gamma_L|^2} \\
&= \frac{1 - |\Gamma_s|^2}{|1 - S_{11}\Gamma_s|^2}\,|S_{21}|^2\,\frac{1 - |\Gamma_L|^2}{|1 - \Gamma_{\text{out}}\Gamma_L|^2}
\end{aligned}
\tag{9-9}
$$

여기서 $S_{12} \neq 0$일 때 단방향성으로 가정할 수 없으므로 입출력의 반사계수는 식 (9-1c)와 식 (9-1d)로부터

$$\Gamma_{\text{in}} = S_{11} + \frac{S_{12}\,S_{21}\,\Gamma_L}{1 - S_{22}\,\Gamma_L} \tag{9-10a}$$

$$\Gamma_{\text{out}} = S_{22} + \frac{S_{12}\,S_{21}\,\Gamma_s}{1 - S_{11}\,\Gamma_s} \tag{9-10b}$$

가 된다. 식 (9-9)로부터 알 수 있는 바와 같이 변환전력이득은 출력정합회로는 물론 입력정합회로에 따라서도 변화함을 알 수 있다. 따라서 전체 회로망에 관한 식 (9-9)를 입력정합회로, 트랜지스터 및 출력정합회로로 구분해서 생각하면 이에 대응하는 각 기능별 유효이득은

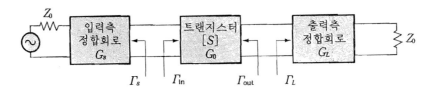

그림 **9.7**　트랜지스터 증폭기 회로의 구성모델.

$$G_s = \frac{1 - |\Gamma_s|^2}{|1 - \Gamma_{\text{in}}\Gamma_s|^2} \tag{9-11a}$$

$$G_0 = |S_{21}|^2 \tag{9-11b}$$

$$G_L = \frac{1 - |\Gamma_L|^2}{|1 - \Gamma_{\text{out}}\Gamma_L|^2} \tag{9-11c}$$

이므로

$$G_t = G_s\,G_0\,G_L$$

이다. 유효이득 $G_s$ 와 $G_L$ 은 트랜지스터의 정합회로에서 구할 수 있다. 트랜지스터의 안정여부를 결정하고 $\Gamma_s$ 와 $\Gamma_L$ 에 대한 안정영역을 스미스 도표에 표시한 다음에는 입·출력 정합회로를 설계할 수 있다. 식 (9-11b)의 $G_0$ 는 주어진 트랜지스터에 의해서 결정되기 때문에 증폭기의 총 이득은 정합회로망의 이득 $G_s$ 와 $G_L$ 에 의하여 결정할 수 있다. 최대이득 (maximum gain)은 이러한 정합회로가 증폭기의 전원이나 부하임피던스와 트랜지스터 사이에서 공액정합이 이루어질 때 실현할 수 있다. 3장에서 설명한 공액임피던스정합을 참고하면 그림 9.7에서 입력정합회로망으로부터 트랜지스터에 입력되는 최대전력전달(maximum power transfer)은 다음과 같은 조건일 때 발생한다.

$$\Gamma_{\text{in}} = \Gamma_s^* = S_{11} + \frac{S_{12}\,S_{21}\,\Gamma_L}{1 - S_{22}\,\Gamma_L} \tag{9-12a}$$

또한 트랜지스터로부터 출력정합 회로망에 전달되는 최대전력전달은 다음과 같이 주어질 때 발생한다.

$$\Gamma_{\text{out}} = \Gamma_L^* = S_{22} + \frac{S_{12}\,S_{21}\,\Gamma_s}{1 - S_{11}\,\Gamma_s} \tag{9-12b}$$

여기에서 정합회로망이 무손실이라고 가정하면 이 두 조건은 전체 변환전력이득(transducer power gain)을 최대로 만든다. 즉, 이 최대 변환전력이득은 식 (9-9)로부터

$$G_{\text{tm}} = \frac{1}{1 - |\Gamma_s|^2}\,|S_{21}|^2\,\frac{1 - |\Gamma_L|^2}{|1 - S_{22}\,\Gamma_L|^2} \tag{9-13}$$

가 된다.

일반적으로 쌍방향성($S_{12} \neq 0$) 트랜지스터인 경우, $\Gamma_{\text{in}}$ 은 $\Gamma_L$ 의 영향을 받고 $\Gamma_{\text{out}}$ 은 $\Gamma_s$ 의 영향을 받으므로 입력과 출력의 정합회로를 동시에 정합하여야 한다. 즉 동시공액정합된 경우의 $\Gamma_s$ 와 $\Gamma_L$ 을 각각 $\Gamma_{\text{sm}}$ 과 $\Gamma_{\text{Lm}}$ 이라 하면, 식 (9-12)를 다음과 같이 고쳐 쓸 수 있다.

$$\Gamma_{\text{sm}} = S_{11}^* + \frac{S_{12}^*\,S_{21}^*}{1/\Gamma_{\text{Lm}}^* - S_{22}^*} \tag{9-14a}$$

$$\Gamma_{\mathrm{Lm}}^* = \frac{S_{22} - \Delta \Gamma_{\mathrm{sm}}}{1 - S_{11}\Gamma_{\mathrm{sm}}} \tag{9-14b}$$

만약 트랜지스터가 단방향성($S_{12} = 0$)이거나 또는 $S_{12}$가 무시할 수 있을 만큼 작으면, $\Gamma_{\mathrm{in}} = S_{11}$, $\Gamma_{\mathrm{out}} = S_{22}$이므로 식 (9-11)은 다음과 같이 쓸 수 있다.

$$G_s = \frac{1 - |\Gamma_s|^2}{|1 - S_{11}\Gamma_s|^2} \tag{9-15a}$$

$$G_0 = |S_{21}|^2 \tag{9-15b}$$

$$G_L = \frac{1 - |\Gamma_L|^2}{|1 - S_{22}\Gamma_L|^2} \tag{9-15c}$$

따라서 단방향 변환전력이득은 다음과 같다.

$$G_{\mathrm{tu}} = \frac{1 - |\Gamma_s|^2}{|1 - S_{11}\Gamma_s|^2}|S_{21}|^2 \frac{1 - |\Gamma_L|^2}{|1 - S_{22}\Gamma_L|^2} \tag{9-16}$$

식 (8-66a)에 $\Gamma_s = \Gamma_{\mathrm{sm}}$과 $\Gamma_L = \Gamma_{\mathrm{Lm}}$를 대입하면 동시 공액정합된 조건에서 최대 변환전력이득은

$$G_{\mathrm{tm}} = \frac{(1 - |\Gamma_{\mathrm{sm}}|^2)|S_{21}|^2(1 - |\Gamma_{\mathrm{Lm}}|^2)}{|(1 - S_{11}\Gamma_{\mathrm{sm}})(1 - S_{22}\Gamma_{\mathrm{Lm}}) - S_{12}S_{21}\Gamma_{\mathrm{Lm}}\Gamma_{\mathrm{sm}}|^2} \tag{9-17}$$

을 얻는다. 윗식에 식 (9-14)를 대입하고 식 (9-7)을 사용하면 다음과 같은 결과를 얻는다.

$$G_{\mathrm{tm}} = \frac{|S_{21}|}{|S_{12}|}(K - \sqrt{K^2 - 1}) \tag{9-18}$$

식 (9-18)에서 $K > 1$이고 $K \to 1$이면 최대변환전력이득 $G_{\mathrm{tm}}$은 $|S_{21}/S_{12}|$가 된다. 즉, $K = 1$일 때의 $G_{\mathrm{tm}}$을 트랜지스터의 최대안정이득(maximum stable gain)이라 부르며 다음과 같이 정의한다.

$$G_{\mathrm{msg}} = \frac{|S_{21}|}{|S_{12}|} \tag{9-19}$$

여기서 $G_{\mathrm{msg}}$는 $G_{\mathrm{tm}}$이 취할 수 있는 최대값을 나타내는 성능지수(figure of merit)이다.

트랜지스터가 $K < 1$일 때는 $G_{\mathrm{tm}}$이 존재할 수 없으므로 동작전력이득 $G_p$를 사용하여 설계하여야 한다. 단방향성인 경우(unilateral case)에 $S_{12} = 0$이므로 식 (9-12)로부터 $\Gamma_s = S_{11}^*$와 $\Gamma_L = S_{22}^*$가 되므로 최대 단방향 변환전력이득에 대한 식 (9-13)은 다음과 같이 간단하게 쓸 수 있다.

$$G_{\mathrm{tum}} = \frac{1}{1 - |S_{11}|^2}|S_{21}|^2 \frac{1}{1 - |S_{22}|^2} \tag{9-20}$$

## 예제 9-2

단일스터브(single stub)에 의한 정합법을 사용하여 12 GHz에서 최대이득을 갖는 증폭기를 설계하여라. 11 GHz와 13 GHz 사이의 주파수범위에서 반사감쇠량(return loss)과 이득을 계산하여 이를 도시하여라. 50 Ω의 기준 특성임피던스에서 측정한 GaAs FET의 $S$ 파라미터는 다음과 같다.

|          | 11 GHz            | 12 GHz            | 13 GHz             |
| -------- | ----------------- | ----------------- | ------------------ |
| $S_{11}$ | 0.58 $\underline{/44°}$  | 0.63 $\underline{/20°}$  | 0.65 $\underline{/3°}$    |
| $S_{21}$ | 2.39 $\underline{/-68°}$ | 2.17 $\underline{/-90°}$ | 2.00 $\underline{/-108°}$ |
| $S_{12}$ | 0.145 $\underline{/-78°}$ | 0.133 $\underline{/-95°}$ | 0.121 $\underline{/-107°}$ |
| $S_{22}$ | 0.07 $\underline{/89°}$  | 0.16 $\underline{/43°}$  | 0.19 $\underline{/21°}$   |

[**풀 이**]  $f = 12$ GHz에서 소자의 안정 여부를 알아보기 위하여 $\Delta$와 $K$를 구하면

$$\Delta = S_{11}S_{22} - S_{12}S_{21} = 0.3395\,\underline{/10.9797°}$$

$$K = \frac{1 - |S_{11}|^2 - |S_{22}|^2 + |\Delta|^2}{2|S_{12}S_{21}|} = 1.2$$

이다. $|\Delta| < 1$이고 $K > 1$이므로 주어진 소자는 12 GHz에서 무조건 안정하다. 그러므로 안정원을 그릴 필요가 없다.

최대이득을 얻기 위하여 $\Gamma_s^* = \Gamma_{in}$과 $\Gamma_L^* = \Gamma_{out}$에 대한 $\Gamma_{sm}$과 $\Gamma_{Lm}$을 식 (9-14)로부터 구하면

$$\Gamma_{sm} = 0.7298\,\underline{/-24.11°}$$

$$\Gamma_{Lm} = 0.3814\,\underline{/-123.44°}$$

이다.

최대 변환전력이득은 식 (9-18)로부터 구할 수 있다.

$$G_{tm} = \frac{|S_{21}|}{|S_{12}|}(K - \sqrt{K^2 - 1}) = 8.76 = 9.42 \text{ dB}$$

정합회로는 스미스 도표를 사용하여 쉽게 구할 수 있다. 주어진 소자의 입력측을 정합하기 위하여 구한 반사계수, $\Gamma_{sm} = 0.7298\,\underline{/-24.11°}$를 스미스 도표에 나타내면 그림 9.8에 보인 바와 같다. 이에 대응하는 임피던스 $Z_{sm}$는 전원임피던스 $Z_0$를 향하여 정합회로를 본 임피던스이다. 따라서 정합회로는 $Z_0$를 임피던스 $Z_{sm}$로 변환시켜야 한다. 변환방법에는 여러 가지가 있으나 여기에서는 일정한 길이를 갖는 개방회로 병렬스터브(shunt stub)를 사용하기로 한다. 그림 9.8(a)에 보인 바와 같이 스미스 도표에서 화살표를 따라 이동하면 정합을 이룰 수 있다.

정합과정을 설명하면 다음과 같다. $Z_{sm}$을 정규화된 어드미턴스 $y_{sm}$로 변경하고, 이를 반경으로 하는 원과 어드미턴스가 1인 원이 만나는 점은 $1 + j2.1$과 $1 - j2.1$이다. 여기서는 $1 + j2.1$를

선택하여 정합회로를 구성한다. 50 Ω에 해당하는 스미스 도표의 중심이 화살표를 따라 $1+j2.1$
인 A 지점에 이르려면 $j2.1$에 해당하는 리액턴스를 병렬로 추가하여야 한다. 이는 스터브를 달아
줌으로써 해결된다. 이 때 개방회로 병렬스터브의 길이는 $0.18\lambda$이다. 또한 A 지점에서 $y_{sm}$로 옮
겨가기 위해서는 저항과 리액턴스가 동시에 변화하여야 하므로 $0.344\lambda$의 직렬선로가 필요하다.

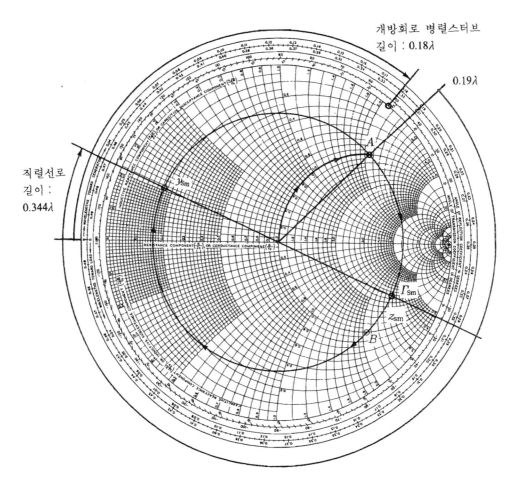

(a) 입력 정합회로망을 설계하기 위한 스미스 도표

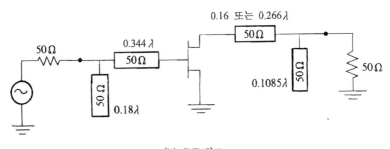

(b) RF 회로

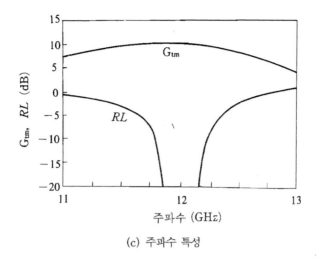

(c) 주파수 특성

그림 **9.8**  예제 9-2에 대한 트랜지스터 증폭기의 설계와 주파수 특성.

출력측 정합회로는 위와 마찬가지 방법으로 구할 수 있으며, 전체 RF 회로는 그림 9.8(b)에 보인 바와 같다.

마이크로파 회로 설계용 CAD 프로그램인 EESOF Libra를 사용하여 반사감쇠량과 이득에 대한 주파수 특성을 그림 9.8(c)에 도시했다.

## 9.3  단방향 전력이득원 $(S_{12}=0$ 인 경우)

단방향 전력이득은 식 (9-16)으로 주어지며 단방향 최대전력이득은 식 (9-20)으로 주어진다. 식 (9-15a)와 (9-15c)로 주어진 $G_s$와 $G_L$의 표현형식이 비슷하므로 일반적 형식으로 나타내면 다음과 같다.

$$G_i = \frac{1 - |\Gamma_i|^2}{|1 - S_{ii}\Gamma_i|^2} \tag{9-21}$$

여기서 $i=s$이면 $ii=11$이고 $i=L$이면 $ii=22$이다. 식 (9-21)을 해석할 때는 두 개의 경우를 고려해야 한다. 하나는 $|S_{ii}|<1$인 무조건 안정한 경우이고, 다른 하나는 $|S_{ii}|>1$인 조건부 안정한 경우이다. 이 절에서는 무조건 안정한 경우만을 다루고 조건부안정한 경우는 다음 절에서 설명하기로 한다.

무조건 안정한 경우($|S_{ii}|<1$) 식 (9-21)의 최대값은 $\Gamma_i=S_{ii}^*$일 때 구할 수 있으며 그 결과는 다음과 같다.

$$G_{i,\text{max}} = \frac{1}{1 - |S_{ii}|^2} \tag{9-22}$$

$G_{i,\text{max}}$를 발생시키는 종단(termination)을 최적종단이라 부른다. 지금 정규화된 이득계수 (gain factor) $g_i$를 다음과 같이 정의한다.

$$g_i = \frac{G_i}{G_{i,\text{max}}} = G_i (1 - |S_{ii}|^2)$$

또는

$$g_i = \frac{1 - |\Gamma_i|^2}{|1 - S_{ii} \Gamma_i|^2} (1 - |S_{ii}|^2) \tag{9-23}$$

$g_i$는 $|\Gamma_i| = 1$일 때 $g_i = 0$인 최소값이 되고 $|\Gamma_i| = 0$일 때 $g_i = 1$인 최대값을 갖기 때문에 $g_i$의 범위는

$$0 \le g_i \le 1$$

이 된다. $\Gamma_i$평면에서 일정한 값 $g_i$에 대응하는 $\Gamma_i$의 값을 식 (9-23)으로부터 구하기 위하여 식 (9-23)을 다음과 같이 전개할 수 있다.

$$g_i |1 - S_{ii} \Gamma_i|^2 = (1 - |\Gamma_i|^2)(1 - |S_{ii}|^2)$$
$$(g_i |S_{ii}|^2 + 1 - |S_{ii}|^2) |\Gamma_i|^2 - g_i (S_{ii} \Gamma_i + S_{ii}^* \Gamma_i^*) = 1 - |S_{ii}|^2 - g_i$$

$$\Gamma_i \Gamma_i^* - \frac{g_i (S_{ii} \Gamma_i + S_{ii}^* \Gamma_i^*)}{1 - (1 - g_i) |S_{ii}|^2} = \frac{1 - |S_{ii}|^2 - g_i}{1 - (1 - g_i) |S_{ii}|^2} \tag{9-24}$$

윗식을 완전한 제곱형식으로 만들기 위하여 양변에 다음과 같은 식을 부가하면

$$g_i^2 |S_{ii}|^2 / [1 - (1 - g_i) |S_{ii}|^2]^2$$

식 (9-24)는 다음과 같이 간단한 원의 방정식이 된다.

$$\left| \Gamma_i - \frac{g_i S_{ii}^*}{1 - (1 - g_i) |S_{ii}|^2} \right| = \frac{\sqrt{1 - g_i}\,(1 - |S_{ii}|^2)}{1 - (1 - g_i) |S_{ii}|^2} \tag{9-25}$$

따라서 입력측에 대한 일정이득원은 다음과 같은 중심과 반경을 갖는다.

$$c_s = \frac{g_s S_{11}^*}{1 - (1 - g_s) |S_{11}|^2} \tag{9-26a}$$

$$r_s = \frac{\sqrt{1 - g_s}\,(1 - |S_{11}|^2)}{1 - (1 - g_s) |S_{11}|^2} \tag{9-26b}$$

출력측에 대한 일정이득원은 다음과 같은 중심과 반경을 갖는다.

$$c_L = \frac{g_L S_{22}^*}{1 - (1 - g_L) \mid S_{22} \mid^2} \tag{9-27a}$$

$$r_L = \frac{\sqrt{1 - g_L} \, (1 - \mid S_{22} \mid^2)}{1 - (1 - g_L) \mid S_{22} \mid^2} \tag{9-27b}$$

여기서 유의할 점은 $g_s$(또는 $g_L$) = 1(최대이득)일 때 반경 $r_s$(또는 $r_L$) = 0 이므로 $S_{11}^*$ (또는 $S_{22}^*$)은 예측한 바와 같이 원의 중심이 되며 일정 이득원은 $S_{11}^*$ (또는 $S_{22}^*$)한 점으로 줄어든다. 또한 0 dB 이득원($G_s = 1$ 또는 $G_L = 1$)은 항상 스미스 도표의 중심을 통과한다. 이러한 결과들을 사용하면 입력과 출력측에 대한 일정 이득원의 집단을 그릴 수 있다. 이러한 원을 따라 $\Gamma_s$와 $\Gamma_L$을 선택하면 원하는 이득을 얻을 수 있다. 그러므로 $\Gamma_s$와 $\Gamma_L$의 선택은 유일하지 않다. 그러나 스미스 도표의 중심에서 가까운 곳에 $\Gamma_s$와 $\Gamma_L$을 택하면 부정합(mismatch)을 최소화할 수 있다. 또한 나중에 설명하겠지만 입력회로망의 부정합은 저잡음설계에 도움을 주기도 한다.

---

**예제 9-3**

4.0 GHz에서 이득이 11 dB인 증폭기를 설계하여라. 또한 $G_s = 2$ dB 및 3 dB이고 $G_L = 0$ dB 및 1 dB인 일정이득원을 그려라. 3 GHz에서 5 GHz 사이의 주파수 구간에서 입력 반사손실과 증폭기의 이득을 계산하여 주파수특성을 도시하여라. 50 Ω에 대한 FET의 $S$ 파라미터는 다음과 같다.

| $f$ (GHz) | $S_{11}$ | $S_{21}$ | $S_{12}$ | $S_{22}$ |
|---|---|---|---|---|
| 3 | 0.80 $\underline{/-90°}$ | 2.8 $\underline{/100°}$ | 0 | 0.66 $\underline{/-50°}$ |
| 4 | 0.75 $\underline{/-120°}$ | 2.5 $\underline{/80°}$ | 0 | 0.60 $\underline{/-70°}$ |
| 5 | 0.71 $\underline{/-140°}$ | 2.3 $\underline{/60°}$ | 0 | 0.58 $\underline{/-85°}$ |

[**풀 이**]   $S_{12} = 0$, $\mid S_{11} \mid < 1$, $\mid S_{22} \mid < 1$ 이므로 트랜지스터는 단방향성이고 무조건안정이다. 그러므로 식 (9-22)로부터 정합회로의 최대이득은

$$G_{s,\text{max}} = \frac{1}{1 - \mid S_{11} \mid^2} = 2.29 = 3.6 \text{ dB}$$

$$G_{L,\text{max}} = \frac{1}{1 - \mid S_{22} \mid^2} = 1.56 = 1.9 \text{ dB}$$

이며 정합이 되지않은 트랜지스터(트랜지스터 자체)의 이득은

$$G_0 = \mid S_{21} \mid^2 = 6.25 = 8.0 \text{ dB}$$

이므로 최대 단방향 변환전력이득은

$$G_{\text{tum}} = 3.6 + 1.9 + 8.0 = 13.5 \text{ dB}$$

이다. 위의 결과는 원래의 요구조건보다 이득이 2.5 dB 더 높다. 식 (9-23), 식 (9-26), 식 (9-27)
을 사용하여 일정이득원을 위한 데이터를 계산하면 다음과 같다.

$$G_s = 3 \text{ dB} \quad g_s = 0.875 \quad c_s = 0.706 \underline{/120^\circ} \quad r_s = 0.166$$
$$G_s = 2 \text{ dB} \quad g_s = 0.691 \quad c_s = 0.627 \underline{/120^\circ} \quad r_s = 0.294$$
$$G_L = 1 \text{ dB} \quad g_L = 0.806 \quad c_L = 0.520 \underline{/70^\circ} \quad r_L = 0.303$$
$$G_L = 0 \text{ dB} \quad g_L = 0.640 \quad c_L = 0.440 \underline{/70^\circ} \quad r_L = 0.440$$

위에서 구한 값들을 스미스 도표에 도시하면 그림 9.9에 보인 바와 같다. 따라서 주어진 주파수
범위에서 전체 이득이 11 dB 인 증폭기를 설계하기 위해서 $G_0 = 8.0$ dB 와 $G_L = 1$ dB 의 일정 이
득원을 택하는 것이 바람직하다. 다음으로 스미스 도표의 중심으로부터 거리가 가장 가까운 $\Gamma_s$ 와
$\Gamma_L$ 을 $G_s = 2$ dB, $G_L = 1$ dB 의 원주에서 택하면 그림 9.9(a)에 보인 바와 같이 $\Gamma_s = 0.33 \underline{/120^\circ}$
이고 $\Gamma_L = 0.22 \underline{/70^\circ}$ 가 된다. 정합회로는 예제 9-2 에서 설명한 바와 같은 방법에 따라 병렬스터브
를 사용하여 설계할 수 있다.

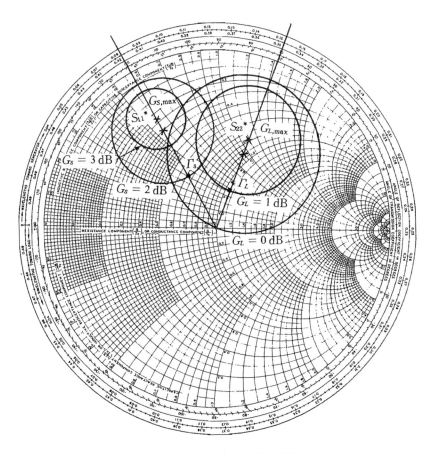

(a) 스미스 도표에 보인 일정이득원

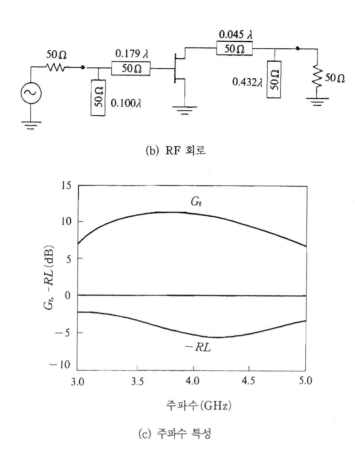

(b) RF 회로

(c) 주파수 특성

그림 **9.9**  예제 9-3의 증폭기 회로설계와 주파수 특성.

## 9.4  동작전력이득원 ($S_{12} \neq 0$인 경우)

트랜지스터가 $K < 1$이면 식 (9-18)의 $G_{tm}$은 존재하지 않는다. 이러한 경우에는 동작전력이득 $G_p$를 사용해야 한다. 쌍방향성 트랜지스터가, 무조건적 안정이거나 조건부 안정인 경우에는 동작전력이득을 사용하는 것이 마이크로파 트랜지스터 증폭기를 설계하는 데 편리하다. 그 이유는 쌍방향성인 경우 동작전력이득은 전원임피던스에 무관하기 때문에 무조건안정이거나 조건부안정인 마이크로파 소자에 대한 이득원을 쉽게 도시할 수 있기 때문이다. 이를 설명하면 다음과 같다.

## [1] 무조건 안정 $(S_{12} \neq 0)$

편의상 동작전력이득 식 (8-63)을 다시 옮겨 쓰면

$$G_p = \frac{P_L}{P_{\text{in}}} = \frac{1}{1 - |\Gamma_{\text{in}}|^2} |S_{21}|^2 \frac{1 - |\Gamma_L|^2}{|1 - S_{22}\Gamma_L|^2} \tag{9-28}$$

이다. 여기서

$$\Gamma_{\text{in}} = \frac{S_{11} - \Delta\Gamma_L}{1 - S_{22}\Gamma_L} \tag{9-29}$$

이다. 식 (9-28)을 $|S_{21}|^2$ 으로 정규화한 동작전력이득은

$$g_p = G_p / |S_{21}|^2 \tag{9-30}$$

이 된다. 따라서 식 (9-30)에 식 (9-28)과 식 (9-29)를 대입하여 정리하면

$$
\begin{aligned}
g_p &= \frac{1 - |\Gamma_L|^2}{\left[1 - \left|\dfrac{S_{11} - \Delta\Gamma_L}{1 - S_{22}\Gamma_L}\right|^2\right]\left|1 - S_{22}\Gamma_L\right|^2} \\
&= \frac{1 - |\Gamma_L|^2}{|1 - S_{22}\Gamma_L|^2 - |S_{11} - \Delta\Gamma_L|^2} \\
&= \frac{1 - |\Gamma_L|^2}{1 - |S_{11}|^2 + |\Gamma_L|^2(|S_{22}|^2 - |\Delta|^2) - 2Re(\Gamma_L C_L)}
\end{aligned} \tag{9-31}
$$

가 된다. 여기서 $C_L = S_{22}^* - \Delta S_{11}^*$ 이다.

스미스 도표의 중심으로부터 출력측의 일정 동작전력이득원의 중심에 이르는 거리와 이득원의 반경을 구하기 위하여 식 (9-31)에서 $\Gamma_L = u_i + jv_L$ 로 하고 $Re\{\Gamma_L C_L\} = u_L Re\{C_L\} - v_L Im\{C_L\}$ 이라 놓은 후 식 (9-31)을 원의 방정식으로 나타내면 다음과 같이 된다.

$$
\begin{aligned}
&\left|\Gamma_L - \frac{g_p C_L^*}{1 + g_p(|S_{22}|^2 - |\Delta|^2)}\right|^2 \\
&= \left[\frac{[1 - 2K|S_{12}S_{21}|g_p + |S_{12}S_{21}|^2 g_p^2]^{1/2}}{1 + g_p(|S_{22}|^2 - |\Delta|^2)}\right]^2
\end{aligned} \tag{9-32}
$$

즉, 윗식으로부터 동작전력이득원의 중심 $c_{\text{pL}}$ 과 반경 $r_{\text{pL}}$ 은

$$c_{\text{pL}} = \frac{g_p C_L^*}{1 + g_p(|S_{22}|^2 - |\Delta|^2)} \tag{9-33a}$$

$$r_{\text{pL}} = \frac{(1 - 2K|S_{12}S_{21}|g_p + |S_{12}S_{21}|^2 g_p^2)^{1/2}}{|1 + g_p(|S_{22}|^2 - |\Delta|^2)|} \tag{9-33b}$$

이다. 또한 $\Gamma_L = u_L + j\,v_L$ 이라 놓으면

$$u_L = \frac{g_p\,Re\{C_L^*\}}{1 + g_p\,(\,|\,S_{22}\,|^2 - |\,\Delta\,|^2\,)} \tag{9-34a}$$

$$v_L = \frac{g_p\,Im\{C_L^*\}}{1 + g_p\,(\,|\,S_{22}\,|^2 - |\,\Delta\,|^2\,)} \tag{9-34b}$$

가 된다. 그러므로 스미스 도표의 중심으로부터 출력측 이득원의 중심까지의 거리는 다음과 같다.

$$d_{pL} = \sqrt{u_L^2 + v_L^2} = \frac{g_p\,|\,C_L^*\,|}{|\,1 + g_p\,(\,|\,S_{22}\,|^2 - |\,\Delta\,|^2\,)\,|} \tag{9-35}$$

최대 동작전력이득은 $r_{pL} = 0$ 일 때 발생한다는 것을 밝히고자 한다. 즉, 식 (9-33b)로부터

$$|\,S_{12}\,S_{21}\,|^2\,g_{pm}^2 - 2K\,|\,S_{12}\,S_{21}\,|\,g_{pm} + 1 = 0$$

이다. 여기서 $g_{pm}$ 은 $g_p$ 의 최대값으로서

$$g_{pm} = \frac{1}{|\,S_{12}\,S_{21}\,|}\,(K - \sqrt{K^2 - 1}\,) = \frac{G_{pm}}{|\,S_{21}\,|^2}$$

이다. 이는 최대 변환전력이득을 나타내는 식 (9-18)과 같다. 즉

$$G_{pm} = \frac{|\,S_{21}\,|}{|\,S_{12}\,|}\,(K - \sqrt{K^2 - 1}\,) \tag{9-36}$$

이다. 전력이득 $G_p$ 가 주어지면 부하의 반사계수 $\Gamma_L$ 은 일정 동작전력이득원으로부터 선택할 수 있다.

$\Gamma_L$ 이 $g_{pm} = G_{pm}/|\,S_{21}\,|^2$ 에 대응하는 거리에 위치할 때 $G_{pm}$ 이 된다($\Gamma_{out}^* = \Gamma_L$). 최대 출력전력이득은 입력측에서 공액정합이 실현될 때($\Gamma_s = \Gamma_{in}^*$) 얻을 수 있다. $\Gamma_s = \Gamma_{in}^*$ 일 때 입력전력은 최대 가용입력전력과 같다. 그러므로 동작전력이득은 최대 변환전력이득과 같게 된다. $G_{pm}$ 에 대응하는 $\Gamma_s$ 와 $\Gamma_L$ 은 각각 $\Gamma_{sm}$ 과 $\Gamma_{Lm}$ 과 동일하다.

마찬가지로 스미스 도표의 중심으로부터 입력측 일정 동작전력이득원의 중심까지의 거리는 다음과 같다. 즉,

$$c_{ps} = \frac{g_p\,C_s^*}{|\,1 + g_p\,(\,|\,S_{11}\,|^2 - |\,\Delta\,|^2\,)\,|} \tag{9-37a}$$

이고, 여기서

$$C_s^* = S_{11}^* - \Delta^*\,S_{22}$$

이다. 입력측 일정 동작전력이득원의 반경은

$$r_{ps} = \frac{(1 - 2K|S_{12}S_{21}|g_p + |S_{12}S_{21}|^2 g_p^2)^{1/2}}{|1 + g_p(|S_{11}|^2 - |\Delta|^2)|} \tag{9-37b}$$

이다. 여기서

$$K = \frac{1 + |\Delta|^2 - |S_{11}|^2 - |S_{22}|^2}{2|S_{12}S_{21}|}$$

이다.

---

### 예제 9-4

8 GHz 에서 50 Ω의 기준임피던스에 대한 GaAs MESFET 의 $S$ 파라미터는 다음과 같다.

$$S_{11} = 0.26\underline{/-55°}$$
$$S_{12} = 0.08\underline{/80°}$$
$$S_{21} = 2.14\underline{/65°}$$
$$S_{22} = 0.82\underline{/-30°}$$

최대 동작전력이득을 비롯, 10, 8, 6 dB 이득원의 거리와 반경을 구하여라.

[풀 이]  ① 안정조건을 구하면 다음과 같다.

$$\Delta = 0.26\underline{/-55°} \times 0.82\underline{/-30°} - 0.08\underline{/80°} \times 2.14\underline{/65°} = 0.35\underline{/-62.92°}$$
$$|\Delta| = 0.35 < 1$$
$$|\Delta|^2 = 0.12$$
$$K = \frac{1 + |0.35|^2 - |0.26|^2 - |0.82|^2}{2 \times |0.08 \times 2.14|} = 1.1171 > 1$$

② 최대 동작전력이득은

$$G_{pm} = \frac{2.14}{0.08}(1.1171 - \sqrt{(1.1171)^2 - 1})$$
$$= 16.563 = 12.19 \text{ dB}$$

이다.

③ 정규화한 최대 동작전력이득은 다음과 같다.

$$g_{pm} = \frac{16.563}{|2.14|^2} = 3.617$$

④ 이득원의 중심을 구하면 다음과 같다.

$$C_L^* = S_{22}^* - \Delta^* S_{11} = 0.82\,\underline{/30^\circ} - 0.35\,\underline{/62.92^\circ} \times 0.26\,\underline{/-55^\circ}$$

$$= 0.737\,\underline{/32.653^\circ}$$

$$c_{pL} = \frac{3.617 \times 0.737\,\underline{/32.653^\circ}}{1 + 3.617(\,|\,0.82\,|^2 - |\,0.35\,|^2)} = 0.89\,\underline{/32.653^\circ}$$

⑤ 이득원의 반경은

$$r_{pL} = \frac{(1 - 2 \times 1.1171\,|\,0.08 \times 2.14\,| \times 3.617 + |\,0.08 \times 2.14\,|^2\,3.617^2)^{1/2}}{|\,1 + 3.617(\,|\,0.82\,|^2 - |\,0.35\,|^2)\,|}$$

$$\cong 0.0$$

이다.

⑥ 10, 8, 6 dB 에 대응하는 정규화 동작이득, 거리, 및 반경을 계산한 결과는 다음 표와 같다.

| $G_{pm}$ | | $g_{pm}$ | $c_{pL}$ | $r_{pL}$ |
|---|---|---|---|---|
| (dB) | 선형수치 | | | |
| 12.19 | 16.56 | 3.62 | 0.89 | 0 |
| 10 | 10 | 2.18 | 0.73 | 0.25 |
| 8 | 6.31 | 1.38 | 0.58 | 0.41 |
| 6 | 3.98 | 0.87 | 0.43 | 0.56 |

⑦ 스미스 도표에 전력이득원을 표시하면 그림 9.10 에 보인 바와 같다.

⑧ 12.21 dB 에 대응하는 정규화 부하임피던스는 스미스 도표의 $\Gamma_L$에 해당하므로

$$z_L = 0.71 + j\,3.27$$

또는

$$Z_L = 35.5 + j\,163.5\ \Omega$$

이다.

⑨ 최대 출력전력이득은 입력측이 공액정합일 때 $(\Gamma_{in}^* = \Gamma_s)$ 발생하므로 식 (9-9)로부터

$$\Gamma_s = \left(0.26\,\underline{/-55^\circ} + \frac{0.08\,\underline{/80^\circ} \times 2.14\,\underline{/65^\circ} \times 0.89\,\underline{/32.653^\circ}}{1 - 0.82\,\underline{/-30^\circ} \times 0.89\,\underline{/32.653^\circ}}\right)^*$$

$$= 0.482\,\underline{/147.497^\circ}$$

이에 해당하는 임피던스는 스미스 도표로부터

$$z_s = 0.374 + j\,0.253$$

또는

$$Z_s = 18.7 + j\,12.65\ \Omega$$

이다.

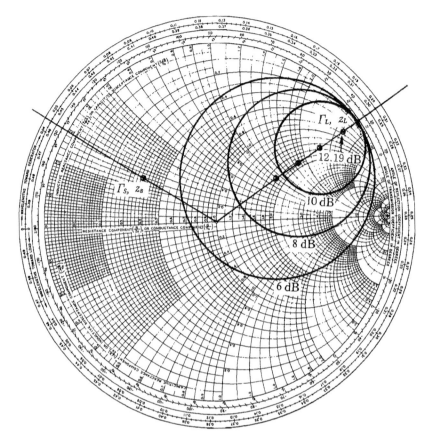

그림 9.10    예제 9-4에 대한 일정 동작전력이득원.

## [2]  조건부 안정 ($S_{12} \neq 0$)

마이크로파 증폭기가 조건부 안정인 경우 다음과 같은 절차를 따라 설계할 수 있다. 설계절
차를 설명하면 다음과 같다.

① 출력안정원을 스미스 도표에 도시하고 식 (9-33)을 사용하여 원하는 전력이득 $G_p$에 대
한 동작전력이득원을 그린다. 안정영역내에서도 안정원으로부터 가장 먼 곳의 이득원주
에 $\Gamma_L$을 선택한다. 이에 해당하는 부하임피던스를 스미스 도표에서 읽을 수 있다.

② 식 (9-10a)를 사용하여 $\Gamma_{in}$을 계산한 다음 입력측에 공액정합이 가능한가를 결정한다.
즉, $\Gamma_{in}^* = \Gamma_s$가 안정한 영역 안에 위치하지 않거나 또는 안정한 영역내에 있으나 입력안
정원에 매우 가깝게 있으면 $\Gamma_s$의 새로운 값을 임의로 선택하거나 또는 $G_p$의 값을 다시
선택한다. 물론 $\Gamma_s$의 값은 출력전력과 VSWR에 영향을 미치기 때문에 $\Gamma_s$를 임의로 선

택할 때는 유의해야 한다. 또한 $\Gamma_L$과 $\Gamma_s$의 값은 이들에 대응하는 각 안정원에 너무 가 깝지 않도록 해야 한다. 그 이유는 입력과 출력회로가 부정합이면 발진이 일어날 수 있기 때문이다.

---

**예제 9-5**

9 GHz 에서 50 Ω의 기준임피던스에 대한 GaAs MESFET 의 $S$파라미터가 다음과 같다.

$$S_{11} = 0.45 \underline{/-60°}$$
$$S_{21} = 2.50 \underline{/74°}$$
$$S_{12} = 0.09 \underline{/70°}$$
$$S_{22} = 0.80 \underline{/-50°}$$

동작전력이득이 10 dB 인 증폭기를 설계하여라.

[**풀 이**]  안정조건을 구하면 다음과 같다.

$$\Delta = S_{11} S_{22} - S_{12} S_{21} = 0.474 \underline{/-82.87°}$$
$$K = \frac{1 + |\Delta|^2 - |S_{11}|^2 - |S_{22}|^2}{2 |S_{12} S_{21}|} = 0.849 < 1$$

그러므로 주어진 소자는 9 GHz 에서 조건부 안정이다.

최대안정이득 $G_{\text{msg}}$ 는 $K = 1$ 에서

$$G_{\text{msg}} = \frac{|S_{21}|}{|S_{12}|} = 27.78 = 14.44 \text{ dB}$$

이므로 10 dB 의 전력이득이 가능하다.

10 dB 동작전력이득원의 중심 $c_{\text{pL}}$과 반경 $r_{\text{pL}}$을 구하면 각각

$$g_p = \frac{G_p}{|S_{21}|^2} = 1.6$$
$$C_L^* = S_{22}^* - \Delta^* S_{11} = 0.618 \underline{/59.06°}$$
$$c_{\text{pL}} = \frac{g_p C_L^*}{|1 + g_p(|S_{22}|^2 - |\Delta|^2)|} = 0.594 \underline{/59.06°}$$
$$r_{\text{pL}} = \frac{(1 - 2K|S_{12} S_{21}| g_p + |S_{12} S_{21}|^2 g_p^2)^{1/2}}{|1 + g_p(|S_{22}|^2 - |\Delta|^2)|} = 0.433$$

이다. 위의 계산결과를 이용하여 스미스 도표에 10 dB 전력이득원을 그리면 그림 9.11 에 보인 바 와 같다.

출력안정원의 중심과 반경을 구하면 다음과 같다.

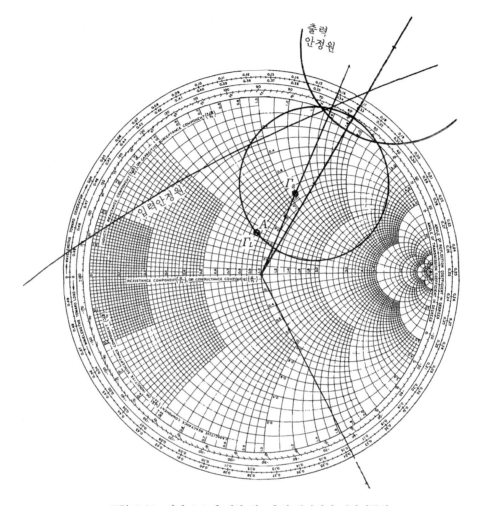

그림 9.11  예제 9-5에 대한 입·출력 안정원과 전력이득원.

$$c_L = \frac{C_L^*}{|S_{22}|^2 - |\Delta|^2} = 1.488\,\underline{/59.60°}$$

$$r_L = \frac{|S_{12}\,S_{21}|}{||S_{22}|^2 - |\Delta|^2|} = 0.542$$

위에서 계산한 결과를 가지고 스미스 도표에 출력안정원을 도시하면 그림 9.11에 보인 바와 같다. 여기서 $|S_{22}| < 1$ 이기 때문에 안정한 영역은 출력안정원의 바깥영역이다.

따라서 부하반사계수 $\Gamma_L$ 를 안정영역내에 있는 10 dB 전력이득원주 위의 점 $A$ 에 취하면

$$\Gamma_L = 0.23\,\underline{/95.71°}$$

$$z_L = 0.86 + j\,0.42$$

이다.

식 (9-10a)로부터 가능한 공액정합에 대한 $\Gamma_s$를 구하면

$$\Gamma_s = \left( S_{11} + \frac{S_{12} S_{21} \Gamma_L}{1 - S_{22} \Gamma_L} \right)^* = 0.489 \underline{/65.46°}$$

이다.

식 (9-5)로부터 입력안정원의 중심 $c_s$와 반경 $r_s$를 구하면

$$C_s^* = S_{11}^* - \Delta^* S_{22} = 0.206 \underline{/116.814°}$$

$$c_s = \frac{C_s^*}{|S_{11}|^2 - |\Delta|^2} = 9.289 \underline{/-63.189°}$$

$$r_s = \frac{|S_{12} S_{21}|}{|\,|S_{11}|^2 - |\Delta|^2\,|} = 10.146$$

이다. 위에서 계산한 결과를 이용하여 스미스 도표에 입력안정원을 그리면 그림 9.11에 보인 바와 같다. $|S_{11}| < 1$이기 때문에 스미스 도표의 중심은 안정한 동작점이다. 그러므로 그림 9.11에서 스미스 도표의 중심을 포함하는 입력안정원의 내부와 스미스 도표에서 $|\Gamma_s| < 1$인 영역이 겹치는 부분이 안정한 영역이며, 전원반사계수 $\Gamma_s$가 안정영역 안에 위치하기 때문에 $\Gamma_s$는 안정한 전원반사계수이다.

---

## 9.5 증폭기의 잡음

마이크로파 증폭기의 설계에서 안정성과 이득원 외에 다음으로 고려해야 할 중요한 사항은 잡음이다. 증폭기에서는 발생되는 잡음은 약한 입력신호를 가리게 하고 증폭기의 감도를 제한하게 한다. 잡음은 증폭기 자체에서 발생될 수도 있고 또는 외부로부터 유도될 수도 있다. 신호를 검파하기 위해서는 원하는 신호가 시스템의 잡음바닥(noise floor)보다 훨씬 강해야 한다. 마이크로파 증폭기에 있어서 주된 두 개의 잡음은 열잡음(thermal noise)과 산탄잡음(shot noise)이다.

### [1] 열잡음(Johnson 또는 Nyquist 잡음)

이 잡음은 반도체나 저항체 등에서 전자 등의 전하가 열에너지의 자극에 의하여 불규칙적인 교란운동으로 인하여 발생하는 잡음이다. 저항체에 의한 열잡음의 실효값은 주어진 주파수대역 $B$에서 다음과 같이 주어진다.

$$v_N = \sqrt{4kTBR} \tag{9-38}$$

여기서  $k = 1.38 \times 10^{-23} \, \text{J/K} \, (\text{Boltzmann 상수})$

$$T = 절대온도 [\text{K} : \text{kelvin}]$$

$$B = 주파수대역 [\text{Hz}]$$

$$R = 저항 [\Omega]$$

식 (9-38)로부터 알 수 있는 바와 같이 잡음전력은 중심주파수에 관계없이 주파수대역에 의존한다. 최대 가용잡음전력(maximum available noise power)은

$$P_a = \frac{v_N^2}{4R} = kTB \tag{9-39}$$

가 된다. 이와 같은 형식의 잡음분포는 주어진 스펙트럼에서 임의의 점에서의 단위대역폭에 대한 잡음이 동일하게 분포되므로 백색잡음(white noise)이라 부른다.

## [2]  산탄잡음(또는 Schottky 잡음)

이 잡음은 진공관 또는 고체소자의 전류를 이루는 캐리어(carrier)(전자 또는 정공)수의 변화로 발생되는 잡음이다. 이는 이산적 전자흐름에 기인하므로 모든 능동소자에 존재한다. 이 산탄잡음도 중심주파수에는 관계없이 동일한 대역폭에 대해서는 언제나 동일한 잡음전력이다. 이 잡음도 백색잡음에 속한다.

## [3]  증폭기의 잡음계수

마이크로파 증폭기를 설계할 때 중요하게 고려하여야 할 사항 중의 하나는 잡음계수(noise factor)이다. 잡음계수는 입력측의 신호 대 잡음비($S_i/N_i$)와 출력측의 신호 대 잡음비($S_o/N_o$)의 비로서 다음과 같이 정의한다.

$$F = \frac{S_i/N_i}{S_o/N_o} = \frac{S_i N_o}{S_o N_i} \tag{9-40}$$

여기서 $S_i$와 $N_i$는 각각 입력신호와 입력잡음전력이고 $S_o$와 $N_o$는 각각 출력신호와 출력잡음전력이다. 정의에 의하면 입력 잡음전력은 절대온도 $T_0 = 290\,\text{K}$ 에서 정합저항(matched resistor)에 의한 잡음전력이라 가정한다. 즉 $N_i = kT_0B$(최대 가용잡음전력)이다. 최소 잡음계수는 증폭기의 전원반사계수를 적절하게 선택함으로써 얻을 수 있다.

입력 잡음전력 $N_i$와 신호전력 $S_i$가 그림 9.12 에 보인 잡음 2-포트 회로망으로 공급되는 경우를 생각해 보자. 지금 증폭기의 대역폭이 $B$이고 이득이 $G$, 등가잡음온도가 $T_e$라고 하면 입력잡음전력은 $N_i = kT_0B$이고 출력잡음전력은 증폭된 입력잡음과 증폭기 내부에서 발생된 잡음의 합이다. 즉,

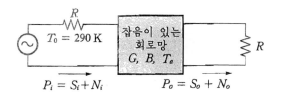

그림 9.12 잡음회로망의 잡음계수.

$$N_0 = kGB(T_0 + T_e) \qquad (9\text{-}41)$$

이다. 여기서 $G$는 증폭기의 이득으로서 출력신호전력 $S_0$는 $S_0 = GS_i$이다. 이러한 결과를 식 (9-40)에 적용하면 잡음계수는

$$F = \frac{S_i}{kT_0B} \frac{kGB(T_0 + T_e)}{GS_i} = 1 + \frac{T_e}{T_0} \geq 1 \qquad (9\text{-}42)$$

가 된다. 윗식을 dB로 표시하면 $F = 10\log(1 + T_e/T_0)\,\text{dB} \geq 0$이다. 만약 증폭기 자체의 잡음이 없으면 $T_e = 0$이 되므로 $F = 1$ 또는 $0\,\text{dB}$이다. 식 (9-42)를 $T_e$에 관해서 풀면

$$T_e = T_0(F - 1) \qquad (9\text{-}43)$$

가 된다. 이는 실제 증폭기의 입력측에 무잡음전원을 연결한 경우의 출력잡음과 동일한 잡음을 발생하게 하는 무잡음 등가 2-포트 회로망이 갖는 등가잡음온도이다. 잡음지수(Noise figure)는 잡음계수를 단순히 다음과 같이 dB로 표현한 값이다.

$$F_{\text{dB}} = 10\log_{10}F \qquad (9\text{-}44)$$

2단 증폭기(two-stage amplifier)의 잡음지수를 계산하기 위한 모델을 표시하면 그림 9.13에 보인 바와 같다.

지금 그림 9.13에 보인 바와 같이 각 증폭기의 이득을 $G_1$, $G_2$라 하고 잡음지수를 $F_1$, $F_2$라 하며 등가잡음온도를 $T_{e1}$, $T_{e2}$라 하면 식 (9-41)로부터 첫번째 증폭기의 출력잡음 $N_1$은

$$N_1 = G_1 kT_0 B + G_1 kT_{e1} B \qquad (9\text{-}45)$$

이다. 따라서 두 번째 증폭기의 출력잡음 $N_o$는

$$N_o = G_2 N_1 + G_2 kT_{e2} B = G_1 G_2 kB(T_0 + T_{e1} + T_{e2}/G_1) \qquad (9\text{-}46)$$

가 된다. 윗식을 등가시스템으로 나타내면

$$N_o = G_1 G_2 kB(T_{\text{cas}} + T_0) \qquad (9\text{-}47)$$

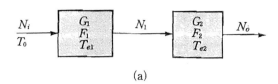

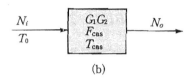

그림 9.13  2단 증폭기의 잡음계수와 등가잡음온도.

이다. 여기서

$$T_{cas} = T_{e1} + T_{e2}/G_1 \tag{9-48}$$

이다. 식 (9-43)을 사용하여 식 (9-48)의 온도를 잡음계수로 바꾸면

$$F_{cas} = F_1 + \frac{1}{G_1}(F_2 - 1) \tag{9-49}$$

가 된다. $F_1$과 $F_2$는 첫번째 단과 두번째 단의 개별적 잡음계수이다. 식 (9-48)과 (9-49)를 다단증폭기에 확장 적용하면 다음과 같은 결과를 얻는다.

$$T_{cas} = T_{e1} + \frac{T_{e2}}{G_1} + \frac{T_{e3}}{G_1 G_2} + \cdots \cdots \tag{9-50}$$

$$F_{cas} = F_1 + \frac{F_2 - 1}{G_1} + \frac{F_3 - 1}{G_1 G_2} + \cdots \cdots \tag{9-51}$$

2-포트 회로망이 감쇠기 또는 손실전송선로 등과 같은 수동손실부품이면 그 온도가 $T$일 때 무시할 수 없는 특별한 경우가 실제적으로 발생한다. 그림 9.14에 보인 바와 같이 온도가 역시 $T$인 정합된 전원저항을 갖는 회로망을 생각해 보자. 손실회로망의 이득 $G$가 1보다 적고 손실계수 $L$은 $L = 1/G > 1$과 같이 정의할 수 있다. 전체 시스템이 온도 $T$에서 열평형(thermal equilibrium)이고 구동점 임피던스(driving point impedance)가 $R$이기 때문에 출력잡음전력은 $P_o = kTB$가 되어야 한다. 그러나 이 전력을 손실선로를 지나 전원저항으로부터 온 것과, 선로 자체에 의해서 발생된 잡음의 합으로 생각할 수 있다. 즉,

$$P_o = kTB = GkTB + GN_{add} \tag{9-52}$$

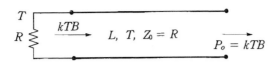

그림 9.14 손실 $L$ 과 온도 $T$ 를 갖는 손실선로.
또는 감쇠기의 잡음지수의 설명도.

와 같이 나타낼 수 있다. 여기서 $N_{add}$ 는 마치 선로의 입력단자에 나타난 것처럼 보이는 선로에서 발생된 잡음이다. 식 (9-52)를 $N_{add}$ 에 관하여 풀면

$$N_{add} = \frac{1-G}{G} kTB = (L-1) kTB \qquad (9\text{-}53)$$

가 된다. 윗식은 손실선로에 의한 전력이므로 이를 등가잡음온도로 나타내면

$$T_e = \frac{1-G}{G} T = (L-1) T \qquad (9\text{-}54)$$

이다. 그러므로 식 (9-42)로부터 잡음지수는

$$F = 1 + (L-1) \frac{T}{T_0} \qquad (9\text{-}55)$$

이다. 만약 선로의 온도가 $T_0$ 라면 $F = L$ 이다. 예를 들면 실온에서 6 dB 감쇠기는 $F = 6 \text{ dB}$ 의 잡음지수를 갖는다.

---

### 예제 9-6

안테나를 동축선로로 저잡음증폭기(LNA ; low noise amplifier)에 연결하였다. 증폭기의 이득은 15 dB, 대역폭은 100 MHz, 잡음온도는 150 K 이고 동축선로의 감쇠량은 2 dB 이다. 전송선로와 증폭기를 종속한(cascade) 잡음지수를 구하여라. 전송선로 없이 증폭기를 안테나에 직접 연결한 경우의 잡음지수는 얼마인가? 모든 부품의 주위 온도는 $T = 300 \text{ K}$ 이라 한다.

[풀 이]  동축선로의 손실계수는 $L = 10^{2/10} = 1.58$ 이므로 식 (9-55)로부터 선로의 잡음지수는

$$F_L = 1 + (L-1) \frac{T}{T_o} = 1 + (1.58-1) \frac{300}{290} = 1.60 = 2.04 \text{ dB}$$

이다. 식 (9-42)로부터 증폭기의 잡음지수는

$$F_a = 1 + \frac{T_e}{T_0} = 1 + \frac{150}{290} = 1.52 = 1.81 \text{ dB}$$

이다. 따라서 식 (9-49)로부터 전송선로와 증폭기를 종속한 잡음지수는

$$F_{cas} = F_L + \frac{1}{G_L}(F_a - 1) = 1.60 + 1.58(1.52 - 1)$$

$$= 2.42 = 3.84 \text{ dB}$$

이다. 여기서 동축선로의 손실계수 $L = 1/G_L = 1.58$ 이다.

전송선로가 없으면 잡음지수는 증폭기 자체의 잡음지수 1.81 dB 이다. 그러므로 손실전송선로의 영향 때문에 시스템의 잡음지수는 약 2 dB 감소한다. 이는 큰 양이다.

## 9.6   잡음계수원

앞에서 설명한 바와 같이 안정성과 이득 이외에 마이크로파 증폭기 설계에 있어서 또 하나의 중요한 고려사항은 잡음계수이다. 검파시스템에서 약한 신호는 잡음이라고 부르는 의사신호(spurious signal)의 동반으로 인하여 항상 방해를 받는다. 그 밖에 어떤 검파시스템에서도 검파와 증폭의 두 과정에서 잡음이 부가된다. 검파시스템의 잡음 중에서도 일반적으로 검파과정에서 발생된 잡음이 더 크며 입력잡음의 레벨을 제어할 수 없기 때문에 설계자는 잡음이 최소가 되도록 연구하고 조정하여 설계하는 방법밖에 없다. 이 장에서 취급하는 잡음은 보통 입력신호가 낮은 시스템에 들어오므로 수신시스템을 중첩원리를 적용할 수 있는 선형으로 가정한다. 그러므로 수신기는 항상 소신호모드(small signal mode)로 동작한다. 즉, 신호와 잡음은 서로 더할 수 있다. 또한 여기에서 취급하는 수신시스템은 2-포트로 가정한다. 이 2-포트 회로망에서 입력포트에 들어가는 잡음은 입력신호의 경우와 같은 절차에 따라 출력포트에서 처리된다. 수신기 전체 단의 첫번째 단(first stage)은 전체 시스템의 잡음성능에 주된 영향을 미치기 때문에 수신기를 설계할 때는 특히 사전증폭기(preamplifier)가 가능한 한 낮은 잡음계수를 갖도록 설계하여야 한다. 일반적으로 최소의 잡음계수와 최대이득을 동시에 갖는 증폭기를 실현하는 것은 불가능하므로 일정이득원과 일정 잡음계수원을 사용하여 적절한 잡음계수와 이득을 선택할 수 있다. 여기서는 일정 잡음계수원을 사용하여 트랜지스터 증폭기를 설계하는 방법을 설명한다. 문헌*을 참고하면 2-포트 증폭기의 잡음계수는 다음과 같다 (* T. T. Ha, Solid State Microwave Amplifier Design, Wiley, N. Y., 1981).

$$F = F_{min} + \frac{4r_n |\Gamma_s - \Gamma_{opt}|^2}{(1 - |\Gamma_s|^2)|1 + \Gamma_{opt}|^2} \tag{9-56}$$

증폭기의 잡음계수는 증폭기의 입력반사계수 $\Gamma_s$의 함수이다. 그러므로 반사계수를 조정하여 최소의 잡음계수 $F_{min}$를 구할 수 있다. $F_{min}$에 해당하는 반사계수를 $\Gamma_{out}$라 한다. 이 밖에 트랜지스터 자체의 잡음은 등가잡음저항 $R_N$으로 주어진다. 이들의 값들은 트랜지스터 제조회사에서 제공한다. $\Gamma_{out}$은 일반적으로 복소수임에 유의하여라.

전원반사계수는 최소잡음계수를 잡음계수 측정기에서 읽을 때까지 변경할 수 있다. 즉 $\Gamma_s = \Gamma_{opt}$일 때 얻을 수 있는 $F_{min}$의 값을 측정기에서 읽을 수 있으며 $F_{min}$을 발생하는 전원반사계수는 회로망 해석기(network analyzer)를 사용하여 결정할 수 있다. 잡음저항 $r_n$은 $\Gamma_s = 0$일 때의 잡음계수를 읽으면 측정할 수 있다. $\Gamma_s = 0$일 때의 잡음계수를 $F_{\Gamma_s=0}$라 부른다. 따라서 식 (9-56)을 사용하면 정규화된 등가잡음저항 $r_n$은

$$r_n = \frac{(F_{\Gamma_s=0} - F_{min})\,|1 + \Gamma_{opt}|^2}{4\,|\Gamma_{opt}|^2}$$

가 된다. 여기서 $r_n = R_N/Z_0$, 보통 $Z_0 = 50\,[\Omega]$이다. $F_{min}$은 소자의 동작 전압, 전류 및 주파수의 함수이며 각 $F_{min}$에 대한 $\Gamma_{opt}$의 값은 하나이다. 쌍극성 트랜지스터(BJT)에 대한 $F_{min}$의 한 예를 전류함수로 도시하면 그림 9.15에 보인 바와 같다. 식 (9-56)을 사용하여 주어진 잡음지수에 대한 $\Gamma_s$를 구할 수 있다. 잡음지수 $F_i$가 주어진 경우 $N_i$라 하는 잡음계수 파라미터는 다음과 같이 정의한다.

$$N_i = \frac{|\Gamma_s - \Gamma_{opt}|^2}{1 - |\Gamma_s|^2} = \frac{F_i - F_{min}}{4 r_n}\,|1 + \Gamma_{opt}|^2 \tag{9-57}$$

윗식을 다시 고쳐 쓰면

$$(\Gamma_s - \Gamma_{opt})\,(\Gamma_s^* - \Gamma_{opt}^*) = N_i - N_i\,|\Gamma_s|^2$$

또는

$$|\Gamma_s|^2(1 + N_i) + |\Gamma_{opt}|^2 - 2Re\,(\Gamma_s \Gamma_{opt}^*) = N_i$$

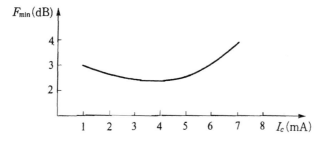

그림 9.15  $f = 4\,GHz$이고 $V_{CE} = 10\,V$에서 측정한
컬렉터전류에 대한 $F_{min}$의 곡선.

가 된다. 윗식의 양변에 $1 + N_i$ 를 곱하면

$$| \Gamma_s |^2 (1 + N_i)^2 + | \Gamma_{opt} |^2 - 2 (1 + N_i) \, Re \, (\Gamma_s \Gamma_{opt}^*) = N_i^2 + N_i (1 - | \Gamma_{opt} |^2)$$

또는

$$\left| \Gamma_s - \frac{\Gamma_{opt}}{1 + N_i} \right|^2 = \frac{N_i^2 + N_i (1 - | \Gamma_{opt} |^2)}{(1 + N_i)^2} \tag{9-58}$$

가 된다. 식 (9-58)은 $N_i$ 를 파라미터로 하는 원의 방정식임을 알 수 있다. 이 잡음계수원의 중심은

$$c_F = \frac{\Gamma_{opt}}{1 + N_i} \tag{9-59a}$$

이며 반경은

$$r_F = \frac{1}{1 + N_i} \sqrt{N_i^2 + N_i (1 - | \Gamma_{opt} |^2)} \tag{9-59b}$$

이다. 방정식 (9-57)과 (9-59)를 살펴보면 $F_i = F_{min}$ 일 때 $N_i = 0$, $c_{F_{min}} = \Gamma_{opt}$, $r_{F_{min}} = 0$ 이다. 즉 $\Gamma_s$ 원의 중심은 반경이 0인 $\Gamma_{opt}$ 에 위치한다. 식 (9-59)로부터 구할 수 있는 또 다른 잡음계수원의 중심은 $\Gamma_{opt} = | \Gamma_{opt} | \, \underline{/\theta}$ 의 방향을 따라 위치한다.

---

**예제 9-7**

기준임피던스 50 Ω 에 대한 HEMT 의 $S$ 파라미터와 잡음파라미터는 다음과 같다.

|            | 8 GHz | 10 GHz | 12 GHz |
|------------|-------|--------|--------|
| $S_{11}$   | $0.701 \, \underline{/-135.5°}$ | $0.653 \, \underline{/-159.8°}$ | $0.601 \, \underline{/178.5°}$ |
| $S_{21}$   | $2.817 \, \underline{/47.3°}$ | $2.512 \, \underline{/20.2°}$ | $2.245 \, \underline{/-5.7°}$ |
| $S_{12}$   | $0.073 \, \underline{/7.9°}$ | $0.076 \, \underline{/-4.0°}$ | $0.076 \, \underline{/-15.9°}$ |
| $S_{22}$   | $0.524 \, \underline{/-104.7°}$ | $0.552 \, \underline{/-125.7°}$ | $0.587 \, \underline{/-146.6°}$ |

|            | 8 GHz | 10 GHz | 12 GHz |
|------------|-------|--------|--------|
| $F_{min}$  | 0.55 | 0.66 | 0.75 |
| $\Gamma_{opt}$ | $0.6 \, \underline{/114.0°}$ | $0.52 \, \underline{/134°}$ | $0.45 \, \underline{/160.0°}$ |
| $r_n$      | 0.19 | 0.14 | 0.10 |

10 GHz 에서 잡음지수가 1.0 dB 이고 이득이 12 dB 인 증폭기를 설계하여라.

[**풀 이**]   10 GHz 에서 소자의 안정 여부를 알아보기 위하여 $\Delta$ 와 $K$ 를 구하면

$$\Delta = S_{11} S_{22} - S_{12} S_{21} = 0.307 \underline{/106.48°}$$

$$K = \frac{1 - |S_{11}|^2 - |S_{22}|^2 + |\Delta|^2}{2|S_{12} S_{21}|} = 0.951$$

이다. $|\Delta| < 1$ 이고 $K < 1$ 이므로 주어진 소자는 조건부 안정이다.

소자의 최대안정이득은

$$G_{\text{msg}} = \frac{|S_{21}|}{|S_{12}|} = 33.053 = 15.192 \text{ dB}$$

이다. 그러므로 12 dB 전력이득은 가능하다.

스미스 도표에서 불안정영역을 알아보기 위하여 입력안정원과 출력안정원의 중심과 반경을 각각 구하면

$$c_s = \frac{(S_{11} - \Delta S_{22}^*)^*}{|S_{11}|^2 - |\Delta|^2} = 1.556 \underline{/169.783°}$$

$$r_s = \left| \frac{S_{12} S_{21}}{|S_{11}|^2 - |\Delta|^2} \right| = 0.574$$

$$c_L = \frac{(S_{22} - \Delta S_{11}^*)^*}{|S_{22}|^2 - |\Delta|^2} = 1.883 \underline{/141.213°}$$

$$r_L = \left| \frac{S_{12} S_{21}}{|S_{22}|^2 - |\Delta|^2} \right| = 0.906$$

이다. 이를 도시하면 그림 9.16(a)에 보인 바와 같다. 여기서 불안정영역은 안정원의 내부이다.

식 (9-57)과 (9-59)를 사용하여 1 dB 잡음지수원의 중심과 반경을 계산하면 다음과 같다.

$$N_i = \frac{F_i - F_{\text{min}}}{4 r_n} |1 + \Gamma_{\text{opt}}|^2 = 0.093$$

$$C_F = \frac{\Gamma_{\text{opt}}}{N_i + 1} = 0.476 \underline{/134°}$$

$$r_F = \frac{\sqrt{N_i(N_i + 1 - |\Gamma_{\text{opt}}|^2)}}{N_i + 1} = 0.253$$

위의 결과들을 사용하여 잡음지수원을 도시하면 그림 9.16(a)에 보인 바와 같다.

증폭기의 잡음지수는 입력단의 영향을 가장 크게 받는다. 그러므로 12 dB 이득원은 식 (9-37)로 표현한 입력측 일정 동작전력이득원을 사용하여 구한다. 중심과 반경은 각각

$$c_{\text{ps}} = \frac{g_p C_s^*}{1 + g_p(|S_{11}|^2 - |\Delta|^2)} = 0.708 \underline{/169.783°}$$

$$r_{\text{ps}} = \frac{(1 - 2K|S_{12} S_{21}| g_p + |S_{12} S_{21}|^2 g_p^2)^{1/2}}{1 + g_p(|S_{11}|^2 - |\Delta|^2)} = 0.308$$

이다. 특히 여기서 입력측 일정 동작전력이득은 8.5절에서 설명한 가용전력이득 $(G_a)$과 같다. 가용

전력이득은 동작전력이득의 식 (9-28)에서 $\Gamma_{in}$은 $\Gamma_{out}$으로, $\Gamma_L$은 $\Gamma_s$로, $S_{22}$는 $S_{11}$으로 바꾼 것과 동일하다. 참고로 가용전력 이득식을 정리하여 나타내면

$$G_a = \frac{|S_{21}|^2(1-|\Gamma_s|^2)}{1-|S_{22}|^2-|\Gamma_s|^2(|S_{11}|^2-|\Delta|^2)-2R_e\{C_s\Gamma_s\}}$$

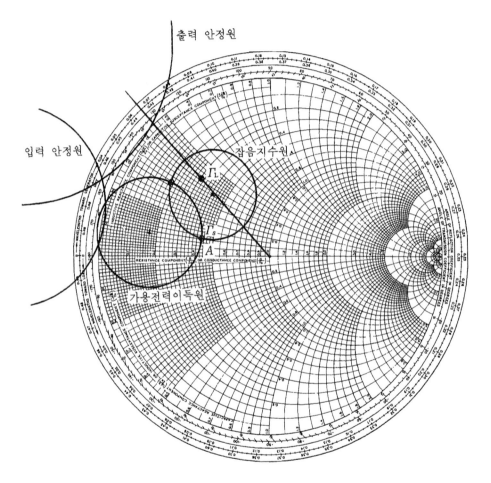

(a) 안정원, 입력측 일정이득원(가용전력이득원)과 잡음지수원

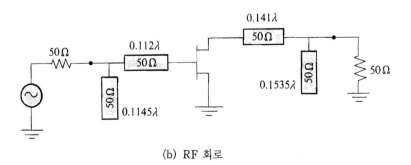

(b) RF 회로

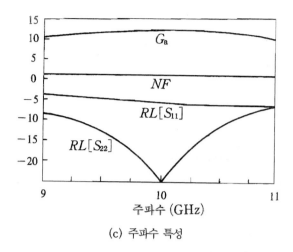

(c) 주파수 특성

그림 9.16 예제 9-7의 트랜지스터 증폭기의 회로설계.

이다.

가용전력 이득식을 정규화($G_a/|S_{21}|^2$)하여 원의 방정식으로 고치고 중심과 반경을 구하면 식 (9-37)과 같은 결과를 얻는다. 그러므로 식 (9-37)은 가용전력 이득원의 중심과 반경이다.

이상의 계산결과들을 스미스 도표에 도시하면 그림 9-16(a)에 보인 바와 같다. 그림 9-16(a)에서 잡음지수원과 가용전력 이득원이 만나는 지점을 $\Gamma_s$로 선택하면 1 dB 잡음지수와 12 dB 이득을 갖는 증폭기를 설계할 수 있다. 그림에서 보는 바와 다르게 잡음지수원과 이득원이 만나지 않는다면 원하는 잡음지수와 이득을 동시에 만족하는 증폭기를 설계할 수 없다. 그러므로 최대이득과 최소잡음을 동시에 실현할 수 없으며 잡음과 이득을 절충하여 설계하여야만 한다.

스미스 도표에서 잡음지수원과 이득원이 만나는 두 지점 중에서 $A$점을 $\Gamma_s$로 취하면

$$\Gamma_s = 0.403\underline{/165.8°}$$
$$z_s = 0.431 + j\,0.102$$

이다.

식 (9-10b)로부터 가능한 공액정합에 대한 $\Gamma_L$은 다음과 같다.

$$\Gamma_L = \Gamma_{out}^* = \left(S_{11} - \frac{S_{12}\,S_{21}\,\Gamma_s}{1 - S_{11}\,\Gamma_s}\right)^*$$
$$= 0.587\underline{/132.592°}$$
$$z_L = 0.306 + j\,0.404$$

이상의 결과들을 토대로 예제 9-2에서 설명한 바와 같은 방법으로 정합회로를 설계할 수 있다. 최종적인 RF 회로는 그림 9.16(b)에 보인 바와 같으며 주파수특성은 그림 9.16(c)에 보인 바와 같다.

## 9. 7  발진기 설계

마이크로파 발진기는 DC 전력을 RF 전력으로 변환시키는 장치이므로 마이크로파 시스템에 있어서 가장 기본적이고 필수적인 부품이다. 고체소자 발진기(solid-state oscillator)는 다이오드 혹은 트랜지스터와 같은 능동소자를 수동회로와 함께 사용하면 정상적 정현파 RF 신호를 발생시킨다. 그러나 처음 동작할 때, 발진은 과도현상이나 잡음에 의해서 기동된다. 기동된 후에 적절하게 설계된 발진기는 안정한 발진상태에 이른다. 발진과정에는 비선형 능동소자가 필요하다. 그 밖에도 비선형 소자는 RF 전력을 발생시키기 때문에 부성저항(negative resistance)을 가져야 한다. 이와 같은 비선형성 능동소자 때문에 발진 동작을 완전히 해석하는 것은 매우 어렵다. 먼저 단일포트(one-port) 부성저항 발진기의 동작과 설계에 관하여 설명한다. 이러한 회로는 IMPATT 또는 Gunn 다이오드를 사용하는 발진기이다. 다음으로 트랜지스터 발진기를 취급한다. 이러한 발진기에서는 FET 혹은 쌍극성 트랜지스터를 수동회로와 함께 사용하여 입력포트가 부성저항이 되도록 한다. 즉, 발진용 트랜지스터는 안정한 동작점을 필요로하는 증폭기 응용과는 대조적으로 불안정영역에서 동작한다.

종단과 부하정합 회로망을 설계할 때는 상당한 주의가 필요하다. 예를 들면 발진의 필요조건은 $|\Gamma_{in}| > 1$ 이지만 종단을 단락하여도 $|\Gamma_{in}| > 1$ 이 발생할 수 있기 때문이다. 그러나 이 경우는 단락된 종단에 전력이 하나도 공급되지 않는다. 낮은 마이크로파 주파수영역에서는 집중소자(lumped-element)를 사용하는 Colpitts, Hartley 및 Clapp 발진기 등을 보통 사용한다. 이때 입력 또는 출력측에 공진기를 사용하여 발진주파수의 안정성을 높인다.

### [1]  단일포트 부성저항 발진기

이 항에서는 단일포트 부성저항 발진기를 위한 기본적 동작원리를 설명한다. 그러나 이 원리의 대부분은 2-포트(트랜지스터) 발진기에도 응용할 수 있다. 단일포트 부성저항 발진기의 전형적인 RF 회로도는 그림 9.17에 보인 바와 같다. 여기에서 $Z_{in} = R_{in} + jX_{in}$ 은 능동소자(예를 들면, 바이어스된 다이오드)의 입력임피던스이다. 일반적으로 이 임피던스는 주파수뿐만 아니라 전류(또는 전압)에 따라 변하므로 다음과 같이 나타낼 수 있다.

$$Z_{in}(I, \omega) = R_{in}(I, \omega) + jX_{in}(I, \omega) \tag{9-60}$$

여기서 $R_{in}(I, \omega) < 0$ 이다.

발진기는 소자에 다음과 같은 수동부하 임피던스를 접속해서 구성할 수 있다.

$$Z_L(\omega) = R_L + jX_L(\omega)$$

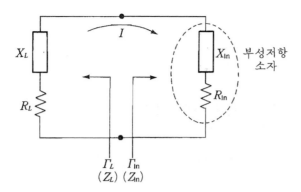

그림 **9.17** 단일포트 부성저항 발진기의 개략도.

식 (9-8)로부터 알 수 있는 바와 같이 그림 9.17에 보인 단일포트 회로망의 안정조건은

$$Re\{Z_{in}(I, \omega) + Z_L(\omega)\} > 0$$

이므로 회로망의 발진조건은

$$R_{in}(I, \omega) + R_L = 0 \qquad\qquad (9\text{-}61\text{a})$$

$$X_{in}(I, \omega) + X_L(\omega) = 0 \qquad\qquad (9\text{-}61\text{b})$$

이다. 부하는 수동이기 때문에 $R_L > 0$이므로 $R_{in}(I, \omega) < 0$이다. 즉, 정(+)저항은 에너지를 소모하는 반면 부성저항은 에너지를 공급하는 에너지원(source)임을 알 수 있다. 식 (9-61b)의 조건은 발진주파수를 제어한다. 구체적으로 설명을 하면 주어진 소자가 어느 주파수범위 $\omega_1 < \omega < \omega_2$에서 만약 $R_{in}(I, \omega) < 0$이면 그 소자는 불안정하다고 정의한다. 그러므로 단일포트 회로망이 주어진 주파수범위내의 어떤 주파수 $\omega_0$에서 만약 회로망의 전체 저항이 부성, 즉, $|R_{in}(I, \omega)| > R_L$이면 그 회로망은 불안정하다. 따라서 어떤 과도적 여진이나 잡음이 주파수 $\omega_0$에서 발진을 시작한다. 그 이유는 회로망의 전체 리액턴스가 0이 되기 때문이다. 즉,

$$X_L(\omega_0) = -X_{in}(I, \omega_0) \qquad\qquad (9\text{-}62)$$

주파수 $\omega_0$에서 정현파 전류가 점점 증가하면서 회로에 흐르고 발진진폭은 저항이 부성인 한 계속해서 커진다. 전류의 진폭은 루프 저항이 0일 때 발생하는 정상적인 값 $I_0$에 이르러야 한다. 조건식 (9-61)을 만족하기 위해서는 임피던스 $Z_{in}(I, \omega)$은 전류의 진폭에 따라 변하므로 $I = I_0$에서 식 (9-61)은

$$R_{in}(I_0, \omega_0) + R_L = 0 \qquad\qquad (9\text{-}63)$$

가 된다. 식 (9-62)에 의해서 결정되는 발진주파수는 $X_{\text{in}}(I, \omega_0)$이 전류의 진폭에 따라 변하기 때문에 안정하지 않다. 즉,

$$X_{\text{in}}(I_1, \omega_0) \neq X_{\text{in}}(I_0, \omega_0)$$

여기서 $I_1$은 임의의 전류이다. 그러므로 안정한 발진을 보장하는 또 다른 조건을 구하는 것이 필수적이다. $\omega_0$를 중심으로 변하는 주파수범위가 적으면 $Z_{\text{in}}(I, \omega)$의 주파수의존성은 무시할 수 있다. 그러나 이를 무시할 수 없으면 이 조건은 적은 전류변동, $\delta I$와 복소주파수 (complex frequency) $s = \alpha + j\omega$의 적은 변동, $\delta s$의 영향을 고려해서 구할 수 있다. 만약 $Z_T(I, s) = Z_{\text{in}}(I, s) + Z_L(s)$라 놓으면 $Z_T(I, s)$를 동작점 $(I_0, \omega_0)$를 중심으로 하는 Taylor 급수로 전개할 수 있다. 즉, 만약 발진기가 발진을 하면 $Z_T(I, s)$도 역시 0이 되어야 하므로

$$Z_T(I, s) = Z_T(I_0, s_0) + \frac{\partial Z_T}{\partial s}\bigg|_{s_0, I_0} \delta s + \frac{\partial Z_T}{\partial I}\bigg|_{s_0, I_0} \delta I = 0 \tag{9-64}$$

가 된다. 여기서 $s_0 = j\omega_0$는 원래의 동작점에서 복소주파수이다.

지금 $Z_T(I_0, s_0) = 0$이고 $\partial Z_T/\partial s = -j(\partial Z_T/\partial \omega)$라는 사실을 사용하여 식 (9-64)를 풀어 $\delta s = \alpha + j\delta \omega$를 구하면

$$\delta s = \frac{-\partial Z_T/\partial I}{\partial Z_T/\partial s}\bigg|_{s_0, I_0} \delta I = \frac{-j(\partial Z_T/\partial I)(\partial Z_T^*/\partial \omega)}{|\partial Z_T/\partial \omega|^2} \delta I \tag{9-65}$$

만약 변동량 $\delta I$와 $\delta \omega$로 인하여 발생한 과도현상이 쇠퇴하게 되면 $\delta I > 0$일 때 $\delta \alpha < 0$이 되어야 한다. 이는 발진기를 안정하게 한다. 따라서 식 (9-65)의 실수부가 음수가 되어야 한다. 즉,

$$\frac{\partial R_T}{\partial I}\bigg|_{I=I_0} \frac{\partial X_T}{\partial \omega}\bigg|_{\omega=\omega_0} - \frac{\partial X_T}{\partial I}\bigg|_{I=I_0} \frac{\partial R_T}{\partial \omega}\bigg|_{\omega=\omega_0} > 0 \tag{9-66}$$

수동부하인 경우, 일반적으로 $\partial R_L/\partial I = \partial X_L(\omega)/\partial I = \partial R_L/\partial \omega = 0$(즉, $R_L$은 일정하다.)이므로 식 (9-66)은 다음과 같이 간단해진다.

$$\frac{\partial R_{\text{in}}}{\partial I}\bigg|_{I=I_0} \frac{\partial}{\partial \omega}(X_L + X_{\text{in}})\bigg|_{\omega=\omega_0} - \frac{\partial X_{\text{in}}}{\partial I}\bigg|_{I=I_0} \frac{\partial R_{\text{in}}}{\partial \omega}\bigg|_{\omega=\omega_0} > 0 \tag{9-67}$$

여기서 $Z_T = R_T + jX_T$, $R_T = R_L + R_{\text{in}}$, $X_T = X_L + X_{\text{in}}$이다.

앞에서 설명한 바와 같이 $R_{in}$은 부성저항이기 때문에 $\partial R_{in}(I,\ \omega)/\partial I > 0$이고 $\partial(X_L + X_{in})/\partial\omega \gg 0$이면 식 (9-66)을 만족할 수 있다. $\partial(X_L + X_{in})/\partial\omega \gg 0$의 조건은 $Q$가 큰 회로가 발진기를 최대로 안정하게 한다는 것을 의미한다. 이러한 목적으로 공동(cavity)공진기와 유전체 공진기(dielectric resonator)를 흔히 사용한다. 효율이 높은 발진기를 설계하기 위해서는 여러 가지 사항들을 고려해야 한다. 예를 들면 안정한 동작과 최대출력전력을 위한 동작점의 선택, 주파수풀링(frequency-pulling), 큰 신호의 영향 및 잡음특성 등이다. 그러나 이 책에서는 생략한다.

---

**예제 9-8**

원하는 동작점에서 입력반사계수가 $\Gamma_{in} = 1.25\,\underline{/40°}$ (기준임피던스는 $Z_0 = 50\ \Omega$)인 부성저항 다이오드를 사용한 단일포트 발진기가 있다. 발진주파수는 $f = 6\ \mathrm{GHz}$ 이다. $50\ \Omega$ 부하임피던스에 대한 부하 정합회로망을 설계하여라.

**[풀 이]** 스미스 도표나 또는 직접 계산으로부터 입력임피던스는

$$Z_{in} = -44 + j123\ \Omega$$

이다. 그러므로 식 (9-61)로부터 부하임피던스는

$$Z_L = 44 - j123\ \Omega$$

가 되어야 한다. 병렬스터브나 직렬전송선로를 사용하여 그림 9.18에 보인 바와 같이 $50\ \Omega$을 $Z_L$로 변환시킬 수 있다.

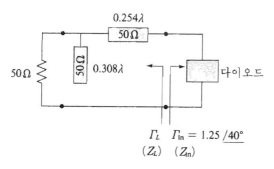

그림 9.18 예제 9-8의 단일포트 발진기용 부하 정합회로.

## [2] 트랜지스터 발진기

트랜지스터 발진기에서는 조건부 안정이 트랜지스터가 불안정한 영역에서 동작할 수 있도록 설계한 임피던스를 부가함으로써 실제적으로는 단일포트 부성저항과 같은 동작을 하도록 만드는 것이다. 2-포트 트랜지스터의 구성도는 그림 9.19에 보인 바와 같다. 2-포트 회로망은 트랜지스터의 $S$파라미터, 종단임피던스 및 부하저항 $Z_L$로 나타낼 수 있다. 실제의 발진기 출력포트는 트랜지스터의 어느 쪽도 될 수 있다. 증폭기의 경우에는 높은 안정도를 갖는 소자를 선호한다. 이상적으로는 무조건 안정인 소자이다. 발진기의 경우에는 높은 불안정성을 갖는 소자가 바람직하다. 대표적인 예로, 흔히 공통소스(common source) 또는 공통게이트(common gate) FET(바이폴라 소자인 경우는 공통이미터 또는 공통베이스) 구성을 정귀환(positive feedback) 회로와 함께 사용하여 시스템의 불안정성을 증가시킨다.

적합한 트랜지스터를 선택한 다음에는 출력안정원을 $\Gamma_T$평면에 도시할 수 있으며 $\Gamma_T$는 트랜지스터의 입력에 큰 값의 부성저항을 발생할 수 있도록 선택한다. 다음으로는 부하임피던스 $Z_L$이 $Z_{in}$과 정합되도록 선택할 수 있다. $Z_{in}$의 부성저항은 전류의 함수이고 발진전력이 증가하면 부성저항이 부하저항보다 더 낮은 값까지 감소할 수 있다. 이렇게 되면 발진이 정지한다. 이러한 문제를 제거하기 위하여 $I = 0$에서 부성저항의 크기가 부하저항보다 더 크도록 설계한다. 예를 들면, 트랜지스터 발진기를 설계할 때 소신호 $S$파라미터를 사용하는 이유와 발진기 전력이 증가함에 따라 $R_{in}$의 부성저항값이 작아지는 이유 때문에 $R_L + R_{in} < 0$이 되도록 $R_L$의 값을 선택할 필요가 있다. 그렇지 않으면 출력전력이 증가하면 $R_{in}$이 $R_L + R_{in} > 0$인 점까지 증가한 후 발진을 멈춘다. 일반적으로 실제 사용되는 $R_L$의 값은

$$R_L = | R_{in}(0, \omega_0) | /3 \tag{9-68a}$$

이다. $Z_L$의 리액턴스성분은 다음과 같이 회로가 공진되도록 선택한다.

$$X_L(\omega_0) = - X_{in}(\omega_0) \tag{9-68b}$$

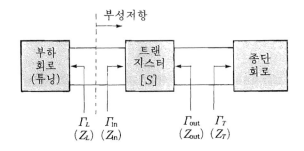

그림 9.19 2-포트 발진기 모델.

입력포트가 발진을 하면 종단포트도 역시 발진한다. 즉 부하회로와 트랜지스터 사이에 발진이 일어나면 출력포트에서도 동시에 발진이 일어난다. 두 포트가 발전하는 사실을 설명하면 다음과 같다. 입력포트의 발진이 정상상태인 경우 다음과 같은 관계가 성립해야 한다.

$$\Gamma_{\text{in}} \Gamma_L = 1 \tag{9-69}$$

그리고 식 (9-10a)와 식 (9-69)로부터

$$\frac{1}{\Gamma_L} = \Gamma_{\text{in}} = S_{11} + \frac{S_{12} S_{21} \Gamma_T}{1 - S_{22} \Gamma_T} = \frac{S_{11} - \Delta \Gamma_T}{1 - S_{22} \Gamma_T}$$

또는

$$\Gamma_T = \frac{1 - S_{11} \Gamma_L}{S_{22} - \Delta \Gamma_L} \tag{9-70}$$

이다. 여기서 식 (9-10a)의 $\Gamma_L$를 $\Gamma_T$로 대치하였다. 마찬가지로 식 (9-10b)로부터

$$\Gamma_{\text{out}} = S_{22} + \frac{S_{12} S_{21} \Gamma_L}{1 - S_{11} \Gamma_L} = \frac{S_{22} - \Delta \Gamma_L}{1 - S_{11} \Gamma_L} \tag{9-71}$$

이다. 여기서 식 (9-10b)의 $\Gamma_S$를 $\Gamma_L$로 대치하였다. 식 (9-70)과 (9-71)에서 다음과 같은 관계를 얻는다.

$$\Gamma_{\text{out}} \Gamma_T = 1 \tag{9-72}$$

이는 종단포트(회로망)도 역시 발진한다는 조건이다. 여기서 유의할 점은 위에서 사용하는 적절한 $S$ 파라미터는 일반적으로 트랜지스터의 대신호 파라미터라는 사실이다.

2-포트 발진기의 설계절차를 요약하면 다음과 같다.

① 원하는 발진주파수 $\omega_0$에서 조건부 안정인 트랜지스터를 사용하여라.
② $|\Gamma_{\text{in}}| > 1$이 되도록 종단회로망을 설계하여라.
③ $Z_{\text{in}}$이 공진이 되도록 입력회로망을 설계하여라. 즉,

$$X_L(\omega_0) = -X_{\text{in}}(\omega_0)$$
$$R_L = \frac{|R_{\text{in}}(0, \omega_0)|}{3}$$

와 같이 놓는다.

이와 같은 설계절차는 발진기를 제작할 때 성공률이 높기 때문에 많이 사용하지만 발진주파수가 원하는 주파수 $\omega_0$에서 다소 벗어난다. 이와 같은 이유는 부성저항이 부하저항과 같게 될 때까지 발진전력이 증가하고 $X_{\text{in}}$이 전류 또는 전압의 전력함수이기 때문이다. 또한 전원은 언제나 최적전력을 공급한다는 아무런 보장이 없다.

## 예제 9-9

그림 9.20에 보인 바와 같이 GaAs FET를 역채널(reverse channel)로 이용하여 8 GHz 발진기를 설계하여라. 8 GHz에서 이 트랜지스터의 $S$파라미터는 다음과 같다.

$$S_{11} = 0.98 \underline{/163°} \qquad S_{12} = 0.39 \underline{/-54°}$$
$$S_{21} = 0.675 \underline{/-161°} \qquad S_{22} = 0.465 \underline{/120°}$$

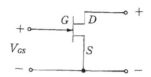

그림 9.20  역채널 GaAs FET.

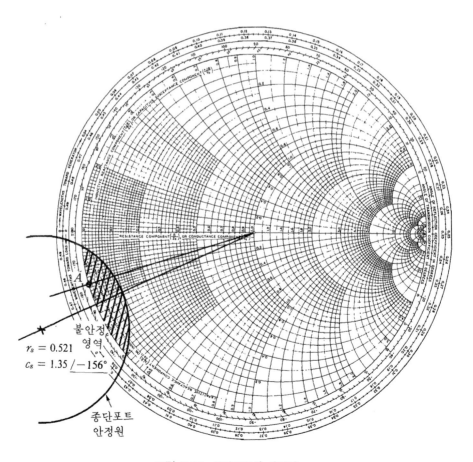

그림 9.21  종단포트의 안정원.

[풀 이]   주어진 트랜지스터는 8 GHz 에서 조건부 안정 (즉, $K = 0.529$)이며 게이트와 드레인을 그림 9.19 에 보인 종단포트로 사용한 경우 이 포트에 대한 안정원은 그림 9.21 에 보인 바와 같다. 이 안정원의 반경은 $r_s = 0.521$ 이고 중심은 $c_s = 1.35 \underline{/-156°}$ 이다.

그림 9.21 에서 보는 바와 같이 사선으로 채운 영역 안에 있는 모든 $\varGamma_T$의 값은 $|\varGamma_{in}| > 1$ 이 되도록 한다(즉, 입력포트가 부성저항이 된다). 그림 9.21 에서 $\varGamma_T$의 값을 점 $A$ 에 선택하면 $\varGamma_T = 1 \underline{/-163°}$ 이다. 이에 해당하는 임피던스는 $Z_T = -j7.5\ \Omega$ 이다. 이 리액턴스는 길이가 $0.226\lambda$ 인 $50\ \Omega$ 개방회로 스터브를 이용하면 실행할 수 있다. $Z_T$ 를 연결한 입력반사계수를 구하면 $\varGamma_{in} = 12.8 \underline{/-16.6°}$ 이며 이와 관련된 임피던스는 $Z_{in} = -58 - j2.6\ \Omega$ 이다. 부하정합회로는 식 (9-68)를 사용하여 설계한다. 즉, $f = 8\ GHz$ 에서 $Z_L = 19 + j2.6\ \Omega$ 이다.

## 9.8   동적범위와 상호변조왜곡

### [1]   동적범위와 1-dB 압축점

증폭기, 혼합기, 또는 수신기에서 사용하는 동작범위는 보통 출력전력이 입력전력에 선형적으로 비례하는 영역이다. 입력전력과 출력전력의 실제적 관계를 나타내면 그림 9.22 에 보인 바와 같다. 입·출력의 관계를 선형성으로 볼 수 있는 신호의 범위를 동적범위(dynamic range)라 부른다. 증폭기의 예를 들어 설명하면 다음과 같다. 증폭기는 증폭기 자체에서 발생된 잡음과 외부에서 급전된 외부잡음 때문에 입력전력이 전혀 없어도 그림에서 보는 바와 같이 증폭기에서 불규칙적인 잡음전력이 나온다. 이와 같은 잡음레벨을 흔히 잡음바닥(noise floor)이라 부른다. 전형적인 범위는 대개 $-60\ dBm$ 에서 $-100\ dBm$ 이다.

동적범위의 상단에서 출력은 포화상태가 시작된다. 포화의 시작을 나타내는 정량적 측정값이 1-**dB** 압축점(compression point)으로 주어진다. 이 점은 출력이 그림 9.22 에 보인 바와 같이 이상적인 증폭기보다 1-dB 낮은 출력에 대응하는 입력전력으로 정의된다.

포화점 근처에서 발생하는 비선형 때문에 반송주파수(carrier frequency)에 비교적 가까운 두 개의 신호가 시스템에 입력되는 경우 심각한 문제가 생긴다. 이와 같은 현상을 상호변조곱(intermodulation product) 또는 상호변조왜곡(intermodulation distortion)이라 한다. 이에 관한 설명은 다음 항에서 다룬다.

동적범위는 1-dB 압축점에 대응하는 입력신호와 잡음바닥 바로 위에서 검파할 수 있는 최소 입력신호 사이의 차(差)로 정의될 수 있다. 검파 가능한 최소신호(MDS : minimum detectable signal)는 잡음바닥에서 3 dB 높은 값으로 정의된다.

부하저항으로 정합된 잡음바닥은

$$N_i = kTB \tag{9-73}$$

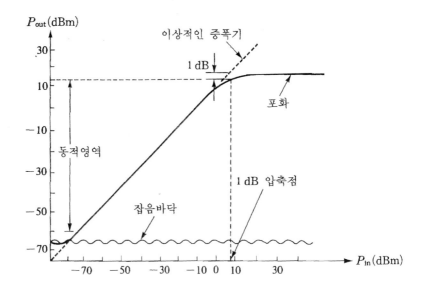

그림 **9.22** 실제 증폭기의 입출력 특성.

이다. 예를 들어 $T = 290°\text{K}(실온)$, $B = 1\,\text{MHz}$ 이라하면

$$N_i = 1.38 \times 10^{-23}\,\text{J/°K} \times 290°\text{K} \times 10^6\,\text{Hz}$$

$$= 4 \times 10^{-12}\,\text{mW}$$

또는

$$N_i = -114\,\text{dBm}$$

검파 가능한 최소신호(MDS)는 잡음바닥보다 3dB 높으므로 다음과 같이 주어진다.

$$\text{MDS} = -114\,\text{dBm} + 3\text{dB}$$

$$= -111\,\text{dBm}$$

그러므로 실온에서 1MHz의 대역폭을 갖는 MDS는 $7.94 \times 10^{-12}\,\text{mW}$ 이다. 실온에서 잡음지수가 $F_{\text{dB}}$인 시스템(혼합기, 증폭기, 또는 수신기)의 MDS는

$$\text{MDS} = -111\text{dBm} + 10\log_{10} BW + F_{\text{dB}} \qquad (9\text{-}74)$$

여기서 $BW$는 시스템의 주파수대역폭이다. 만약 $BW = 1\,\text{Hz}$, $F_{\text{dB}} = 0$ 이라 하면 $\text{MDS} = -111\text{dBm}$ 임에 주의하여라.

**예제 9-10**

실온에서 MDS를 다음 경우에 관하여 구하여라.

(a) $BW = 1\,\text{GHz}$,　　　$F_{dB} = 10\,\text{dB}$

(b) $BW = 10\,\text{GHz}$,　　　$F_{dB} = 10\,\text{dB}$

[**풀 이**]　(a) $\text{MDS} = -111 + 10 \log_{10} 1000 + 10$

$$= -71\,\text{dBm}$$

$$= 7.94 \times 10^{-8}\,\text{mW}$$

　　(b) $\text{MDS} = -111 + 10 \log_{10} 10000 + 10$

$$= -61\,\text{dBm}$$

$$= 7.94 \times 10^{-7}\,\text{mW}$$

---

**예제 9-11**

주파수범위가 $10 \sim 12\,\text{GHz}$ 인 증폭기의 이득은 $20\,\text{dB}$ 이고 잡음지수는 $3.5\,\text{dB}$ 이며 $1\,\text{dB}$ 압축점에서 출력전력이 $10\,\text{dBm}$ 이다. 이 증폭기의 동적범위를 구하여라.

[**풀 이**]　동적범위의 상한은 $1\,\text{dB}$ 압축점으로 제한된 출력이 $10\,\text{dBm}$ 이므로 출력의 하한은 증폭기 자체에 의한 출력잡음 $N_0$ 에 의하여 제한된다. 잡음지수의 정의식 (9-40)으로부터

$$F = \frac{S_i/N_i}{S_0/N_0} = \frac{S_i/kT_0B}{GS_i/N_0} = \frac{N_0}{GkT_0B}$$

이다. 따라서 출력잡음전력은

$$N_0 = GFkT_0B$$

이므로 윗식을 dBm 으로 계산하면

$$N_0 = 20 + 3.5 + 10 \log \frac{(1.38 \times 10^{-23})\,(290)\,(2 \times 10^9)\,\text{W}}{10^{-3}\,\text{W}}$$

$$= -57.5\,\text{dBm}$$

이다. 그러므로 동적범위는

$$10\,\text{dBm} - (-57.5\,\text{dBm}) = 67.5\,\text{dBm}$$

---

## [2] 상호변조왜곡

다이오드와 같은 검파기 또는 혼합기(mixer)는 비선형성을 갖기 때문에 이를 사용하면 주파수변환을 할 수 있다. 그러나 이와 같은 비선형성은 원하지 않는 많은 고조파와 고조파의

곱을 발생시킨다. 따라서 이러한 의사신호(spurious signal)는 혼합기의 변환이득을 증가시키므로 신호가 왜곡될 수도 있다. 증폭기에 사용되는 능동소자들(트랜지스터, 다이오드, 또는 진공관)도 비선형이므로 이와 비슷한 현상이 증폭기에서 일어날 수 있다. 일반적으로 비선형소자를 사용하는 시스템의 전달함수를 Taylor 급수로 나타내면 다음과 같다.

$$v_{out} = a_0 + a_1 v_{in} + a_2 v_{in}^2 + a_3 v_{in}^3 + \cdots\cdots$$

여기서 검파기나 혼합기의 경우, $a_0$ 항은 DC 바이어스 전압에 해당하는 한편 원하는 검파출력 또는 혼합된 출력은 $v_{in}^2$ 항이다. 증폭기의 경우에는 선형항인 $v_{in}$ 이 원하는 응답이다.

혼합기인 경우 두 개의 입력신호(two-tone)를 $v_{in} = \cos \omega_1 t + \cos \omega_2 t$ 라 하면 출력스펙트럼은 $m\omega_1 + n\omega_2$ 의 형식을 갖는 모든 고조파로 이루어진다. 여기서 $m$ 과 $n$ 은 정($+$) 또는 부($-$)의 정수이며 주어진 곱의 차수를 $|m| + |n|$ 으로 정의한다. 위의 Taylor 급수의 $v_{in}^2 = (\cos \omega_1 t + \cos \omega_2 t)^2$ 항은 $2\omega_1$, $2\omega_2$, $\omega_1 - \omega_2$ 와 $\omega_1 + \omega_2$ 인 고조파를 발생한다. 이 주파수들은 모두 2차 곱이다. 이 주파수들은 일반적으로 기본주파수 $\omega_1$ 과 $\omega_2$ 와 멀리 떨어져 있기 때문에 쉽게 제거할 수 있다. 그러나 광대역증폭기 또는 수신시스템의 경우에는 이와 같은 고조파를 제거하는 것이 불가능하다. 혼합기의 원하는 주파수는 보통 $\omega_1 - \omega_2$ 의 2차 곱 (second order product)이다. $v_{in}^3 = (\cos \omega_1 t + \cos \omega_2 t)^3$ 항은 쉽게 제거할 수 있는 $3\omega_1$, $3\omega_2$, $2\omega_1 + \omega_2$, $2\omega_2 + \omega_1$ 과 일반적으로 협대역시스템에서도 제거할 수 없는 $2\omega_1 - \omega_2$ 와 $2\omega_2 - \omega_1$ 과 같은 3차 곱을 발생한다. 두 개의 입력신호가 혼합해서 발생되는 이러한 곱 (product)을 상호변조왜곡(intermodulation distortion)이라 부른다.

**3차 2톤(two-tone) 상호변조 곱(intermodulation product)** $2\omega_1 - \omega_2$ 와 $2\omega_2 - \omega_1$ 은 시스템의 동작범위 또는 대역내에 존재할 수 있으므로 특별히 중요하다. 제2차 또는 제3차 상호변조왜곡의 기준은 비선형소자와 시스템에 대한 그림 9.23 에 보인 입력전력에 대한 출력전력의 도표에서 교점(intercept point)이다. 혼합기인 경우에 입력신호전력에 대한 출력신호($\omega_1 \pm \omega_2$)전력 또는 증폭기인 경우의 출력신호($\omega_1$ 또는 $\omega_2$)전력은 작은 신호레벨에서 기울기가 1인 단위기울기를 갖는다. 그러나 입력전력이 증가하면 포화상태에 이르게 되며 이는 출력파형을 제한하는 원인이 되어 신호의 왜곡이 발생한다. 이 왜곡은 입력전력의 일부가 여러 고조파로 전환됨에 따라 일어나는 현상이다.

위의 Taylor 급수에 의하면 2차 곱의 전력은 $v_{in}^2$ 에 따라 변하기 때문에 이 곱에 의한 출력전력 곡선은 기울기가 2이다. 만약 작은 신호이득의 선형부분을 연장한다면 이 직선은 2차 교점에서 2차 곱의 전력곡선과 교차한다. 이 점은 교차점에서의 입력전력이나 출력전력에 의해서 구분되며 이 점이 2차 상호변조왜곡의 기준치이다. 소자는 실질적으로 이 점보다 훨씬 낮은 영역에서 동작된다.

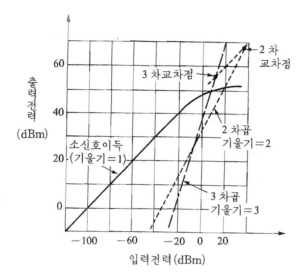

그림 9.23  실제 증폭기의 입출력 특성.

이와 마찬가지 방법으로 3차 상호변조왜곡을 정의한다. 이 곱은 $v_{in}^3$ 항에 의한 결과이므로
이 곡선의 기울기는 3이다. 3차 왜곡이 다른 왜곡보다 여과하기가 더 어렵다는 사실 이외에
3차 교점은 보통 2차 교점보다 더 낮은 전력레벨에서 일어나고 있다.

## 연습문제

9.1  다음과 같은 $S$파라미터를 갖는 마이크로파 트랜지스터가 있다(기준임피던스는 $Z_0 = 50\,\Omega$).

$$S_{11} = 0.34\,\underline{/-170°}, \qquad S_{21} = 4.3\,\underline{/80°},$$
$$S_{12} = 0.06\,\underline{/70°}, \qquad S_{22} = 0.45\,\underline{/-25°}$$

안정도를 결정하고 안정원을 도시하여 안정성을 검토하여라.

9.2  다음과 같은 $S$파라미터를 갖는 GaAs FET가 있다($Z_0 = 50\,\Omega$).

$$S_{11} = 0.65\,\underline{/-140°}, \qquad S_{21} = 2.4\,\underline{/50°},$$
$$S_{12} = 0.04\,\underline{/160°}, \qquad S_{22} = 0.70\,\underline{/-65°}$$

$f = 5.0\,\text{GHz}$에서 최대이득을 갖는 증폭기를 설계하여라. 여기서 개방형 션트스터브를 사용하
여 정합회로를 설계하여라.

9.3  다음과 같은 $S$파라미터를 갖는 트랜지스터를 사용하여 $f = 6.0\,\text{GHz}$에서 $10\,\text{dB}$의 이득을 갖
는 증폭기를 설계하여라($Z_0 = 50\,\Omega$).

$$S_{11} = 0.61 \,\underline{/-170°}, \qquad S_{21} = 2.24 \,\underline{/32°},$$
$$S_{12} = 0, \qquad\qquad S_{22} = 0.72 \,\underline{/-83°}$$

$G_s = 1\,dB$ 와 $G_L = 2\,dB$ 인 이득원을 도시하여라. 여기서 개방형 션트스터브를 사용하여 정합회로를 설계하여라.

**9.4** 다음과 같은 산란파라미터와 잡음파라미터를 갖는 GaAs FET 가 있다 ($Z_0 = 50\ \Omega$).

$$S_{11} = 0.7 \,\underline{/-110°}, \qquad S_{21} = 3.5 \,\underline{/60°}$$
$$S_{12} = 0.02 \,\underline{/60°}, \qquad S_{22} = 0.8 \,\underline{/-70°}$$
$$F_{min} = 2.5\,dB, \qquad \Gamma_{opt} = 0.70 \,\underline{/120°}, \qquad R_N = 15\ \Omega$$

최소잡음지수와 최대이득을 갖는 증폭기를 설계하여라. 여기서 개방형 션트스터브를 사용하여 정합회로를 설계하여라.

**9.5** 1 GHz 대역폭을 갖는 증폭기가 15 dB 이득과 250 K 잡음온도를 갖는다고 한다. 1 dB 압축점이 −10 dBm 의 입력전력에서 발생하는 경우 증폭기의 동적범위를 구하여라.

**9.6** 중심주파수 $f_0 = 20\,GHz$ 에서 1 GHz 대역폭을 가지며 시스템의 물리적 온도가 $T = 300\,K$ 인 그림 (문 9.6)에 보인 바와 같은 마이크로파 시스템이 있다. 다음을 구하여라.

(1) 잡음의 등가잡음온도

(2) 증폭기의 잡음지수 [dB]

(3) 종속된 전송선로와 증폭기의 잡음지수 [dB]

(4) 잡음원 (noisy source)을 시스템에 연결하였을 때 증폭기의 전체 잡음출력전력 [dB]

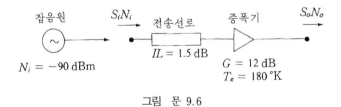

그림  문 9.6

# 10장

# 전력 분배기/합성기

이 장에서 설명하는 전력 분배기/합성기는 그림 10.1에 보인 바와 같이 한 개의 신호를 분배하거나 또는 두 개의 신호 또는 그 이상의 신호들을 합성하는 결합기(coupler)이다. 따라서 결합기의 단자 결합방식에 따라 전력분배기를 합성기로, 합성기를 분배기로 사용할 수 있다. 전력분배와 전력합성회로를 응용하는 예는 많이 있다. 한 예를 들면 9장에서는 소신호, 협대역 증폭기의 설계에 관하여 설명하였으나 대전력·광대역 증폭기를 설계하기 위해서는 전력합성기술을 사용하는 것이 가장 간단하고 용이한 방법이다. 또 다른 예를 들면 전력분배기를 송신안테나 시스템 또는 수신안테나 시스템을 위한 전력공급 분배기의 설계에 응용하는 경우이다. 앞으로 항공기용 phased-array 레이더와 인공위성용 통신시스템 응용 등에 동일한 부품이 대량으로 필요하게 되므로 결합기를 사용한 평형증폭기(balanced amplifier)는 가장 유망한 품목 중의 하나이다. 이 장에서는 가장 널리 사용하고 있는 마이크로파 분배기/합성기의 기초 원리, 종류 및 응용에 관하여 설명한다.

결합기는 그림 10.1에 보인 바와 같이 3-포트 회로가 될 수도 있고 또는 4-포트 회로가 될 수도 있다. 3-포트 회로망에는 $T$-접합(junction)형 혹은 다른 형태의 전력분배기가 있으며

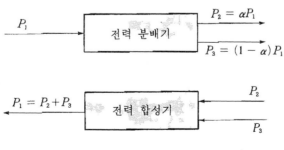

그림 10.1 전력 분배와 합성.

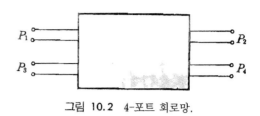

그림 10.2  4-포트 회로망.

4-포트 회로망은 방향성 결합기와 하이브리드형이 있다. 전력분배기는 흔히 동등분(equal -division ; 3 dB)형이지만 분배전력비가 다른 것도 가능하다. 방향성 결합기는 전력을 임의로 분배할 수 있도록 설계할 수 있지만 하이브리드형 접합은 일반적으로 전력을 2등분한다.

하이브리드형 접합은 출력포트 사이의 위상차가 90°(quadrature) 혹은 180°(magic-$T$)이다. 마이크로파 분배기/합성기와 마이크로파 필터를 실현하는 데 사용하는 가장 유용한 구조의 하나는 두 전송선로를 물리적으로 충분히 접근시킴으로써 두 선로의 전압·전류에 의한 전자계의 결합이 이루어지도록 구성하는 4-포트 회로망이다. 특히 MIC와 MMIC에 이용하는 마이크로 스트립선로와 스트립선로 형식의 2선로 구조의 예를 들면 그림 10.3에 보인 바와 같다.

그림 10.3에 보인 구조는 그림 10.2에 보인 바와 같은 4-포트 회로망을 구성한다. 마이크로파 분배기/합성기로 사용할 수 있는 방향성 결합기 또는 하이브리드는 원리적으로 4-포트 회로망으로 나타낼 수 있다. 이러한 회로망에서 전력이 입사하는 포트를 입력포트라 하고, 원하는 양의 결합전력을 출력시키는 포트를 결합포트라고 하는 한편 나머지 포트들은 격리포트(isolated port)라고 한다. 포트를 여섯 개까지 갖는 하이브리드형 결합기도 많은 시스템에 사용하고 있지만 4-포트 회로망의 원리를 확장하여 적용한 것이므로 여기서는 4-포트 회로망만을 다룬다.

그림 10.2에서 만약 전력 $P_1$이 포트 1(발진기의 임피던스에 정합되었다고 가정)로 입사하고 전력 $P_2$, $P_3$, $P_4$(각 포트는 무반사종단을 접속하였다고 가정)가 각각 포트 2, 3, 4의 출력이라고 하면 결합도(coupling coefficient)는 다음과 같이 정의한다.

$$C_{dB} = -10 \log \left| \frac{P_n}{P_1} \right| \ dB \qquad 여기서 \ n = 2, \ 3, \ 4$$

만약 포트 3이 결합포트라고 하면 결합도는

$$C_{dB} = -10 \log \left| \frac{P_3}{P_1} \right| \ dB \qquad (10\text{-}1)$$

이다.

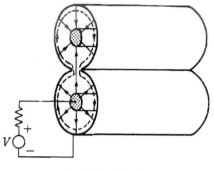

(a) 결합동축선로

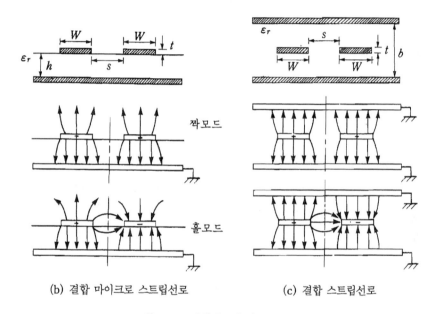

(b) 결합 마이크로 스트립선로　　　　(c) 결합 스트립선로

그림 **10.3** 결합선로의 예.

만약 포트 4가 결합을 원하지 않는 포트라고 하면 원하는 격리도(isolating coefficient)는

$$I = -10\log\left|\frac{P_4}{P_1}\right| \text{ dB} \qquad (10\text{-}2)$$

이다.

직접 전송하는 포트 2의 전송도(transmission coefficient)는

$$T = 10\log\left|\frac{P_2}{P_1}\right| \text{ dB} \qquad (10\text{-}3)$$

이다.

결합을 원하는 전력과 결합을 원하지 않는 전력간의 차를 지향성(directivity)이라고 하며

그 값은

$$D = I - C_{dB} \qquad\qquad (10\text{-}4)$$

로 정의한다.

일반적으로 실질적인 하이브리드 또는 방향성 결합기의 성능은 동작 주파수대역의 중심주 파수에서 그 회로의 결합도, 지향성 및 격리도로 판단한다.

## 10. 1  2선 결합평행 전송선로

앞에서 설명한 바와 같이 4-포트 회로망을 구성하는 결합 2선 전송선로는 그림 10.3(b), (c)에 보인 바와 같은 단면적의 모양을 갖는 평행선로이다. 이들은 선로의 가장자리에서 전 자계결합이 발생한다. 이에 관한 해석은 다음과 같은 두 가지 모드로 해석할 수 있다. 한 가 지는 두 선로의 중심도체(스트립)가 접지도체판에 대하여 동시에 정(+)전압(예, +1 Volt) 이 걸리는 경우인 짝모드(even mode)여진이며 또 하나는 두 선로에서 한 도체에 +1 V가 걸리고 동시에 다른 도체에 −1 V가 걸리는 경우인 홀모드(odd mode)여진으로 생각할 수 있다. 그러므로 짝모드여진의 경우에 대한 대칭축을 자기벽(magnetic wall)이라 하고 홀모 드여진의 경우에 대한 대칭축을 전기벽(electric wall)이라 한다. 두 평행선로의 가장자리결합 에 의한 결합선로는 이와 같은 짝모드와 홀모드 성질로 나타낼 수 있으므로 두 선로의 결합도 는 짝모드와 홀모드의 특성임피던스로 표시할 수 있다[1]. 이에 대한 상세한 설명은 다음에 다 루기로 한다.

### [1]  결합선로의 이론

흔히 많이 사용하는 그림 10.3(b)에 보인 마이크로 스트립선로 형태의 결합선로는 그림 10.4에 보인 구조로 나타낼 수 있다. 만약 전송모드를 TEM이라고 가정하면 결합선로의 전 기적 특성은 선로 사이의 실효 커패시턴스(effective capacitance)와 선로를 따라 전파하는 파의 속도로부터 구할 수 있다. 그림 10.4(b)에 보인 바와 같이 $C_{12}$는 접지도체를 제외한 두 스트립도체 사이의 커패시턴스를 나타내는 한편 $C_{11}$과 $C_{22}$는 다른 스트립도체의 영향을 제 외한 자체만의 커패시턴스이다. 만약, 두 스트립도체가 대칭을 이루면(스트립도체의 크기와 위치가 접지도체에 대하여 동일) $C_{11} = C_{22}$이다.

결합선로에 대한 두 가지 형식의 여진을 생각하자. 즉, 스트립도체에 흐르는 전류의 크기와 방향을 동일하게 여진한 짝모드와, 스트립도체에 흐르는 전류의 크기는 동일하나 전류의 방향 이 서로 반대가 되도록 여진한 홀모드이다. 이 두 경우에 대한 전계분포를 나타내면 그림 10.5에 보인 바와 같다.

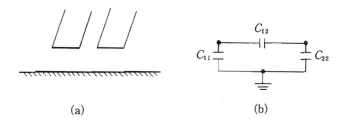

그림 **10.4** (a) 그림 10.3(b)의 2선 결합전송회로
(b) 등가 커패시턴스 회로망

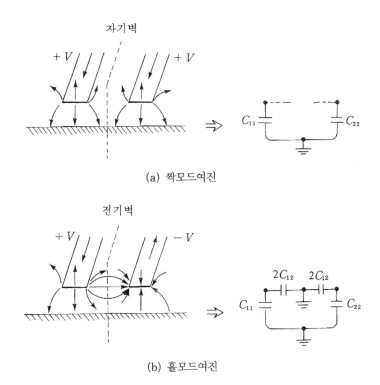

(a) 짝모드여진

(b) 홀모드여진

그림 **10.5** 결합선로에 대한 짝·홀모드 여진과 등가 커패시턴스 회로망.

짝모드인 경우, 전계는 점선으로 표시한 중심선에 대하여 우대칭(even symmetry)이므로 두 개의 스트립도체 사이에 전류가 흐르지 않는다. 이는 그림 10.5(a)에 보인 바와 같이 두 개의 스트립선로 사이의 커패시턴스 $C_{12}$를 소거한 것과 등가회로가 된다. 따라서 짝모드에 대한 접지와 각각의 선로 사이의 커패시턴스 $C_e$는

$$C_e = C_{11} = C_{22} \tag{10-5}$$

이고, 짝모드 특성임피던스는

$$Z_{0e} = \sqrt{\frac{L}{C_e}} = \frac{\sqrt{LC_e}}{C_e} = \frac{1}{v_e\, C_e} \tag{10-6}$$

이다. 여기서 $v_e = \dfrac{1}{\sqrt{LC_e}}$ 는 선로를 따라 전파하는 짝모드속도이다.

홀모드인 경우 전계분포는 중심선에 대하여 기대칭(odd symmetry)이므로 두 스트립도체 사이에 접지와 동일한 0 전위가 존재한다. 이와 같은 결과는 전류가 $C_{12}$의 중간을 통하여 접지판에 흐르는 것으로 볼 수 있다. 따라서 홀모드에서 각각의 스트립도체와 접지 사이의 실효 커패시턴스 $C_o$는 그림 10.5(b)에 보인 바와 같이

$$C_o = C_{11} + 2C_{12} = C_{22} + 2C_{12} \tag{10-7}$$

이고, 홀모드 특성임피던스는

$$Z_{0o} = \frac{1}{v_o\, C_o} \tag{10-8}$$

이다. 여기서 $v_o = \dfrac{1}{\sqrt{LC_o}}$ 는 선로를 따라 전파하는 홀모드속도이다. 따라서 결합선로에 대한 임의의 여진은 언제나 적절한 진폭의 짝·홀모드의 중첩으로 다룰 수 있다.

만약 동축선로, 두 개의 평행판, 스트립선로 등에 의한 결합선로가 순수한 TEM 모드라고

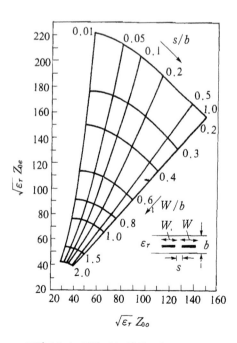

그림 10.6  결합 스트립선로의
설계용 데이터곡선.

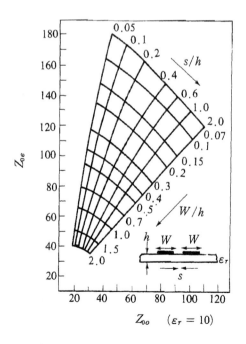

그림 10.7  결합 마이크로 스트립선로의
설계용 데이터곡선.

하면 컨포멀 매핑[2]을 사용하여 단위길이에 대한 커패시턴스를 구할 수 있으므로 짝모드와 홀모드의 특성임피던스를 결정할 수 있다. 그러나 마이크로 스트립선로와 같은 준 **TEM** 선로인 경우에는 이의 특성파라미터들을 수치적 혹은 근사적 준정적(quasi-static)기법[3]에 의하여 구할 수 있다.

그림 10.3(c)에 보인 대칭형 결합 스트립선로의 설계용 그래프를 소개하면 그림 10.6에 보인 바와 같고 그림 10.3(b)에 보인 바와 같은 대칭형 결합 마이크로 스트립선로의 설계용 그래프를 소개하면 그림 10.7에 보인 바와 같다. 이 예는 유전체 기판의 비유전율이 $\varepsilon_r = 10$ 인 경우이다.

## [2]  평행결합 전송선로 결합기의 설계

그림 10.3(b)에 보인 바와 같은 두 개의 마이크로 스트립은 서로 다른 두 개의 매질의 경계면에 있기 때문에 단일 마이크로 스트립선로의 경우에서처럼 그 해석이 쉽지 않다. 그러므로 이 항에서는 그림 10.2(c)에 보인 바와 같이 균일한 매질 안에 위치한 결합된 평행전송선로의 결합특성을 짝·홀모드의 개념을 사용하여 해석하고자 한다. 그림 10.8에 보인 바와

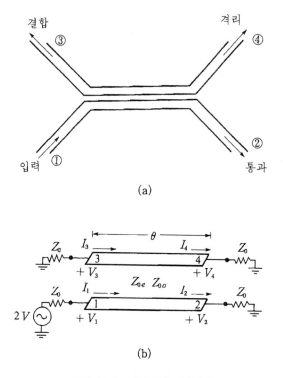

(a)

(b)

그림 **10.8**  평행결합 전송선로.

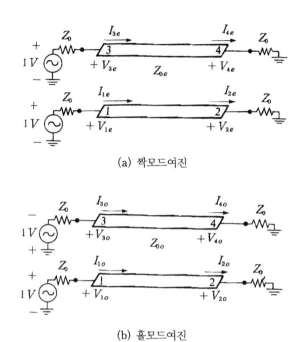

(a) 짝모드여진

(b) 홀모드여진

그림 10.9  평행결합 전송선로의 짝·홀모드 여진.

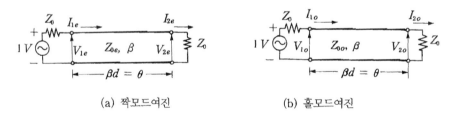

(a) 짝모드여진                    (b) 홀모드여진

그림 10.10  평행결합 전송선로의 변형된 짝·홀모드 여진 모델.

같이 포트 2, 3, 4에 기준임피던스($Z_L = Z_0$)를 연결하고 포트 1에 내부임피던스가 $Z_0$인 2 V의 전원을 연결하면 2선 전송선로의 결합특성을 쉽게 해석할 수 있다.

전송선로의 미분방정식은 선형이므로 그림 10.9에 보인 바와 같이 두 개의 전송선로를 짝모드여진과 홀모드여진으로 나누어 생각할 수 있다. $Z_{0e}$는 짝모드여진에 대한 결합선로의 특성임피던스이고 $Z_{0o}$는 홀모드여진에 대한 결합선로의 특성임피던스이며 $\gamma$는 복소전파상수이다.

그림 10.5(a), (b)에서 알 수 있는 바와 같이 선로 사이의 부분적 커패시턴스는 다르므로 $Z_{0e}$는 $Z_{0o}$와 같지 않다. 만약 선로의 손실을 무시하면 복소전파상수 $\gamma = j\beta$이다. TEM 모드 선로인 경우, 전파속도는 선로가 묻혀 있는 매질에 따라 다르다. 따라서 전파상수는 여진방식

에 의존하지 않는다. 그러므로 위에서 설명한 전송선로의 파라미터를 그림 10.10에 보인 바와 같이 간단하게 나타낼 수 있다.

앞에서 설명한 바와 같이 전송선로 방정식은 선형방정식이므로 주어진 원래의 구조에서 전압과 전류는 다음과 같이 짝·홀모드 해(solution)의 중첩으로 나타낼 수 있다.

$$
\begin{aligned}
V_1 &= V_{1e} + V_{1o} & I_1 &= I_{1e} + I_{1o} \\
V_2 &= V_{2e} + V_{2o} & I_2 &= I_{2e} + I_{2o} \\
V_3 &= V_{1e} - V_{1o} & I_3 &= I_{1e} - I_{1o} \\
V_4 &= V_{2e} - V_{2o} & I_4 &= I_{2e} - I_{2o}
\end{aligned}
\tag{10-9}
$$

여기서 전송선로는 그림 10.4에 보인 바와 같이 구조적으로 중심선에 대하여 대칭이므로 $V_{3e} = V_{1e}$, $V_{3o} = V_{1o}$, $I_{3e} = I_{1e}$, $I_{3o} = I_{1o}$이고, $V_{4e} = V_{2e}$, $V_{4o} = V_{2o}$, $I_{4e} = I_{2e}$, $I_{4o} = I_{2o}$임에 유의하여라.

전송선로선분(transmission-line section)에 대한 **$ABCD$** 행렬식을 사용하여 그림 10.10에 보인 모델에서 전압·전류의 관계식을 나타내면 다음과 같다.

$$
\begin{bmatrix} V_{1e} \\ I_{1e} \end{bmatrix} = \begin{bmatrix} \cos\theta & jZ_{0e}\sin\theta \\ jY_{0e}\sin\theta & \cos\theta \end{bmatrix} \begin{bmatrix} V_{2e} \\ I_{2e} \end{bmatrix}
\tag{10-10a}
$$

$$
\begin{bmatrix} V_{1o} \\ I_{1o} \end{bmatrix} = \begin{bmatrix} \cos\theta & jZ_{0o}\sin\theta \\ jY_{0o}\sin\theta & \cos\theta \end{bmatrix} \begin{bmatrix} V_{2o} \\ I_{2o} \end{bmatrix}
\tag{10-10b}
$$

식 (10-10)에 다음과 같은 종단조건을 적용하면

$$
\begin{aligned}
V_{2e} &= Z_0 I_{2e} & V_{2o} &= Z_0 I_{2o} \\
V_{1e} + I_{1e} Z_0 &= 1 & V_{1o} + I_{1o} Z_0 &= 1
\end{aligned}
$$

다음과 같은 전압·전류식을 얻는다.

$$
V_{1e} = \frac{Z_{0e} Z_0 \cos\theta + jZ_{0e}^2 \sin\theta}{2Z_{0e} Z_0 \cos\theta + j(Z_{0e}^2 + Z_0^2)\sin\theta}
$$

$$
I_{1e} = \frac{Z_{0e} \cos\theta + jZ_0 \sin\theta}{2Z_{0e} Z_0 \cos\theta + j(Z_{0e}^2 + Z_0^2)\sin\theta}
$$

$$
V_{2e} = \frac{Z_0 Z_{0e}}{2Z_{0e} Z_0 \cos\theta + j(Z_{0e}^2 + Z_0^2)\sin\theta}
$$

$$
I_{2e} = \frac{Z_{0e}}{2Z_{0e} Z_0 \cos\theta + j(Z_{0e}^2 + Z_0^2)\sin\theta}
$$

$$
V_{1o} = \frac{Z_{0o} Z_0 \cos\theta + jZ_{0o}^2 \sin\theta}{2Z_{0o} Z_0 \cos\theta + j(Z_{0o}^2 + Z_0^2)\sin\theta}
$$

$$
\tag{10-11}
$$

$$I_{1o} = \frac{Z_{0o} \cos \theta + j Z_0 \sin \theta}{2 Z_{0o} Z_0 \cos \theta + j (Z_{0o}^2 + Z_0^2) \sin \theta}$$

$$V_{2o} = \frac{Z_0 Z_{0o}}{2 Z_{0o} Z_0 \cos \theta + j (Z_{0o}^2 + Z_0^2) \sin \theta}$$

$$I_{2o} = \frac{Z_{0o}}{2 Z_{0o} Z_0 \cos \theta + j (Z_{0o}^2 + Z_0^2) \sin \theta}$$

윗식들을 간단하게 하기 위하여 합성구조의 입력임피던스를 $Z_0$가 되도록 하면

$$Z_0 = \frac{V_1}{I_1} = \frac{V_{1e} + V_{1o}}{I_{1e} + I_{1o}}$$

또는

$$Z_0 = \frac{Z_0 (Z_{0o} H_e + Z_{0e} H_o) \cos \theta + j (Z_{0o}^2 H_e + Z_{0e}^2 H_o) \sin \theta}{(Z_{0o} H_e + Z_{0e} H_o) \cos \theta + j Z_0 (H_e + H_o) \sin \theta} \tag{10-12}$$

가 된다. 여기서

$$H_e = 2 Z_{0e} Z_0 \cos \theta + j (Z_{0e}^2 + Z_0^2) \sin \theta$$
$$H_o = 2 Z_{0o} Z_0 \cos \theta + j (Z_{0o}^2 + Z_0^2) \sin \theta \tag{10-13}$$

이다. 만약 다음과 같이 가정한 등식에

$$Z_0^2 (H_e + H_o) = Z_{0o}^2 H_e + Z_{0e}^2 H_o$$

식 (10-13)의 $H_e$와 $H_o$를 대입하면

$$2 Z_0^3 (Z_{0e} + Z_{0o}) \cos \theta + j (Z_{0e}^2 Z_0^2 + Z_{0o}^2 Z_0^2 + 2 Z_0^4) \sin \theta$$
$$= 2 Z_{0e} Z_{0o} Z_0 (Z_{0e} + Z_{0o}) \cos \theta + j (Z_{0e}^2 Z_0^2 + Z_{0o}^2 Z_0^2 + 2 Z_{0e}^2 Z_{0o}^2) \sin \theta \tag{10-14}$$

가 된다. 여기서 $H$는 자계를 나타내는 것이 아님에 유의하여라.

위의 등식은 다음과 같은 관계를 만족할 때 성립한다.

$$Z_0^2 = Z_{0e} Z_{0o}$$

또는

$$Z_0 = \sqrt{Z_{0e} Z_{0o}} \tag{10-15}$$

즉, 원래의 결합선로의 특성임피던스는 짝·홀모드의 특성임피던스만 구하면 얻을 수 있다는 중요한 식이다. 이와 같은 결과는 식 (10-14)로 주어진 등식에 근거한다는 사실에 유의해야 한다. 식 (10-11)에 (10-15)의 관계식을 대입하면 다음과 같은 결과식을 얻을 수 있다.

$$V_{1e} = \frac{Z_0 \cos \theta + j Z_{0e} \sin \theta}{2Z_0 \cos \theta + j (Z_{0e} + Z_{0o}) \sin \theta}$$

$$I_{1e} = \frac{\cos \theta + j Z_{0o} Y_0 \sin \theta}{2Z_0 \cos \theta + j (Z_{0e} + Z_{0o}) \sin \theta}$$

$$V_{2e} = \frac{Z_0}{2Z_0 \cos \theta + j (Z_{0e} + Z_{0o}) \sin \theta}$$

$$I_{2e} = \frac{1}{2Z_0 \cos \theta + j (Z_{0e} + Z_{0o}) \sin \theta}$$

$$V_{1o} = \frac{Z_0 \cos \theta + j Z_{0o} \sin \theta}{2Z_0 \cos \theta + j (Z_{0e} + Z_{0o}) \sin \theta}$$

$$I_{1o} = \frac{\cos \theta + j Z_{0e} Y_0 \sin \theta}{2Z_0 \cos \theta + j (Z_{0e} + Z_{0o}) \sin \theta}$$

$$V_{2o} = \frac{Z_0}{2Z_0 \cos \theta + j (Z_{0e} + Z_{0o}) \sin \theta}$$

$$I_{2o} = \frac{1}{2Z_0 \cos \theta + j (Z_{0e} + Z_{0o}) \sin \theta}$$

$$(10\text{-}16)$$

윗식을 식 (10-9)에 대입하면 다음과 같은 합성전압과 합성전류를 얻는다. 즉, 완전한 전압과 전류의 해를 얻을 수 있다.

$$V_1 = V_{1e} + V_{1o} = \frac{2Z_0 \cos \theta + j (Z_{0e} + Z_{0o}) \sin \theta}{2Z_0 \cos \theta + j (Z_{0e} + Z_{0o}) \sin \theta} = 1$$

$$I_1 = I_{1e} + I_{1o} = \frac{2 \cos \theta + j Y_0 (Z_{0e} + Z_{0o}) \sin \theta}{2Z_0 \cos \theta + j (Z_{0e} + Z_{0o}) \sin \theta} = \frac{1}{Z_0}$$

$$V_2 = V_{2e} + V_{2o} = \frac{2Z_0}{2Z_0 \cos \theta + j (Z_{0e} + Z_{0o}) \sin \theta}$$

$$I_2 = I_{2e} + I_{2o} = \frac{2}{2Z_0 \cos \theta + j (Z_{0e} + Z_{0o}) \sin \theta}$$

$$(10\text{-}17)$$

$$V_3 = V_{1e} - V_{1o} = \frac{j (Z_{0e} - Z_{0o}) \sin \theta}{2Z_0 \cos \theta + j (Z_{0e} + Z_{0o}) \sin \theta}$$

$$I_3 = I_{1e} - I_{1o} = \frac{j Y_0 (Z_{0e} - Z_{0o}) \sin \theta}{2Z_0 \cos \theta + j (Z_{0e} + Z_{0o}) \sin \theta}$$

$$V_4 = V_{2e} - V_{2o} = \frac{0}{2Z_0 \cos \theta + j (Z_{0e} + Z_{0o}) \sin \theta} = 0$$

$$I_4 = I_{2e} - I_{2o} = \frac{0}{2Z_0 \cos \theta + j (Z_{0e} + Z_{0o}) \sin \theta} = 0$$

여기서 유의할 점은 포트 1에서 본 입력임피던스가 $Z_{in} = Z_0$라는 사실이다.

평행결합선로의 결합도를 다음과 같이 정의한다.

$$C = \frac{Z_{0e} - Z_{0o}}{Z_{0e} + Z_{0o}} \tag{10-18}$$

식 (10-17)에 (10-15)와 (10-18)을 대입하면 각 포트전압은 다음과 같이 간단해진다.

$$V_1 = 1 \tag{10-19a}$$

$$V_2 = \frac{\sqrt{1 - C^2}}{\sqrt{1 - C^2}\cos\theta + j\sin\theta} \tag{10-19b}$$

$$V_3 = \frac{jC\sin\theta}{\sqrt{1 - C^2}\cos\theta + j\sin\theta} \tag{10-19c}$$

$$V_4 = 0 \tag{10-19d}$$

윗식을 살펴보면 다음과 같은 사실을 알 수 있다. 포트 네 개 중 포트 4는 격리되어 있고 모든 포트는 정합되어 있다. 이와 같은 결합기는 결합도 $C$의 값에 따라 포트 2와 포트 3으로부터 분배된 전력이 나온다. 즉, 이 결합기는 한 개의 전송선로(active line)를 따라 한 방향으로 전파하는 한 개의 신호와 다른 전송선로(passive line)에 입사전파방향과 반대방향으로 전파하는 결합된 신호가 발생하므로 역방향성 결합기(contradirectional coupler)라고 한다. 이와 대조적인 방향성 결합기로서 순방향성 결합기(forward directional coupler)가 있다. 나중에 설명할 도파관 결합기가 이에 속한다.

식 (10-19b)와 (10-19c)를 사용하여 결합도를 나타내는 포트 3의 전압과 직렬 연결된 포트 2의 전압에 대한 주파수특성을 나타내면 그림 10.11에 보인 바와 같다. 식 (10-19)로부터 결합기의 길이가 $\lambda/4$일 때 최대결합이 발생함을 알 수 있다. 즉, $\theta = \pi/2$이면 포트전압은

$$V_1 = 1 \qquad\qquad V_3 = C \tag{10-20a}$$

$$V_2 = -j\sqrt{1 - C^2} \qquad V_4 = 0 \tag{10-20b}$$

이다.

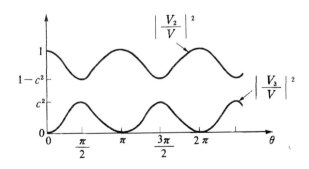

그림 **10.11** 그림 10.8에 보인 포트 3과 포트 2 전압의 주파수특성.

결합도 $C$를 dB로 나타내면

$$C_{dB} = -10 \log_{10} \frac{1}{|C^2|} \text{ dB}$$

이며, 여기서 $C$는 식 (10-18)의 $Z_{0e}$와 $Z_{0o}$에 의하여 결정된다.

특성임피던스 $Z_0$와 전압결합계수 $C$가 주어진 경우 이를 만족하는 짝·홀모드 특성임피던스에 대한 설계방정식은 식 (10-15)와 (10-18)로부터 다음과 같이 된다.

$$Z_{0e} = Z_0 \sqrt{\frac{1+C}{1-C}} \qquad (10\text{-}21a)$$

$$Z_{0o} = Z_0 \sqrt{\frac{1-C}{1+C}} \qquad (10\text{-}21b)$$

---

**예제 10-1**

유전체 기판의 두께는 0.158 cm이고 채운 유전체의 유전율은 2.56이며 3 GHz에서 특성임피던스가 50 Ω인 20 dB 스트립선로 결합기를 설계하여라. 1 GHz로부터 5 GHz에 이르는 주파수범위에서 결합도와 지향성의 주파수특성을 도시하여라.

[**풀이**] 전압결합도는 $C = 10^{-20/20} = 0.1$이다. 식 (10-21)로부터 짝·홀모드 특성임피던스는

$$Z_{0e} = 50 \sqrt{\frac{1.1}{0.9}} = 55.28 \ \Omega$$

$$Z_{0o} = 50 \sqrt{\frac{0.9}{1.1}} = 45.23 \ \Omega$$

이다. 그림 10.6을 사용하기 위하여

$$\sqrt{\varepsilon_r} \, Z_{0e} = \sqrt{2.56} \times 55.28 = 88.4$$
$$\sqrt{\varepsilon_r} \, Z_{0o} = \sqrt{2.56} \times 42.23 = 72.4$$

를 계산하고 이에 대응하는 $W/b = 0.72$, $s/b = 0.34$를 구하면 스트립선로의 폭은

$$W = 0.72 \, b = 0.114 \text{ cm}$$

이며, 스트립선로 사이의 거리는

$$s = 0.34 \, b = 0.054 \text{ cm}$$

이다. 여기서 두 개의 스트립선로 사이의 거리가 너무 가까우므로 이를 제조하기가 어렵다는 점에 유의해야 한다. 식 (10-1)에 (10-19c)를 적용하여 결합도의 주파수특성을 나타내면 그림 10.12에 보인 바와 같다.

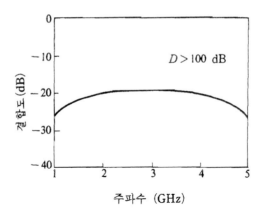

그림 10.12   (예제 10-1)의 결합기의 주파수특성.

## 10.2   비균질 결합 마이크로 스트립선로

앞절에서는 결합된 두 평행선로의 결합특성을 짝·홀모드에 의해서 해석하였다. 그러나 두 선로가 대칭인 마이크로 스트립선로 구조에서는 유전체 기판과 공기 사이에 분포된 전자계의 분포는 동일한 매질에서의 분포와 다르기 때문에 순수한 TEM 모드의 성질과는 달리 짝모드와 홀모드의 속도가 다르다. 즉, 앞절에서처럼 순수한 TEM 파인 경우는 짝모드와 홀모드의 속도는 같으나 마이크로 스트립선로인 경우는 준 **TEM** 이기 때문에 두 모드의 속도가 다르다. 따라서 특성임피던스 $Z_0$는 식 (10-15)로 주어질 수 없으나 이 값을 초기조건으로 시작하여 $S_{ii} = 0 (i = 1, 2, 3, 4)$를 만족하도록 반복방법에 의해서 구할 수 있다.[4] 그러므로 식 (10-15)와 (10-18)은 마이크로 스트립선로인 경우에 대해서는 근사식이지만, 이 식들을 사용하면 설계의 초기값을 구할 수 있다. 즉, 마이크로 스트립선로의 구조를 갖는 방향성 결합기를 설계할 수 있다. 식 (10-18)의 결합도를 dB 로 표시하면

$$C_{dB} = -20\log \left| \frac{Z_{0e} - Z_{0o}}{Z_{0e} + Z_{0o}} \right| \ \text{dB} \qquad (10\text{-}22)$$

이므로 식 (10-15)를 적용하면 각 모드의 임피던스를 다음과 같이 결합도(dB)로 나타낼 수 있다.

$$Z_{0e} \cong Z_0 \sqrt{\frac{1 + 10^{-C_{dB}/20}}{1 - 10^{-C_{dB}/20}}} \qquad (10\text{-}23\text{a})$$

$$Z_{0o} \cong Z_0 \sqrt{\frac{1 - 10^{-C_{dB}/20}}{1 + 10^{-C_{dB}/20}}} \qquad (10\text{-}23\text{b})$$

윗식을 사용하여 마이크로 스트립선로 결합기를 구하는 예를 들면 다음과 같다.

---

**예제 10-2**

$\varepsilon_r = 2.3$인 유전체 기판에 마이크로 스트립 결합기를 설계하고자 한다. 이에 대한 데이터는 그림 10.13에 보인 바와 같다. 결합도가 $C_{dB} = 10\,dB$인 결합기에서 두 선로의 간격, 선로의 폭 및 파장을 구하여라. 일반적으로 결합기의 포트는 $50\,\Omega$의 특성임피던스에 연결한다. 여기서 선로의 두께는 무시하고 유전체 기판의 두께는 $h = 0.25\,mm$이며 동작주파수는 $1\,GHz$이다.

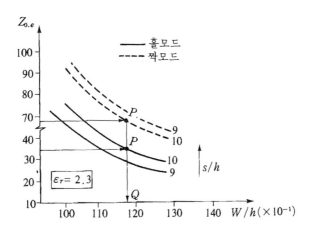

그림 **10.13** 마이크로 스트립 결합기의 설계곡선.

[**풀 이**] 식 (10-23)에 $C_{dB} = -10$을 대입하면

$$Z_{0e} = 50\sqrt{\frac{1.3162}{0.6837}} = 69.37\,\Omega$$

$$Z_{0o} = 50\sqrt{\frac{0.6837}{1.3162}} = 36.03\,\Omega$$

가 된다. 그러므로 그림 10.13으로부터 $Z_{0e}$와 $Z_{0o}$에 대응하는 선로간격 $s/h$는 점 $P$로부터

$$s/h = 10.0, \qquad s = 10 \times 0.25 = 2.5\,mm$$

이고 이에 대응하는 선로의 폭 $W/h$는 점 $Q$로부터

$$W/h = 11.7, \qquad W = 11.7 \times 0.25 = 2.9\,mm$$

이다. 식 (6-26b)로부터

$$\varepsilon_{eff} \cong \frac{2.3+1}{2} + \frac{2.3-1}{2} \left[ 1 + \frac{12}{11.7} \right]^{-1/2} \cong 2.11$$

그러므로 파장은 다음과 같다.

$$\lambda \cong \frac{c}{f} (2.11)^{-1/2} = \frac{3 \times 10^{10}}{1 \times 10^9} \times 0.69 = 21 \text{ cm}$$

위에서 설명한 결합기는 길이가 $\lambda/4$($\theta = 90°$)인 두 개의 평행선로로 구성되었으므로 이의 주파수특성의 대역폭은 $\lambda/4$의 요구조건 때문에 제한되었음을 알 수 있다. 그러므로 길이가 $\lambda/4$인 단일단 결합기(single-section coupler)를 그림 10.14에 보인 바와 같이 여러 개의 단일단 결합기를 적절하게 잘 연결하면 주파수특성을 개선시킬 수 있다. 이에 관심이 있는 독자는 문헌[5]을 참고하여라.

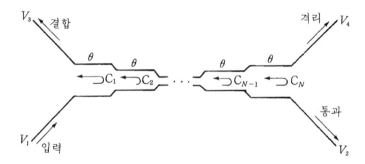

그림 10.14   $N$-단($N$-section)결합선로 결합기($C_N$은 전압 결합도).

## 10.3   90°하이브리드 결합기(분기선 결합기)의 설계

앞절에서 설명한 평행선로 결합기를 사용하여 3 dB 이상의 높은 전압결합도를 얻기 위해서는 선로 사이의 간격을 매우 좁게 만들어야 한다. 이와 같은 좁은 간격은 제조과정 중에 발생하는 결함에 의하여 단락회로가 될 가능성이 매우 높다. 그러나 다행히 그림 10.15에 보인 바와 같은 구조를 갖는 결합기를 만들면 0 dB 정도까지 결합도를 높일 수 있다. 이와 같은 결합기를 90°하이브리드(hybrid) 결합기[분기선 결합기(branch coupler)]라 부른다. 이 결합기는 마이크로 스트립선로나 스트립선로를 사용하여 제조하는 경우 특히 적합하다. 그림 10.15에 보인 두 개의 결합기는 구조가 다른 분기선 결합기이다. 즉 그림 10.15(a)는 일반적으로 전력합성기(combiner) 또는 분배기(splitter)와 관련이 있는 구형구조이고 그림 10.15(b)는 혼합기(mixer) 설계와 관련이 있는 원형구조이다. 물론 둘 다 모두 등가이다.

포트 사이의 간격은 결합기의 사용파장($\lambda$)의 1/4인 $\lambda/4$이다. 이와 같은 형식의 결합기에서는 포트 3의 신호와 포트 2의 신호가 서로 90°의 위상차를 갖기 때문에 이 분기선 결합기를 90°하이브리드 결합기 또는 **직각 하이브리드**(quadrature hybrid) 결합기라 부르기도 한다. 흔히 사용하는 분기선 결합기의 결합도는 3 dB이다. 3 dB 직각 하이브리드 결합기로 흔히 많이 사용하는 또 다른 결합기로는 다음 절에서 설명할 **Lange**결합기가 있다.

그림 10.15에 보인 분기선 결합기는 전력을 분배 또는 합성시키는 동작뿐만 아니라 입력과 출력 사이의 임피던스를 정합시키는 역할까지도 할 수 있는 장점을 갖고 있다. 이를 설명하기 위하여 그림 10.15를 비대칭형으로 나타내면 그림 10.16에 보인 바와 같다. 설명의 편의상 각 선로의 특성임피던스를 어드미턴스로 표시한다. 여기서 $Y_1$과 $Y_3$는 두 직렬 어드미턴스 $Y_2$와 션트(shunt)로 연결한 어드미턴스이다. 포트 4를 격리포트(isolated port)로 만들기 위해서 입력포트 1에 입력된 전력 중 $Y_1$에 흐르는 전력의 일부를 $Y_3$에 흐르는 전력의 일부와 같게 만들면 포트 2와 3을 거쳐서 포트 4에 도착한 전력과 포트 1에서 직접 포트 4에 도착한 전력은 크기는 같으나 위상차가 180°이므로 두 전력이 서로 상쇄되고 포트 4와 2를 거쳐서 포트 3에 도착한 전력은 합성된다.

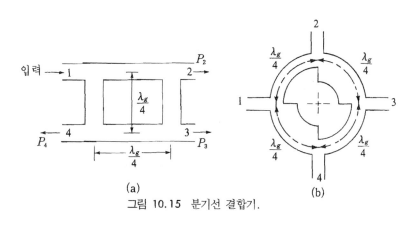

그림 10.15 분기선 결합기.

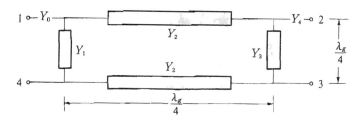

그림 10.16 분기선 결합기의 설명도.

결합기의 완전정합을 위해서는

$$\frac{Y_1}{Y_0} = \frac{Y_3}{Y_4} \quad \text{또는} \quad Y_{n1} = \frac{Y_{n3}}{Y_{n4}} \tag{10-24}$$

가 되어야 하고, 포트 4는 격리포트이므로

$$Y_2 = \sqrt{Y_0(Y_3 + Y_4)} \tag{10-25}$$

이다. 여기서 $Y_0$는 입력포트 어드미턴스이다. 편의상 $Y_0$로 정규화한 어드미턴스를 다음과 같이 정의한다.

$$Y_{ni} = \frac{Y_i}{Y_0} \ ; \quad i = 0,\ 1,\ 2,\ 3,\ 4$$

위의 조건은 모든 입력전력이 포트 2와 포트 3에 도착함을 나타내는 식이다. 따라서 다음과 같은 전력에 관한 설계식을 얻을 수 있다. 즉,

$$\frac{P_2}{P_3} = \frac{Y_4}{Y_3} = K^2$$

또는

$$\frac{P_2}{P_3} = \frac{Y_{n4}}{Y_{n3}} = K^2 \tag{10-26a}$$

이며, 식 (10-25)로부터

$$Y_2 = \sqrt{Y_0\left(\frac{1}{K^2} + 1\right)Y_4}$$

$$Y_{n2} = \left[\frac{(1 + K^2)\,Y_{n4}}{K^2}\right]^{1/2} \tag{10-26b}$$

이고, 식 (10-24)로부터

$$Y_{n1} = \frac{1}{K^2} \tag{10-26c}$$

이다.

---

**예제 10-3**

입력과 출력임피던스가 $50\ \Omega$인 $3\,\text{dB}$ 전력결합비를 갖는 분기선 결합기를 설계하여라.

[**풀 이**]   주어진 입력과 출력의 정규화된 어드미턴스는 각각

$$Y_0 = \frac{1}{50} \quad \text{과} \quad Y_{n4} = \frac{1/50}{1/50} = 1$$

이고

$$P_3 = 10^{-3/10} \times P_{\text{in}} = 0.5\,P_{\text{in}} = P_2$$

이므로

$$K = 1$$

이다. 따라서 설계식 (10-26)을 적용하면

$$Y_{n1} = 1$$

$$Y_{n2} = \left[ (1+1)\,\frac{1}{1} \right]^{1/2} = \sqrt{2}$$

$$Y_{n3} = 1$$

를 얻는다. 그러므로 구하고자 하는 어드미턴스 및 임피던스는

$$Y_1 = Y_0 = \frac{1}{50}\,[1/\Omega] \ \text{또는} \ Z_1 = 50\ \Omega \qquad ; \quad \text{션트선로}$$

$$Y_2 = \sqrt{2}\,Y_0 = \frac{\sqrt{2}}{50}\,[1/\Omega] \ \text{또는} \ Z_2 = 35.4\ \Omega \ ; \quad \text{직렬선로}$$

$$Y_3 = Y_0 = \frac{1}{50}\,[1/\Omega] \ \text{또는} \ Z_3 = 50\ \Omega \qquad ; \quad \text{션트선로}$$

여기서 $Z_0 = Z_4 = 50\ \Omega$이다.

---

예제 10-3의 분기선 결합기는 입력전력을 이등분하는 3 dB 결합기로 널리 사용되고 있다. 이 형식의 결합기는 보통 10% 대역폭용으로 유용하며 포트 4에는 정합된 종단이 연결된다.

---

## 예제 10-4

예제 10-3의 문제에서 전력결합비가 6 dB 되는 분기선 결합기를 설계하여라.

[**풀 이**]  6 dB를 전력비로 표기하면

$$10^{-(6/10)} = 0.25$$

이므로

$$P_2 = 0.75 \times P_{\text{in}}, \qquad P_3 = 0.25 \times P_{\text{in}}$$

이다. 따라서

$$K^2 = \left( \frac{0.75}{0.25} \right) = 3.0$$

이다. 식 (10-26)을 적용하면

$$Y_{n1} = Y_{n3} = \frac{1}{3}$$

$$Y_{n4} = 1$$

$$Y_{n2} = \left[ \left( 1 + \frac{1}{3} \right) (1) \right]^{1/2} = \sqrt{\frac{4}{3}} = \frac{2}{\sqrt{3}}$$

이므로

$$Z_1 = Z_3 = 150 \ \Omega$$

$$Z_2 = 43.3 \ \Omega$$

이다. 여기서 유의할 점은 전력결합비가 $-8 \ \mathrm{dB}$ 이하가 되면 션트선로(shunt arm)의 특성임피던스가 매우 높아지므로 제작에 어려움이 있다. 예를 들면 마이크로 스트립선로인 경우 스트립선로의 폭이 매우 적어진다.

---

## 예제 10-5

분기선 결합기를 사용하여 $50 \ \Omega$의 부하를 $75 \ \Omega$ 전원과 정합시키고자 한다. 여기서 전력결합비는 $3 \ \mathrm{dB}$이라 한다. 이를 설계하여라.

[풀이] $3 \ \mathrm{dB}$ 전력결합비는 $P_2 = P_3$이다. 즉, $K = 1$, $Y_0 = \frac{1}{75}$라 놓으면 정규화 부하어드미턴스는

$$Y_{n4} = \frac{1/50}{1/75} = 1.5$$

이다. 이들의 값을 설계방정식에 대입하면 표 10-1에 보인 바와 같은 결과를 얻는다.

표 10-1

| 정규화<br>어드미턴스 | 비정규화<br>임피던스[$\Omega$] |
|---|---|
| $Y_4 = 1.5$ | $Z_4 = 50$ |
| $Y_3 = 1.5$ | $Z_3 = 50$ |
| $Y_2 = 1.73$ | $Z_2 = 43.3$ |
| $Y_1 = 1$ | $Z_1 = 75$ |
| $K^2 = 1$ | $Z_o = 75$ |

## 10.4 90°하이브리드 결합기의 해석

그림 10.15(a)에 보인 분기선 결합기를 짝모드(even mode)와 홀모드(odd mode)의 여진에 의한 중첩원리로 해석하기 위하여 그림 10.17에 보인 바와 같이 포트 1에 내부임피던스가 $Z_0$인 2 V의 전원을 인가하고 나머지 각 포트에는 기준임피던스 $Z_0$만을 종단시키면 주어진 분기선 결합기는 그림 10.18(a)와 (b)에 보인 바와 같은 짝모드여진과 홀모드여진의 중첩으로 생각할 수 있다.

그림 10.18(a)는 전기적 대칭면(plane of electrical symmetry)이 존재하므로 그림 10.19(a)에 보인 바와 같이 개방회로 스터브에 의한 두 개의 분리된 2-포트 회로로 보는 반면 그림 10.18(b)는 역대칭(antisymmetry)을 구성하므로 그림 10.19(b)에 보인 바와 같이 단락회로 스터브에 의한 두 개의 분리된 2-포트 회로로 볼 수 있다. 그림 10.19를 다시 고쳐 나타내면 그림 10.20에 보인 바와 같다.

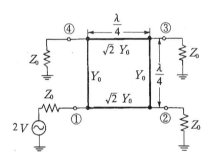

그림 **10.17** 각 포트를 기준임피던스 $Z_0$로 종단시킨 3 dB 분기선 결합기.

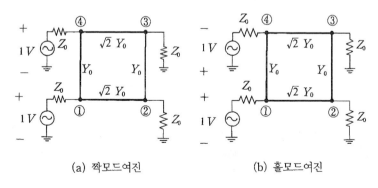

(a) 짝모드여진                    (b) 홀모드여진

그림 **10.18** 분기선 결합기에 대한 짝·홀모드 여진 모델.

각 여진에 대한 2-포트의 $ABCD$행렬을 구하기 위하여 각 모드의 전압과 전류를 그림 10.20 에 보인 바와 같이 표시하면

$$V_1 = V_{1e} + V_{1o} \qquad I_1 = I_{1e} + I_{1o}$$
$$V_2 = V_{2e} + V_{2o} \qquad I_2 = I_{2e} + I_{2o}$$
$$V_3 = V_{2e} - V_{2o} \qquad I_3 = I_{2e} - I_{2o} \qquad (10\text{-}27)$$
$$V_4 = V_{1e} - V_{1o} \qquad I_4 = I_{1e} - I_{1o}$$

가 된다. 또한 그림 10.20 을 구성하는 각 부분 회로를 $ABCD$행렬로 나타내면 다음과 같다.

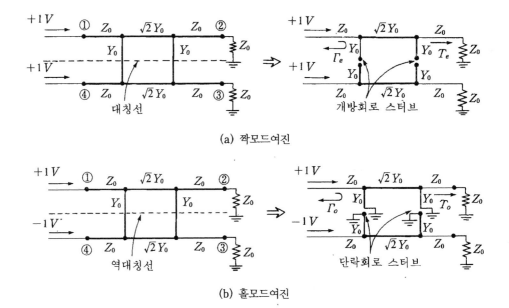

(a) 짝모드여진

(b) 홀모드여진

그림 10.19 분기선 결합기의 짝·홀모드 여진에 의한 분리.

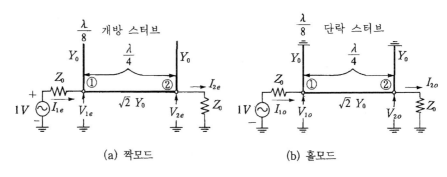

(a) 짝모드          (b) 홀모드

그림 10.20 간단화된 짝·홀모드 여진 모델.

즉, 특성 어드미턴스가 $Y_o$인 $l = \lambda/8$ 개방회로 스터브의 입력 어드미턴스 $Y_{in}$은 $Y_{in} = jY_o \tan(\pi/4) = jY_o$이므로 표 8-1과 다음 그림으로부터

$$\begin{bmatrix} A & B \\ C & D \end{bmatrix} = \begin{bmatrix} 1 & 0 \\ jY_o & 1 \end{bmatrix}$$

이다. 특성 어드미턴스가 $Y_o$인 $l = \lambda/8$ 단락회로 스터브의 입력 어드미턴스 $Y_{in}$은 $Y_{in} = -jY_o \cot(\pi/4) = -jY_o$이므로 표 8-1과 다음 그림으로부터

$$\begin{bmatrix} A & B \\ C & D \end{bmatrix} = \begin{bmatrix} 1 & 0 \\ -jY_o & 1 \end{bmatrix}$$

이다. 특성 어드미턴스가 $\sqrt{2}\,Y_o$인 $l = \lambda/4$ 전송선로의 $ABCD$행렬은 표 8-1과 다음 그림으로부터

$$\begin{bmatrix} A & B \\ C & D \end{bmatrix} = \begin{bmatrix} 0 & \dfrac{jZ_o}{\sqrt{2}} \\ j\sqrt{2}\,Y_o & 0 \end{bmatrix}$$

이다. 그러므로 위에서 구한 각 부분 회로의 $ABCD$행렬을 그림 10.20에 보인 짝·홀모드 여진에 대한 2-포트 회로망에 적용하면

$$\begin{bmatrix} A & B \\ C & D \end{bmatrix}_{\text{even}} = \begin{bmatrix} 1 & 0 \\ jY_o & 1 \end{bmatrix} \begin{bmatrix} 0 & \dfrac{jZ_o}{\sqrt{2}} \\ j\sqrt{2}\,Y_o & 0 \end{bmatrix} \begin{bmatrix} 1 & 0 \\ jY_o & 1 \end{bmatrix} = \begin{bmatrix} -\dfrac{1}{\sqrt{2}} & \dfrac{jZ_o}{\sqrt{2}} \\ \dfrac{jY_o}{\sqrt{2}} & -\dfrac{1}{\sqrt{2}} \end{bmatrix} \quad \text{(10-28a)}$$

$$\begin{bmatrix} A & B \\ C & D \end{bmatrix}_{\text{odd}} = \begin{bmatrix} 1 & 0 \\ -jY_o & 1 \end{bmatrix} \begin{bmatrix} 0 & \dfrac{jZ_o}{\sqrt{2}} \\ j\sqrt{2}\,Y_o & 0 \end{bmatrix} \begin{bmatrix} 1 & 0 \\ -jY_o & 1 \end{bmatrix} = \begin{bmatrix} \dfrac{1}{\sqrt{2}} & \dfrac{jZ_o}{\sqrt{2}} \\ \dfrac{jY_o}{\sqrt{2}} & \dfrac{1}{\sqrt{2}} \end{bmatrix} \quad \text{(10-28b)}$$

를 얻는다. 따라서 각 모드에 대한 입력과 출력 사이의 관계는

$$V_{1e} = -\frac{1}{\sqrt{2}} V_{2e} + j\frac{Z_o}{\sqrt{2}} I_{2e} \qquad V_{1o} = \frac{1}{\sqrt{2}} V_{2o} + j\frac{Z_o}{\sqrt{2}} I_{2o} \quad \text{(10-29a)}$$

$$I_{1e} = j \frac{Y_o}{\sqrt{2}} V_{2e} - \frac{1}{\sqrt{2}} I_{2e} \qquad\qquad I_{1o} = j \frac{Y_o}{\sqrt{2}} V_{2o} + \frac{1}{\sqrt{2}} I_{2o} \qquad\qquad \text{(10-29b)}$$

가 된다. 윗식에 다음과 같은 종단조건을 적용하면

$$V_{2e} = I_{2e} Z_0 \qquad V_{1e} + I_{1e} Z_0 = 1$$
$$V_{2o} = I_{2o} Z_0 \qquad V_{1o} + I_{1o} Z_0 = 1$$

식 (10-29)로부터 다음과 같은 전압과 전류의 관계를 얻는다.

$$V_{1e} = \frac{Z_o}{\sqrt{2}} (j-1) I_{2e} \qquad V_{1o} = \frac{Z_o}{\sqrt{2}} (j+1) I_{2o} \qquad\qquad \text{(10-30a)}$$

$$I_{1e} = \frac{1}{\sqrt{2}} (j-1) I_{2e} \qquad I_{1o} = \frac{1}{\sqrt{2}} (j+1) I_{2o} \qquad\qquad \text{(10-30b)}$$

$$I_{2e} = \frac{1}{\sqrt{2} Z_0 (j-1)} \qquad I_{2o} = \frac{1}{\sqrt{2} Z_0 (j+1)} \qquad\qquad \text{(10-30c)}$$

위의 여섯 개 방정식과 종단조건으로부터 각 모드의 전압과 전류를 구하면 다음과 같다.

$$\begin{aligned}
V_{1e} &= \frac{1}{2} & V_{1o} &= \frac{1}{2} \\
I_{1e} &= \frac{1}{2Z_0} & I_{1o} &= \frac{1}{2Z_0} \\
V_{2e} &= \frac{1}{\sqrt{2}\,(j-1)} & V_{2o} &= \frac{1}{\sqrt{2}\,(j+1)} \\
I_{2e} &= \frac{1}{\sqrt{2}\,Z_0(j-1)} & I_{2o} &= \frac{1}{\sqrt{2}\,Z_0(j+1)}
\end{aligned} \qquad\qquad \text{(10-31)}$$

윗식을 식 (10-27)에 대입하면 주어진 4-포트 구조의 각 포트에 대한 전압과 전류를 구할 수 있다.

$$\begin{aligned}
V_1 &= \frac{1}{2} + \frac{1}{2} = 1 \\
V_2 &= \frac{1}{\sqrt{2}\,(j-1)} + \frac{1}{\sqrt{2}\,(j+1)} = \frac{-j}{\sqrt{2}} \\
V_3 &= \frac{1}{\sqrt{2}\,(j-1)} - \frac{1}{\sqrt{2}\,(j+1)} = \frac{-1}{\sqrt{2}} \\
V_4 &= \frac{1}{2} - \frac{1}{2} = 0 \\
I_1 &= \frac{1}{2Z_0} + \frac{1}{2Z_0} = \frac{1}{Z_0}
\end{aligned} \qquad\qquad \text{(10-32)}$$

$$I_2 = \frac{1}{\sqrt{2}\,Z_0\,(j-1)} + \frac{1}{\sqrt{2}\,Z_0\,(j+1)} = \frac{-j}{\sqrt{2}\,Z_0}$$

$$I_3 = \frac{1}{\sqrt{2}\,Z_0\,(j-1)} - \frac{1}{\sqrt{2}\,Z_0\,(j+1)} = \frac{-1}{\sqrt{2}\,Z_0}$$

$$I_4 = \frac{1}{2Z_0} - \frac{1}{2Z_0} = 0$$

윗식을 살펴보면 포트 4는 격리되었으며 포트 2와 포트 3에서는 크기가 같으나 위상이 90°다른 에너지가 출력되었고 포트 1과 포트 3 사이에서는 180°의 위상차를 갖는다. 또한 포트 1의 입력임피던스는 $Z_0$임을 알 수 있다.

식 (10-32)를 근거로 산란파라미터를 구할 수 있다. 분명히 네 개의 포트의 입력임피던스는 $\frac{V_i}{I_i} = Z_0$ ($i = 1,\ 2,\ 3,\ 4$)이므로 각 포트의 반사계수는 0이다. 즉, $S_{11} = S_{22} = S_{33} = S_{44} = 0$이다. 그 밖의 산란파라미터는 식 (10-32)와 대칭성으로부터 다음과 같은 결과를 얻을 수 있다.

$$S_{21} = -\frac{j}{\sqrt{2}} \qquad S_{31} = -\frac{1}{\sqrt{2}} \qquad S_{41} = 0$$

$$S_{32} = 0 \qquad S_{42} = -\frac{1}{\sqrt{2}} \qquad S_{43} = -\frac{j}{\sqrt{2}}$$

주어진 분기선 결합기는 가역성이므로 나머지 산란정수는 $S_{ij} = S_{ji}$의 관계로부터 구할 수 있다. 그러므로 90°하이브리드 결합기의 산란행렬은

$$[S]_{\text{branch line hybrid}} = \begin{bmatrix} 0 & -j/\sqrt{2} & -1/\sqrt{2} & 0 \\ -j/\sqrt{2} & 0 & 0 & -1/\sqrt{2} \\ -1/\sqrt{2} & 0 & 0 & -j/\sqrt{2} \\ 0 & -1/\sqrt{2} & -j/\sqrt{2} & 0 \end{bmatrix} \tag{10-33}$$

이다.

## 10.5  180°하이브리드(Rat-Race Hybrid)의 설계

180°하이브리드는 그림 10.21에 보인 바와 같이 둘레가 $(3/2)\lambda_g$인 특별한 종류의 링형(ring form) 분기선 결합기이며 180°하이브리드링(hybrid ring)이라 부른다. 포트 1-2, 포트 2-3, 포트 3-4는 각각 90°의 위상차를 갖지만 포트 1과 포트 4는 서로 270°의 위상차를 갖는다. 그림 10.21(a)는 도파관 하이브리드링(wavequide hybrid ring)이고 (b)는 도체기판 위에 마이크로 스트립으로 제조한 하이브리드링이다.

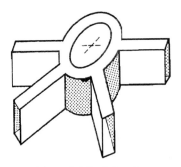

(a) 도파관형 하이브리드

(b) 마이크로 스트립 하이브리드링

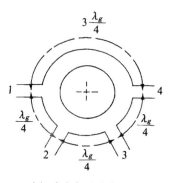

(c) 전기적 등가회로

그림 **10.21** 180° 하이브리드링형 접합.

그림 10.21(c)에 보인 180° 하이브리드링의 전기적 등가회로를 예로 들어 설명하면 다음과 같다. 포트 1에 입사된 신호의 일부가 시계방향을 따라 포트 4에 도착한 신호와 포트 1에 입사된 신호의 남은 부분이 반시계방향을 따라 포트 4에 도착한 신호는 동상이므로 서로 합성된다. 포트 4에서 합성된 두 신호는 포트 2에 대해서는 180°의 위상차를 갖는다. 이런 의미에서 180° 하이브리드라 부른다. 하이브리드링의 동작을 좀더 구체적으로 설명하기 위하여 그림 10.22(a)에 보인 바와 같은 3 dB 하이브리드링을 생각하자. 포트 1에 신호를 인가하면 입력신호는 두 방향으로 동일한 전력이 분리전송되므로 전송선로의 링 안에 정재파 패턴 (standing wave pattern)이 발생된다. 포트 3에 도착한 두 개의 파는 180°의 위상차를 갖게 되므로 포트 2와 포트 4가 정합되어 있으면 포트 3의 전압은 0이므로 포트 3을 단락하여도 링 안의 정재파패턴에는 아무런 영향을 받지 않는다. $\lambda_g/4$ 길이의 전송선로는 단락회로를 개방회로로 변화시키므로 포트 2와 포트 4는 그림 10.22(b)에 보인 바와 같이 개방종단으로 생각할 수 있다. 그러므로 포트 1은 두 개의 브랜치선로(branch line)를 병렬로 연결한 것과 같이 볼 수 있으므로 그림 10.22(c)에 보인 바와 같은 등가회로로 생각할 수 있다. 따

라서 포트 2와 포트 4에 연결된 부하 $Z_0$와 포트 1의 두 브랜치의 각 등가임피던스 $2Z_0$와의 정합은 $\sqrt{2}\,Z_0$의 특성임피던스를 갖는 $\lambda/4$ 길이의 전송선로($\lambda/4$ 트랜스포머)에 의해서 이루어진다. 이는 매우 유용한 성질이므로 평형혼합기(balanced mixer) 또는 어떤 형태의 신호를 제거할 필요가 있는 영상제거 혼합기(image rejection mixer)를 설계할 때 흔히 사용한다.

180°하이브리드의 구조를 좀더 일반적으로 나타내면 그림 10.22(a)를 그림 10.23에 보인 바와 같이 변경할 수 있다. 각 포트 1에 들어간 신호전력 $P_1$은 포트 2와 포트 4로 분리된다. 각 포트에 실제로 공급된 전력의 양(量)은 링을 형성하고 있는 선분의 특성임피던스의 선택에 따라 정해진다. 포트 4에 도착한 $P_4$와 포트 2에 도착한 전력 $P_2$는 설계용 주파수에서 특성 어드미턴스 $Y_1$과 $Y_2$와 각각 다음과 같은 관계를 갖는다.

$$\frac{Y_1}{Y_0} = \frac{Z_0}{Z_1} = \left[\frac{P_4}{P_1}\right]^{1/2}, \qquad \frac{Y_2}{Y_0} = \frac{Z_0}{Z_2} = \left[\frac{P_2}{P_1}\right]^{1/2} \qquad (10\text{-}34)$$

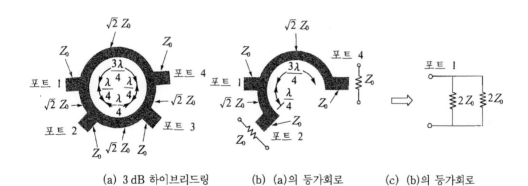

(a) 3 dB 하이브리드링     (b) (a)의 등가회로     (c) (b)의 등가회로

그림 10.22 하이브리드링의 동작설명도.

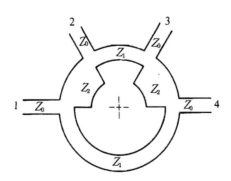

그림 10.23 변형된 180°하이브리드.

여기서 $Y_0 = 1/Z_0$는 급전선(feedline)의 특성 어드미턴스이며 $Y_1 = 1/Z_1$, $Y_2 = 1/Z_2$이다. 설계용 주파수에서 출력포트 2와 4는 180°의 위상차를 갖는다. 포트 3에 신호전력을 공급한 경우에는 다음과 같은 관계를 갖는다.

$$\frac{Y_1}{Y_0} = \left[\frac{P_4}{P_1}\right]^{1/2}, \qquad \frac{Y_2}{Y_0} = \left[\frac{P_4}{P_3}\right]^{1/2} \tag{10-35}$$

이 경우 출력포트 2와 4는 0°의 위상차, 즉 동상이다.

---

### 예제 10-6

출력이 180°의 위상차를 갖는 3 dB 하이브리드 결합기를 설계하여라. 여기서 기준임피던스는 $Z_0 = 50\ \Omega$이다.

[**풀이**] 180°의 위상차를 갖는 3 dB 하이브리드인 경우에도, 앞에서 설명한 바와 같이 입력신호는 포트 1에 공급되고 출력포트는 포트 2와 포트 4이다. 3 dB는 0.5이므로 $P_2/P_1 = 0.5$이다. 따라서 $Y_1/Y_0 = \sqrt{0.5}$가 되며, $Y_1 = 0.707\ Y_0$가 된다.

여기서 $Y_0 = 1/50 = 0.02$이므로

$$Z_1 = \frac{1}{Y_1} = \frac{1}{0.02 \times 0.707} = 70.7\ \Omega$$

이다. 마찬가지로

$$\frac{Y_2}{Y_0} = 0.5$$

$$Z_2 = \frac{1}{Y_2} = 70.7\ \Omega$$

이다.

---

### 예제 10-7

출력이 동상이고 특성임피던스가 50 Ω인 −6 dB 하이브리드 결합기를 설계하여라.

[**풀이**] 주어진 예제는 입력신호전력이 포트 3에 인가되는 경우이다. 즉, 출력포트 2와 4 간의 위상차는 0이다. 6 dB를 선형(linear scale)으로 바꾸면 0.25이다. 포트 3에 입력된 전력 $P_{\text{in}}$의 0.25가 포트 2에 도착하므로 $P_2/P_3 = 0.25$이다. 따라서 $Y_1/Y_0 = \sqrt{0.25}$이므로 $Z_1 = 200\ \Omega$이다. 포트 4에는 나머지 전력 $(1-0.25)P_{\text{in}}$이 도착하므로 $Y_2/Y_0 = 0.75$이므로 $Z_2 = 57.7\ \Omega$이다.

---

## 10. 6   3 dB 180° 하이브리드링의 해석

그림 10.22(a)에 보인 3 dB 하이브리드링의 포트 1에만 2 V의 전원전압을 인가하고 다른 모든 포트에는 $Z_0$의 기준임피던스(특성임피던스)를 종단시키면 그림 10.23을 그림 10.24에 보인 바와 같이 짝모드여진의 하이브리드링과 홀모드여진의 하이브리드링으로 각각 분리할 수 있다. 이렇게 독립적으로 분리하면 짝과 홀모드여진에 대한 $ABCD$행렬을 10.4절에서와 같은 방법으로 구하면 각각 다음과 같은 행렬을 얻는다.

$$\begin{bmatrix} A & B \\ C & D \end{bmatrix}_{even} = \begin{bmatrix} 1 & 0 \\ -j\dfrac{Y_o}{\sqrt{2}} & 1 \end{bmatrix} \begin{bmatrix} 0 & jZ_o\sqrt{2} \\ j\dfrac{Y_o}{\sqrt{2}} & 1 \end{bmatrix} \begin{bmatrix} 1 & 0 \\ j\dfrac{Y_o}{\sqrt{2}} & 1 \end{bmatrix}$$

$$= \begin{bmatrix} -1 & jZ_o\sqrt{2} \\ jY_o\sqrt{2} & 1 \end{bmatrix} \tag{10-37a}$$

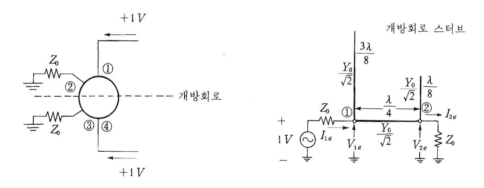

(a) 짝모드

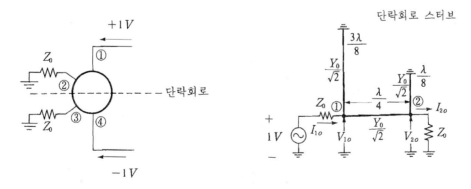

(b) 홀모드

그림 **10.24** 하이브리드링의 포트 1에 전원을 인가한 경우 짝·홀모드의 여진 모델.

$$\left[\begin{array}{cc} A & B \\ C & D \end{array}\right]_{\text{odd}} = \left[\begin{array}{cc} 1 & 0 \\ j\dfrac{Y_o}{\sqrt{2}} & 1 \end{array}\right] \left[\begin{array}{cc} 0 & jZ_0\sqrt{2} \\ j\dfrac{Y_o}{\sqrt{2}} & 1 \end{array}\right] \left[\begin{array}{cc} 1 & 0 \\ -j\dfrac{Y_o}{\sqrt{2}} & 1 \end{array}\right]$$

$$= \left[\begin{array}{cc} 1 & jZ_o\sqrt{2} \\ jY_o\sqrt{2} & -1 \end{array}\right] \tag{10-37b}$$

위의 행렬을 사용하여 주어진 모델의 입력전압과 전류를 출력전압과 전류로 나타내면 다음과 같은 관계를 얻을 수 있다.

$$V_{1e} = -V_{2e} + jZ_0\sqrt{2}\,I_{2e} \qquad V_{1o} = V_{2o} + jZ_0\sqrt{2}\,I_{2o}$$
$$I_{1e} = jY_0\sqrt{2}\,V_{2e} + I_{2e} \qquad I_{1o} = jY_o\sqrt{2}\,V_{2o} - I_{2o} \tag{10-38}$$

윗식에 다음과 같은 종단조건을 적용하면

$$V_{2e} = I_{2e}Z_0 \qquad V_{1e} + I_{1e}Z_0 = 1$$
$$V_{2o} = I_{2o}Z_0 \qquad V_{1o} + I_{1o}Z_0 = 1$$

식 (10-38)은 다음과 같이 된다.

$$V_{1e} = \frac{\sqrt{2}+j}{2\sqrt{2}} \qquad V_{1o} = \frac{\sqrt{2}-j}{2\sqrt{2}}$$

$$I_{1e} = \frac{\sqrt{2}-j}{2\sqrt{2}\,Z_0} \qquad I_{1o} = \frac{\sqrt{2}+j}{2\sqrt{2}\,Z_0}$$

$$V_{2e} = \frac{-j}{2\sqrt{2}} \qquad V_{2o} = \frac{-j}{2\sqrt{2}} \tag{10-39}$$

$$I_{2e} = \frac{-j}{2\sqrt{2}\,Z_0} \qquad I_{2o} = \frac{-j}{2\sqrt{2}\,Z_0}$$

따라서 포트 1에 전원을 공급하면 회로망의 전압과 전류는 다음과 같이 된다(식 10-27 참고).

$$V_1 = V_{1e} + V_{1o} = \frac{\sqrt{2}+j}{2\sqrt{2}} + \frac{\sqrt{2}-j}{2\sqrt{2}} = 1$$

$$I_1 = I_{1e} + I_{1o} = \frac{\sqrt{2}-j}{2\sqrt{2}\,Z_0} + \frac{\sqrt{2}+j}{2\sqrt{2}\,Z_0} = \frac{1}{Z_0}$$

$$V_2 = V_{2e} + V_{2o} = \frac{-j}{2\sqrt{2}} + \frac{-j}{2\sqrt{2}} = \frac{-j}{\sqrt{2}}$$

$$I_2 = I_{2e} + I_{2o} = \frac{-j}{2\sqrt{2}\,Z_0} + \frac{-j}{2\sqrt{2}\,Z_0} = \frac{-j}{\sqrt{2}\,Z_0}$$

$$V_3 = V_{2e} - V_{2o} = \frac{-j}{2\sqrt{2}} - \frac{-j}{2\sqrt{2}} = 0 \tag{10-40}$$

$$I_3 = I_{2e} - I_{2o} = \frac{-j}{2\sqrt{2}\,Z_0} - \frac{-j}{2\sqrt{2}\,Z_0} = 0$$

$$V_4 = V_{1e} - V_{1o} = \frac{\sqrt{2}+j}{2\sqrt{2}} - \frac{\sqrt{2}-j}{2\sqrt{2}} = \frac{j}{\sqrt{2}}$$

$$I_4 = I_{1e} - I_{1o} = \frac{\sqrt{2}+j}{2\sqrt{2}\,Z_0} - \frac{\sqrt{2}-j}{2\sqrt{2}\,Z_0} = \frac{j}{\sqrt{2}\,Z_0}$$

이 경우 포트 3은 격리되고 포트 1에 공급된 에너지는 포트 2와 4에 동일하게 분배된다. 여기서 유의할 점은 포트 2와 4의 위상차가 180°라는 사실이다. 또한 포트 4는 입력보다 90°만큼 앞서(leading)고 포트 2는 90°만큼 늦다(lag). 주어진 하이브리드는 대칭성을 갖고 있으므로 포트 4에 에너지를 공급하면 포트 3과 1에 동일하게 분배되고 포트 2는 격리된다. 포트 2 또는 3에 전원을 인가하였을 때의 출력조건을 구하기 위해서는 짝·홀모드 여진 모델을 사용하여야 한다.

그림 10.22의 포트 2에 2 V의 전압원을 인가하고 다른 포트에 부하를 정합한 경우 짝·홀모드여진 모델은 그림 10.25에 보인 바와 같다. 여기서 그림 10.25의 $3\lambda/8$ 개방스터브는 $\lambda/8$ 단락스터브로 볼 수 있고, $\lambda/8$ 개방스터브는 $3\lambda/8$ 단락스터브로 볼 수 있으므로 그림 10.25(a)는 그림 10.24(b)와 같이 볼 수 있고 그림 10.25(b)는 그림 10.24(a)로 볼 수 있다. 이와 상반되는 경우도 성립한다. 따라서 포트 2에 단위전압전원을 인가한 경우 식

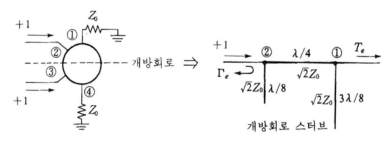

(a) 짝모드여진 모델

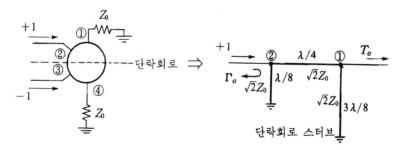

(b) 홀모드여진 모델

그림 **10.25** 포트 2에 전원을 인가한 경우 짝·홀모드 여진 모델.

(10-39)에서 $V_{1e}$와 $I_{1e}$는 각각 $V_{2o}$와 $I_{2o}$로 대치되고 $V_{1o}$와 $I_{1o}$는 각각 $V_{2e}$와 $I_{2e}$로 대치된 결과가 된다. 즉, 포트 2에 전원을 인가한 결과식은 다음과 같다.

$$V_{1e} = \frac{-j}{2\sqrt{2}} \qquad V_{1o} = \frac{-j}{2\sqrt{2}}$$

$$I_{1e} = \frac{-j}{2\sqrt{2}\,Z_0} \qquad I_{1o} = \frac{-j}{2\sqrt{2}\,Z_0}$$

$$V_{2e} = \frac{\sqrt{2}-j}{2\sqrt{2}} \qquad V_{2o} = \frac{\sqrt{2}+j}{2\sqrt{2}} \tag{10-41}$$

$$I_{2e} = \frac{\sqrt{2}+j}{2\sqrt{2}\,Z_0} \qquad I_{2o} = \frac{\sqrt{2}-j}{2\sqrt{2}\,Z_0}$$

그러므로 포트 2에 전원을 공급한 경우의 전압과 전류는 식 (10-27)의 관계식으로부터 다음과 같이 된다.

$$V_1 = V_{1e} + V_{1o} = \frac{-j}{2\sqrt{2}} + \frac{-j}{2\sqrt{2}} = \frac{-j}{\sqrt{2}}$$

$$I_1 = I_{1e} + I_{1o} = \frac{-j}{2\sqrt{2}\,Z_0} + \frac{-j}{2\sqrt{2}\,Z_0} = \frac{-j}{\sqrt{2}\,Z_0}$$

$$V_2 = V_{2e} + V_{2o} = \frac{\sqrt{2}-j}{2\sqrt{2}} + \frac{\sqrt{2}+j}{2\sqrt{2}} = 1$$

$$I_2 = I_{2e} + I_{2o} = \frac{\sqrt{2}-j}{2\sqrt{2}\,Z_0} + \frac{\sqrt{2}+j}{2\sqrt{2}\,Z_0} = \frac{1}{Z_0}$$

$$V_3 = V_{2e} - V_{2o} = \frac{\sqrt{2}-j}{2\sqrt{2}} - \frac{\sqrt{2}+j}{2\sqrt{2}} = \frac{-j}{\sqrt{2}} \tag{10-42}$$

$$I_3 = I_{2e} - I_{2o} = \frac{\sqrt{2}-j}{2\sqrt{2}\,Z_0} - \frac{\sqrt{2}+j}{2\sqrt{2}\,Z_0} = \frac{-j}{\sqrt{2}\,Z_0}$$

$$V_4 = V_{1e} - V_{1o} = \frac{-j}{2\sqrt{2}} - \frac{-j}{2\sqrt{2}} = 0$$

$$I_4 = I_{1e} - I_{1o} = \frac{-j}{2\sqrt{2}\,Z_0} - \frac{-j}{2\sqrt{2}\,Z_0} = 0$$

윗식을 살펴보면 포트 2에 전원을 인가한 경우 포트 4는 격리되고 입력에너지는 포트 1과 3에 동일하게 분배됨을 알 수 있다. 포트 1과 3의 출력은 동위상이고 입력과 90°의 위상차를 갖는다. 식 (10-40)과 식 (10-42) 및 대칭의 성질로부터 산란행렬을 구하면 다음과 같다.

$$[S]_{\text{ring hybrid}} = \begin{bmatrix} 0 & -j/\sqrt{2} & 0 & j/\sqrt{2} \\ -j/\sqrt{2} & 0 & -j/\sqrt{2} & 0 \\ 0 & -j/\sqrt{2} & 0 & -j/\sqrt{2} \\ j/\sqrt{2} & 0 & -j/\sqrt{2} & 0 \end{bmatrix} \tag{10-43}$$

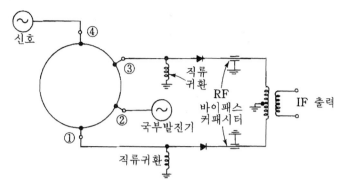

그림 **10.26**  링하이브리드를 사용한 평형혼합기.

그림 10.21에 보인 링형 하이브리드접합(ring-type hybrid junction)을 평형 마이크로파 혼합기(balanced microwave mixer)에 응용한 것은 흥미 있는 하나의 예이다. 이를 실용한 혼합기는 그림 10.26에 보인 바와 같다. 포트 4에 입력된 신호는 포트 1과 3으로 동일하게 배분되고 배분된 두 신호의 위상차는 180°이다. 국부발진기의 신호는 포트 2로 입력된다. 이 신호도 역시 포트 1과 3에 동일하게 배분되지만 위상차는 동위상이 된다. 다이오드는 이 신호들을 정류하지만 180° 위상차를 갖는 신호성분만은 트랜스포머(transformer)를 통하여 IF 증폭기로 간다. 발진기의 잡음은 트랜스포머 사이에 동상으로 걸리므로 출력측에는 나타나지 않는다. 이 혼합기의 또 다른 장점은 입력신호선로와 국부발진기의 선로 사이를 격리시키는 작용이다. 만약 신호가 수신안테나에서 들어오면 이와 같은 격리작용에 의해서 국부발진기의 신호는 안테나로 들어가지 못하므로 공간으로 복사되지 않게 된다.

## 10.7  3 dB 전력 분배기/합성기(Wilkinson 전력 분배기/합성기)

전력분배회로와 전력합성회로가 필요한 응용분야는 많다. 응용의 한 가지 예는 송·수신 안테나의 시스템용 급전배열(feed array)의 설계이다. 또 다른 응용 예는 평형증폭기와 한 개의 발진기 신호를 무선기의 송신부와 수신부에 급전하는 회로가 있다.

이 회로는 어느 경우에서나 그림 10.27에 보인 바와 같이 3-포트 소자로서 두 출력포트의 위상차는 0°이다. 이와 같은 3-포트 소자는 가역성이므로 전력을 합성하는 경우에도 사용될 수 있다.

그림 10.28에 보인 **Wilkinson** 전력 분배기/합성기는 널리 사용되는 양 방향성 하이브리드형 분배기/합성기이다. 그림 10.28(b)를 예를 들어 설명하면 다음과 같다. 50 Ω 특성임피던스를 갖는 입력포트에 전력을 인가하면 전력의 크기와 위상이 동일하게 두 부분으로 분배되어 두

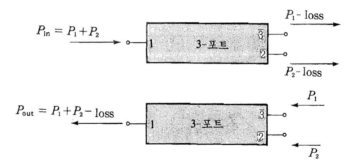

그림 10.27  전력 분배기/합성기의 설명도.

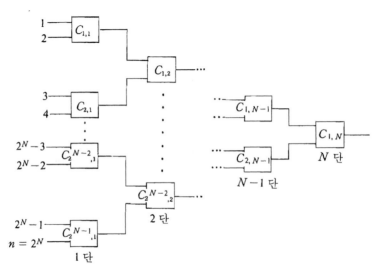

(a) $N$단 전력 분배기/합성기의 구성도

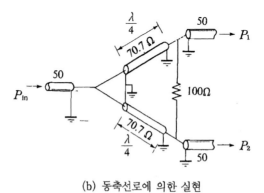

(b) 동축선로에 의한 실현

그림 10.28  Wilkinson 전력 분배기/합성기.

개의 출력포트에 나타난다. 입력포트의 50 Ω 특성임피던스는 두 개의 100 Ω 특성임피던스를 병렬로 연결한 것과 등가이다. 그러므로 두 출력포트의 부하저항을 50 Ω이라 하면 주어진 결합기는 $\lambda/4$ 선로를 사용하여 100 Ω의 입력임피던스로 50 Ω의 부하임피던스를 정합하여야 할 필요가 있으며 $\lambda/4$ 선로의 특성임피던스는

$$Z_0 = \sqrt{(100)\,(50)} = 70.70\ \Omega$$

가 된다.

그림 10.28 은 대칭회로이므로 입력포트에 전력을 공급하면 두 출력포트 사이의 전압은 크기가 같고 동위상이므로 두 출력포트 사이에는 전류가 흐르지 않는다. 그러므로 두 출력포트 사이는 격리되고, 두 출력포트의 어느 하나가 부정합이 되면 평형조건이 성립하지 않으므로 두 포트를 격리시키기 위하여 반사전력을 소모하는 평형용 차동저항이 필요하다. 즉, $Z_0 =$ 50 Ω인 경우에는 $R_s = 100$ Ω인 저항을 삽입하여야 한다. 평형용 차동저항 $R_s$는 1 GHz 이하의 주파수범위에서는 탄소(carbon)나 산화철(metal oxide)로 만들 수 있으나 더 높은 주파수에서는 얇거나 두꺼운 필름(film)으로 제조한다. $R_s = 100$ Ω인 저항을 삽입하는 정확한 이유는 다음 절에서 설명한다.

출력포트의 부하가 동일하면 $R_s = 100$ Ω의 저항에는 전류가 흐르지 않으므로 $R_s$에 의한 소비전력은 없다. 그러나 출력포트의 어느 하나가 부정합 상태이면 반사된 전력만이 저항 $R_s$에서 소모된다. 이와 같은 3 dB Wilkinson 전력 분배기/합성기도 평형증폭기(balanced amplifier) 등에 사용된다.

## 10.8   3 dB 전력 분배기/합성기의 해석

짝·홀모드에 의한 해석을 위하여 그림 10.28 (a)를 그림 10.29 (a)에 보인 바와 같이 등가화한 모델의 포트 2 에 내부저항이 $Z_0$인 2 V 의 실효전압을 인가하고 나머지 포트에도 $Z_0$인 부하를 인가하면 그림 10.29 (b), (c)에 보인 바와 같이 각 모드별로 분리할 수 있다. 여기서 각 포트의 부하는 정합되었다고 가정한다. 또한 그림 10.29 (b), (c)의 포트 1 의 부하 $Z_0$를 두 개의 병렬부하로 분리하면 그림 10.30 에 보인 바와 같이 2-포트 등가모델로 간단하게 할 수 있다.

10.4 절에서 설명한 바와 같은 방법으로 각 모드에 대한 **ABCD** 행렬을 구하면 다음과 같다 (표 8-1 참고).

$$\begin{bmatrix} A & B \\ C & D \end{bmatrix}_{\text{even}} = \begin{bmatrix} 0 & j\sqrt{2}\,Z_0 \\ \dfrac{j}{\sqrt{2}\,Z_0} & 0 \end{bmatrix} \tag{10-44a}$$

$$\begin{bmatrix} A & B \\ C & D \end{bmatrix}_{\text{odd}} = \begin{bmatrix} 1 & 0 \\ \dfrac{2}{R_s} & 1 \end{bmatrix} \begin{bmatrix} 0 & j\sqrt{2}\,Z_0 \\ \dfrac{j}{\sqrt{2}\,Z_0} & 0 \end{bmatrix}$$

$$= \begin{bmatrix} 0 & j\sqrt{2}\,Z_0 \\ \dfrac{j}{\sqrt{2}\,Z_0} & \dfrac{j2\sqrt{2}\,Z_0}{R_s} \end{bmatrix} \tag{10-44b}$$

위의 행렬을 사용하여 그림 10.30에 표시한 각각의 모드에 대한 입력포트의 전압과 전류를 출력포트의 전압과 전류로 나타내면

$$V'_{2e} = j\sqrt{2}\,Z_0\,I'_{1e} \qquad V'_{2o} = j\sqrt{2}\,Z_0\,I'_{1o}$$

$$I'_{2e} = \frac{j}{\sqrt{2}}\,Z_0 V'_{1e} \qquad I'_{2o} = \frac{j}{\sqrt{2}\,Z_0}\,V'_{1o} + \frac{j2\sqrt{2}\,Z_0}{R_s}\,I'_{1o} \tag{10-45}$$

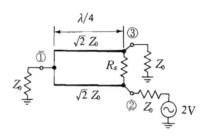

(a) 등가모델

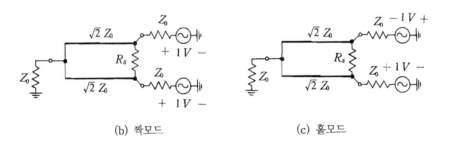

(b) 짝모드         (c) 홀모드

그림 10.29 짝·홀모드 여진에 대한 등가모델.

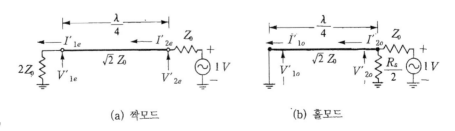

(a) 짝모드         (b) 홀모드

그림 10.30 변형된 짝·홀모드 여진 모델.

가 된다. 윗식에 다음과 같은 종단조건(terminal condition)을 적용하면

$$V'_{1e} = 2Z_0 I'_{1e} \qquad V'_{2e} + Z_0 I'_{2e} = 1$$
$$V'_{1o} = 0 \qquad V'_{2o} + Z_0 I'_{2o} = 1 \qquad\qquad (10\text{-}46)$$

다음과 같은 결과식을 얻는다.

$$V'_{2e} = \frac{1}{2} \qquad\qquad V'_{2o} = \frac{1}{\left(1 + \dfrac{2Z_0}{R_s}\right)}$$

$$I'_{2e} = \frac{1}{2Z_0} \qquad\qquad I'_{2o} = \frac{2}{R_s\left(1 + \dfrac{2Z_0}{R_s}\right)} \qquad (10\text{-}47)$$

$$V'_{1e} = \frac{-j}{\sqrt{2}} \qquad\qquad V'_{1o} = 0$$

$$I'_{1e} = \frac{-j}{2\sqrt{2}\,Z_0} \qquad\qquad I'_{1o} = \frac{-j}{\sqrt{2}\,Z_0\left(1 + \dfrac{2Z_0}{R_s}\right)}$$

그림 10.29(a)는 포트 1에 입력을 가한 것이므로 두 모드를 중첩한 결과식은 다음과 같다.

$$V_2 = V'_{2e} + V'_{2o} = \frac{1}{2} + \frac{1}{\left(1 + \dfrac{2Z_0}{R_s}\right)}$$

$$V_1 = V'_{2e} + V'_{1o} = -\frac{j}{\sqrt{2}} \qquad\qquad (10\text{-}48)$$

$$V_3 = V'_{1e} - V'_{1o} = \frac{1}{2} - \frac{1}{\left(1 + \dfrac{2Z_0}{R_s}\right)}$$

포트 3을 격리시키기 위해서는 단순히 $V_3 = 0$이 되도록 놓으면 다음과 같은 조건을 만족해야 한다.

$$1 + \frac{2Z_0}{R_s} = 2 \qquad\qquad (10\text{-}49)$$
$$R_s = 2Z_0$$

이 경우에 각 종단에서 전압과 전류는

$$V_2 = 1 \qquad\qquad I_1 = \frac{1}{Z_0}$$

$$V_1 = \frac{-j}{\sqrt{2}} \qquad\qquad I_2 = \frac{-j}{\sqrt{2}\,Z_0} \qquad\qquad (10\text{-}50)$$

$$V_3 = 0 \qquad\qquad I_3 = 0$$

이 된다.

윗식을 살펴보면 포트 2에 입력전압(전압 $V_2$)을 공급하는 경우 포트 1의 부하에 입력전력의 절반($V_2/\sqrt{2}$)이 출력으로 나타나고 위상은 90° 만큼 지연된다$\left(\text{즉 } V_1 = \dfrac{-j}{\sqrt{2}} V_2\right)$. 나머지 전력은 **차동저항**(difference resistor) $R_s$에서 소모된다. 포트 3을 격리시키기 위해서는 이와 같은 손실을 감수해야 한다. 마찬가지로 포트 3에 입력을 가하면 포트 1에서도 $V_1 = \dfrac{-j}{\sqrt{2}} V_3$의 출력이 나타난다. 이 경우에는 포트 2를 격리시켜야 한다. 따라서 주어진 Wilkinson 전력 분배기/합성기는 대칭이므로 만약 포트 2와 3에 신호를 공급하면 각 포트에서 인가한 입력신호의 $1/\sqrt{2}$배(또는 1/2의 전력)가 포트 1에서 출력으로 나타난다. 이런 의미에서 포트 1을 **합성포트**(sum port)라고 한다. 이 경우 포트 2와 3에 동일한 신호를 인가하면 차동저항 사이에 전류가 흐르지 않으므로 전력이 전혀 소모되지 않는 점에 유의하여야 한다. 그러므로 포트 2와 3에 신호를 인가한 경우에 산란행렬은 다음과 같이 주어진다.

$$[S]_{\text{Wilkinson}} = \begin{bmatrix} 0 & -j\dfrac{1}{\sqrt{2}} & 0 \\[2ex] -j\dfrac{1}{\sqrt{2}} & 0 & -j\dfrac{1}{\sqrt{2}} \\[2ex] 0 & -j\dfrac{1}{\sqrt{2}} & 0 \end{bmatrix} \tag{10-51}$$

여기서 각 포트는 정합되었으므로 $S_{11} = S_{22} = S_{33} = 0$이고, 또한 주어진 결합기는 가역성 회로로 $S_{12} = S_{21}$, $S_{13} = S_{31}$이며 포트 2와 포트 3은 격리조건을 만족하여 $S_{23} = S_{32} = 0$이다. 유의할 점은 분배기로 사용하기 위하여 포트 1에 입력신호를 인가하고 출력포트를 정합하면 차동저항에 의한 소모전력은 없다는 사실이다. 참고로 Wilkinson 전력분배기의 주파수특성을 소개하면 그림 10.31에 보인 바와 같다. 여기서 70.7 Ω은 $\lambda/4$ 트랜스포머의 특성임피던

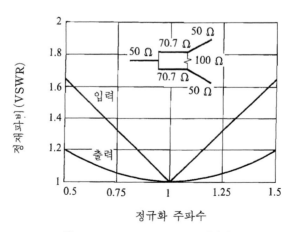

그림 **10.31** Wilkinson 전력분배기의 주파수특성.

스이므로 결합기의 전압정재파비(VSWR)는 사용주파수에 따라 변한다. 그림 10.31을 보면 Wilkinson 전력분배기의 주파수특성이 약 1옥타브(octabe)의 넓은 주파수대역폭임을 알 수 있다.

---

**예제 10-8**

중심주파수가 $f_0$인 50 Ω 시스템 임피던스에 대한 3 dB Wilkinson 전력분배기를 설계하고 반사손실($S_{11}$), 삽입손실(insertion loss)($S_{21}=S_{31}$) 및 격리도($S_{23}=S_{32}$)의 주파수특성을 도시하여라. 여기서 주파수범위는 $0.5 f_0$에서 $1.5 f_0$이다.

[**풀 이**]   λ/4 전송선로의 특성임피던스는

$$Z = \sqrt{2}\, Z_o = 70.7 \ \Omega$$

이고 차동저항은

$$R_s = 2 Z_o = 100 \ \Omega$$

이다. 전송선로의 길이는 $f_0$에서 λ/4이다. 마이크로파 회로의 해석용 CAD 프로그램을 사용하여 $S$ 파라미터의 크기를 구한 결과를 도시하면 그림 10.32에 보인 바와 같다.

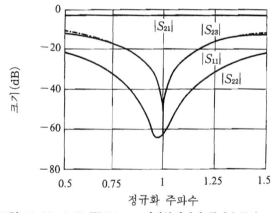

그림 **10.32**   3 dB Wilkinson 전력분배기의 주파수특성
(포트 1이 입력포트이고 포트 2와 3이 출력포트이다).

## 10.9  비대칭 전력 분배기/합성기의 설계

앞절에서는 3 dB 전력결합기에 관하여 설명하였으나 이 절에서는 분배전력이 동일하지 않은 일반적인 전력 분배기/합성기(또는 비대칭 분배기/합성기라 함)의 설계에 관하여 설명한다. 마이크로 스트립선로용 기판에 설계한 비대칭형 전력분배기의 구성도는 그림 10.33에 보인 바와 같다.

포트 2와 3 사이의 전력비를 $K^2 = P_3/P_2$이라 놓고 포트 2와 3 사이를 평형이 되도록 하면 포트 2와 3의 전위는 동일하므로 포트 2와 포트 3 사이의 저항 $R_s$에 전류가 흐르지 않는다.

$$\frac{P_3}{P_2} = \frac{Z_{02}}{Z_{03}} = \left[\frac{mZ_0}{nZ_0}\right] = K^2$$

또는

$$m/n = K^2 \tag{10-52a}$$

이다. 여기서 $Z_{02} = mZ_0$, $Z_{03} = nZ_0$이다. 또한 입력포트 1의 특성임피던스 $Z_0$는 특성임피던스 $Z_{02}$와 $Z_{03}$의 병렬로 생각할 수 있으므로 다음과 같은 관계식이 성립한다.

$$\frac{(mZ_0)(nZ_0)}{mZ_0 + nZ_0} = Z_0$$

또는

$$\frac{mn}{m+n} = 1 \tag{10-52b}$$

식 (10-52)로부터

$$n = \frac{1}{K^2}(1 + K^2)$$

$$m = (1 + K^2)$$

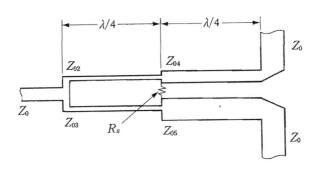

그림 10.33  비대칭 전력 분배기/합성기의 마이크로 스트립 설계.

의 관계식을 얻을 수 있다.

그림 10.33에서 보는 바와 같이 $\lambda/4$ 트랜스포머의 특성임피던스 $Z_{02}$와 $Z_{03}$는 각각 입력포트 1의 특성임피던스 $Z_0$와 특성임피던스 $Z_{04}$ 및 $Z_{05}$와 정합이 되도록 하여야 하므로 다음 조건을 만족해야 한다.

$$
\begin{aligned}
Z_{02} &= \sqrt{(mZ_0)\,Z_{04}} \\
&= \sqrt{(1+K^2)\,Z_0\,(KZ_0)} \\
&= Z_0\sqrt{K(1+K^2)} \qquad\qquad\qquad (10\text{-}53) \\
Z_{03} &= \sqrt{(nZ_0)\,Z_{05}} \\
&= \sqrt{\frac{1}{K^2}(1+K^2)\,Z_0\frac{Z_0}{K}} \\
&= Z_0\sqrt{\frac{1+K^2}{K^3}} \qquad\qquad\qquad\quad (10\text{-}54)
\end{aligned}
$$

여기서 $Z_{04}=KZ_0$, $Z_{05}=Z_0/K$이다. 왜냐하면 두 출력포트 2와 3의 부하 $Z_{04}$와 $Z_{05}$에 걸리는 전력비도 다음과 같은 관계가 성립해야 하기 때문이다.

$$
\frac{P_3}{P_2} = \frac{Z_{04}}{Z_{05}} = K^2
$$

여기서 $Z_{04}$와 $Z_{05}$도 부하임피던스 $Z_0$와 정합을 이루기 위해서는 다음과 같은 조건을 만족하는 $\lambda/4$의 트랜스포머가 필요하다.

$$
Z_{04}=\sqrt{Z_{02}Z_0}=\sqrt{(mZ_0)Z_0}=Z_0\sqrt{m}, \quad Z_{05}=\sqrt{Z_{03}Z_0}=\sqrt{(nZ_0)Z_0}=Z_0\sqrt{n}
$$

식 (10-53)과 (10-54)의 설계식은 포트 2와 3의 전압이 동일하다는 전제조건에서 유도한 것이므로 두 포트 사이의 평형저항 $R_s$에서 소모되는 전력은 없다. 그러나 만약 포트 2와 3 사이의 평형이 어긋나면 전력의 흐름이 발생하므로 저항에서 전력을 소모한다. 포트 2와 3 사이를 격리(isolation)하는 데 쓰이는 평형저항 $R_s$의 적절한 값을 유도할 수는 없으나 10.8절에서 설명한 해석방법에 의하여 구한 결과는 다음과 같다.

$$
R_s = Z_0\frac{1+K^2}{K} \qquad\qquad\qquad (10\text{-}55)
$$

위의 설계식에서 $K=1$이라 놓으면 앞절에서 설명한 대칭형 전력분배기가 된다. 위의 설계식을 유도하는 과정은 선로 사이의 불연속영향을 무시한 경우이므로 실험적으로 보상해야 한다. 비대칭 전력분배기인 경우 포트 2와 3 사이의 전력비를 증가시키면 포트 3의 대역폭이 감소한다.[5]

**예제 10-9**

출력포트 사이의 전력비가 6 dB인 50 Ω 3-포트 전력분배기를 설계하여라.

[**풀 이**]   6 dB→0.25 그러므로 $P_2 = 0.25\,P_{in}$, $P_3 = 0.75\,P_{in}$가 된다. 여기에서 손실을 무시하면

$$\frac{P_3}{P_2} = \frac{0.75\,P_{in}}{0.25\,P_{in}} = 3$$

이다. 식 (10-53)으로부터

$$Z_{02} = 50\sqrt{(3)^{1/2}(1+3)} = 132\ \Omega$$

식 (10-54)로부터

$$Z_{03} = 50\sqrt{\frac{1+3}{(3)^{3/2}}} = 44\ \Omega$$

식 (10-55)로부터

$$R_s = 50\frac{1+3}{(3)^{1/2}} = 115\ \Omega$$

이다.

## 10.10  Lange 결합기 (하이브리드 직각결합기)

일반적으로 3 dB 이상의 결합도를 갖는 결합선로로 결합기를 설계하는 것은 선로의 간격이 매우 좁아야 하므로 거의 불가능하다. 즉 밀결합(tight coupling)을 하기 위하여 좁게 분리하는 것은 종종 복제문제(repeatability problem)와 제조상의 결함 때문에 선로 사이가 단락될 수도 있다. 이러한 문제를 해결하기 위한 한 가지 방법은 몇 개의 선로를 평행이 되도록 결합하여 가장자리결합 선로(edge-coupled line) 사이의 결합도가 증가하도록 하는 것이다. 이렇게 하면 한 선로의 양쪽 가장자리의 프린징전자계(fringing field)도 결합도에 기여한다. 이러한 생각을 가장 잘 실현한 제품이 그림 10.34에 보인 Lange 결합기이다.

이는 네 개의 선로를 서로 깍지낀구조(interdigitated structures)로 만들어 밀결합이 되도록 설계한 것이다. 이와 같은 결합기를 설계하면 한 옥타브(octave) 이상의 주파수대역폭을 갖는 3 dB 결합도를 쉽게 얻을 수 있다. 설계시 짝·홀모드의 위상속도가 다르기 때문에 이에 대한 보상을 하면 대역폭을 향상시킬 수도 있다. 출력포트(포트 2와 포트 3) 사이의 위상차가 $\lambda/4(=90°)$이므로 Lange 결합기는 직각결합기(quadrature coupler)의 한 가지 형식이다. 이 형식의 결합기는 앞에서 설명한 바와 같이 광대역혼합기와 평형증폭기 회로에 널리 사용되고 있다.

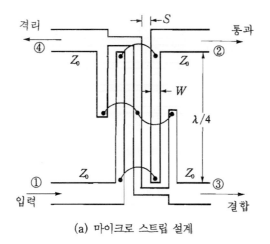

(a) 마이크로 스트립 설계

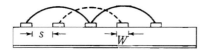

(b)  (a)의 단면도(cross-section)

그림 **10.34**  Lange 결합기.

　그림 10.34에 보인 Lange 결합기를 이론적으로 설명하기 위하여 등가화하면 그림 10.35 (a)에 보인 바와 같이 생각할 수 있다.

　그림 10.34(b)에 보인 바와 같이 모든 선로는 동일한 폭과 간격을 갖는다. 각 선로는 바로 옆에 있는 선로와 결합하는 것만을 고려하고 더 멀리 떨어져 있는 선로 사이의 결합을 무시하면 그림 10.35(b)에 보인 바와 같이 2선 결합선로로 등가화할 수 있다. 그러면 그림 10.35 (a)의 4선 회로의 짝·홀모드 특성임피던스 $Z_{e4}$와 $Z_{o4}$를 임의의 인접한 두 선로의 짝·홀모드 특성임피던스로 표시할 수 있다. 그림 10.34(b)에 보인 선로 사이의 분포커패시터를 나타내면 그림 10.36(a)에 보인 바와 같다.

　짝모드여진의 경우, 그림 10.36(a)에 보인 네 개의 도체는 모두 같은 전위이므로 $C_m$의 영향은 고려할 필요가 없으므로 접지에 대한 임의의 선로의 전체 커패시턴스는

$$C_{e4} = C_{ex} + C_{in} \tag{10-56}$$

이고, $C_{in}$는 다음과 같은 근사적 관계식으로 나타낼 수 있다.[7]

$$C_{in} = C_{ex} - \frac{C_{ex} C_m}{C_{ex} + C_m} \tag{10-57}$$

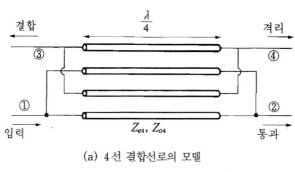

(a) 4선 결합선로의 모델

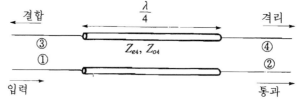

(b) (a)를 근사화한 2선 결합선로의 모델

그림 **10.35** Lange 결합기의 등가회로.

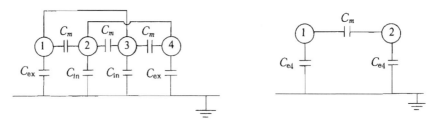

(a) 4선 모델에 대한 실효커패시터 분포도    (b) 2선 모델에 대한 실효커패시터 분포도

그림 **10.36** 그림 10.35에 보인 선로간의 커패시터 분포도.

홀모드여진의 경우, 접지면에 대하여 포트 1과 3에 동일한 정(+V)전위를, 포트 2와 4에 접지면에 대하여 부(−V)전위를 인가하면 포트 1과 2, 포트 2와 3 그리고 포트 3과 4의 중심에 전위가 0인 전기벽(electric wall)을 생각할 수 있다. 그러므로 포트 1과 3 사이의 상호 커패시턴스는 세 개의 $2C_m$을 병렬로 연결한 결과로 볼 수 있기 때문에 접지면에 대한 임의의 선로의 전체 커패시턴스는

$$C_{o4} = C_{ex} + C_{in} + 6C_m \tag{10-58}$$

가 된다. 따라서 짝·홀모드의 특성임피던스는

$$Z_{e4} = \frac{1}{v_e C_{e4}} \tag{10-59a}$$

$$Z_{o4} = \frac{1}{v_o C_{o4}} \tag{10-59b}$$

가 된다. 여기서 $v_i (i = e, o)$는 짝모드 또는 홀모드의 위상속도이다.

지금 4선 모델에서 임의의 격리된 두 개의 인접 도체에 대한 실효 커패시턴스를 나타내면 그림 10.36 (b)에 보인 바와 같다. 즉 이들을 짝·홀모드 커패시터로 나타내면

$$C_e = C_{ex} \tag{10-60a}$$
$$C_o = C_{ex} + 2C_m \tag{10-60b}$$

이다. 식 (10-60)으로부터 $C_{ex}$와 $C_m$을 구한 후 이를 식 (10-57)을 사용하여 식 (10-56)과 (10-58)에 대입하면 4선 선로의 짝·홀모드 커패시턴스를 2선 결합선로의 짝·홀모드 커패시턴스로 나타낼 수 있다. 즉,

$$C_{e4} = \frac{C_e (3C_e + C_o)}{C_e + C_o} \tag{10-61a}$$

$$C_{o4} = \frac{C_o (3C_o + C_e)}{C_e + C_o} \tag{10-61b}$$

이다.

특성임피던스는 $Z_0 = 1/(vC)$와 같이 커패시턴스의 관계식으로 쓸 수 있으므로 식 (10-61)을 다시 고쳐 쓰면 Lange결합기의 짝·홀모드 특성임피던스를 두 도체 선로의 특성임피던스로 나타낼 수 있다. 즉,

$$Z_{e4} = \frac{Z_{0o} + Z_{0e}}{3Z_{0o} + Z_{0e}} Z_{0e} \tag{10-62a}$$

$$Z_{o4} = \frac{Z_{0o} + Z_{0e}}{3Z_{0e} + Z_{0o}} Z_{0o} \tag{10-62b}$$

이며, 여기서 $Z_{0e}$, $Z_{0o}$는 각각 두 도체 선로의 짝·홀모드 특성임피던스이며 $v_e \cong v_o$라 가정하였다는 점에 유의하여야 한다.

비균질매질에서는 엄격히 하면 $v_e \neq v_o$이다. 그러나 $v_e = v_o$로 근사화할 수 있다. 지금 식 (10-62)를 식 (10-15)에 대입하면 Lange결합기의 특성임피던스 $Z_0$는

$$Z_0 = \sqrt{Z_{e4} Z_{o4}} = \sqrt{\frac{Z_{0e} Z_{0o} (Z_{0e} + Z_{0o})^2}{(3Z_{0o} + Z_{0e})(3Z_{0e} + Z_{0o})}} \tag{10-63}$$

가 된다. 따라서 전압결합계수(결합도)는 식 (10-18)로부터

$$C = \frac{Z_{e4} - Z_{o4}}{Z_{e4} + Z_{o4}} = \frac{3(Z_{0e}^2 - Z_{0o}^2)}{3(Z_{0e}^2 + Z_{0o}^2) + 2Z_{0e}Z_{0o}} \tag{10-64}$$

가 된다. 여기서 $Z_{e4}$와 $Z_{o4}$는 식 (10-62)로 주어진다.

윗식들을 역변환하면 원하는 특성임피던스와 결합계수에 대한 설계식을 얻을 수 있다. 즉, 설계식은

$$Z_{0e} = \frac{4C - 3 + \sqrt{9 - 8C^2}}{2C\sqrt{(1-C)/(1+C)}} Z_0 \tag{10-65a}$$

$$Z_{0o} = \frac{4C + 3 - \sqrt{9 - 8C^2}}{2C\sqrt{(1+C)/(1-C)}} Z_0 \tag{10-65b}$$

이다. 위의 결과식은 4선 선로에 2선 선로의 특성임피던스를 적용해서 설계할 수 있음을 보여 준 근사식이지만, 일반적으로 사용할 수 있을 만큼 정확하다.

---

**예제 10-10**

$f_o = 5\,\mathrm{GHz}$ 의 주파수에서 동작하는 3 dB Lange 결합기를 설계하여라. 이 결합기의 특성임피던스는 50 Ω이라 한다. 두께가 $h = 1.0\,\mathrm{mm}$ 이고 $\varepsilon_r = 10$ 인 알루미나 (alumina) 기판 위에 마이크로 스트립으로 제조하고자 한다. 두 인접선로에 대한 $Z_{0e}$와 $Z_{0o}$를 계산하여 이에 필요한 선로의 폭과 선로 사이의 간격을 구하여라.

**[풀이]**  3 dB 의 결합도에 대한 전압결합계수는

$$C = 10^{-3/20} = 0.707$$

이므로 식 (10-65)로부터 한 쌍의 인접결합선로의 짝·홀모드 특성임피던스는

$$Z_{0e} = 176.2\ \Omega$$
$$Z_{0o} = 52.6\ \Omega$$

이다. 그림 10.7로부터 위의 모드임피던스에 해당하는 선로의 폭 $W$와 선로 사이의 간격 $s$를 구하면 $W = 0.07\,\mathrm{mm}$, $s = 0.075\,\mathrm{mm}$ 이다. 결합선로의 길이는 $f_o = 5\,\mathrm{GHz}$ 에서, $\lambda/4$ 이므로 약 15.0 mm 이다.

---

## 10.11  도파관 $T$ 분지 결합기

그림 10.37(a), (b)에 보인 바와 같이 도파관의 어느 면에서 도파관의 가지가 나오도록 설계한 결합기를 도파관 $T$ 분지기 (waveguide tee junction)라고 한다. 이와 같은 결합기는 전

력을 분배 또는 합성하는 작용을 하는 도파관회로이다. $T$ 분지기의 두 가지 기본적인 형식은 $E$ 면 분지와 $H$ 면 분지이다.

$E$ 면 분지기의 좁은 면에 평행인 전계면이 그림 10.37(a)에 보인 바와 같이 세 개의 분지에 공통이므로 이와 같은 $T$ 분지기를 $E$ 면 분지기라 한다.

$E$ 면 분지기의 포트 2에 신호가 입력이 되면 전계는 그림 10.38(a)에 보인 바와 같이 포트 1과 3에 역상(antiphase)으로 분배되므로 $\mathbf{E}_2 = \mathbf{E}_1 + \mathbf{E}_3$의 관계를 갖는다. 이는 직렬회로에서의 전압관계와 비슷하므로 **직렬분지**(series junction)라고도 한다.

$H$ 면 분지기는 자계의 면이 그림 10.37(b)에 보인 바와 같이 세 개의 분지에 공통이므로 $H$ 면 분지기라 한다. 자계루프는 병렬회로의 각 포트에 입력전류가 분배되는 것과 비슷하게 포트 1과 3 사이에 그림 10.38(b)에 보인 바와 같이 분배된다. 그러므로 $H$ 면 분지기를 션트분지(shunt junction)라고도 부른다. 이 분지기의 포트 1과 3의 출력은 동위상이다. 그림 10.37에 보인 무손실 $T$ 분지는 모두 그림 10.39에 보인 바와 같이 3선 전송선로의 분지로 등가화할 수 있다. 일반적으로 포트의 결합부분에서 발생하는 불연속성 때문에 프린징전자장(fringing field)과 고차모드(higher-order mode)가 발생하면 결합부분에 에너지가 쌓인다. 이를 집중서셉턴스(lumped susceptance) $B$ 로 등가화할 수 있다. $T$ 분지기의 특성임피던스가 $Z_0$ 인 입력선로와 정합을 이루기 위해서는 다음과 같은 관계식이 성립해야 한다.

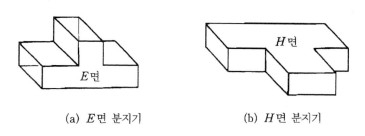

(a) $E$ 면 분지기          (b) $H$ 면 분지기

그림 **10.37**  $E$ 면 분지기와 $H$ 면 분지기.

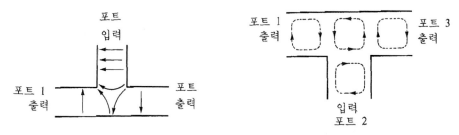

(a) $E$ 면 분지기에서 포트 2에 입력된 전계분포와   (b) $H$ 면 분지기에서 포트 2에 입력된 자계분포와
　　포트 1과 3의 출력전계분포　　　　　　　　　　　　포트 1과 3의 출력자계분포

그림 **10.38**  도파관 분지기의 전자계 분포.

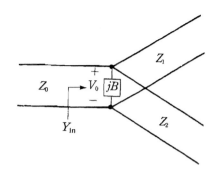

그림 **10.39**  무손실 $T$ 분지기의 전송선로 모델.

$$Y_{\mathrm{in}} = jB + \frac{1}{Z_1} + \frac{1}{Z_2} = \frac{1}{Z_0} \qquad (10\text{-}66)$$

만약 전송선로가 무손실선로이거나 매우 낮은 손실을 갖는 선로이면 특성임피던스는 실수가 된다. 또한 만약 $B = 0$ 이라 하면 식 (10-66)은 다음과 같이 간단해진다.

$$\frac{1}{Z_1} + \frac{1}{Z_2} = \frac{1}{Z_0} \qquad (10\text{-}67)$$

실제로 만약 $B$ 를 무시하지 못하면 보통 어떤 형식의 리액턴스성 튜닝용 소자(reactive tuning element)를 분지기에 삽입하여 최소한 좁은 주파수범위에서 이와 같은 서셉턴스를 제거할 수 있다.

출력선로의 임피던스 $Z_1$ 과 $Z_2$ 는 여러 가지 전력분배비에 따라 선정할 수 있다. 예를 들면 입력선로의 임피던스가 50 Ω인 경우, 임피던스가 100 Ω인 두 개의 출력선로를 사용하면 3 dB(동일한 전력분배) 전력분배기를 만들 수 있다. 만약 필요하면 $\lambda/4$ 트랜스포머를 사용하여 출력선로의 임피던스를 원하는 값으로 다시 조정할 수 있다.

무손실 $T$ 분지기의 중요한 특성을 요약하면 다음과 같다.

① $T$ 분지가 한 개의 포트에 관해서 대칭인 경우 그 포트의 특정한 위치를 단락하면 다른 두 개의 포트간에 무반사전송을 시킬 수 있다. $H$ 분지를 예로 들면 포트 2에서 단락판의 위치를 변화시켜서 서셉턴스 $jB$ 를 상쇄한다($-jB$ 를 추가하는).

② 임의의 두 개의 포트를 정합시키면 나머지 포트의 입력임피던스를 정합시킬 수 없다.

이를 증명하면 다음과 같다.

회로가 가역성이므로 $S_{ij} = S_{ji}$ 이다. 만약 완전정합상태($S_{ii} = 0$)를 실현할 수 있다고 가정하면 $T$ 분지기의 산란행렬은

$$[S] = \begin{bmatrix} 0 & S_{12} & S_{13} \\ S_{12} & 0 & S_{23} \\ S_{13} & S_{23} & 0 \end{bmatrix} \tag{10-68}$$

가 된다. 회로가 무손실이면 다음과 같은 단일성 행렬(unitary matrix)을 만족해야 한다.
즉,

$$[S]_t^* [S] = [I]$$

또는

$$[S^*]_t [S] = \begin{bmatrix} |S_{12}|^2 + |S_{13}|^2 & S_{13}^* S_{23} & S_{12}^* S_{23} \\ S_{23}^* S_{13} & |S_{12}|^2 + |S_{23}|^2 & S_{12}^* S_{13} \\ S_{23}^* S_{12} & S_{13}^* S_{12} & |S_{13}|^2 + |S_{23}|^2 \end{bmatrix}$$

$$= \begin{bmatrix} 1 & 0 & 0 \\ 0 & 1 & 0 \\ 0 & 0 & 1 \end{bmatrix} \tag{10-69}$$

이다. 위의 조건을 만족하기 위해서는 비(非)대각항인 행에서 $S_{13}$, $S_{12}$, $S_{23}$의 임의의 두 개
가 0이 되어야 한다. 그러나 이렇게 되면 대각항의 어느 한 항이 0이 되므로 $T$분지기에서
세 개의 포트를 동시에 모두 정합시킬 수 없다. 예를 들면 그림 10.39에서 두 출력포트를 각
각 정합시키면 식 (10-66)에 의하여 입력포트도 정합시킬 수 있다. 그러나 두 출력포트 사이
를 격리시킬 수 없으므로 출력포트에서 $T$분지기를 향하여 보면 정합되지 않는다.

## 10.12  도파관 하이브리드 $T$

$E$면 분지와 $H$면 분지를 그림 10.40에 보인 바와 같이 조합한 대칭구조를 하이브리드 $T$
(hybrid tee junction) 또는 매직 $T$(magic tee)라고 한다.

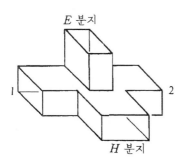

그림 **10.40**  하이브리드 $T$.

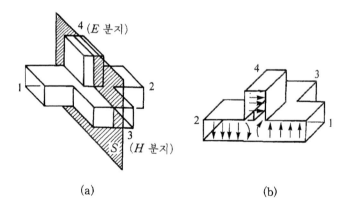

그림 10.41   하이브리드 $T$의 $S$면과 단면적.

그림 10.41(a)에 보인 바와 같이 그림 10.40의 구조가 완전한 대칭이 되도록 $S$면을 생각하면 포트 1과 포트 2에서 반사계수는 같게 되므로

$$S_{11} = S_{22}$$

가 된다. 포트 3에 신호를 인가하면 포트 1과 포트 2에서 크기와 위상이 같은 신호가 나타난다. 즉

$$S_{13} = S_{23}$$

그림 10.41(b)에 보인 바와 같이 포트 4에 신호를 인가하면 포트 2와 포트 1에서 크기는 같으나 위상차가 180°인 파가 나타나므로

$$S_{14} = -S_{24}$$

이다. 또한 포트 4에 입사한 파는 그림 10.41(b)에서 보는 바와 같이 포트 3에서는 서로 상쇄되므로 출력이 0이다. 즉,

$$S_{34} = 0$$

위의 관계와 대칭성을 4행 4열($4 \times 4$) 산란행렬의 일반식에 적용하면 다음과 같이 된다.

$$
\begin{bmatrix}
S_{11} & S_{12} & S_{13} & S_{14} \\
S_{12} & S_{11} & S_{13} & -S_{14} \\
S_{13} & S_{13} & S_{33} & 0 \\
S_{14} & -S_{14} & 0 & S_{44}
\end{bmatrix}
\tag{10-70}
$$

다음으로 산란행렬에 다음과 같은 단일성을 나타내는 관계식을 적용하면

$$\sum_{k=1}^{4} S_{kj} S_{ki}^{*} = \delta_{ji} \ ; \qquad j=3, \ i=4 \tag{10-71a}$$

이므로 다음과 같은 식을 얻는다.

$$S_{13} S_{14}^{*} + S_{23} S_{24}^{*} + S_{33} S_{34}^{*} + S_{43} S_{44}^{*} = 0 \tag{10-71b}$$

식 (10-71b)에 대응하는 식 (10-70)의 계수를 대입하면

$$S_{13} S_{14}^{*} - S_{13} S_{14}^{*} + S_{33} \times 0 + 0 \times S_{44}^{*} = 0$$

가 되므로 윗식은 $S_{33}$과 $S_{44}$의 값에 관계없이 식 (10-71b)이 성립한다. 포트 3과 포트 4 사이는 격리되어 있으므로 $S_{33}$과 $S_{44}$는 완전히 독립된 상태이다. 그러므로 포트 3과 포트 4를 각각 정합하여 반사가 없도록 하면

$$S_{33} = S_{44} = 0 \tag{10-72}$$

가 된다. 단일성의 식 (10-71a)로부터 $j=1$에 대응하는 대각항을, 식 (10-70)을 사용하여 구하면

$$|S_{11}|^{2} + |S_{12}|^{2} + |S_{13}|^{2} + |S_{14}|^{2} = 1 \tag{10-73a}$$
$$|S_{13}|^{2} + |S_{13}|^{2} + |S_{33}|^{2} = 1 \tag{10-73b}$$
$$|S_{14}|^{2} + |S_{14}|^{2} + |S_{44}|^{2} = 1 \tag{10-73c}$$

이므로 식 (10-72)를 식 (10-73b)와 (10-73c)에 대입하면

$$|S_{13}| = |S_{14}| = \frac{1}{\sqrt{2}} \tag{10-74}$$

를 얻을 수 있으며, 식 (10-74)를 식 (10-73a)에 대입하면

$$S_{11} = S_{12} = 0 \tag{10-75}$$

을 얻을 수 있다.

위의 결과를 종합하면 식 (10-70)의 산란행렬은 더 간단하게 된다. 특히 $S_{13}$과 $S_{14}$가 실수가 되도록 각 분지의 기준면을 취하면

$$S_{13} = S_{14} = \frac{1}{\sqrt{2}}$$

가 되므로 하이브리드 $T$의 산란행렬은 다음과 같이 된다.

$$[S] = \begin{bmatrix} 0 & 0 & 1/\sqrt{2} & 1/\sqrt{2} \\ 0 & 0 & 1/\sqrt{2} & -1/\sqrt{2} \\ 1/\sqrt{2} & 1/\sqrt{2} & 0 & 0 \\ 1/\sqrt{2} & -1/\sqrt{2} & 0 & 0 \end{bmatrix} \qquad (10\text{-}76)$$

$S_{33}$과 $S_{44}$가 0이 되도록 정합하는 방법은, 포트 1과 포트 2에 무반사종단을 접속하였을 때 포트 3과 포트 4에서 본 임피던스가 정합이 되도록 대칭적 창(window) 또는 도체 봉을 삽입해서 정합하는 것이다.

## 10. 13  도파관 방향성 결합기

방향성 결합기는 여러 가지 형식으로 만들 수 있다. 앞절에서 설명한 하이브리드 $T$분지는 방향성 결합기의 특별한 경우이다.

도파관 방향성 결합기는 그림 10. 42에 보인 바와 같이 두 개의 도파관을 결합한 것으로서, 아래에 있는 도파관이 주도파관이고 위에 있는 도파관이 부도파관이라 하면 주도파관으로 입사한 파의 방향에 따라 그 일부가 부도파관의 한 포트로 나오도록 설계한 것을 방향성 결합기 (directional coupler)라 한다. 그림 10. 42(b)는 방향성 결합기의 원리를 설명하는 설명도이다. 주도파관과 부도파관의 경계면에 서로 $\lambda/4$ 만큼 떨어진 두 개의 작은 구멍을 만들면 포트 1로 입사한 파는 대부분 포트 2로 나오지만 그 일부는 작은 구멍을 통하여 부도파관으로 전파하므로 포트 4에서 나오는 출력은 포트 2에 나오는 출력과 동위상이다. 그러나 $\lambda/4$ 만큼 떨어진 두 개의 작은 구멍을 통하여 새어나온 두 파의 경로 차가 $\lambda/2$ 이므로 위상이 서로 반대가 되어 두 파는 서로 상쇄되어 포트 3에서 나오는 출력은 없다. 마찬가지로 포트 2로 들어간 파는 포트 3에서 나오지만 포트 4에서는 나오지 않는다. 이와 같이 주도파관의 전파방향에 따라 결합하는 방향이 다른 4-포트 결합기를 방향성 결합기라 한다. 여기서 유의할 점은 10. 1절에서 설명한 스트립선로형의 방향성 결합기는 역방향성 결합기 (contradirectional coupler)인 반면 도파관 방향성 결합기는 순방향성 결합기(forward directional coupler)라는 사실이다. 실용적인 구조는 이상적인 구조일 수 없으므로 완전한 방향성을 가질 수 없다.

가장 간단한 방향성 결합기는 그림 10. 43에 보인 바와 같이 두 개의 도파관의 경계면에 한 개의 작은 구멍을 통하여 결합시키는 방법이다. 이와 같은 결합기를 **Bethe hole** 결합기라고 한다. 부도파관을 구멍의 축 주위에 $\theta$ 만큼 회전시키는 정도에 따라 결합도가 변한다. 이에 관한 해석은 작은 개구면(aperture)에 의한 결합이론으로 설명될 수 있으나 구체적인 설명은 생략한다.

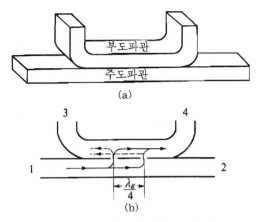

그림 **10.42** 도파관 방향성 결합기의 원리도.

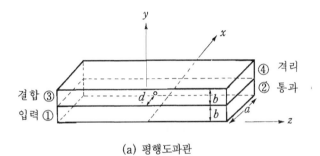

(a) 평행도파관

(b) 스큐(skew)도파관

그림 **10.43** Bethe-hole 방향성 결합기.

## 연습문제

10.1  접지판과 스트립선로 사이의 간격이  $b/2 = 0.32\,\text{cm}$ 이고 유전체의 비유전율이  $\varepsilon_r = 2.2$ 인 가장자리결합형 스트립선로(edge-coupled strip line)에서 스트립폭과 간격을 구하여라. 여기서 짝모드의 특성임피던스는  $Z_{0e} = 70\,\Omega$ 이고 홀모드의 특성임피던스는  $Z_{0o} = 40\,\Omega$ 이다.

10.2  $\varepsilon_r = 10$ 이고  $h = 0.16\,\text{cm}$ 인 기판 위에 스트립폭이  $W = 0.16\,\text{cm}$ 이고 스트립선로 사이의 간격이  $s = 0.064\,\text{cm}$ 인 결합형 마이크로 스트립선로의 짝과 홀모드 특성임피던스를 구하여라.

10.3  결합도가  19.1 dB 이고 시스템 임피던스가  $Z_0 = 60\,\Omega$ 이며 중심주파수가  $f_0 = 8\,\text{GHz}$ 인 단일단 가장자리결합형 스트립선로의 스트립폭과 간격을 구하여라. 여기서  $\varepsilon_r = 2.2$,  $b = 0.32\,\text{cm}$ 이다.

10.4  산란행렬이 다음과 같은 방향성 결합기가 있다. 입력포트에서 지향성, 결합도, 격리도 및 반사손실을 구하여라.

$$[S] = \begin{bmatrix} 0.05\,\underline{/30°} & 0.96\,\underline{/0°} & 0.1\,\underline{/90°} & 0.05\,\underline{/90°} \\ 0.96\,\underline{/0°} & 0.05\,\underline{/30°} & 0.05\,\underline{/90°} & 0.1\,\underline{/90°} \\ 0.1\,\underline{/90°} & 0.05\,\underline{/90°} & 0.04\,\underline{/30°} & 0.96\,\underline{/10°} \\ 0.05\,\underline{/90°} & 0.1\,\underline{/90°} & 0.96\,\underline{/0°} & 0.05\,\underline{/30°} \end{bmatrix}$$

10.5  $C = 20\,\text{dB}$,  $D = 35\,\text{dB}$ 이고 삽입손실  $IL = 0.5\,\text{dB}$ 인 방향성 결합기의 입력에  90 W 의 전력원을 인가한 경우, 직접 전달되는 출력, 결합포트에서 출력 및 격리 포트에서 출력을 구하여라.

10.6  전력분배비가  $P_3/P_2 = 1/3$ 이고 전원임피던스가  $Z_0 = 50\,\Omega$ 인 Wilkinson 전력분배기를 설계하여라.

10.7  $V_1 = 3\,\underline{/80°}$ 인 입력신호를  180° 하이브리드의 포트 1 에 인가하고  $V_4 = 2\,\underline{/150°}$ 인 다른 신호를 포트 4 에 인가한 경우 출력신호의 전력은 얼마인가?

10.8  그림 (문 10.8)에 보인 대칭형 하이브리드가 있다. 포트 1 에  $1\,\underline{/0°}\,\text{V}$ 의 입력신호를 인가한 경우 출력전압을 구하여라. 여기서 출력은 모두 정합되었다고 가정한다.

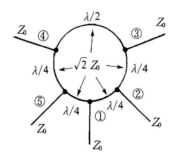

그림  문 10.8

# 참고문헌

[1] Edwards, T. C., *Foundations For Microstrip Circuit Design*, John Wiley & Sons Ltd., 1981.

[2] Howe, H., *Stripline Circuit Design*, Artech House, Dedham, Mass, 1974.

[3] Gupta, K. C., R. Garg, and I. J. Bahl, *Microstrip Lines and Slotlines*, Artech House, Dedham, Mass, 1979.

[4] Tripathi, V. K. and Y. K. Chin, "Analysis of the General Nonsymmetrical Directional Coupler with Arbitrary Terminations," IEE Proc., Vol. 129, Pt. H, No. 6, pp. 360-362, December 1982.

[5] Mattaei, G. L., L. Young, and E. M. T. Jones, *Microwave Filters Impedance Matching Networks and Coupling Structures*, Artech House, Dedham, Mass., 1980.

[6] Parad, L. I. and R. L. Moynihan, "Split-Tee Power Divider", IEEE Trans. MTT, Vol. MTT-13, No. 1, pp. 91-95, January 1965.

[7] Ou, W. P., "Design Equations for an Interdigitated Directional Coupler," IEEE Trans. MTT, Vol. MTT-23, pp. 253-255, February 1973.

# 11 장

# 비가역성 소자

가역정리가 성립하지 않는 수동소자를 비가역성 소자(non-reciprocal device)라 한다. 비가역성 소자에서는 전파의 진행방향에 따라 전파특성이 달라진다. 한 방향으로 정자계(static magnetic field) 또는 직류자계(dc magnetic field)를 가한 페라이트(ferrite)를 도파관내에 장착하고 Faraday 회전 현상(또는 효과)을 이용하면 많은 유용한 마이크로파 소자를 설계할 수 있다.

## 11.1 페라이트의 기본성질

페라이트는 일반적으로 $XO \cdot Fe_2O_3$(X는 Co, Zn, Ni, Mn, Cd 등의 이가(二價)의 금속원소를 나타냄)의 분자식으로 주어진다. 페라이트는 페리자성체(ferrimagnetics ; 준강자성체)의 일종이다. 강자성체(ferromagnetics)와 유사한 자기적 성질을 가지나 전기 전도도는 낮다. 낮은 전도도는 높은 주파수에서 와류전류(eddy current)에 의한 손실을 제한한다. 그러므로 페라이트는 마이크로파 응용에 널리 사용된다. 예를 들면 고주파용 트랜스포머와 FM 안테나의 철심 및 이상기(phase shifter) 등에 사용된다. 페라이트는 컴퓨터 자심(magnetic core)과 자기디스크 기억소자 등에도 사용된다. 페라이트에 직류자계를 가하면 비등방성이 된다. 따라서 투자율은 텐서(tensor)가 된다. 물질의 자기성질은 자기쌍극자 모멘트가 존재하기 때문에 발생한다. 이 모멘트는 전자의 자전(spin)에 의해서 발생된다. 양자역학에 의하면 전자의 자전에 의한 전자의 자기쌍극자 모멘트는 다음과 같이 주어진다.

$$G = \frac{q\hbar}{2m_e} = 9.27 \times 10^{-24}\,\mathrm{Am^2} \tag{11-1}$$

여기서 $\hbar$는 plank 상수이며 $\hbar = h/2\pi$이고, $q$는 전자의 전하 [C], $m_e$는 전자의 질량 [kg]

이다. 전자가 그림 11.1에 보인 바와 같이 자전을 하면 그의 축방향으로 다음과 같은 각운동량 $J$를 갖는다.

$$J = \frac{\hbar}{2} \tag{11-2}$$

이 운동량의 벡터 **J**는 그림 11.1에 보인 바와 같이 자기쌍극자 모멘트 **G**의 벡터방향과 반대이다. 두 벡터의 크기의 비를 자기회전비(gyromagnetic ratio) $\gamma$라 부른다. 즉,

$$\gamma = \frac{G}{J} = \frac{q}{m_e} = 1.759 \times 10^{11} \, C/kg \tag{11-3}$$

이다. 따라서 두 벡터의 관계는 다음과 같이 주어진다.

$$\mathbf{G} = -\gamma \mathbf{J} \tag{11-4}$$

여기서 부 $(-)$ 부호는 두 벡터의 방향이 반대임을 나타낸다.

지금 외부로부터 페라이트에 $+z$방향으로 직류자계 **H₀**를 인가하면 자기쌍극자 모멘트 **G**에 다음과 같은 토크 **T**가 작용함에 따라 그림 11.1에 보인 바와 같이 세차운동(precession)을 한다.

$$\mathbf{T} = \mathbf{G} \times \mathbf{B_0} = \mu_0 \, \mathbf{G} \times \mathbf{H_0} \tag{11-5}$$

토크 **T**는 각운동량의 시간변화율과 같으므로

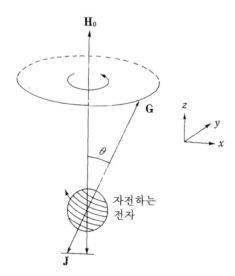

그림 11.1  자전 전자의 자기쌍극자 모멘트와 각운동량벡터.

$$\frac{d\mathbf{J}}{dt} = -\frac{1}{\gamma}\frac{d\mathbf{G}}{dt} = \mathbf{T} \tag{11-6}$$

이다. 식 (11-5)와 식 (11-6)을 종합하면

$$\frac{d\mathbf{G}}{dt} = -\mu_0\,\gamma\,(\mathbf{G}\times\mathbf{H}_0) \tag{11-7}$$

가 된다.

단위체적당 자기쌍극자 모멘트 [A/m]를 자화(magnetization)라 하며

$$\mathbf{M} = N\mathbf{G} \tag{11-8}$$

와 같이 주어진다. 여기서 $N$은 단위체적당 균형을 잃은 자전(spin)의 수이다. 그러므로 식 (11-7)은

$$\frac{d\mathbf{M}}{dt} = -\mu_0\,\gamma\,(\mathbf{M}\times\mathbf{H}) \tag{11-9}$$

와 같이 된다.

가장 간단한 마이크로파인 경우 식 (11-9)의 총 유효자계(total effective magnetic field)는 직류자계 $\mathbf{H}_0$와 마이크로파자계 $\mathbf{h}$로 이루어져 있다. 즉,

$$\mathbf{H} = \mathbf{H}_0 + \mathbf{h} \tag{11-10}$$

이므로 식 (11-9)에서 $\mathbf{H}_0$ 대신에 위의 식으로 대치할 수 있다. 여기서 $\mathbf{h}$는 Plank 상수가 아님에 유의하여라. 따라서 총 자화는

$$\mathbf{M} = \mathbf{M}_0 + \mathbf{m} \tag{11-11}$$

이다. 여기서 $\mathbf{M}_0$는 포화자화(dc)고 $\mathbf{m}$은 마이크로파 자화이다. 위의 벡터들을 각 성분별로 나타내면

$$\mathbf{H}_0 = \mathbf{a}_z\,H_0, \qquad \mathbf{h} = \mathbf{a}_x\,h_x + \mathbf{a}_y\,h_y + \mathbf{a}_z\,h_z$$
$$\mathbf{M}_0 = \mathbf{a}_z\,M_0, \qquad \mathbf{m} = \mathbf{a}_x\,m_x + \mathbf{a}_y\,m_y + \mathbf{a}_z\,m_z$$

이다. 그러므로 식 (11-9)를 성분별로 전개하면

$$\frac{dm_x}{dt} = -m_y\,\mu_0\,\gamma\,(H_0 + h_z) + h_y\,\mu_0\,\gamma\,(M_0 + m_z) \tag{11-12a}$$

$$\frac{dm_y}{dt} = \quad m_x\,\mu_0\,\gamma\,(H_0 + h_z) - h_x\,\mu_0\,\gamma\,(M_0 + m_z) \tag{11-12b}$$

$$\frac{dm_z}{dt} = - m_x \mu_0 \gamma h_y + m_y \mu_0 \gamma h_x \tag{11-12c}$$

가 된다. 마이크로파 자계가 각주파수 $\omega$에서 정현적 시간함수라 하면 식 (11-12)는 다음과 같이 나타낼 수 있다.

$$j\omega m_x = - \mu_0 \gamma \{ m_y (H_0 + h_z) - h_y (M_0 + m_z) \} \tag{11-13a}$$

$$j\omega m_y = \mu_0 \gamma \{ m_x (H_0 + h_z) - h_x (M_0 + m_z) \} \tag{11-13b}$$

$$j\omega m_z = - \mu_0 \gamma (m_x h_y - m_y h_x) \tag{11-13c}$$

윗식에서 직류성분 $M_0$가 마이크로파 성분 $m_z$에 비하여 매우 크므로 $M_0$에 대하여 $m_z$를 무시하고 $H_0$에 대해서도 $h_z$를 무시하고 $(m_x h_y - m_y h_x)$를 무시할 수 있다면 식 (11-13)은 다음과 같이 간단하게 된다.

$$j\omega m_x = - \mu_0 \gamma (H_0 m_y - M_0 h_y) \tag{11-14a}$$

$$j\omega m_y = \mu_0 \gamma (H_0 m_x - M_0 h_x) \tag{11-14b}$$

$$j\omega m_z = 0 \tag{11-14c}$$

식 (11-14)로부터 $m_x$와 $m_y$를 $h_x$와 $h_y$에 관하여 풀면

$$(\omega_0^2 - \omega^2) m_x = \omega_0 \omega_m h_x + j\omega \omega_m h_y$$

$$(\omega_0^2 - \omega^2) m_y = -j\omega \omega_m h_x + \omega_0 \omega_m h_y$$

$$m_z = 0$$

또는

$$\begin{bmatrix} m_x \\ m_y \\ m_z \end{bmatrix} = \begin{bmatrix} \chi_{xx} & \chi_{xy} & 0 \\ \chi_{yx} & \chi_{yy} & 0 \\ 0 & 0 & 0 \end{bmatrix} \begin{bmatrix} h_x \\ h_y \\ h_z \end{bmatrix} \tag{11-15}$$

이다. 여기서 $\omega_0 = \mu_0 \gamma H_0$는 페라이트의 공진 각주파수(resonance angular frequency)이며 $\omega = \omega_0$일 때 자기회전공진(gyromagnetic resonance)이 발생한다. $\omega_m = \mu_0 \gamma M_0$는 페라이트의 포화자화 $M_0$에 의해 결정되는 상수이다.

$$\chi_{xx} = \chi_{yy} = \frac{\omega_0 \omega_m}{\omega_0^2 - \omega^2} \tag{11-16a}$$

$$\chi_{xy} = -\chi_{yx} = \frac{j\omega \omega_m}{\omega_0^2 - \omega^2} \tag{11-16b}$$

식 (1-24a)로부터

$$\mathbf{B} = \mu_0 (\mathbf{M} + \mathbf{H}) = [\mu] \mathbf{H} \tag{11-17}$$

여기서 투자율 텐서 $[\mu]$ 는

$$[\mu] = \mu_0([U] + [\chi]) = \begin{bmatrix} \mu & jK & 0 \\ -jK & \mu & 0 \\ 0 & 0 & \mu_0 \end{bmatrix} \tag{11-18}$$

이며, $[U]$ 는 단위행렬이고 유의할 점은 직류자계 $\mathbf{H}_0$ 를 $+z$ 방향으로 인가한 사실이다. 즉, $\mathbf{H}_0 = \mathbf{a}_z H_0$ 이다. 윗식에서

$$\mu = \mu_0(1 + \chi_{xx}) = \mu_0(1 + \chi_{yy}) = \mu_0\left(1 + \frac{\omega_0 \omega_m}{\omega_0^2 - \omega^2}\right) \tag{11-19a}$$

$$K = -j\mu_0 \chi_{xy} = j\mu_0 \chi_{yx} = \frac{\mu_0 \omega \omega_m}{\omega_0^2 - \omega^2} \tag{11-19b}$$

이다. 또한 $\mathbf{H}_0 = \mathbf{a}_x H_0$ 인 경우, 투자율 텐서는

$$[\mu] = \begin{bmatrix} \mu_0 & 0 & 0 \\ 0 & \mu & jK \\ 0 & -jK & \mu \end{bmatrix} \tag{11-20}$$

가 된다. 또한 $\mathbf{H}_0 = \mathbf{a}_y H_0$ 인 경우

$$[\mu] = \begin{bmatrix} \mu & 0 & jK \\ 0 & \mu_0 & 0 \\ -jK & 0 & \mu \end{bmatrix} \tag{11-21}$$

가 된다.

    페라이트에 $+z$ 방향으로 직류자계 $\mathbf{H}_0$ 를 인가한 경우 시계방향으로 회전하는 원편파 (RHCP 파)에 대한 비투자율 $\mu_r^+$ 와 시계방향과 반대방향으로 회전하는 원편파(LHCP 파)에 대한 비투자율 $\mu_r^-$ 는 다음과 같이 주어지므로

$$\mu_r^+ = \mu_r + K/\mu_0, \qquad \mu_r^- = \mu_r - K/\mu_0 \tag{11-22}$$

윗식에 식 (11-19)를 대입하면

$$\mu_r^{\pm} = 1 + \frac{\omega_m}{\omega_0 \mp \omega} \tag{11-23}$$

가 된다. 식 (11-23)로부터 $\omega = \omega_0 = \mu_0 \gamma H_0$ 일 때 $\mu_r^+$ 는 무한대가 됨을 알 수 있으며 이 현상을 페라이트의 자기회전공진이라 한다. 파가 $+z$ 방향으로 진행하는 경우 $H_0$ 에 대한 $\mu_r^{\pm}$ 의 변화를 나타내면 그림 11.2 에 보인 바와 같다.

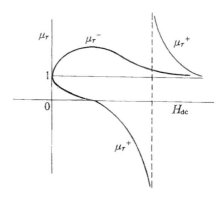

그림 11.2  원편파에 대한 페라이트의 투자율 특성.

전통적으로 자기학에서 가장 많이 사용하고 있는 자기단위는 CGS 단위계이다. 즉, 1 Gauss $= 10^{-4}$ Weber/m$^2$($=$ T ; Tesla)이고 $4\pi \times 10^{-3}$ Oersted $=$ 1 A/m 이다. 포화자화는 보통 $4\pi M_0$ Gauss 로 표현되므로 이에 대응하는 MKS 값은 $\mu_0 M_0$ Weber/m$^2 = 10^{-4} (4\pi M_0$ Gauss)이다. 따라서 CGS 단위계에서 페라이트의 공진주파수는 $f_0 = \omega_0/2\pi = \mu_0 \gamma H_0/2\pi \approx$ (2.8 MHz/Oersted) ($H_0$ Oersted)이고,  $f_m = \omega_m/2\pi = \mu_0 \gamma M_0/2\pi =$ (2.8 MHz/Oersted) ($4\pi M_0$ Gauss)이다. 여기서, $\mu_0$ H/m 는 CGS 단위계에서 1 Gauss/Oersted 이다. 예를 들어 $4\pi M_0 = 1800$ Gauss 인 무한대의 페라이트 매질에 $H_0 = 3570$ Oersted 를 인가한 경우, $f_0 = \omega_0/2\pi =$ (2.8 MHz/Oersted) (3570 Oersted) $=$ 10.0 GHz 이고  $f_m = \omega_m/2\pi$ (2.8 MHz/Oersted) (1800 Gauss) $=$ 5.04 GHz 이다.

## 11.2  자이레이터

페라이트를 응용한 가장 간단한 소자가 자이레이터(gyrator)이다. 자이레이터는 그림 11.3 (a)에 보인 바와 같은 구조이다. 그림 11.3(a)에서 보는 바와 같이 개구 ①에서 개구 ②로 진행하는 파의 위상지연과 개구 ②에서 개구 ①로 진행하는 파의 위상지연을 비교했을 때 그림 11.3(b)에 보인 바와 같이 180°(또는 $\pi$ radian) 위상차를 갖는 2-포트 비가역성 소자를 자이레이터라 한다. 좀더 구체적으로 설명을 하면 다음과 같다. 구형도파관 개구 ①로 입사한 TE$_{10}$모드(mode)는 그림 11.3(a)에 보인 바와 같이 꼬임도파관(twist)에 의해서 공간적으로 시계방향과 반대로 90° 회전된 후 원형도파관에 장착된 페라이트 봉에 의해서 다시 공간적으로 위와 동일한 방향으로 90° 회전하며 편파면이 그림 11.3(b)에 보인 바와 같이 180° 위상천이(phase shift)가 발생한다. 여기에서 구형도파관과 원형도파관을 접속하는 부분을 모드변환기라 하며 이에 의해 구형도파관의 기본모드 TE$_{10}$가 원형도파관의 기본모드 TE$_{11}$로

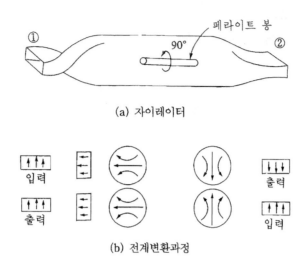

(a) 자이레이터

(b) 전계변환과정

그림 **11.3** 마이크로파 자이레이터.

서서히 변환한다. 반대로 개구 ②로 입사하는 파는 페라이트 봉에 의해서 시계방향으로 90°
회전한 후 꼬임도파관에 의해서 시계방향과 반대방향으로 회전하면 개구 ②와 개구 ① 사이
의 위상은 동상이 된다. 여기서 주의할 점은 Faraday 회전의 방향은 직류자계의 방향에 의
해서 결정된다는 사실이다.

## 11.3  아이솔레이터

비가역성 소자인 페라이트를 응용하면 마이크로파를 한 방향으로 감쇠 없이 전송시키고 그
와 반대방향으로 입사하는 파는 크게 감쇠되도록 하는 소자를 설계할 수 있다. 이와 같은 소
자를 아이솔레이터(isolator)라고 한다. 이것은 마이크로파회로에서 부하의 부정합에 의하여
발생하는 반사파가 신호원에 악영향을 미치지 않도록 하기 위해서 사용한다. 아이솔레이터에
는 Faraday 회전형, 전계변위형(electric field displacement) 및 공진형(resonance)이
있다.

### [1]  Faraday 회전형 아이솔레이터

**Faraday** 회전형 아이솔레이터는 Faraday 회전효과를 이용한 것으로서 그 구조와 동작원리
는 그림 11.4에 보인 바와 같다. 개구 ①로 $TE_{10}$ 모드가 입사하면 테이퍼(taper ; 모드변환
기)에 의해서 원형도파관의 $TE_{11}$ 모드로 변환하게 된다. 이 $TE_{11}$ 모드 입사전계는 그림 11.4
(b)에 보인 원형도파관의 왼쪽부분에 부착한 저항막 (1)과 수직을 이루므로 감쇠 없이 $+z$

축 방향으로 직류자화된 페라이트 봉에 도달한다. 이것을 통과한 전자파는 Faraday 효과에 의해서 시계방향으로 45° 회전된다. 45° 편파된 전계에 수직이 되도록 저항막 (2)를 원형도 파관의 오른쪽 부분에 부착하였으므로 전자파는 여기에서도 감쇠 없이 통과한다. 그러므로 TE₁₀모드가 개구 ②에서 나온다. 한편, 개구 ②로 입사한 전자파의 전계는 그림 11.4(c)에 서 보는 바와 같이 저항막 (2)와 수직을 이루므로 감쇠 없이 페라이트봉에 도달한다. 페라이 트 자화용 자계는 전자파의 진행방향에 대해서 반대방향이므로 시계방향과 반대방향으로 45° 회전한다. 따라서 전계는 저항막 (1)에 평행을 이루므로 파가 소멸된다. 이 파가 완전히 소 멸되지 않고 일부가 남아 있어도 개구 ①의 구형도파관에 대해서 그 파는 차단상태이므로 개 구 ①에서 오히려 반사된다. 이 반사파가 오른쪽으로 진행하면 반사파의 전계는 저항막 (1) 과 평행이므로 또다시 소모된다.

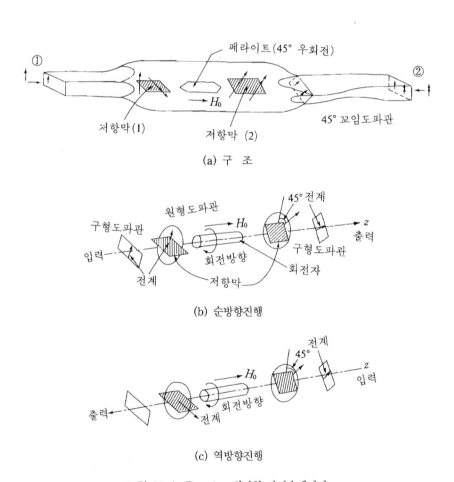

(a) 구 조

(b) 순방향진행

(c) 역방향진행

그림 11.4  Faraday 회전형 아이솔레이터.

## [2] 전계변위형 아이솔레이터

그림 11.5에서 보인 바와 같이 도파관에 페라이트판을 장착한 경우 순방향으로 진행하는 파와 그와 반대방향으로 진행하는 파의 전계분포가 매우 다르다는 사실을 이용한 아이솔레이터를 전계변위형 아이솔레이터(field displacement isolator)라 한다. 구형도파관에서 기본모드의 자계벡터가 그림 11.6에 보인 바와 같이 $x_1$과 $x_2$를 지나는 점선 위에서 원편파를 이루고 있음을 알 수 있다. 따라서 이 부근에 직류자화된 페라이트판을 장착하면 원편파의 회전방향에 따라 각각 다른 투자율을 갖게 된다. 이와 같은 사실을 응용하면 한쪽 방향으로만 전파하는 파를 얻을 수 있다.

위와 같은 사실을 구체적으로 설명하기 위하여 $+z$방향으로 $e^{-j\beta z}$에 따라 진행하는 $TE_{10}$모드에 대한 자계분포를 살펴보면 식 (5-12)로 주어진다. 즉,

$$H_z = A_{10}\cos\frac{\pi x}{a}\,e^{-j\beta z} \tag{5-12a}$$

$$H_x = \frac{j\beta a}{\pi}\,A_{10}\sin\frac{\pi x}{a}\,e^{-j\beta z} \tag{5-12b}$$

윗식을 시간함수로 나타내면

$$\mathcal{H}_z = A_{10}\cos\frac{\pi x}{a}\sin(\omega t - \beta z)$$

$$\mathcal{H}_x = -\frac{\beta a}{\pi}\,A_{10}\sin\frac{\pi x}{a}\cos(\omega t - \beta z)$$

가 된다. 그러므로 위의 두 성분으로 이루어진 합성자계벡터는

$$\mathcal{H} = -A_{10}\left[\mathbf{a}_x\frac{\beta a}{\pi}\sin\frac{\pi x}{a}\cos(\omega t - \beta z) - \mathbf{a}_z\cos\frac{\pi x}{a}\sin(\omega t - \beta z)\right]$$

가 된다.

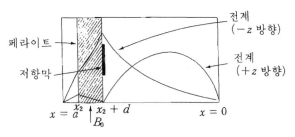

그림 11.5　전계변위형 아이솔레이터의 단면도와 전계분포.

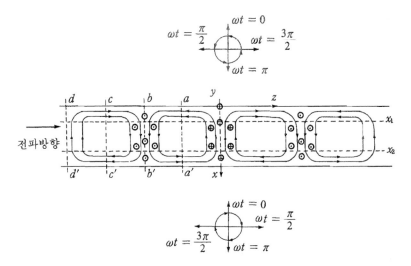

그림 11.6 +z방향으로 전파하는 $TE_{10}$모드의 자계분포.

만약 $x = x_1$점을 다음과 같은 관계를 갖도록 선택하고

$$\frac{\beta a}{\pi}\sin\frac{\pi x_1}{a} = \cos\frac{\pi x_1}{a}$$

간략하게 하기 위해 $z = 0$이라 놓으면 $x = x_1$점에서 +y방향을 바라볼 때 합성자계벡터는 시계방향과 반대방향으로 회전하는 원편파(LHCP 파)가 된다. $\sin(\pi x/a)$와 $\cos(\pi x/a)$의 관계가 정(+)이 되기 위해서는 $x$값은 $a/2$보다 작아야 한다. 또 다른 다음과 같은 관계를 만족하는 $x = x_2$점을 구하면

$$\frac{\beta a}{\pi}\sin\frac{\pi x_2}{a} = -\cos\frac{\pi x_1}{a}$$

$x = x_2$점에서 +y방향을 바라볼 때 합성자계벡터는 시계방향으로 회전하는 원편파(RHCP 파)가 된다. 이를 설명하는 내용은 그림 11.6에 보인 바와 같다. 이 그림의 자계분포는 $\omega t = 0$인 경우이다. 그러므로 $\omega t = \pi/2$일 때 선분 $a-a'$이 관측점($z = 0$)을 지나고, $\omega t = \pi$일 때 선분 $b-b'$이, $\omega t = 3\pi/2$일 때 선분 $c-c'$이, $\omega t = 2\pi$일 때 선분 $d-d'$이 관측점을 지난다. 위와 같은 개념을 $-z$방향으로 진행하는 파에 적용하면 그림 11.7에 보인 바와 같다. 따라서 파가 $-z$방향으로 진행할 때 자계벡터는 $x = x_1$에서 시계방향으로 회전하고 $x = x_2$에서 시계방향과 반대방향으로 회전한다.

지금 그림 11.6에 보인 바와 같이 $x = x_2$에 +y방향으로 직류자화된 페라이트를 장착하면 +z방향으로 진행하는 파의 자계벡터는 시계방향으로 회전하므로 전파상수 $\beta^+ = k_0\sqrt{\mu_r^+}$이고 $-z$방향으로 진행하는 파의 자계벡터는 시계방향과 반대방향으로 회전하므로 전파상수

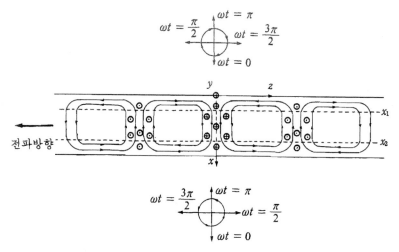

그림 11.7  $-z$방향으로 전파하는 $TE_{10}$모드의 자계분포.

$\beta^- = k_0\sqrt{\mu_r}$ 가 된다 $(\beta^+ > \beta^-)$. 이 경우 도파관에 장착된 페라이트의 양(量)이 비교적 적어서 전자계의 분포에 큰 변화가 없다고 가정한다. 이와 대조적으로 충분한 페라이트를 도파관에 장착하면 전자계의 분포가 크게 변한다. 이와 같은 현상을 이용한 마이크로파 소자도 있다. 가장 흔히 사용하는 것이 전계변위형 아이솔레이터(isolator)이다.

그림 11.5에 보인 바와 같이 페라이트 판을 장착한 도파관의 전계분포는 전파의 방향에 따라 다르다. 즉, 순방향($+z$방향)의 전계는 그림 11.5에서 $x_2$에 위치한 페라이트판의 오른쪽 면에서 소멸되는 반면, 역방향($-z$방향)의 전계는 상당히 크다. 그러므로 만약 얇은 저항막을 페라이트 판의 오른쪽 밑에 부착하면 순방향으로 진행하는 파에는 본질적으로 영향을 주지 않으나 역방향으로 전파하는 전계는 감쇠된다.

이와 같은 아이솔레이터를 전계변위형 아이솔레이터라 부른다. 이의 장점은 10% 정도의 대역폭을 갖는 비교적 간단한 소자이고 뒤에서 설명하게 될 공진형 아이솔레이터에 비하여 바이어스용 직류자계가 훨씬 낮다는 것이다. 반면에 전계변위형 아이솔레이터를 설계할 때 발생하는 주된 문제는 그림 11.5에 보인 바와 같은 전계분포를 갖는 설계파라미터를 구하는 것이다. 지금 $x = x_2$에 장착한 페라이트의 비투자율 $\mu_r^+$가 $\mu_r^+ \leq 0$이 되도록 그림 11.2에 보인 바와 같이 직류자계 $H_0$를 가하면 순방향으로 진행하는 파의 자계벡터는 시계방향으로 회전하므로 전파상수 $\beta^+$는 허수가 되어 페라이트에서 차단상태가 되므로 전자계는 페라이트 밖에 존재하게 된다. 따라서 구형도파관을 순방향으로 진행하는 모드의 전계는 그림 11.5에 보인 바와 같이 되어 파는 페라이트 표면에 부착된 저항막에 의해서 감쇠되지 않는다. 그러나 역방향으로 진행할 때 $x = x_2$에서 자계벡터는 시계방향과 반대방향으로 회전하므로 이에 대한 페라이트의 비투자율 $\mu_r^-$은 그림 11.2에서 보인 바와 같이 $\mu_r$과 거의 같고 또 페라이트의 유전율이 크므로$(\varepsilon/\varepsilon_0 \cong 13)$ 전계는 이 부분에 집중된다. 따라서 페라이트에 부착된 저항막에 의해서 파가 감쇠된다.

  페라이트 두께의 대표적 값은 $t = a/10$ 이다. 순방향으로 진행하는 파에 대한 구형도파관의 차단파수는 $k_a^{\pm} = \pi/d$ 를 만족해야 하므로 $k_a^2 = k_0^2 - \beta^2$ 에서 $\beta^+ < k_0 (= \omega\sqrt{\mu_0\,\varepsilon_0})$ 를 만족해야 하고 역방향으로 $\beta^- > k_0$ 를 만족해야 한다.

## [3]   공진형 아이솔레이터

  전계변위형 아이솔레이터에서 외부 직류자계 $H_0$ 를 더 크게 하여 $\omega = \omega_0$ (공진주파수)가 되면 $+z$방향으로 진행하는 전자계는 페라이트내에서 거의 소모된다(저항막이 필요 없다). 반면에 $-z$방향으로 진행하는 전자계에 대해서는 페라이트의 비투자율이 $\mu_r \approx \mu_0$ 와 같이 되어 공진이 일어나지 않으므로 감쇠 없이 통과한다. 이와 같은 비가역성 아이솔레이터를 공진형 아이솔레이터(resonance isolator)라 한다.

## 11.4   서큘레이터

  마이크로파 서큘레이터는 그림 11.8(a)에 보인 바와 같이 몇 개의 개구(開口 또는 포트)가 도파관에 의해서 접속된 것으로서 각 개구에 입사된 파는 반사 없이 오직 $n$번째 개구에서 $n+1$번째 개구로 감쇠 없이 한 방향으로만 전송한다. 그림 11.8(b)는 이와 같은 성질을 잘 나타내는 서큘레이터의 기호이다. 즉, 전파가 각 개구를 일정한 방향으로 순환하는 회로를 서큘레이터(circulator)라 한다. 이는 비가역성을 갖는 페라이트에 의해서 실현되며 많은 형식이 사용되고 있으나 이 절에서는 두 가지 형식에 관해서 원리와 구성을 간단히 설명한다. 서큘레이터를 사용하는 한 예를 들면 다음과 같다.

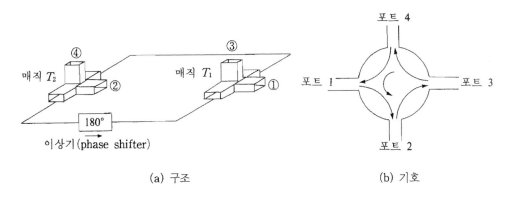

(a) 구조                    (b) 기호

그림 **11.8**   4단자 서큘레이터.

## [1]  자이레이터를 사용한 서큘레이터

서큘레이터는 그림 11.8(a)에 보인 바와 같이 자이레이터와 두 개의 매직 $T$(magic tee) $T_1$, $T_2$로 구성된 장치이다. 그림 11.8(a)에서 매직 $T_1$의 개구 ①로 입사된 파는 두 개의 대칭 암(arm)에 의해 동일한 크기와 동상인 두 개의 파로 나누어지나 한쪽은 자이레이터를 통과하고 다른쪽은 직접 $T_2$에 도달한다. 이 경우 선로의 길이를 조절하여 매직 $T_2$에 도달하는 두 개의 파가 동상이 되도록 하면 매직 $T_2$의 개구 ②에서만 출력이 나타나고 개구 ③와 ④에는 나타나지 않는다. 다음으로 매직 $T_2$의 개구 ②에 파가 입사하면 동일한 크기로 나누어 각각 매직 $T_1$에 진행하지만 한쪽은 자이레이터에 의해 다른쪽 파보다 180° 만큼 위상이 지연되므로 $T_1$에 도달할 때는 두 파는 서로 역상이 되어 개구 ③에서만 출력이 나타나고 다른 개구에서는 나타나지 않는다. 개구 ③에 파가 입사되면 $T_1$에서 두 개의 파로 나누어 지나 역상으로 매직 $T_2$에 도달하므로 개구 ④에만 출력이 나타나고 다른 개구에는 나타나지 않는다. 마지막으로 개구 ④에 입사된 파는 역상으로 나누어 매직 $T_1$에 도달하지만 한쪽은 자이레이터에 의해 위상이 반전(out-of-phase)되어 매직 $T_1$에 도달할 때는 두 파가 동상이므로 개구 ①에만 출력이 나타나고 다른 개구에는 나타나지 않는다. 이와 같이 이 회로는 개구 ①→②→③→④→①과 같이 순환하는 서큘레이터를 구성한다.

## [2]  분지형 서큘레이터

그림 11.9에 보인 바와 같이 $Y$형 도파관의 분지(junction)의 중심부에 페라이트를 삽입하고 직류자계를 인가하면 서큘레이터가 된다. 이와 같은 형식을 분지형 서큘레이터(junction circulator)라 한다.

개구 ①에 $TE_{10}$모드의 전자파가 입사하면 앞에서 설명한 바와 같이 도파관의 왼쪽에는 시계방향과 반대방향의 원편파가 발생하고 오른쪽에는 시계방향의 원편파가 발생하나 지면(paper)의 위쪽에서 밑으로 그림에 보인 바와 같이 인가한 직류자계 $H_0$를 $\mu_r \geq 0$에 가깝도록 조정하면 시계방향의 위상속도가 반시계방향의 위상속도보다 크기 때문에 입사파면이 왼쪽으로 선회되어 개구 ①에 인가된 입사파는 거의 개구 ②에 출력으로 나타나지만 개구 ③에는 나타나지 않는다. 개구 ②, 개구 ③의 입사파도 위와 마찬가지로 작용하므로 서큘레이터를 구성한다. 스트립선로 분지형 서큘레이터(stripline junction circulator)의 구성은 그림 11.9(b)에 보인 바와 같다. 두 개의 페라이트를 중심도체 디스크(disk)와 스트립선로의 접지판 사이의 공간에 삽입하였다. 세 개의 스트립선로는 120° 간격으로 중심디스크의 원주에 부착되어 있다. 이 세 개의 선로가 서큘레이터의 세 개의 포트를 구성한다. 직류자계는 접지판에 직각으로 인가되어 있다.

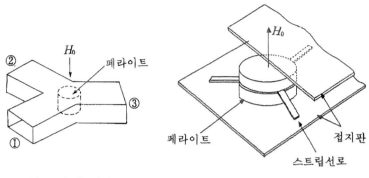

(a) $Y$ 형 서큘레이터        (b) 스트립선로 분지형 서큘레이터

그림 11.9 분지형 서큘레이터.

## 연습문제

11. 1 포화자화가 $4\pi M_0 = 1780\,\mathrm{G}$ 인 페라이트 물질이 있다. 다음과 같은 두 경우에 대한 투자율 텐서의 요소를 구하여라. 여기서 $f = 10\,\mathrm{GHz}$ 이고 손실은 무시한다.
   (1) $M_0 = H_0 = 0$ 인 경우
   (2) $z$ 방향으로 1000 Oersted 의 직류자계를 인가한 경우

11. 2 포화자화가 $4\pi M_0 = 1200\,\mathrm{G}$ 이고 유전율이 $\varepsilon_r = 10$ 인 무한한 페라이트 매질에 500 Oersted 의 직류자계를 가한 경우, $f = 8\,\mathrm{GHz}$ 에서 자화방향으로 전파하는 RHCP 와 LHCP 의 평면파 간의 단위길이당 위상차를 계산하여라. 만약 직선편파가 이 매질을 전파한다고 하면 이 편파가 $90°$ 회전하는 데 걸리는 거리는 얼마인가?

# 12 장

# 마이크로파 능동소자

지금까지 설명한 부품과 회로는 선형이고 수동(passive)이었지만 실용되고 있는 마이크로파 시스템은 비선형(nonlinear) 능동부품을 필요로 한다. 이와 같은 소자에는 다이오드, 트랜지스터, 전자관(tube) 등이 있다. 이들은 검파, 혼합, 주파수 체배, 스위칭 등에 사용할 수 있을 뿐만 아니라 전력원(power source)으로도 사용될 수 있다.

일반적으로 전자관은 고전력용으로 사용되고 있는 반면 고체소자(solid state device)는 저전력용으로 사용되고 있다. 고체소자는 소형, 견고, 저렴하고 MIC에 적합하다. 그러므로 설계하고자 하는 전력과 주파수를 만족할 수 있으면 고체소자를 일반적으로 선호한다. 그러나 매우 높은 전력을 요하는 응용분야에는 아직도 마이크로파관이 우위를 차지하고 있다. 고체소자의 전력과 주파수특성이 계속 향상되고 있으나 마이크로파관의 필요성은 당분간 계속될 것이다. 능동회로설계는 광범위하고 급진적으로 발전되고 있는 분야이기 때문에 이 장에서는 능동소자의 기초개념과 원리만을 다룬다. 구체적인 내용을 원하는 독자는 문헌을 참고하여라.

## 12.1  마이크로파 고체소자 전력원

이 절에서는 널리 알려진 고체소자에 관해서만 설명한다.

마이크로파 고체소자 전력원은 2-단자 소자(diode)와 3-단자 소자(트랜지스터)로 분리할 수 있다. 가장 널리 사용되는 다이오드 소자는 Gunn 다이오드와 IMPATT 다이오드이다. 이 두 다이오드는 DC 전원을 약 2 GHz에서 100 GHz에 이르는 주파수범위의 RF 전력으로 직접 변환시킨다.

## [1] Gunn 다이오드

Gunn 다이오드는 Gunn 효과를 처음으로 발견한 J. B. Gunn 의 이름을 따서 붙인 명명이다. 그는 1963년 n 형 GaAs 반도체에서 전계가 임계값(3,000 V/cm)을 초과할 때 드리프트 (drift) 속도가 그림 12.1에 보인 바와 같이 감소하면 전류는 속도에 비례하므로 전류도 감소하여 부성저항을 나타냄과 동시에 마이크로파대역의 전류요동(current fluctuation)이 발생됨을 관찰하였다. Gunn 다이오드에 가장 널리 사용되는 재료는 복합반도체 GaAs (gallium arsenide)이다. 다이오드 자체는 두 개의 n$^+$ 옴성 접촉(ohmic contact) 사이에 그림 12.2(a)에 보인 바와 같이 얇은 GaAs 시료를 삽입한 구조이다. 이는 단순한 벌크반도체(bulk semiconductor)이다. 따라서 Gunn 다이오드는 대부분의 다른 다이오드와 달리

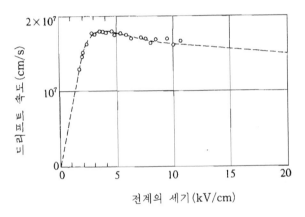

그림 12.1 n 형 GaAs 에서 전계의 세기에 대한 전자의 드리프트 속도의 변화.

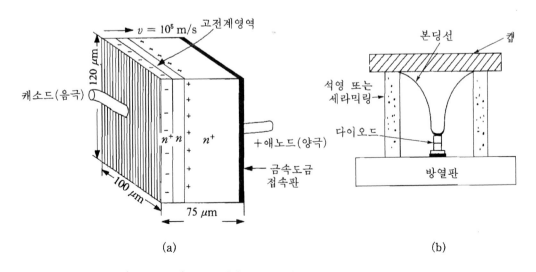

(a)  (b)

그림 12.2 n 형 GaAs 다이오드의 개략도(a)와 이의 장착도(b).

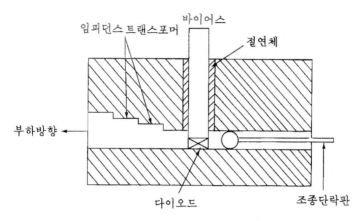

임피던스 트랜스포머　바이어스

절연체

부하방향 ←

다이오드　　　조종단락판

그림 12.3 GaAs 다이오드 발진기의 구성도.

p-n 접합이 존재하지 않는다.

그림 12.2(b)에 보인 구조는 Gunn 다이오드를 포장한(package) 개략도이다.

Gunn 다이오드의 고유주파수는 전자의 드리프트 속도 $v$와 다이오드의 두께 $L$에 의해 다음과 같이 결정된다.

$$f = \frac{v}{L} \tag{12-1}$$

n형 GaAs의 전자 드리프트 속도 $v$는 $10^5\,\text{cm/s}$로서 인가전압과 관계가 없다. 예를 들어 GaAs 시료의 두께가 $L = 10\,\mu\text{m}$라 하면 발진주파수는 대략 $10\,\text{GHz}$이다. 상용 주파수범위는 $4 \sim 94\,\text{GHz}$이다. 다이오드에서 발생하는 열은 상당히 큰 반면, GaAs 자체의 열전도는 양호하지 못하므로 히트 싱크(heat sink) 위에 잘 결합시켜야 한다. Gunn 다이오드 발진기는 도파관, 동축선, 마이크로 스트립회로로 구성할 수 있다. 주파수범위가 $8 \sim 94\,\text{GHz}$인 도파관 회로에 결합시킨 Gunn 다이오드 발진기를 구성하는 예를 들면 그림 12.3에 보인 바와 같다. 포장된 Gunn 다이오드(packaged Gunn diode)를 바이어스 봉(post) 밑에 장착시킨다. 그림에 보인 바와 같이 계단형 도파관 트랜스포머를 사용하여 낮은 다이오드 임피던스를 높은 도파관 임피던스와 정합시킨다. 또한 조절용 단락판(tunning short)을 사용하여 주파수를 조절하고 출력을 최대화시킨다.

## [2] IMPATT 다이오드

IMPATT(IMPact ionization Avalanche Transit Time)는 역 바이어스된 전압이 충분히 커서 p-n 접합에서 전자사태 항복(avalanche breakdown)이 되면 마이크로파 전력이 발생한다. 즉, 어떤 역전압 바이어스 조건하에서 p-n 접합은 부성저항성을 나타낸다. 이 부성저항을 공진회로와 함께 사용하면 발진을 유지시킬 수 있다. IMPATT 다이오드의 시료는 보통 Si(silicon) 또는 GaAs 를 사용하며 전자사태 항복을 발생시키기 위해서 비교적 높은 전압 70~100 V 의 역바이어스 전압을 인가한다. IMPATT 다이오드를 설명한 구조를 예를 들면 그림 12.4(a)에 보인 바와 같다. $p^+n$ 접합의 전자사태 현상을 나타내면 그림 12.5 에 보인 바와 같다. 항복현상(breakdown)이 전압 $V_B$ 에서 발생하면 전자사태에 의해서 정공 (hole)과 전자가 증배(multiplication)한다. 이 경우 전자사태 현상에 의해서 발생된 정공은 $p^+$ 접촉영역에서 바로 흡수되고 전자집단은 드리프트 영역을 통과한 후 최종적으로 $n^+$ 접촉영역에서 흡수된다. 이와 같은 형식의 다이오드를 단일 드리프트 IMPATT 다이오드(single-drift IMPATT diode)라 부른다. 이 다이오드의 구조와 이를 장착한 증폭기를 나타내면 그림 12.6 에 보인 바와 같다.

전압 $V_B$ 에서 역 전류 $I_s$ 를 이루고 있는 전자와 정공은 충돌에 의해서 더 많은 원자들을 이온화하는 데 충분한 운동에너지를 얻는다. 그 결과 캐리어의 밀도는 그림 12.5 에 보인 바와 같이 역전류의 크기가 가파르게 증가하는 것처럼 급속히 증가한다. 이와 같은 현상을 충돌

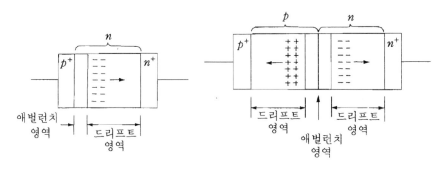

(a) 단일드리프트 IMPATT 다이오드      (b) 이중드리프트 IMPATT 다이오드

그림 **12.4** IMPATT 다이오드.

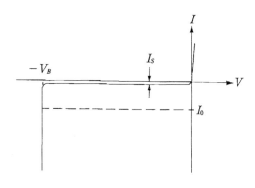

그림 **12.5** 역바이어스 된 $p^+n$ 접합의 전자사태현상.

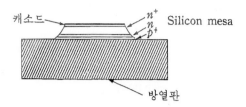

(a) 판금된 히트 싱크 IMPATT 다이오드 칩

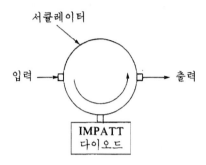

(b) IMPATT 다이오드를 사용한 증폭기

그림 **12.6**  IMPATT 다이오드의 구조와 증폭기.

전자사태(impact avalanche)라 부른다. 실제에 있어서는 다이오드가 전자사태에 의해서 파괴되지 않도록 일정한 전류바이어스를 사용하여 그림 12.5에 보인 바와 같이 안전한 평균전류 $I_0$를 유지하도록 한다. 항복현상에 매우 근접한 정도로 바이어스된 다이오드를 $Q$값이 큰 공진회로에 장착하면 임의의 잡음전압 스파이크(spike)만으로도 공진회로를 기동시키기에 충분하다. 다이오드의 역바이어스가 계속되면 전자사태현상에 의해 발생된 캐리어는 다이오드 양단자를 향하여 공핍층(depletion region)을 드리프트한다. 캐리어가 접합으로부터 양단자에 드리프트하면서 걸린 시간을 천이시간(transit time)이라 한다.

드리프트영역의 폭 $d$는 설계하고자 하는 천이시간에 의해 결정된다. 구체적인 해석에 의하면 천이시간 $\tau$는 0.377 T (여기서 T는 마이크로파 신호의 주기)와 같다. 따라서 천이시간 $\tau$는 다음과 같이 주어진다.

$$\tau = 0.377 \, \mathrm{T} = \frac{d}{v} = d \ (10^{-7})$$

그러므로

$$d = 0.377 \times \mathrm{T} \times 10^7 \tag{12-2}$$

이다. 여기서 $v$는 드리프트 속도이며 Si(silicon)인 경우 $v = 10^7 \mathrm{cm/s}$ 이다. 예를 들어

5 GHz IMPATT 다이오드에 필요한 실리콘 시료의 길이를 구하면 $T = 1/f = 0.2$ ns 이므로 식 (12-2)로부터

$$d = 0.377 \times 0.2 \times 10^{-9} \times 10^7$$
$$= 0.00075 \text{ cm}$$
$$= 7.5 \ \mu\text{m}$$

이다.

이중드리프트 다이오드(double drift diode)는 그림 12.4(b)에 보인 바와 같다. 이 소자는 $p^+p$-n$n^+$구조이다. 전자사태현상은 p-n 접합에서 발생한다. 전자사태에 의해서 발생된 정공은 p영역에서 $p^+$접촉으로 드리프트하고 전자는 n영역에서 $n^+$접촉으로 드리프트한다. 이중드리프트 소자는 단일드리프트 소자보다 더 큰 전력을 더 좋은 효율로 공급할 수 있고 잡음도 더 낮다.

IMPATT 다이오드의 응용은 발진기뿐만 아니라 주파수 체배기 및 증폭기로도 많이 사용한다. 그림 12.6(b)에 보인 바와 같이 단일 IMPATT 다이오드를 서큘레이터에 장착한 증폭기를 반사형 증폭기(reflection type amplifier)라고 한다.

IMPATT 다이오드를 사용한 장치를 Gunn 다이오드의 경우와 비교하면 일반적으로 잡음이 더 높으나 더 큰 전력을 얻을 수 있고 DC를 RF로 변환하는 효율이 더 높다. IMPATT는 또한 Gunn 다이오드보다 더 우수한 온도안정성을 갖는다. 이 밖에도 전자사태현상을 이용한 전력원 다이오드에 TRAPATT(trapped plasma avalanche triggered transit)와 BARITT(barrier injected transit time) 등이 있다.


## 12.2 마이크로파 트랜지스터

과거에는 일반적으로 마이크로파 증폭기의 소자로 진공관 또는 부성저항을 갖는 다이오드를 사용하였다. 그러나 요즘 대부분의 마이크로파 증폭기는 GaAs FET(field effect transistor)를 사용한다. GaAs FET를 GaAs MESFET(metal semiconductor FET)라고도 부른다. 바이폴라 트랜지스터(bipolar transistor)는 낮은 주파수에서만 마이크로파 증폭기로 사용되고 있으나 그 성능이 급격히 향상되고 있다. 트랜지스터 증폭기는 견고하고 저렴하며 높은 신뢰성이 있으므로 저잡음과 중간전력용으로 60 GHz 까지 사용되고 있다. 트랜지스터 증폭기를 Gunn 또는 IMPATT 장치와 비교하면 일반적으로 주파수와 전력 수용능력은 낮으나 몇 가지 장점이 있다. 첫째로 GaAS FET를 사용한 발진기는 다이오드를 사용하는 것에 비하여 MIC나 MMIC(monolithic microwave integrated circuit)에 적합하므로 FET 증폭기와 혼합기(mixer)와 함께 집적화할 수 있다. 또한 트랜지스터를 사용한 발진기

회로가 다이오드를 사용하는 것보다 훨씬 더 융통성이 있다. 즉 다이오드의 부성저항에 의한 발진조작은 소자 자체의 물리적 특성에 의해 결정되는 반면 트랜지스터의 동작특성은 발진기 회로에 의해 어느 정도까지는 조정할 수 있기 때문이다. 따라서 트랜지스터 발진기는 다이오드의 경우보다 발진주파수, 온도 안정성 및 출력잡음을 더 용이하게 조정할 수 있다.

## [1] 마이크로파 바이폴라 트랜지스터

1948년 Bell 연구소의 William Shockley 등이 트랜지스터를 발명함으로써 전자기술, 특히 고체소자기술에 획기적인 영향을 주었다. 그 이후 트랜지스터와 그와 관련된 반도체소자들은 저전력원으로서 진공관을 대신하게 되었다. 지난 30여 년간 마이크로파 트랜지스터에 대한 기술은 눈부신 발전을 이룩하였다. 마이크로파 트랜지스터는 비선형 소자로 동작원리는 저주파용 소자와 비슷하지만 크기, 처리과정, 방열, 패키지 등에 있어서는 커다란 차이를 보이고 있다.

마이크로파에서의 응용으로는 실리콘 바이폴라 트랜지스터가 UHF~S 대역(약 3 GHz)의 주파수영역에서 사용된다. 기술이 발전함에 따라 이러한 소자들의 상한 주파수범위가 점차 높아지고 있으며 현재는 22 GHz 까지의 주파수범위에서 사용 가능하게 되었다. 비록 GaAs 소자들의 동작주파수, 고온에서의 사용가능성 등에서 개선될 여지를 보이고 있으나 트랜지스터의 주종은 실리콘으로 만들어지고 있다.

실리콘 트랜지스터는 경제성, 내구성, 집적성 등이 좋으며 전계효과 트랜지스터 보다 가용이득이 높다. 바이폴라 트랜지스터는 RF 증폭기에 적합한 잡음지수를 갖으며 $1/f$ 의 잡음특성이 GaAs MESFET 보다 10~20 dB 정도 좋다. 실리콘 트랜지스터는 낮은 대역의 마이크로파용 증폭기와 국부발진기의 소자로 널리 사용되고 있다.

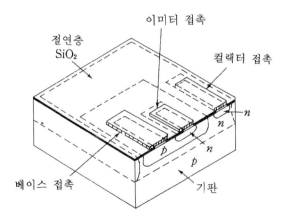

그림 **12.7** n-p-n 바이폴라(접합) 트랜지스터의 약도.

집적회로용 n-p-n 바이폴라의 구조를 예를 들면 그림 12.7에 보인 바와 같다. 그 동작원리의 설명은 낮은 주파수용 바이폴라 트랜지스터와 비슷하므로 생략한다.

## [2]  GaAs FET(또는 GaAs MESFET)

1938년 schottky는 전위장벽은 화학층 없이 반도체만으로 된 매질내에서도 안정한 공간전하를 발생할 수 있다고 제안하였다. 그의 이론으로부터 유도된 모델을 schottky장벽이라한다. 전계효과 트랜지스터가 금속·반도체 schottky장벽 다이오드로 이루어진 소자를 MESFET라 한다. 이때의 반도체 재료로는 Si이나 GaAs를 사용하며 채널은 n형이거나 p형이 될 수 있다. GaAs를 사용한 GaAs MESFET는 마이크로파 아날로그와 고속 디지털 집적회로에 가장 널리 사용하는 중요한 능동소자의 한 종류이다. GaAs FET는 X-대역까지의 신호를 저잡음으로 증폭할 수 있으므로 항공기용 레이더 시스템의 파라미트릭 증폭기(parametric amplifier)를 대신하여 널리 사용되고 있다. GaAs FET의 전자이동도, 전계 그리고 전자의 포화 드리프트 속도가 실리콘 소자보다도 더욱 더 높기 때문에 출력 또한 실리콘의 경우보다 커질 수 있다. 또 하나의 다른 특징은 전자의 이동도가 높기 때문에 잡음지수가 낮다는 것이다. 이런 이유로 GaAs FET는 고출력, 저잡음 광대역 증폭기를 위한 마이크로로파 집적회로에 많이 사용되고 있다.

GaAs FET의 간단한 물리적 구조는 그림 12.8에 보인 바와 같다. GaAs FET의 기판은 GaAs에 에너지갭의 중간정도 수준의 에너지를 갖고 있는 Cr으로 도핑한다. Cr이 주불순물이므로 Fermi 준위는 밴드갭 중간 근처에 위치한다. 따라서 기판은 $10^8 \Omega$-cm 정도의 높은 고유저항을 갖게 되어 흔히 반-절연체 GaAs기판이라고 한다. 이러한 비전도성 기판에 전계효과 트랜지스터의 채널을 만들어 주기 위하여 약하게 도핑된 n형 GaAs를 에피택시(epitaxial growth)시켜 준다. 많은 경우에 n형 GaAs와 기판 사이에 버퍼(buffer)층이

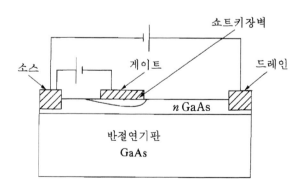

그림 **12.8**  GaAs FET의 단면도.

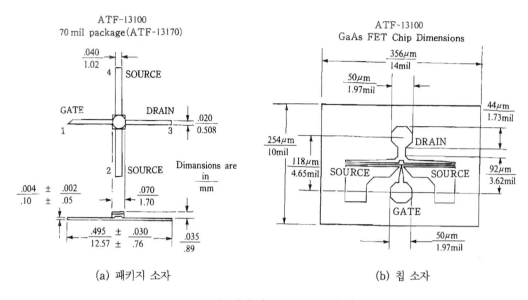

그림 **12.9** 패키지와 칩 GaAs FET 의 치수.

라 부르는 높은 고유저항의 GaAs 에피택셜층을 만들어 준다. 소스와 드레인의 옴성 접촉 (ohmic contact)을 위한 Au-Ge 와 같은 금속층과 schottky 장벽-게이트 접촉을 위한 Al 층에 사진석판처리 기술을 사용하여 패턴을 만들 수 있다. Si 대신 GaAs 를 사용하는 이유 는 GaAs 의 전자이동도가 높아 고온이나 고출력에서 동작할 수 있기 때문이다.

GaAs FET 는 이온 주입방식을 사용하여 만들 수도 있다. n 형의 얇은 층은 기판의 표면 에 Si 나 Se 와 같은 도너불순물을 주입하여 만들 수 있다. 그러나 이온주입방식은 방사손실 을 제거하기 위한 어닐링과정 (annealing process)을 필요로 한다. 이온주입방식이나 에피택 시얼방식에 의해서 소자에 농도가 더 높은 $n^+$ 이온을 주입함으로써 소스와 드레인 접촉을 개 선할 수 있다. 제조과정을 완전히 거친 후 웨이퍼로부터 절단 분리된 트랜지스터를 칩소자 (chip device)라 한다. 이러한 칩소자는 컬렉터영역에 접점을 만들어 주기 위해 헤더 (header)와 합금되며 Au 와 Al 선(wire)을 이미터나 베이스의 선로로 사용하기 위하여 금 속영역에 연결한다. 이렇게 선연결이 된 칩을 패키지 트랜지스터(package transistor)라고 한다. 패키지 GaAs FET 와 칩 GaAs FET 의 구조는 그림 12.9 에서 보인 바와 같다. MESFET 는 약 100 $\mu$ 두께의 반절연체기판 위에 0.15~0.35 $\mu$m 정도의 n 형 GaAs 에피택 시얼층을 사용하여 제조된 깍지형 (interdigitate) 구조이다. n 채널층은 농도가 $8 \times 10^{16}$/cm³ 와 $2 \times 10^{17}$/cm³ 사이의 값을 갖도록 P 이나 Sn 을 사용하여 도핑한다. 이때의 전자의 이동 도는 3000 내지 4500 cm²/V·s 정도이다. Schottky 장벽-게이트는 알루미늄을 증착하여 만 든다. 소스와 드레인 접점은 Au-Ge, Au-Te, 또는 Au-Te-Ge 합금이다. 금으로 된 접점패턴을 사용하여 반-절연기판 위의 본딩패드(banding pad)에 소스, 드레인, 게이트접점을 만든다. 도핑농도가 $10^{15}$ 내지 $10^{16}$ cm$^{-3}$ 정도인 $3\,\mu$m 의 버퍼층을 n 형 에피택시얼층과 반-절연체 기판 사이에 제조한다. 동작원리에 대한 설명은 낮은 주파수용 접합전계효과 트랜지스터(JFET : junction FET)와 비슷하므로 생략한다.

## [3]  HEMT

마이크로파 증폭기에 있어 GaAs 를 사용한 MESFET 의 중요한 두 가지 특성은 바이폴라 트랜지스터보다 잡음지수가 낮고 더 높은 주파수에서 동작할 수 있는 것이다. 이는 GaAs 의 높은 이동도와 산탄잡음(shot noise)이 없기 때문이다. 동작주파수를 높이기 위해서는 게이트 길이를 $1\,\mu$m 이하로 만들어야 한다. 반도체 기술의 급진적인 발전으로 최근에 생산된 MESFET 의 게이트 길이는 $0.3 \sim 0.5\,\mu$m 에 이르고 있다. 게이트 길이 $L_g$ 와 전자의 포화속도 $v_s$ 의 관계식으로 주어지는 동작주파수는 $f = v_s/2\pi L_g$ 가 된다. 예를 들면 GaAs 에서 최대 드리프트 속도는 약 $2 \times 10^7$ cm/s 이므로 게이트 길이를 $0.5\,\mu$m 라 하면 $f = 60$ GHz 에 이른다. 이와 같이 매우 짧은 게이트 길이는 고주파동작에 필수적이다. 그러나 게이트 길이를 줄이면 그만큼 게이트의 불순물의 농도를 증가시켜야 우수한 게이트 제어를 할 수 있게 되므로 불순물의 이온화에 의한 산란(scattering) 문제가 심각하게 되어 게이트 길이를 일정한 값 이하로 할 수 없다.

1980 년경부터 헤테로접합(heterojunction)을 사용하는 새로운 III-V 반도체 디바이스(device)가 등장하게 되었다. HEMT(high electron mobility transistor)와 헤테로접합 바이폴라 트랜지스터(HBT : heterojunction bipolar transistor)는 이에 속한다. 동일한 반도체 안의 접합(예를 들면 p 형과 n 형의 접합)을 사용하는 종래 디바이스와 달리, HEMT 는 다른 혼합반도체(예를 들면, GaAs/AlGaAs 와 InGaAs/InP) 사이에 생성된 접합을 사용한 FET 이다.

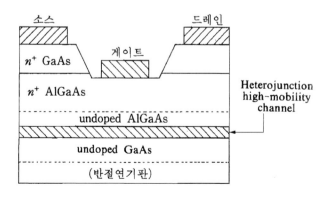

그림 12.10  HEMT 의 단면도.

HEMT 의 구조를 나타내면 그림 12.10 에 보인 바와 같다. 이와 같은 구조를 사용하면 두 반도체간에 에너지 갭의 차를 발생하게 한다. 그림 12.10 에 보인 구조에서 AlGaAs 에너지 밴드 갭은 이웃 GaAs 영역의 경우보다 크므로 자유전자가 AlGaAs 에서 GaAs 로 확산하면 헤테로접합에 2 차원의 전자집단(2-DEG)을 형성한다. 이 2-DEG 영역의 이동성은 종래의 MESFET 가 갖는 자유전자의 이동성보다 훨씬 우수하다. 또한 HEMT 채널에는 이온화된 도너가 없기 때문에 2-DEG 를 형성한 전자들이 쿨롬력(Coulomb force)에 의한 산란을 거의 받지 않는다. 그러므로 높은 이동도를 얻을 수 있기 때문에 MODFET(modulation-doped field effect transistor)이라고도 부른다. 따라서 HEMT 디바이스를 MESFET 디바이스와 비교하면 동작주파수가 더 높고 잡음지수가 더 낮다. MESFET 와 HEMT 의 성능을 비교하면 다음과 같다. 단일 GaAs MESFET 소자는 2 GHz 에서 8~15 dB 의 이득을 가지며 잡음지수는 1 dB 이하이다. HEMT 소자인 경우는 단일디바이스의 이득이 8 GHz 에서 15 dB 이고 50 GHz 에서 6 dB 를 얻을 수 있으며 잡음지수는 각각 0.4 와 1.8 dB 이다.

## 12.3  마이크로파관

재래식 3 극, 4 극 및 5 극 진공관(vacuum tube)들은 1 GHz 이상의 주파수에서 선로인덕턴스와 내부 전극 사이의 커패시턴스 효과, 천이각효과(transit angle effect)와 이득-대역폭적(gain-bandwidth product) 제한조건들 때문에 유용한 신호원으로 사용되기에는 부적합하다. 이와 같은 문제를 해결하기 위해서 전자빔(electron beam)과 전계 및 자계의 상호작용을 이용하는 진공유리관, 또는 진공금속관의 구조를 갖는 마이크로파관으로서 마그네트론(magnetron), 클라이스트론(klystron), 진행파관(TWT ; traveling wave tube)을 개발하였다. 이러한 마이크로파관들은 최근에 반도체를 이용한 고체소자들로 대치되고 있다. 그러나 아직도 고전력(10 kW-10 MW)과 밀리미터파(100 GHz 이상)에는 마이크로파관이 사용되고 있다. 이 관들을 사용하면 DC 에너지를 마이크로파 에너지로 변환시킬 수 있을 뿐 아니라, 약한 마이크로파 신호를 전력증폭시킬 수도 있다. 이러한 관들의 동작원리는 모두 같지만 물질의 품질개선과 설계방법 등의 개선으로 그 크기가 더 작아지고 효율과 신뢰성이 향상되고 있다. 인공위성용으로 제작한 어떤 관들의 수명은 최소 10 년에 이른다.

앞에서 설명한 바와 같이 마이크로파관들은 일반적으로 비교적 높은 전력과 관련되지만 miliwatt 범위의 전력발진과 증폭에도 사용되고 있다. 마이크로파관의 종류는 다양하지만 이절에서는 가장 일반적인 마이크로파관에 관한 간단한 개요와 특성을 설명한다.

## [1]  마그네트론

최초로 실용화된 마이크로파 전원은 1930년대에 영국에서 개발한 마그네트론이다. 제2차 세계대전 동안 레이더(radar) 송신용 고전력 마이크로파 발생기의 필요성이 강조되어 현재와 같은 마그네트론으로 급속히 개발되었다. 모든 마그네트론은 음극과 양극 사이의 DC 전계에 수직한 DC 자계에서 동작하고 양극(anode)과 음극(cathode)을 갖는 구조로 구성된다. 음극과 양극 사이의 교차계(cross field) 때문에 음극에서 방출된 전자는 교차계의 영향을 받아 곡선경로를 따라 이동한다.

DC 자계가 상당히 강하면 전자는 양극에 도달하지 못하고 다시 음극으로 되돌아오게 되어 결국 양극전류가 흐르지 못하게 된다. 마그네트론은 자계와 전계의 작용에 의하여 전기진동을 일으키는 진공관이므로 이것을 자전관(磁電管)이라 부른다. 마그네트론 중에서 가장 간단한 것은 그림 12.11에 보인 바와 같이 원통의 양극(anode) 중심에 음극(cathode)을 놓고, 원통이 축방향으로 자계를 가한 2극관이다.

양극 전압을 일정하게 하고, 자속밀도 B의 크기를 여러 가지로 변화시키면 그림 12.12에서 보인 바와 같이 음극에서 양극으로 향하는 전자의 궤적이 변한다.

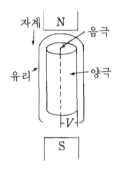

그림 12.11  마그네트론의 원리도.

(a) 자계 $H$가 0일 때    (b) 자계 $H$가 작을 때    (c) 자계 $H$가 클 때

그림 12.12  마그네트론에서 전자궤도와 자속밀도의 관계.

즉, 자계가 존재하지 않을 때에는 음극에서 양극으로 향하지만, 자계를 인가하면 그림 12.12(b)에 보인 바와 같이 전자의 궤적은 휘면서 음극으로 향한다. 자속밀도를 더 증가하면 그 궤도는 더 휘며, 그림 12.12(c)에 보인 바와 같이 양극에 이르지 않고 음극에 돌아간다. 이때 자속밀도를 적당한 강도로 조정하면 전자의 궤도는 음극에 접하게 된다. 이 임계적인 자속밀도를 임계자속밀도라 한다. 이 임계자속밀도를 $B_c$로 나타내면, 그 값은 다음과 같다.

$$B_c = \frac{6.72\sqrt{V_a}}{r_a\left[1 - \left(\dfrac{r_c}{r_a}\right)\right]} \approx \frac{6.72\sqrt{V_a}}{r_a} \text{ gauss} \tag{12-3}$$

여기서 $V_a$는 양극전압(V), $r_a$는 양극의 반경(cm), $r_c$는 음극의 반경(cm)이다. 따라서 $B > B_c$일 때는 전자가 양극에 도달하지 않고 회전운동을 하기 때문에 양극전류가 흐르지 않는다. 또 양극의 반경이 일정한 경우, $B_c$와 $V$의 관계는 그림 12.13에 보인 바와 같이 포물선이 되며, 그 밑부분, 즉 사선을 친 범위내에서의 $B$와 $V$의 관계이면 전류가 흐른다.

지금까지는 양극전압을 일정하게 하고 자계를 여러 가지로 변하는 경우였으나, 자계를 일정하게 하고 양극전압을 변화시켜도 같은 결과를 얻는다. 그림 12.14에 보인 바와 같이 양극전압 $V_a$가 적은 경우에는 전자는 I과 같은 궤적을 그리고, $V_a$가 더욱 커지면 III, IV와 같은 궤적을 그리며 양극에 충돌한다. 지금 자계를 일정하게 하고, 식 (12-3)을 만족하는 직류전압 $V_a$를 가하고, 다시 양극과 음극 사이에 교류전압을 가한 경우를 생각해 보자. 교류전압이 0일 때는 음극에서 방출된 전자는 그림 12.14의 II처럼 양극에 접하는 궤도를 그리고, 교류전압이 정(+)일 때는 전자는 III 또는 IV와 같은 궤도를 그리며 양극에 충돌하나, 교류전압이 부(−)일 때는 음극에서 방출된 전자는 I과 같은 궤적을 그린다.

따라서 III 또는 IV와 같은 궤도를 그리는 전자는 교류전압으로부터 에너지를 받고 운동을 하므로 곧 양극에 충돌해서 소멸해 버리므로, 발진상태가 나쁘나, I은 전자가 교류전압과 반대로 에너지를 주면서 운동하는 상태이므로, 발진을 조장한다. 이와 같이 상태가 나쁜 전자는

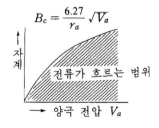

그림 12.13  $B_c$와 $V$의 관계.

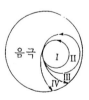

그림 12.14  자계가 일정할 때 양극전압과 전자궤도의 관계도.

속히 없어지고, 발진상태를 돕는 전자만이 남게 되므로, 양극 교류전압이, 처음에는 극히 미약한 것이었다 하더라도 차차 성장하게 된다. 이와 같은 발진주기는 전자가 음극에서 방출해서 일회전하고 다시 음극으로 돌아가는 전자 천이시간과 같으므로 주기는 근사적으로

$$T \approx \frac{0.42 \times 10^{-6}}{B}$$

이며, 파장은

$$\lambda = \frac{C}{B} \text{ cm}$$

이다. 여기서 $B$ 는 자속밀도(Gauss), $C$ 는 10,000~13,000 의 값을 갖는 정수이다.

이와 같이 분할하지 않은 단일전극의 마그네트론에서 발생하는 진동을 통상 $A$형 진동 또는 제 1 종 진동이라 한다. 이 $A$형 진동은 자계를 증가하면, 양극전류가 급격히 소멸하는 차단점 부근의 극히 좁은 범위에서 발진하고, 진동의 강도가 너무 강하지 못하며, 발진파장은 양극과 음극 사이에 접속한 외부 공진회로의 영향을 거의 받지 않는다. 이 $A$형 진동의 특징은 관축에 대한 자계의 방향을 변화시키면 발진강도가 강해지는 것이다. 마그네트론의 양극을 몇 개로 분할하고, 여기에 그림 12.15 에 보인 바와 같이 외부에 진동회로를 접속하고, 양극전압을 가하고, 임계자계보다 강한 자계를 가하면, 외부회로에 의해서 파장이 결정되는 강한 발진을 한다.

이것을 $B$형 진동 또는 제 2 종 진동이라 한다. 이는 진동의 강도가 크고, 자속밀도를 증가시키면 더욱 강한 진동을 얻을 수 있다(그림 12.16 참조). 이 진동은 양극의 분할수를 증가시킬수록 파장이 짧아지므로 현재 마이크로파 발진기로 8 분할이나 12 분할과 같은 다분할관을 사용하고 있다.

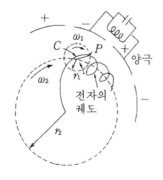

그림 12.15 자속밀도와 전자궤도의 분해.

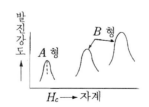

그림 12.16 자계와 $A$형 및 $B$형 진동의 관계.

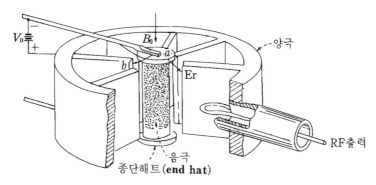

$V_0$    $B_0$    양극
$b$    $a$
Er
RF출력
음극
종단해트(**end hat**)

그림 **12.17** 원통 마그네트론의 개략도.

8분할 공동 마그네트론(cavity magnetron)을 나타내면 그림 12.17에 보인 바와 같다. 분할 양극에 접속된 공진회로에 진동이 존재하면, 음극과 양극 사이의 작용공간에 고주파의 회전전계(진행파)가 발생한다. 또, 다분할관에서 자계는 임계값보다 훨씬 큰 값을 사용하기 때문에 전자궤도는 그림 12.15에 보인 바와 같이 되며, 이것은 두 개의 원운동으로 분해할 수 있다. 즉 전자의 운동은 그림 12.15에 보인 바와 같이 반경이 $r_2$이고, 각속도 $\omega_2$인 원운동과 $r_2$ 원상에 중심을 갖고, 반경이 $r_1$이고, 각속도가 $\omega_1$인 원운동을 합성한 것이다. 결국 음극의 주위를 도는 주기적인 회전운동과 음극과 양극간의 왕복운동을 합성한 것이다. 이때 나선을 그리는 주기는 회전운동의 주기에 비해서 훨씬 짧아서, 외부회로의 주기와 관계가 없으므로, 이 나선운동은 생각할 필요 없이 회전운동만을 생각하면 된다.

마그네트론은 증폭모드(mode)로 동작할 수도 있지만 이들은 주로 마이크로파 전력의 전원으로 사용된다. 이들은 마이크로파 오븐(oven)으로 널리 사용되고 있다.

## [2] 클라이스트론

클라이스트론(klystron)은 증폭기와 발진기로 널리 사용되고 있는 마이크로파관이다. 클라이스트론 증폭기는 두 개 또는 그 이상의 공동공진기로 구성되며 클라이스트론 발진기는 두 개의 공동공진기로 구성된 클라이스트론 증폭기의 두 번째 공동공진기 대신에 음극에 대하여 부(−)전압을 갖는 반사형 전극으로 대치한 단일공동 클라이스트론 관(single-cavity klystron tube)으로 구성된다. 이를 반사형 클라이스트론(reflex klystron)이라고도 한다. 이를 좀더 상세히 설명하면 다음과 같다.

### (1) 클라이스트론 증폭기

그림 12.18에 보인 2-공동 클라이스트론(two-cavity klystron)은 속도와 전류변조의 원리에 의해 동작하는 마이크로파 증폭기로서 널리 사용되고 있다. 음극에서 방출된 모든 전자

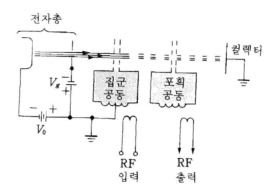

그림 12.18　2-공동 클라이스트론의 개략도.

들은 일정한 속도로 첫번째 공동에 도달한다. RF에 여진된 공동공진기의 간극전압(혹은 신호전압)이 0일 때 첫번째 공동간극(cavity gap)을 통과한 전자들은 속도에 변화가 없이 지나간다. 간극전압이 정(+)의 반주기 동안에 지나가는 전자들의 속도는 가속되고, 부(−)의 반주기 동안에 지나가는 전자들의 속도는 감속되어, 드리프트공간(drift space : 무전계의 공간)을 지나면서 전자들은 점점 집속하게 된다. 드리프트공간에서의 전자들의 속도변화를 속도변조(velocity modulation)라 한다. 두 번째 공동간극에 있는 전자의 밀도는 시간에 따라 주기적으로 변화한다. 전자빔은 교류성분을 포함하고 있어 전류변조되었다(current-modulated)고 말한다. 최대집속은 위상이 늦추어지는 동안 두 번째 공동그리드 사이의 공간에서 일어나야 한다. 그 결과 운동에너지는 전자들로부터 두 번째 공동기에 전달된다. 두 번째 공동기를 지난 전자들은 속도가 감속되어 컬렉터에 도달한 2-공동 클라이스트론 증폭기의 특성은 다음과 같다.

① 효　　율 : 약 40%
② 출력전력 : 평균전력(CW)은 500 kW, 펄스전력은 30 MW(10 GHz에서)
③ 전력이득 : 약 30 dB

음극에 가까이 있는 공동공진기를 집군공동(buncher cavity) 또는 입력공동이라 하고 그 곳에서 전자빔의 속도변조가 일어난다. 두 번째 공동공진기를 포획공동(catcher cavity) 또는 출력공동이라 부른다. 이 공동을 통과하는 전자빔의 조밀(high or low density)에 의해 출력전압이 유기된다. 출력공동을 통과한 전자는 컬렉터에 도달한다.

2-공동 클라이스트론 증폭기의 전형적인 전력이득은 30 dB이다. 더 높은 이득을 얻기 위해서는 여러 개의 공동공진기를 더 부가하면 더 높은 이득을 얻을 수 있다.

클라이스트론의 주요 단점은 대역폭이 좁다. 이는 전자집속공동에 필요한 $Q$가 높기 때문이다. 클라이스트론은 매우 낮은 AM과 FM 잡음레벨을 갖는다. 클라이스트론 증폭기의 대역폭은 좁으나 진행파관을 사용하면 광대역증폭기를 설계할 수 있다.

### (2) 반사형 클라이스트론

반사형 클라이스트론의 대표적인 회로의 한 예를 들면 그림 12.19에 보인 바와 같다. 방열형 음극(cathode)에서 방사된 전자는 공동공진 그리드(cavity grid, buncher grid)의 전압 $V_a$(음극에 대하여 +200~300 V)에 끌려서, 주로 $V_a$에 의하여 결정되는 속도로 공동공진기 쪽으로 운동한다. 공동공진기와 음극의 중간에 있는 그리드는 공동공진기를 통과하는 전자의 양을 제어한다. 공동공진 그리드쪽으로 운동하고 있는 전자의 대부분은 제어그리드, 공동공진 그리드를 지나 반사판전극으로 간다. 반사판전극의 전압 $V_r$는 조정할 수 있도록 되어 있으며 음극에 대하여 대략 −100 V 정도이므로 공동공진기의 전위는 반사판 전압의 전위에 대하여 300~400 V 높다. 따라서 전자들은 공동공진 그리드를 통과한 후에는 급히 감속되어 속도가 0이 됨과 동시에 방향을 바꾸어 공동공진 그리드쪽으로 끌려간다. 이때 음극에서 방출된 전자류는 가속전극에 의하여 균일하게 가속되어 공동내에 들어가면 공동 안에는 고주파 전계가 존재하므로 전계의 위상에 따라서 공동의 그리드를 지나는 전자는 감속 또는 가속된다. 이 결과 가속된 전자류의 어느 부분은 전방의 전자와 합쳐지고, 감속된 전자류의 다른 부분은 후방의 전자와 합쳐져서 전자의 밀도에 변화가 발생한다. 즉 마이크로파 전계가 존재하는 공동 그리드 사이를 통과할 때 전자류는 속도변조를 받고 이 속도변조된 전자에 의하여 다시 전자는 전류밀도변조된다. 이것을 전자의 집군작용(集群作用)이라 한다. 만약 공동공진기에 의한 전압의 진폭이 정(+)의 최대값의 순간(공동공진 그리드 두 개 중, 즉 위의 그리드가 아래의 그리드보다 고주파 전위가 높은 경우의 $e$의 진폭을 정(+)이라 하고, 그 반대를 부(−)라 한다)에 두 그리드 사이의 공간에 들어온 전자는 가속되어 이 공간을 지나 반사판 전극으로 접근하나 속도가 가장 빠르기 때문에 반사판 전극에 아주 가까운 곳까지 온 후에 방향을 반전하여 다시 공동공진 그리드쪽으로 돌아간다.

만약 $e$의 진폭이 부(−)의 최대값이 되는 순간에는 전자는 고주파 전계에 의하여 감속되

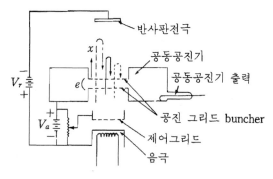

그림 12.19 반사형 클라이스트론.

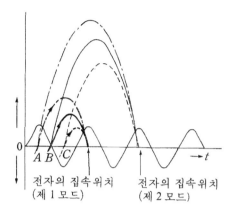

그림 **12.20**  반사형 클라이스트론 집속작용.

므로 반사판 전극에 접근하지 못한 채 방향을 반전하여 다시 공동공진 그리드쪽으로 돌아간다(그림의 점선 참고).

이상으로부터 $V_a$, $V_r$ 및 $e$의 값을 적당히 택하면 전자가 최초의 공동공진 그리드로 향할 때는 제멋대로이지만, 반사판 전극에서 반전하여 공동공진 그리드에 도착할 때는 전자가 집속되어 두 그리드 사이의 공간에 들어간다. 이 관계를 도시하면 그림 12.20에 보인 바와 같다. 그림 중, $A$전자는 $e$가 정(+)의 최대진폭이 되는 순간에 공동공진 그리드의 공간에 들어간 경우이므로 $e$에 의하여 가속되어 비교적 긴 거리를 주행한 후 공동공진기에 돌아온 것이다. $B$전자는 $e$가 0인 순간에 공동공진 그리드의 공간에 들어간 경우이므로, 고주파 전계에 의하여 아무런 영향을 받지 않은 채 어느 거리를 주행한 후 공동공진 그리드에 돌아온 것이다. $C$전자는 $e$가 부(−)의 최대진폭의 순간에 공동공진 그리드의 공간에 들어간 것이므로 $e$에 의하여 감속되어 비교적 짧은 거리를 주행한 후 공동공진 그리드에 돌아온 것이다.

그림 12.20은 이 3종(種)의 전자가 집속되어 $e$가 정(+)의 최대 진폭의 순간에 공동공진 그리드에 돌아온 경우를 도시한다. 즉, 고주파전계에 의하여 속도변조를 받고 반사판 전극쪽에서 공동공진 그리드에 돌아 오면, 전자가 집속이 되기 때문에 속도변조관이라고도 한다. 반사형이라고 하는 것은 전자가 반사판 전극에 의하여 공동공진 그리드의 공진을 2회 통과하기 때문이다. $V_a$, $V_r$ 및 $e$의 값을 적당히 선택하면, 그림처럼 $e$가 정(+)의 최대진폭의 순간에 전자집속이 공동공진 그리드에 귀착하도록 할 수 있다. $e$가 정(+)의 최대진폭의 순간에 전자집속이 공간을 지나면, 전자의 운동방향은, 앞의 경우와 반대이므로, 이번에는 전자는 감속한다(전기력선의 방향과 반대방향으로 운동을 하므로). 에너지 불변의 법칙에 의하여 전자가 갖는 운동에너지의 감소분은 공동공진기의 고조파 전계에 준 것이 된다. 따라서 공동회로의 고주파 진동은 지속한다. 이 경우 집군작용을 받은 전자의 에너지는 밀한 부분에서는 매우 크므로, 이것이 유효하게 공동의 고주파 진동을 조장한다. 이와 같이 직류전계의 에너지의 일

부는 고주파 에너지로 변환되어 고주파 전계에 공급되고, 이 공급되는 고주파 에너지가 공동 공진기내의 손실보다 크면, 진동은 지속하게 된다.

전자집속의 공동공진 그리드에 돌아오는 시기는 그림 12.20에 보인 바와 같이 전자가 출발 후 반드시 $e$의 최초의 정(+) 최대진폭인 3/4주기 후에만 된다는 것은 아니고, 그림에서 가는 선으로 도시한 것처럼, 긴 거리를 주행한 후 두 번째의 정(+)의 최대진폭인 1(3/4)주기 후에 돌아와도 그 결과는 거의 똑같다. 따라서 3(3/4)주기 후에 돌아오도록 해도 그 결과는 같다. 전자의 최초의 속도는 $V_a$에 의하여 결정되고, 주행거리는 주로 $V_a$와 $V_r$와의 차에 의하여 결정된다. 따라서 주행하는 거리를 변화시키려고 하면, $V_a$나 $V_r$를 변화시키면 된다. 통상, $V_a$는 고정하고, $V_r$를 변화한다. 즉 최단거리를 주행하여 3/4주기 후에 전자집속을 일으키기 위하여는, $V_r$에 부(−)의 큰 전압을 가하면 되고, 이것보다 긴 거리를 주행하여 1(3/4)주기 후에 전자집속을 일으키기 위하여는 $V_r$에 약간 작은 부(−)의 전압을 가하면 된다. 전자(前者)처럼 가장 짧은 시간에 주행하는 경우의 발진을 제1모드(mode)라 하고, 후자를 제2모드라 한다. 보통의 반사형 클라이스트론에서는 제1, 2, 3모드는 쉽게 얻을 수 있다.

## 12. 4  진행파관

앞에서 설명한 클라이스트론 증폭기는 공동공진기를 사용하므로 증폭대역폭이 좁다. 광대역으로 하려고 공진기의 $Q$를 줄이면 공동극간의 전압이 저하되며 이득이 낮아진다. 이를 개선한 증폭기가 진행파관(TWT ; traveling wave tube)이다. TWT의 기본회로는 그림 12.21에 보인 바와 같다. 음극(또는 전자총 ; eletron gun)에서 방출된 전자빔은 나선코일 (helix)의 중심축을 따라 지나가도록 자계에 의해 집속된다. 이때 음극측에 있는 나선의 입력단자에 마이크로파 전력을 도입하면 전파는 나선을 따라 광속과 거의 같은 속도로 진행하므로 나선 중심축에서 본 전자빔에 평행인 평행속도는 광속보다 늦다. 따라서 나선의 축방향의 속도는 나선의 피치가 좁을수록 느리고 보통 광속의 1/10 정도가 되도록 선정한다. 그러므로 이와 같은 나선을 지연회로(delay line ; 11.1절 참고)라 부른다. 전자파의 전계는 그림 12.22에 보인 바와 같은 나선의 축방향성분을 갖는다. 따라서 어떤 선분에서 전계는 전자를 가속하고 다른 선분에서의 전계는 전자를 감속하게 하여 클라이스트론에서처럼 전자의 흐름에 소밀(high or low density)을 발생하게 한다. 즉 나선의 축방향을 따라 흐르는 전자는 속도변조를 받으며 이와 같은 속도변조는 전자빔에 밀도의 변조를 발생하게 한다. 이와 같은 밀도변조된 전자빔은 나선에 전류를 유도하며 이는 입력전류에 중첩된다. 이와 같은 작용은 전자빔이 작용공간을 이동하는 동안 반복하므로 입력전력은 지수함수적으로 증대된다. 출력

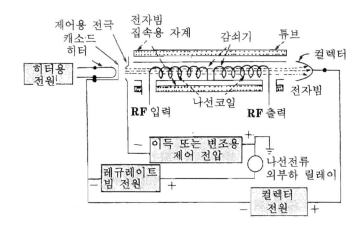

그림 **12.21**  TWT의 기본회로.

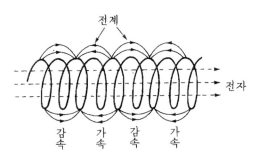

그림 **12.22**  나선 안의 전계분포.

단에 도달한 증폭된 전자파의 일부가 반사되어 입력단쪽으로 반사증폭될 수 있다. 이와 같은 결과는 자기발전을 일으킬 수 있으므로 이것을 방지하기 위하여 선로의 중간에 감쇠기(저항)를 부착하여 반사파를 흡수시킨다.

TWT를 변형한 것이 후진파관(BWO ; backward wave oscillator)이다. TWT와 BWO의 차이점은, BWO에서 RF파는 컬렉터에서 전자총(음극)으로 나선을 따라 진행한다. 따라서 증폭하고자 하는 신호가 집속된 전자빔 자체에 의해서 공급되므로 발진이 일어난다. BWO의 매우 유용한 특징은 이의 출력주파수를 음극과 나선 사이의 DC 전압의 변화에 따라 조정할 수 있다는 것이다. 조정범위(tuning range)는 한 옥타브(octave) 또는 그 이상이 될 수 있다. 그러나 BWO의 출력전력은 비교적 낮다(일반적으로 1 W 이하). 그러므로 이러한 관들은 일반적으로 고체소자로 대치되고 있다. 마이크로파관은 전자빔과 전자계의 상호작용의 형태에 따라 두 부류로 분류된다. 즉, 클라이스트론이나 선형 TWT에서처럼 전자빔이 전계와 평행인 구조를 갖는 마이크로파관은 선형빔(linear-beam) 또는 O형관이라 한다. 마그네트론에서처럼 가속용 전계와 집속용 자계가 직교를 이루는 구조를 갖는 마이크로파관을 교차계(crossed-field) 또는 M형관이라 한다.

## 12.5 MIC와 MMIC

집적회로(IC ; integrated circuits)란 반도체 기판 위에 연속적인 확산이나 이온 주입방식에 의하여 만들어지는 능동소자와 수동소자의 조합으로 이루어진 회로이다. 이러한 집적회로 제조기술의 발전은 점점 더 회로의 크기를 작게 하고 무게를 가볍게 하며, 비용을 적게 들이게 하는 반면 내용은 더욱 다양하고 복잡하게 하는 경향이 있다. 마이크로파 기술도 지난 20여 년 동안 이러한 방향으로 발전함에 따라 절연기판 위에 박막(thin film) 등에 의해 여러 개의 마이크로파용 수동소자를 형성하고 소자 사이는 마이크로 스트립선로와 같은 마이크로파 선로 등을 배선한 막집적회로(film integrated circuits)에 마이크로파 능동소자 등을 조합한 것이 혼성 마이크로파 집적회로(hybrid microwave integrated circuits)이다. 이러한 기술은 부피가 크고 비용이 많이 드는 도파관과 동축형 부품을 부피가 작고 비용이 적게 드는 평면형(planar) 부품으로 대치시키고 있다. 이는 디지탈 집적회로의 경우와 비슷하다.

MIC(microwave integrated circuits)의 기술은 수 제곱 밀리미터(mm) 크기의 칩(chip) 위에 수신기 전단부(front end)와 레이더 송·수신 모듈(module)과 같은 한 개의 마이크로파 시스템을 집적화할 수 있는 수준까지 발전하고 있다.

마이크로파 집적회로(MIC)는 두 가지로 구분할 수 있다. 첫째는 위에서 설명한 혼성 MIC이다(흔히 MIC하면 이를 가리킨다). 이는 1960년대에 처음으로 개발되었으며 아직도 회로구성이 용이하고 융통성이 있어 널리 사용하고 있다. 다른 하나는 최근에 개발된 모놀리식 마이크로파 집적회로(MMIC ; monolithic MIC)이다. MMIC는 한 개의 기판(알루미나, GaAs, 사파이어 등)에 능동소자와 수동소자를 성정한 집적회로이다. monolithic의 어원은 그리스의 monos(single)와 lithod(stone)을 조합한 것이다. 그래서 MMIC는 단결정 위에 만들어진다. MMIC는 혼성 MIC와 비교해서 다음과 같은 장점을 갖고 있기 때문에 유망하다.

① 생산단가가 저렴하다(대량생산 가능).
② 크기가 작다.
③ 무게가 가볍다.
④ 신뢰성이 높다(모든 부품을 동시에 제조할 수 있으므로 납땜부분이 없다).
⑤ 재생성이 높다.
⑥ 성능이 우수하다.

# 부 록

## 부록 A  단위의 배수율

| 배수율 | 접두어 | 기 호 |
|---|---|---|
| $10^{12}$ | tera | T |
| $10^9$ | giga | G |
| $10^6$ | mega | M |
| $10^3$ | kilo | k |
| $10^2$ | hecto | h |
| $10^1$ | deka | da |
| $10^{-1}$ | deci | d |
| $10^{-2}$ | centi | c |
| $10^{-3}$ | milli | m |
| $10^{-6}$ | micro | $\mu$ |
| $10^{-9}$ | nano | n |
| $10^{-12}$ | pico | p |
| $10^{-15}$ | femto | f |

## 부록 B  벡터해석

### 좌표변환

직교에서 원통 :

| | $\mathbf{a}_x$ | $\mathbf{a}_y$ | $\mathbf{a}_z$ |
|---|---|---|---|
| $\mathbf{a}_\rho$ | $\cos\phi$ | $\sin\phi$ | 0 |
| $\mathbf{a}_\phi$ | $-\sin\phi$ | $\cos\phi$ | 0 |
| $\mathbf{a}_z$ | 0 | 0 | 1 |

직교에서 구(球) :

| | $\mathbf{a}_x$ | $\mathbf{a}_y$ | $\mathbf{a}_z$ |
|---|---|---|---|
| $\mathbf{a}_r$ | $\sin\theta\cos\phi$ | $\sin\theta\sin\phi$ | $\cos\theta$ |
| $\mathbf{a}_\theta$ | $\cos\theta\cos\phi$ | $\cos\theta\sin\phi$ | $-\sin\theta$ |
| $\mathbf{a}_\phi$ | $-\sin\phi$ | $\cos\phi$ | 0 |

원통에서 구(球) :

|       | $\mathbf{a}_\rho$ | $\mathbf{a}_\phi$ | $\mathbf{a}_z$ |
|-------|--------|--------|------------|
| $\mathbf{a}_r$ | $\sin\theta$ | $0$ | $\cos\theta$ |
| $\mathbf{a}_\theta$ | $\cos\theta$ | $0$ | $-\sin\theta$ |
| $\mathbf{a}_\phi$ | $0$ | $1$ | $0$ |

## 벡터 미분 연산자

직각좌표계 :

$$\nabla f = \mathbf{a}_x \frac{\partial f}{\partial x} + \mathbf{a}_y \frac{\partial f}{\partial y} + \mathbf{a}_z \frac{\partial f}{\partial z}$$

$$\nabla \cdot \mathbf{A} = \frac{\partial A_x}{\partial x} + \frac{\partial A_y}{\partial y} + \frac{\partial A_z}{\partial z}$$

$$\nabla \times \mathbf{A} = \mathbf{a}_x \left( \frac{\partial A_z}{\partial y} - \frac{\partial A_y}{\partial z} \right) + \mathbf{a}_y \left( \frac{\partial A_x}{\partial z} - \frac{\partial A_z}{\partial x} \right) + \mathbf{a}_z \left( \frac{\partial A_y}{\partial x} - \frac{\partial A_x}{\partial y} \right)$$

$$\nabla^2 f = \frac{\partial^2 f}{\partial x^2} + \frac{\partial^2 f}{\partial y^2} + \frac{\partial^2 f}{\partial z^2}$$

$$\nabla^2 \mathbf{A} = \mathbf{a}_x \nabla^2 A_x + \mathbf{a}_y \nabla^2 A_y + \mathbf{a}_z \nabla^2 A_z$$

원통좌표계 :

$$\nabla f = \mathbf{a}_\rho \frac{\partial f}{\partial \rho} + \mathbf{a}_\phi \frac{1}{\rho} \frac{\partial f}{\partial \phi} + \mathbf{a}_z \frac{\partial f}{\partial z}$$

$$\nabla \cdot \mathbf{A} = \frac{1}{\rho} \frac{\partial}{\partial \rho} (\rho A_\rho) + \frac{1}{\rho} \frac{\partial A_\phi}{\partial \phi} + \frac{\partial A_z}{\partial z}$$

$$\nabla \times \mathbf{A} = \mathbf{a}_\rho \left( \frac{1}{\rho} \frac{\partial A_z}{\partial \phi} - \frac{\partial A_\phi}{\partial z} \right) + \mathbf{a}_\phi \left( \frac{\partial A_\rho}{\partial z} - \frac{\partial A_z}{\partial \rho} \right)$$
$$+ \mathbf{a}_z \frac{1}{\rho} \left[ \frac{\partial (\rho A_\phi)}{\partial \rho} - \frac{\partial A_\rho}{\partial \phi} \right]$$

$$\nabla^2 f = \frac{1}{\rho} \frac{\partial}{\partial \rho} \left( \rho \frac{\partial f}{\partial \rho} \right) + \frac{1}{\rho^2} \frac{\partial^2 f}{\partial \phi^2} + \frac{\partial^2 f}{\partial z^2}$$

$$\nabla^2 \mathbf{A} = \nabla (\nabla \cdot \mathbf{A}) - \nabla \times \nabla \times \mathbf{A}$$

구(球)좌표계 :

$$\nabla f = \mathbf{a}_r \frac{\partial f}{\partial r} + \mathbf{a}_\theta \frac{1}{r} \frac{\partial f}{\partial \theta} + \frac{\mathbf{a}_\phi}{r \sin\theta} \frac{\partial f}{\partial \phi}$$

$$\nabla \cdot \mathbf{A} = \frac{1}{r^2} \frac{\partial}{\partial r} (r^2 A_r) + \frac{1}{r \sin\theta} \frac{\partial}{\partial \theta} (\sin\theta \, A_\theta) + \frac{1}{r \sin\theta} \frac{\partial A_\phi}{\partial \phi}$$

$$\nabla \times \mathbf{A} = \frac{\mathbf{a}_r}{r \sin\theta} \left[ \frac{\partial}{\partial \theta} (A_\phi \sin\theta) - \frac{\partial A_\theta}{\partial \phi} \right] + \frac{\mathbf{a}_\theta}{r} \left[ \frac{1}{\sin\theta} \frac{\partial A_r}{\partial \phi} - \frac{\partial}{\partial r} (r A_\phi) \right]$$

$$+ \frac{\mathbf{a}_\phi}{r} \left[ \frac{\partial}{\partial r} (rA_\theta) - \frac{\partial A_r}{\partial \theta} \right]$$

$$\nabla^2 f = \frac{1}{r^2} \frac{\partial}{\partial r} \left( r^2 \frac{\partial f}{\partial r} \right) + \frac{1}{r^2 \sin \theta} \frac{\partial}{\partial \theta} \left( \sin \theta \frac{\partial f}{\partial \theta} \right) + \frac{1}{r^2 \sin^2 \theta} \frac{\partial^2 f}{\partial \phi^2}$$

$$\nabla^2 \mathbf{A} = \nabla (\nabla \cdot \mathbf{A}) - \nabla \times \nabla \times \mathbf{A}$$

벡터등식 :

$$\mathbf{A} \cdot \mathbf{B} = |A||B| \cos \theta, \quad \text{여기서 } \theta \text{는 } \mathbf{A} \text{와 } \mathbf{B} \text{ 사이의 각} \tag{B-1}$$

$$|\mathbf{A} \times \mathbf{B}| = |A||B| \sin \theta, \quad \text{여기서 } \theta \text{는 } \mathbf{A} \text{와 } \mathbf{B} \text{ 사이의 각} \tag{B-2}$$

$$\mathbf{A} \cdot \mathbf{B} \times \mathbf{C} = \mathbf{A} \times \mathbf{B} \cdot \mathbf{C} = \mathbf{C} \times \mathbf{A} \cdot \mathbf{B} \tag{B-3}$$

$$\mathbf{A} \times \mathbf{B} = -\mathbf{B} \times \mathbf{A} \tag{B-4}$$

$$\mathbf{A} \times (\mathbf{B} \times \mathbf{C}) = (\mathbf{A} \cdot \mathbf{C})\mathbf{B} - (\mathbf{A} \cdot \mathbf{B})\mathbf{C} \tag{B-5}$$

$$\nabla (fg) = g \nabla f + f \nabla g \tag{B-6}$$

$$\nabla \cdot (f\mathbf{A}) = \mathbf{A} \cdot \nabla f + f \nabla \mathbf{A} \tag{B-7}$$

$$\nabla \cdot (\mathbf{A} \times \mathbf{B}) = (\nabla \times \mathbf{A}) \cdot \mathbf{B} - (\nabla \times \mathbf{B}) \cdot \mathbf{A} \tag{B-8}$$

$$\nabla \times (f\mathbf{A}) = (\nabla f) \times \mathbf{A} + f \nabla \times \mathbf{A} \tag{B-9}$$

$$\nabla \times (\mathbf{A} \times \mathbf{B}) = \mathbf{A} \nabla \cdot \mathbf{B} - \mathbf{B} \nabla \cdot \mathbf{A} + (\mathbf{B} \cdot \nabla)\mathbf{A} - (\mathbf{A} \cdot \nabla)\mathbf{B} \tag{B-10}$$

$$\nabla \cdot (\mathbf{A} \cdot \mathbf{B}) = (\mathbf{A} \cdot \nabla)\mathbf{B} + (\mathbf{B} \cdot \nabla)\mathbf{A} + \mathbf{A} \times (\nabla \times \mathbf{B}) + \mathbf{B} \times (\nabla \times \mathbf{A}) \tag{B-11}$$

$$\nabla \cdot \nabla \times \mathbf{A} = 0 \tag{B-12}$$

$$\nabla \times (\nabla f) = 0 \tag{B-13}$$

$$\nabla \times \nabla \times \mathbf{A} = \nabla (\nabla \cdot \mathbf{A}) - \nabla^2 \mathbf{A} \tag{B-14}$$

$$\int_v \nabla \cdot \mathbf{A} \, dv = \oint_s \mathbf{A} \cdot d\mathbf{s} \quad \text{(발산정리)} \tag{B-15}$$

$$\int_s (\nabla \times \mathbf{A}) \cdot d\mathbf{s} = \oint_c \mathbf{A} \cdot d\mathbf{l} \quad \text{(Stoke의 정리)} \tag{B-16}$$

## 부록 C  Bessel 함수

Bessel 함수는 다음과 같은 미분방정식의 해이다.

$$\frac{1}{\rho} \frac{d}{d\rho} \left( \rho \frac{df}{d\rho} \right) + \left( k^2 - \frac{n^2}{\rho^2} \right) f = 0 \tag{C-1}$$

여기서 $k^2$은 실수이고 $n$은 정수(integer)이다. 이 방정식의 독립된 해를 각각 제 1 종의 Bessel 함수, $J_n(k\rho)$, 제 2 종의 Bessel 함수, $N_n(k\rho)$라 부른다. 즉 미분방정식 (C-1)의 일반해는 다음과 같다.

$$f(\rho) = A J_n(k\rho) + B N_n(k\rho) \tag{C-2}$$

여기서 $A$와 $B$는 경계조건으로부터 얻을 수 있는 임의의 상수이다.

위의 두 함수를 급수로 나타내면 다음과 같다.

$$J_n(x) = \sum_{m=0} \frac{(-1)^m (x/2)^{n+2m}}{m!\,(n+m)!} \tag{C-3}$$

$$N_n(x) = \frac{2}{\pi}\left(\gamma + \ln\frac{x}{2}\right) J_n(x) - \frac{1}{\pi}\sum_{m=0}^{n-1} \frac{(n-m-1)!}{m!}\left(\frac{2}{x}\right)^{n-2m}$$

$$- \frac{1}{\pi}\sum_{m=0}^{\infty} \frac{(-1)^m (x/2)^{n+2m}}{m!\,(n+m)!}$$

$$\times \left(1 + \frac{1}{2} + \frac{1}{3} + \cdots + \frac{1}{m} + 1 + \frac{1}{2} + \cdots + \frac{1}{n+m}\right) \tag{C-4}$$

여기서 $\gamma = 0.5772\cdots$는 오일러 상수이고, $x = k\rho$이다.

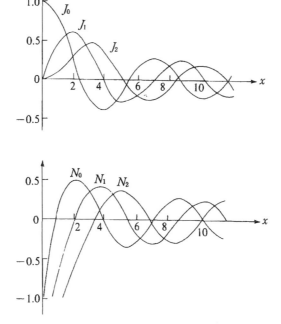

그림 C.1   제 1 종과 제 2 종의 Bessel 함수.

# 부록 D  수학적 관계식

적분 관계식

$$\int_0^a \cos^2\frac{n\pi x}{a}\,dx = \int_0^a \sin^2\frac{n\pi x}{a}\,dx = \frac{a}{2}, \quad \text{for} \quad n \geq 1 \tag{D-1}$$

$$\int_0^a \cos\frac{m\pi x}{a}\cos\frac{n\pi x}{a}\,dx = \int_0^a \sin\frac{m\pi x}{a}\sin\frac{n\pi x}{a}\,dx = 0, \text{ for } m \neq n \qquad \text{(D-2)}$$

$$\int_0^a \cos\frac{m\pi x}{a}\sin\frac{n\pi x}{a}\,dx = 0 \qquad \text{(D-3)}$$

## Taylor 급수

$$f(x) = f(x_0) + (x - x_0)\frac{df}{dx}\bigg|_{x=x_0} + \frac{(x - x_0)^2}{2\,!}\,\frac{d^2f}{dx^2}\bigg|_{x=x_0} + \cdots \qquad \text{(D-4)}$$

$$e^x = 1 + x + \frac{x^2}{2\,!} + \frac{x^3}{3\,!} + \cdots \qquad \text{(D-5)}$$

$$\frac{1}{1-x} = 1 + x + x^2 + x^3 + \cdots, \quad \text{for} \quad |x| < 1 \qquad \text{(D-6)}$$

$$\sqrt{1+x} = 1 + \frac{x}{2} - \frac{x^2}{8} + \cdots, \quad \text{for} \quad |x| < 1 \qquad \text{(D-7)}$$

$$\ln x = 2\left(\frac{x-1}{x+1}\right) + \frac{2}{3}\left(\frac{x-1}{x+1}\right)^3 + \cdots, \quad \text{for} \quad x > 0 \qquad \text{(D-8)}$$

$$\sin x = x - \frac{x^3}{3\,!} + \frac{x^5}{5\,!} + \cdots \qquad \text{(D-9)}$$

$$\cos x = 1 - \frac{x^2}{2\,!} + \frac{x^4}{4\,!} + \cdots \qquad \text{(D-10)}$$

# 부록 E  물리 상수

- 자유공간의 유전율 $= \varepsilon_0 = 8.854 \times 10^{-12}\,\text{F/m}$
- 자유공간의 투자율 $= \mu_0 = 4\pi \times 10^{-7}\,\text{H/m}$
- 자유공간의 임피던스 $= \eta_0 = 376.7\,\Omega$
- 자유공간에서의 광속 $= c = 2.998 \times 10^8\,\text{m/s}$
- 전자의 전하 $= q = 1.602 \times 10^{-19}\,\text{C}$
- 전자의 질량 $= m = 9.107 \times 10^{-31}\,\text{kg}$
- Boltzmann 상수 $= k = 1.380 \times 10^{-23}\,\text{J/}^\circ\text{K}$
- Plank 상수 $= \hbar = h/2\pi = 1.054 \times 10^{-34}\,\text{Js}$
  $$h = 6.626 \times 10^{-34}\,\textbf{Js}$$
- Gyromagnetic 비율 $= \gamma = 1.759 \times 10^{11}\,\text{C/Kg}$

## 부록 F  매질의 도전율

| 매 질 | 도전율 S/m(20℃) | 매 질 | 도전율 S/m(20℃) |
|---|---|---|---|
| Aluminum | $3.816 \times 10^7$ | Nichrome | $1.0 \times 10^6$ |
| Brass | $1.57 \times 10^7$ | Nickel | $1.449 \times 10^7$ |
| Bronze | $1.00 \times 10^7$ | Platinum | $9.52 \times 10^6$ |
| Chromium | $3.846 \times 10^7$ | Sea water | $3-5$ |
| Copper | $5.813 \times 10^7$ | Silicon | $4.4 \times 10^{-4}$ |
| Distilled water | $2 \times 10^{-4}$ | Silver | $6.173 \times 10^7$ |
| Germanium | $2.2 \times 10^6$ | Steel(silicon) | $2 \times 10^6$ |
| Gold | $4.098 \times 10^7$ | Steel(stainless) | $1.1 \times 10^6$ |
| Graphite | $7.0 \times 10^4$ | Solder | $7.0 \times 10^6$ |
| Iron | $1.03 \times 10^7$ | Tungsten | $1.825 \times 10^7$ |
| Mercury | $1.04 \times 10^6$ | Zinc | $1.67 \times 10^7$ |
| Lead | $4.56 \times 10^6$ | | |

## 부록 G  매질의 유전상수와 손실탄젠트

| 매 질 | 주파수 | $\varepsilon_r$ | $\tan \delta$(25℃) |
|---|---|---|---|
| Alumina (99.5 %) | 10 GHz | $9.5-10$ | 0.0003 |
| Barium tetratitanate | 6 GHz | $37 \pm 5\%$ | 0.0005 |
| Beeswax | 10 GHz | 2.35 | 0.005 |
| Beryllia | 10 GHz | 6.4 | 0.0003 |
| Ceramic (A-35) | 3 GHz | 5.60 | 0.0041 |
| Fused quartz | 10 GHz | 3.78 | 0.0001 |
| Gallium arsenide | 10 GHz | 13 | 0.006 |
| Glass (pyrex) | 3 GHz | 4.82 | 0.0054 |
| Glazed ceramic | 10 GHz | 7.2 | 0.008 |
| Lucite | 10 GHz | 2.56 | 0.005 |
| Nylon (610) | 3 GHz | 2.84 | 0.012 |
| Parafin | 10 GHz | 2.24 | 0.0002 |
| Plexiglass | 3 GHz | 2.60 | 0.0057 |
| Polyethylene | 10 GHz | 2.25 | 0.0004 |
| Polystyrene | 10 GHz | 2.54 | 0.00033 |
| Porcelain (dry process) | 100 GHz | 5.04 | 0.0078 |
| Rexolite (1422) | 3 GHz | 2.54 | 0.00048 |
| Silicon | 10 GHz | 11.9 | 0.004 |
| Styrofoam (103.7) | 3 GHz | ecomm | 0.0001 |
| Teflon | 10 GHz | 2.08 | 0.0004 |
| Titania (D-100) | 6 GHz | $96 \pm 5\%$ | 0.001 |
| Vaseline | 10 GHz | 2.16 | 0.001 |
| Water (distilled) | 3 GHz | 76.7 | 0.157 |

## 부록 H  마이크로파용 페라이트 물질의 성질

| 종 류 | Trans-Tech Number | $4\pi Ms$ G | $\Delta H$ Oe | $\varepsilon_r$ | tan $\delta$ |
|---|---|---|---|---|---|
| Magnesium ferrite | TT 1-105 | 1750 | 225 | 12.2 | 0.00025 |
| Magnesium ferrite | TT 1-390 | 2150 | 540 | 12.7 | 0.00025 |
| Magnesium ferrite | TT 1-3000 | 3000 | 190 | 12.9 | 0.0005 |
| Nickel ferrite | TT 2-101 | 3000 | 350 | 12.8 | 0.0025 |
| Nickel ferrite | TT 2-113 | 500 | 150 | 9.0 | 0.0008 |
| Nickel ferrite | TT 2-125 | 2100 | 460 | 12.6 | 0.001 |
| Lithium ferrite | TT 73-2200 | 2200 | < 450 | 16.1 | 0.0025 |
| Lithium ferrite | TT 73-2200 | 2200 | < 450 | 15.8 | 0.0025 |
| Yttrium garnet | G-113 | 1780 | 45 | 15.0 | 0.0002 |
| Aluminum garnet | G-610 | 680 | 40 | 14.5 | 0.0002 |

여기서 $\Delta H$는 페라이트의 선폭(linewidth).

# 부록 I 표준 구형도파관의 규격

| Band | Rccommended Frequency Range (GHz) | TE$_{10}$ Cutoff Frequency (GHz) | EIA Designation WR-XX | Inside Dimensions Inches (cm) | Outside Dimensions Inches (cm) |
|------|------|------|------|------|------|
| L | 1.12 — 1.70 | 0.908 | WR-650 | 6.500 × 3.250 (16.51 × 8.255) | 6.660 × 3.410 (16.916 × 8.661) |
| R | 1.70 — 2.60 | 1.372 | WR-430 | 4.300 × 2.150 (10.922 × 5.461) | 4.460 × 2.310 (11.328 × 5.867) |
| S | 2.60 — 3.95 | 2.078 | WR-284 | 2.840 × 1.340 (7.214 × 3.404) | 3.000 × 1.500 (7.620 × 3.810) |
| H | 3.95 — 5.85 | 3.152 | WR-187 | 1.872 × 0.872 (4.755 × 2.215) | 2.000 × 1.000 (5.080 × 2.540) |
| C | 5.85 — 8.20 | 4.301 | WR-137 | 1.372 × 0.622 (3.485 × 1.580) | 1.500 × 0.750 (3.810 × 1.905) |
| W | 7.05 — 10.0 | 5.259 | WR-112 | 1.122 × 0.497 (2.850 × 1.262) | 1.250 × 0.625 (3.175 × 1.587) |
| X | 8.20 — 12.4 | 6.557 | WR-90 | 0.900 × 0.400 (2.286 × 1.016) | 1.000 × 0.500 (2.540 × 1.270) |
| Ku | 12.4 — 18.0 | 9.486 | WR-62 | 0.622 × 0.311 (1.580 × 0.790) | 0.702 × 0.391 (1.783 × 0.993) |
| K | 18.0 — 26.5 | 14.047 | WR-42 | 0.420 × 0.170 (1.07 × 0.43) | 0.500 × 0.250 (1.27 × 0.635) |
| Ka | 26.5 — 40.0 | 21.081 | WR-28 | 0.280 × 0.140 (0.711 × 0.356) | 0.360 × 0.220 (0.914 × 0.559) |
| Q | 33.0 — 50.5 | 26.342 | WR-22 | 0.224 × 0.112 (0.57 × 0.28) | 0.304 × 0.192 (0.772 × 0.488) |
| U | 40.0 — 60.0 | 31.357 | WR-19 | 0.188 × 0.094 (0.48 × 0.24) | 0.268 × 0.174 (0.681 × 0.442) |
| V | 50.0 — 75.0 | 39.863 | WR-15 | 0.148 × 0.074 (0.38 × 0.19) | 0.228 × 0.154 (0.579 × 0.391) |
| E | 60.0 — 90.0 | 48.350 | WR-12 | 0.122 × 0.061 (0.31 × 0.015) | 0.202 × 0.141 (0.513 × 0.356) |
| W | 75.0 — 110.0 | 59.010 | WR-10 | 0.100 × 0.050 (0.254 × 0.127) | 0.180 × 0.130 (0.458 × 0.330) |
| F | 90.0 — 140.0 | 73.840 | WR-8 | 0.080 × 0.040 (0.203 × 0.102) | 0.160 × 0.120 (0.406 × 0.305) |
| D | 110.0 — 170.0 | 90.854 | WR-6 | 0.065 × 0.0325 (0.170 × 0.083) | 0.145 × 0.1125 (0.368 × 0.2858) |
| G | 140.0 — 220.0 | 115.750 | WR-5 | 0.051 × 0.0255 (0.130 × 0.0648) | 0.131 × 0.1055 (0.333 × 0.2680) |

## 부록 J  표준 동축케이블의 규격

| Cable Type | Impedance (Ω) | Dielectric Material[†] | Overall Diameter (In.) | Dielectric Diameter (In.) | Maximum Operating Voltage |
|---|---|---|---|---|---|
| RG-8 A/U | 52 | P | 0.405 | 0.285 | 5000 |
| RG-9 B/U | 50 | P | 0.425 | 0.285 | 5000 |
| RG-55/U | 54 | P | 0.216 | 0.116 | 1900 |
| RG-58/U | 50 | P | 0.195 | 0.116 | 1900 |
| RG-59/U | 75 | P | 0.242 | 0.146 | 2300 |
| RG-141/U | 50 | T | 0.190 | 0.116 | 1900 |
| RG-142/U | 50 | T | 0.206 | 0.116 | 1900 |
| RG-174/U | 50 | — | 0.100 | 0.060 | 1500 |
| RG-178/U | 50 | T | 0.075 | 0.036 | 750 |
| RG-179/U | 75 | T | 0.090 | 0.057 | 750 |
| RG-180/U | 95 | T | 0.137 | 0.103 | 750 |
| RG-187/U | 75 | T | 0.110 | 0.060 | 1200 |
| RG-188/U | 50 | — | 0.110 | 0.060 | — |
| RG-195/U | 95 | T | 0.155 | 0.102 | 1500 |
| RG-213/U | 50 | P | 0.405 | 0.285 | 5000 |
| RG-214/U | 50 | P | 0.425 | 0.285 | 5000 |
| RG-223/U | 50 | P | 0.216 | 0.116 | 1900 |
| RG-401 | 50 | T | 0.250 | 0.208 | — |
| RG-402 | 50 | T | 0.141 | 0.118 | — |
| RG-405 | 50 | T | 0.087 | 0.066 | — |

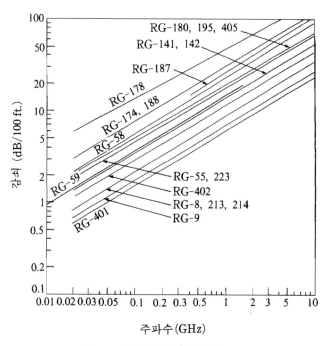

그림 J.1  동축케이블의 감쇠자료.

# 연습문제해답

## 1 장

**1.1** $\mathbf{P}_e = 1.93 \times 10^{-7} \mathbf{a}_x$ C/m²

**1.2** $\mathbf{E} = 7.42 \times 10^3 \mathbf{a}_x$ V/m

**1.3** $\mathbf{D}_2 = \varepsilon_0 \, \varepsilon_{r2} \mathbf{E}_2$

$\qquad = \mathbf{a}_x + D_{y2} \mathbf{a}_y + D_{z2} \mathbf{a}_z$

$\qquad = \varepsilon_0 \varepsilon_{r2} E_{x2} \mathbf{a}_x - 4\varepsilon_{r2} \mathbf{a}_y + 6\varepsilon_{r2} \mathbf{a}_z$

$\qquad \theta_1 = 7.9°, \qquad \theta_2 = 3.31°$

**1.4** 본문 참고

**1.5** (1) 3,160 A/m  (2) 3,170 A/m

**1.6** $\mathbf{B}_2 = B_{x2} \mathbf{a}_x + B_{y2} \mathbf{a}_y + 0.4 \mathbf{a}_z$ T, $\theta_2 = 76.5°$

여기서 $B_{x2} = \mu_0 \mu_{r2} H_{x2} = 8.0 \times 10^{-2}$ T

$\qquad\qquad B_{y2} = 5.33 \times 10^{-2}$ T

**1.7** $\mathbf{B}_2 = 3.0 \mathbf{a}_x + 1.25 \mathbf{a}_y - 0.25 \mathbf{a}_z$ T

$\qquad \mathbf{H}_2 = \dfrac{1}{\mu_0} (0.5 \mathbf{a}_x + 0.21 \mathbf{a}_y - 0.04 \mathbf{a}_z)$ A/m

**1.8** $\mathbf{H}_2 = 16.5 \mathbf{a}_y$ A/m

**1.9** $\mathscr{D} = \varepsilon_0 \mathscr{E} = \varepsilon_0 E_m \sin(\omega t - \beta z) \mathbf{a}_y$

$\qquad \mathscr{B} = -\dfrac{\beta E_m}{\omega} \sin(\omega t - \beta z) \mathbf{a}_x$

$\qquad \mathscr{H} = -\dfrac{\beta E_m}{\omega \mu_0} \sin(\omega t - \beta z) \mathbf{a}_x$

**1.10** $\mathscr{D} = \dfrac{\beta H_m}{\omega} e^{j(\omega t + \beta z)} \mathbf{a}_y, \quad \mathscr{E} = \dfrac{\mathscr{D}}{\varepsilon_0}$

**1.11** $\mathscr{J}_c = \sigma \mathscr{E} = 1250 \sin 10^{10} t$ A/m²

$\qquad \mathscr{J}_D = \dfrac{\partial \mathscr{D}}{\partial t} = \dfrac{\partial}{\partial t} (\varepsilon_0 \varepsilon_r \, 250 \sin 10^{10} t)$

$\qquad\qquad = 22.1 \cos 10^{10} t$ A/m²

$\qquad \mathscr{J}_c = \mathscr{J}_D, \qquad \sigma = \omega \varepsilon$

$\qquad\qquad$ 또는 $\omega = 5.65 \times 10^{11}$ rad/s

$\qquad \therefore \; f = 89.9$ GHz

## 2 장

**2.1** $\beta = \dfrac{10^8}{3 \times 10^8} = \dfrac{1}{3}$ rad/m,

$\qquad H_m = \pm \dfrac{30\pi}{120\pi} = \pm \dfrac{1}{4}$ A/m

**2.2** $\varepsilon_r = 16, \qquad \omega = 10^8$ rad/s

**2.3** $\mathscr{H}(z, t) = -\dfrac{10^3}{120\pi} \sin(\omega t - \beta z) \mathbf{a}_x$ A/m

**2.4** (1) $\mathscr{E}_x = E_0 \cos\left(\omega t - \dfrac{\sqrt{3}}{2} k_0 y - \dfrac{1}{2} k_0 z\right)$

$\qquad \mathscr{H}_y = -\sqrt{\dfrac{\varepsilon_0}{\mu_0}} \dfrac{E_0}{4} \cos\left(\omega t - \dfrac{\sqrt{3}}{2} k_0 y \right.$

$\qquad\qquad \left. - \dfrac{1}{2} k_0 z\right)$

$\qquad \mathscr{H}_z = -\sqrt{\dfrac{\varepsilon_0}{\mu_0}} \dfrac{E_0 \sqrt{3}}{4} \cos\left(\omega t \right.$

$\qquad\qquad \left. - \dfrac{\sqrt{3}}{2} k_0 y - \dfrac{1}{2} k_0 z\right)$

$\qquad$ (2) $\lambda_z = c/f = 3$ m

**2.5** (1) $\mathbf{k} = \left[\dfrac{k_0}{\sqrt{2}}, \dfrac{k_0}{\sqrt{2}}, 0\right]$

$\qquad$ (2) $\mathscr{H}_z = \dfrac{1}{\eta} \sqrt{2} E_0 \sin\left[\omega t - k_0 \dfrac{x+y}{\sqrt{2}}\right]$

**2.6** $\mathscr{E} = \mathbf{a}_z E_0 [\cos(\omega t - kx)$

$\qquad\qquad - \cos(\omega t - ky)]$

$\qquad \mathscr{H} = -\dfrac{E_0}{\eta} [\cos(\omega t - kx) \mathbf{a}_y$

$\qquad\qquad + \cos(\omega t - ky) \mathbf{a}_x]$

$\qquad \mathscr{E} \times \mathscr{H} \bigg|_{x=-y}$

$\qquad = \dfrac{2E_0^2}{\eta} [(\mathbf{a}_x + \mathbf{a}_y) \sin^2 \omega t \sin^2 ky$

$\qquad\qquad + (\mathbf{a}_y - \mathbf{a}_x) \dfrac{1}{2} \sin 2\omega t \sin 2ky]$

$\qquad \langle \mathscr{E} \times \mathscr{H} \rangle \bigg|_{x=-y} = \dfrac{E_0^2}{\eta} \sin^2 ky (\mathbf{a}_x + \mathbf{a}_y)$

**2.7** $\gamma = j\omega \sqrt{\varepsilon_0 \mu_0} = j2.0$ m$^{-1}$

**2.8** $\dfrac{\sigma}{\omega\varepsilon}\simeq 10^{-9}\cong 0,\quad \alpha\cong 0,$

$\beta\cong \omega\sqrt{\mu\varepsilon}=9.48\times 10^{-2}\,\text{rad/m}$

$\therefore\ \gamma=\alpha+j\beta\cong j9.48\times 10^{-2}\,\text{m}^{-1}$

**2.9** $\delta=\dfrac{1}{\sqrt{\pi f\mu\sigma}}=64.4\,\mu\text{m}$

$\gamma=2.2\times 10^4\underline{/45^\circ}\,\text{m}^{-1}$

$v=\omega\delta=647\,\text{m/s}$

**2.10** $\gamma=\sqrt{\omega\mu\sigma}\,\underline{/45^\circ}=2.14\times 10^5\underline{/45^\circ}\,\text{m}^{-1}$

$\eta=\sqrt{\dfrac{\omega\mu}{\sigma}}\,\underline{/45^\circ}=3.69\times 10^{-3}\underline{/45^\circ}\,\Omega$

$\alpha=\beta=1.51\times 10^5,\quad \delta=\dfrac{1}{\alpha}=6.61\,\mu\text{m},$

$v=\omega\delta=4.15\times 10^3\,\text{m/s}$

**2.11** $\Gamma=\dfrac{\eta^2-\eta_0^2}{\eta^2+\eta_0^2}$ 여기서 $\eta_0\mp\sqrt{\dfrac{\mu_0}{\varepsilon_0}}$,

$\eta=\sqrt{\dfrac{\mu_0}{\varepsilon_r\varepsilon_0}}$

**2.12** $z<0\,;\ \mathbf{S}=(\mathbf{E}_i+\mathbf{E}_r)\times(\mathbf{H}_i+\mathbf{H}_r)^*$

$\qquad=\mathbf{a}_z\dfrac{2\,|E_0|^2}{\eta_0}(1-|\Gamma|^2$

$\qquad\quad +\Gamma e^{j2k_0 z}-\Gamma^*\,e^{-j2k_0 z})$

$z>0\,;\ \mathbf{S}=\mathbf{E}_t\times\mathbf{H}_t^*$

$\qquad=\mathbf{a}_z\dfrac{2\,|E_0|^2|T|^2}{\eta^*}e^{-2\alpha z}$

여기서 $\Gamma=\dfrac{\eta-\eta_0}{\eta+\eta_0},\quad T=\dfrac{2\eta}{\eta+\eta_0}$

**2.13** (1) $P_i=Re\left\{\dfrac{|\mathbf{E}_i(z=0)|^2}{\eta^*}\right\}$

$\qquad=Re\left\{\dfrac{10^4}{218\underline{/-5.7^\circ}}\right\}$

$\qquad=45.6\,\text{W/m}^2$

$\quad P_r=Re\left\{\dfrac{|\mathbf{E}_r(z=0)|^2}{\eta^*}\right\}$

$\qquad=0.59\,\text{W/m}^2$

(2) $\mathbf{E}_t=\mathbf{E}_i+\mathbf{E}_r$

$\mathbf{E}_t(z=0)=100\mathbf{a}_x(1-e^{-2\gamma l})\,;$

$\mathbf{H}_t(z=0)=\dfrac{100}{\eta}\,\mathbf{a}_y(1+e^{-2\gamma l})$

$P_{\text{in}}=Re\{\mathbf{E}_t\times\mathbf{H}_t^*\cdot\mathbf{a}_z\}=46.0\,\text{W/m}^2$

그러나 $P_i-P_r=45\,\text{W/m}^2$

; $P_i$와 $P_r$은 손실매질에서는 물리적으로

무의미하다.

**2.14** 본문 참고

## 3 장

**3.1**

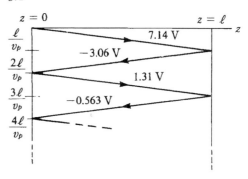

**3.2**

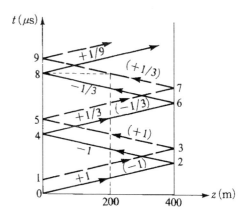

**3.3** $\gamma=\sqrt{(R+j\omega L)(G+j\omega C)}$

$\qquad=24.3\underline{/89.465^\circ}$

$\qquad=0.23+j24.3\,\text{Np/m, rad/m}$

$Z_0=\sqrt{\dfrac{R+j\omega L}{G+j\omega C}}=25.8\underline{/0.08^\circ}$

$\qquad\qquad=25.8+j0.3\,\Omega$

만약 $R=G=0,\ Z_0=\sqrt{L/C}=25.8\,\Omega,$

$\alpha=0,\quad \beta=\omega\sqrt{LC}=24.3$

**3.4** $z_L=Z_L/Z_0=0.53+j0.266$

스미스 도표로부터

$z_{in} = 0.93 - j0.7 \Rightarrow Z_{in} = 69.8 - j52.5 \ \Omega$

$SWR = 2.05 \ ; \ \Gamma = 0.34 \underline{/140°}$

**3.5** $\Gamma_L = \dfrac{Z_L - Z_0}{Z_L + Z_0} = 0.367 \underline{/36°}$

$P_L = P_{in} - P_{ref} = 30[1 - (0.367)^2]$

$\qquad = 25.9 \ W$

**3.6** 스미스 도표로부터

$z_L = 0.4 - j0.8, \ \Gamma(0) = 0.62 \underline{/-97°}$

$\Gamma(0.7\lambda) = \Gamma(0.2\lambda) = 0.62 \underline{/119°}$

또는 $\Gamma(0.7\lambda) = \Gamma(0) E^{-j2\beta l}$

$\qquad = 0.62 \underline{/-241°} = 0.62 \underline{/119°}$

**3.7** $l = 0.3\lambda$ ; 스미스 도표로부터

$\qquad z_{in} = 0.46 \ ; \ Z_{in} = 23 \ \Omega$

$P_{in} = \dfrac{1}{2}|I_{in}|^2 Re\{Z_{in}\} = \dfrac{23}{2}\left|\dfrac{10}{73}\right|^2$

$\qquad = 0.216 \ W$

$l = 0.6\lambda \ ; \ z_{in} = 1.6 - j0.8$

$\qquad ; \ Z_{in} = 80 - j40 \ \Omega$

$P_{in} = \dfrac{1}{2}|I_{in}|^2 Re\{Z_{in}\}$

$\qquad = \dfrac{80}{2}\left|\dfrac{10}{130 - j40}\right|^2 = 0.216 \ W$

(선로가 전원과 정합되었기 때문에 입력에 변화가 없다.)

**3.8** $P_T = P_{in} - P_{ref} = 0.250 - 0.010$

$\qquad\qquad = 0.240 \ W$

$P_{source} = P_{diss} + P_T = 0.16 + 0.24$

$\qquad\qquad = 0.4 \ W$

**3.9** $\Gamma = \dfrac{-20 - j40}{180 - j40} = 0.24 \underline{/-104°}$,

$V_L = 10\dfrac{80 - j40}{180 - j40} = 4.86 \underline{/-13.5°}$

$V(z) = V^+[e^{-j\beta z} + \Gamma e^{j\beta z}]$

$V(z = -1.5\lambda) = V_L = V^+[-1 - \Gamma]$

$\therefore \ V^+ = -5.0 \ V$

$V(z) = 5[e^{-j\beta z} + \Gamma e^{j\beta z}]$를 사용 도시하면 된다.

**3.10** $100 = Z_1 \dfrac{(80 + j20) + jZ_1 t}{Z_1 + j(80 + j20)t}$

$(t = \tan \beta l)$

를 만족하는 $Z_1$과 $l$을 구하면,

$l = 0.105\lambda$ 또는 $l = 0.105\lambda + \dfrac{\lambda}{2}n$

$Z_1 = 100t = 77.5 \ \Omega$

**3.11** $L = \dfrac{\mu_0 d}{W} \ H/m, \quad C = \dfrac{\varepsilon W}{d} \ F/m$

$R = \dfrac{2Rs}{W} \ \Omega/m, \quad G = \dfrac{\omega \varepsilon'' W}{d} \ S/m$

**3.12** $E_z = H_z = 0, \ \dfrac{\partial}{\partial x} = \dfrac{\partial}{\partial y} = 0$ 을 Maxwell 방정식에 대입하고,

$E_y = \dfrac{1}{d}V(z)$와 $H_x = \dfrac{-1}{W}I(z)$라 놓으면,

전압과 전류는

$\displaystyle\int_{y=0}^{d} E_y \, dy = V(z),$

$\displaystyle\int_{x=0}^{W} (\mathbf{a}_y \times \mathbf{H}) \cdot \mathbf{a}_z \, dx = -\int_{x=0}^{W} H_x \, dx$

$\qquad\qquad\qquad = I(z)$

그러므로

$\dfrac{\partial V(z)}{\partial z} = -j\dfrac{\omega \mu d}{W}I(z) \ ; \ L = \dfrac{\mu d}{W}$

$\dfrac{\partial I(z)}{\partial z} = -j\dfrac{\omega \varepsilon W}{d}V(z) \ ; \ C = \dfrac{\varepsilon W}{d}$

## 4 장

**4.1** $z_L = 1.8 + j1.2$

(1) $SWR = 2.8$

(2) $\Gamma = 0.47 \underline{/33°}$

(3) $Y_L = 7.6 - j5.0 \ mS$

(4) $Z_{in} = 27 + j32 \ \Omega$

(5) $l_{min} = 0.296\lambda$

(6) $l_{max} = 0.046\lambda$

**4.4** (1) $l = 0$ 또는 $l = 0.5\lambda$

(2) $l = 0.25\lambda$

(3) $l = 0.125\lambda$

(4) $l = 0.406\lambda$

(5) $l = 0.021\lambda$

4.5  (문 4.4)의 결과에 $\lambda/4$를 더한 값과 같다.

4.6  $\lambda = 4.2$ cm, 스미스 도표로부터

$l_{min} = 0.9/4.2 = 0.214\lambda$

$z_L = 2 - j0.9$ ;  $Z_L = 100 - j45 \ \Omega$

4.7  (1)

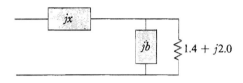

$b_1 = -0.10, \quad x_1 = -1.7$

$b_2 = 0.78, \quad x_2 = 1.7$

(2)

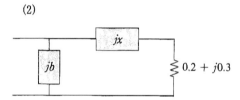

$x_1 = 0.10, \quad b_1 = 2.0$

$x_2 = -0.70, \quad b_2 = -2.0$

(3)

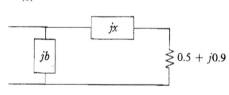

$x_1 = -0.40, \quad b_1 = 0.96$

$x_2 = -1.4, \quad b_2 = -0.96$

(4)

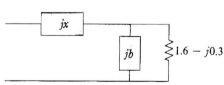

$b_1 = 0.38, \quad x_1 = 0.80$

$b_2 = -0.62, \quad x_2 = -0.80$

4.8  개방형선로의 길이 ;

$l_1 = 0.07\lambda$  또는  $l_2 = 0.43\lambda$

4.9  (문 4.8)의 결과에 $\lambda/4$를 더하거나 빼면 된다.

즉, $l_1 = 0.07 + 0.25 = 0.32\lambda$ 또는

$l_2 = 0.43 - 0.25 = 0.18\lambda$

4.10  $l = 0.288\lambda, \quad Z_L = 102.5 \ \Omega$

4.11  $l_1 = 0.484\lambda$와 $l_2 = 0.161\lambda$ 또는

$l_1 = 0.326\lambda$와 $l_2 = 0.053\lambda$

4.12  $l = 0.039\lambda$(스터브의 특성임피던스는 $50 \ \Omega$)

$\lambda/4$ 트랜스포머의 특성임피던스

$Z = \sqrt{50 \times 100} = 70.7 \ \Omega$

# 5 장

5.1  식 (5-10)과 식 (5-35)로부터

$$\alpha_d = \frac{k^2 \tan\delta}{2\beta} = \frac{(675)^2(0.01)}{2(608.3)}$$

$$= 3.75 \ \mathrm{Np/m}$$

$$\alpha_c = \frac{R_s}{a^3 b\beta k\eta}(2b\pi^2 + a^3 k^2)$$

$$= \frac{0.0555[2(0.0043)\pi^2 + (0.0107)^3(675)^2]}{(0.0107)^3(0.0043)(608.3)(675)(234)}$$

$$= 0.0705 \ \mathrm{Np/m}$$

$$\therefore \ \alpha = \alpha_c + \alpha_d = 3.82 \ \mathrm{Np/m}$$

$$= 33.2 \ \mathrm{dB/m}$$

5.2  $-100 \ \mathrm{dB} = 20\log e^{-\alpha l}$ ;

$10^{-5} = e^{-\alpha l}$ ;

$l = \dfrac{11.5}{111.3} = 10.3 \ \mathrm{cm}$

5.3  식 (5-28) 참고, $\mathbf{J}_s = \mathbf{n} \times \mathbf{H}$에 의해서

아래의 벽 ; $\mathbf{n} = \mathbf{a}_y$,

$$\therefore \ \mathbf{J}_s = \mathbf{a}_z \frac{j\beta a H_{10}}{\pi}\sin\frac{\pi x}{a} \ e^{-j\beta z}$$

$$+ \mathbf{a}_x H_{10}\cos\frac{\pi x}{a} \ e^{-j\beta z}$$

위의 벽 ; $\mathbf{n} = -\mathbf{a}_y$,

$$\therefore \ \mathbf{J}_s = -\mathbf{a}_z \frac{j\beta a H_{10}}{\pi}\sin\frac{\pi x}{a} \ e^{-j\beta z}$$

$$- \mathbf{a}_x H_{10}\cos\frac{\pi x}{a} \ e^{-j\beta z}$$

왼쪽 벽 ; $\mathbf{n} = \mathbf{a}_x$, $x = 0$,

$\therefore \mathbf{J}_s = -\mathbf{a}_y H_{10} e^{-j\beta z}$

오른쪽 벽 ; $\mathbf{n} = -\mathbf{a}_x$, $x = a$,

$\therefore \mathbf{J}_s = -\mathbf{a}_y H_{10} e^{-j\beta z}$

위와 아래의 벽 중심에 흐르는 표면전류는

$x = \dfrac{a}{2}$ ; $\mathbf{J}_s = \pm\mathbf{a}_z \dfrac{j\beta a H_{10}}{\pi} e^{-j\beta z}$

이므로 도파관의 축방향을 따라 좁은 홈을 만들어도 전류의 흐름에 지장이 없다.

**5.4** $J_s(y = 0) = \mathbf{n} \times \mathbf{H}|_{y=0}$

$$= -a_z \frac{j\omega\varepsilon\pi}{bk_c^2} E_{11}\sin\frac{\pi x}{a} e^{-j\beta z}$$

$$= J_s(y = b)$$

$J_s(x = 0) = \mathbf{n} \times \mathbf{H}|_{x=0}$

$$= -\mathbf{a}_z \frac{j\omega\varepsilon\pi}{ak_c^2} E_{11}\sin\frac{\pi y}{b} e^{-j\beta z}$$

$$= J_s(x = a)$$

**5.5** $a_c = \dfrac{P_{\text{loss}}}{2P_T} = \dfrac{2R_s k\pi^2}{k_c^2 \beta\eta}\left[\dfrac{n^2}{b^3} + \dfrac{m^2}{a^3}\right] \text{Np/m}$

여기서 $P_T = \dfrac{\omega\varepsilon\beta ab}{8k_c^2}|B|^2$,

$$P_{\text{loss}} = R_s \frac{\omega^2\varepsilon^2\pi^2}{2k_c^4}|B|^2\left[\frac{n^2 a^2}{b^2} + \frac{m^2 b^2}{a^2}\right]$$

**5.6** $(\lambda_c)_{\text{TE}_{10}} = 14.42 \text{ cm}$

$(\lambda_c)_{\text{TE}_{20}} = 7.21 \text{ cm}$

$(\lambda_c)_{\text{TE}_{01}} = 6.8 \text{ cm}$

$(\lambda_c)_{\text{TE}_{11}/\text{TM}_{11}} = 6.15 \text{ cm}$

(1) $\text{TE}_{10}$

(2) $\text{TE}_{10}$, $\text{TE}_{20}$, $\text{TE}_{01}$, $\text{TE}_{11}$, $\text{TE}_{11}$

**5.7** $a > 6 \text{ cm}$, $b < 4 \text{ cm}$(단, $a$는 $2b$를 초과할 수 없다.)

**5.8** $(a_c)_{\text{TE}_{10}} = 2.249 \times 10^{-3} \text{ Np/m}$

$e^{-a_c z} = \dfrac{1}{2} \longrightarrow z = \dfrac{1}{a_c}\ln 2 = 308 \text{ m}$

여기서 $z$는 거리

**5.9** $a_c(\text{dB}) = -20\log e^{-dc}$

$$= 0.217 \text{ dB}$$

**5.10** 위치 : 부하로부터 $4.40 \text{ cm}$

크기 : $\delta = 0.384 \text{ cm}$

**5.11** 본문 참고

**5.12** (1) $(f_c)_{\text{TE}_{11}} = \dfrac{0.08785}{a} \text{ GHz}$

신호주파수의 80% 는 $8 \text{ GHz}$

$a = 1.1 \text{ cm}$

(2) 식 (5-77), (5-78) 및 표 5-2, 표 5-3으로부터

$\text{TE}_{11} : f_c = 8 \text{ GHz}$

$\text{TM}_{01} : f_c = 10.42 \text{ GHz}$

$\text{TE}_{21} : f_c = 13.24 \text{ GHz}$

전파모드는 $\text{TE}_{11}$, $\text{TE}_{01}$, $\text{TE}_{21}$ 모드

**5.13** $a_c = \dfrac{P_{\text{loss}}}{2P_T} = \dfrac{kR_s}{\beta\eta a} \text{ Np/m}$

여기서 $\displaystyle\int_0^{p_{nm}} \left[(J_n')^2(x) + \frac{n^2}{x^2}J_n^2(x)\right] x\, dx$

$$= \frac{p_{nm}^2}{2}(J_n')^2(p_{nm})$$

$P_T = \dfrac{\beta\omega\varepsilon\pi}{4k_c^4} p_{nm}^2 (J_n')^2(p_{nm})$,

$P_{\text{loss}} = \dfrac{aR_s \omega^2\varepsilon^2\pi}{2k_c^2}(J_n')^2(p_{nm})$

**5.14** $\text{TE}_{11}$ ; $f_c = \dfrac{p_{11}'c}{2\pi a} = 10,988 \text{ MHz}$

$\text{TM}_{01}$ ; $f_c = \dfrac{p_{01}c}{2\pi a} = 14,354 \text{ MHz}$

$\text{TE}_{21}$ ; $f_c = 18,227 \text{ MHz}$

$\text{TE}_{01}$ ; $f_c = 22,871 \text{ MHz}$

**5.15** 식 (5-117)로부터

$L = 0.219 \, \mu\text{H/m}$, $C = 142 \text{ pF/m}$,

$R = 3.03 \, \Omega/\text{m}$, $G = 0.0134 \text{ S/m}$,

$\sigma = 5.813 \times 10^7 \text{ S/m (Cu)}$

$R_s = \sqrt{\pi f\mu_0/\sigma} = 0.0143 \, \Omega$

$R = 3.03 \, \Omega/\text{m}$, $G = 0.0134 \text{ S/m}$

$Z_0 = \sqrt{\dfrac{R + j\omega L}{G + j\omega C}} = 39.3\underline{/0.12°}$

$\gamma = \sqrt{(R + j\omega L)(G + j\omega C)}$

$$= 105\underline{/89.8°} = 0.30 + j105$$

# 6장

**6.1** $Z_0 = 60.578 \, \Omega$

**6.2** 식 (6-11)로부터

$W = 0.0673 \text{ cm}$

$$\lambda_g = \frac{c}{\sqrt{\varepsilon_r}\, f} = \frac{300}{\sqrt{2.2}\,(4000)} = 5.06 \text{ cm}$$

**6.3** (1) 식 (6-26b)로부터

$\varepsilon_{eff} = 6.56$

(2) 식 (6-26a)로부터

$Z_0 = 49.24 \ \Omega$

(3) $\lambda = 5.86 \text{ cm}$

**6.4** 유전체손실에 의한 감쇠상수

$\alpha_d = 0.02 \text{ Np/m}$

도체손실에 의한 감쇠상수

$\alpha_c = 0.67 \text{ Np/m}$

전체 감쇠상수는

$\alpha_c + \alpha_d = 0.69 \text{ Np/m}$

**6.5** 식 (6-27b)로부터 $A = 1.939$ 이다. 그러므로
식 (6-27b)로부터

$W = 0.1509 \text{ cm}$

식 (6-26b)로부터

$\varepsilon_{eff} = 1.6358$

$$\therefore \ \lambda_g = \frac{c}{\sqrt{\varepsilon_{eff}}\, f} = 5.86 \text{ cm}$$

**6.6** $Z_0 = 64.65 \ \Omega$, $\alpha = 0.8845$, $\alpha_d = 639.1 \text{ Np/m}$
$R_s = 0.0261 \ \Omega$, $\alpha_c = 5.273 \times 10^{-4} \text{ Np/m}$

**6.7** (1) 마이크로 스트립선로인 경우

식 (6-27b)로부터

$W/h = 3.09 > 1$

식 (6-26b)로부터

$\varepsilon_{eff} = 1.87 \quad \therefore \ \lambda_g = \frac{c}{\sqrt{\varepsilon_{eff}}\, f} = 4.38 \text{ cm}$

식 (6-29)로부터

$\alpha_d = 0.061 \text{ Np/m}$

식 (6-30)으로부터

$\alpha_c = 0.073 \text{ Np/m}$

∴ 마이크로 스트립선로의 전체 감쇠량은

$$(0.061 + 0.073)\,(16\lambda_g)\left(0.0438\,\frac{m}{\lambda_g}\right)$$
$$\times (8.686 \text{ dB/Np}) = 0.82 \text{ dB}$$

(2) 스트립선로인 경우

$\sqrt{\varepsilon_r}\, Z_0 = 74 < 120$

식 (6-13a)로부터

$\alpha_c = 0.084 \text{ Np/m}$

식 (6-12)로부터

$\alpha_d = 0.078 \text{ Np/m}$

∴ 스트립선로의 전체 감쇠량은

$$(0.084 + 0.078)\,(16\lambda_g)\left(0.04045\,\frac{m}{\lambda_g}\right)$$
$$\times (8.686 \text{ dB/Np}) = 0.91 \text{ dB}$$

여기서 $\lambda_g = \dfrac{c}{\sqrt{\varepsilon_r}\, f} = 40.45 \text{ cm}$

# 7 장

**7.1** (1) $f_{110} = \dfrac{c}{2}\sqrt{\dfrac{1}{a^2} + \dfrac{1}{b^2}}$

(2) $f_{101} = \dfrac{c}{2}\sqrt{\dfrac{1}{a^2} + \dfrac{1}{d^2}}$

(3) $a = b = d$인 경우에 가장 낮은 모드는 $\text{TM}_{110}$, $\text{TE}_{011}$, $\text{TE}_{101}$이며, 이들의 축퇴모드 주파수는

$$f_{110} = \frac{c}{\sqrt{2}\, a}$$

**7.2** (1) $a = 21.2 \text{ mm} \,(= b = d)$

(2) $\text{TE}_{101}$모드에서

$$Q_c = \frac{k^3 a^3 \eta}{12\pi^2 R_s}$$
$$= 10675.94$$

**7.3** 식 (7-7)로부터

$\text{TM}_{110}$ ; $f_0 = 3.123 \text{ GHz}$

$\text{TM}_{101}$ ; $f_0 = 3.535 \text{ GHz}$

$\text{TM}_{011}$ ; $f_0 = 3.903 \text{ GHz}$

$\text{TM}_{111}$, $\text{TM}_{111}$ ; $f_0 = 4.329 \text{ GHz}$

$\text{TM}_{210}$ ; $f_0 = 4.504 \text{ GHz}$

$\text{TM}_{201}$ ; $f_0 = 4.799 \text{ GHz}$

$\text{TM}_{120}$ ; $f_0 = 5.336 \text{ GHz}$

$\text{TM}_{211}$, $\text{TM}_{211}$ ; $f_0 = 5.410 \text{ GHz}$

$\text{TM}_{021}$ ; $f_0 = 5.827 \text{ GHz}$

$\text{TM}_{121}$, $\text{TM}_{121}$ ; $f_0 = 6.121 \text{ GHz}$

7.4　$W_m = \dfrac{abd\mu_0^2}{32}\dfrac{A^2}{}\left(\dfrac{1}{a^2}+\dfrac{1}{b^2}\right)$

$P_L = \dfrac{A^2 R_s}{4}\dfrac{a^3 d + b^3 d + a^3 b + ab^3}{a^2 b^2}$

$\therefore\ Q = \dfrac{\omega_0(W_e+W_m)}{P_L} = \dfrac{2\omega_0 W_m}{P_L}$

$\qquad = \dfrac{k_0\eta_0}{4R_s}\dfrac{abd(a^2+b^2)}{(a^3 d + b^3 d + a^3 b + ab^3)}$

7.5　(1) $b < a < d$이므로 기본모드는 TE$_{101}$모드.
공진주파수는

$\qquad f_{101} = 4.799\,\text{GHz}$

(2) 식 (7-17)로부터 양호도는 $Q = 6870$
축적된 시간평균 전계에너지

$\qquad W_e = 3.32\times 10^{-15}\,\text{J}$

축적된 시간평균 자계에너지

$\qquad W_m = 3.32\times 10^{-15}\,\text{J}$

7.6　(1) $f_{101} = 3.035\,\text{GHz}$

(2) $Q = 5463$

(3) $W_e = W_m = 8.3\times 10^{-15}\,\text{J}$

7.7　(1) TE$_{101}$모드의 양호도는 $a$와 $d$에 의존하므로 $a = d$일 때 $Q$는 최대

(2) $a = d$일 때

$\qquad Q = \dfrac{4\pi(\varepsilon\mu)^{3/2}\eta}{R_s}\dfrac{1}{\sqrt{2}\,(1+a/2b)}$

7.8　(1) 식 (7-7), (7-17)을 이용하면

$\qquad f_{101} = 1.179\times 10^8\,(1/b)\quad Q = 10.22\sqrt{\sigma b}$

(2) $Q' = 1.2\times Q$

$\qquad b' = 1.2^2\times b = 1.44\,b$

7.9　$Q = \dfrac{\omega_{110}W}{P_c}$

$\qquad = \dfrac{\pi f_{110}\,\mu_0\,abd\,(a^2+b^2)}{R_s\,[2d\,(a^3+b^3)+ab\,(a^2+b^2)]}$

7.10　$b < a < d$라고 하면 처음 세 가지 모드는 TE$_{101}$, TM$_{110}$, TE$_{102}$(또는 TE$_{011}$)이고

$\qquad f_{101} = \dfrac{c}{2}\sqrt{\left(\dfrac{1}{a}\right)^2+\left(\dfrac{1}{d}\right)^2} = 5.2\,\text{GHz}$

인 관계를 사용하면

$\qquad b = 2.51\,\text{cm},\ d = 5.87\,\text{cm},\ a = 3.31\,\text{cm}$

7.11　(1) $a = 1.15\,\text{cm},\ d = 2a = 2.30\,\text{cm}$

(2) $R_s = \sqrt{\dfrac{\pi f \mu_0}{\sigma}} = 2.61\times 10^2\,\Omega$

$Q = 11580$
여기서 TM$_{010}$모드인 경우 ;

$\qquad Q = \left(\dfrac{\eta_0}{R_s}\right)\dfrac{2.405}{2\,(1+a/d)}$

$\qquad f\,(\text{TM}_{010}) = \dfrac{2.405}{2\pi a\sqrt{\mu_0\,\varepsilon_0}} = \dfrac{0.115}{a}\,\text{GHz}$

7.12　$W_e = \dfrac{A^2 a^2 \pi d\varepsilon}{8}\,(J_n')^2(p_{nm})$

$P_c = \dfrac{A^2 R_s \pi}{2\eta^2}\,(ad+a^2)\,(J_n')^2(p_{nm})$

$\therefore\ Q_c = \dfrac{2\omega W_e}{P_c} = \dfrac{adk\eta}{2R_s(d+a)}$

$P_d = \dfrac{2k W_e}{\eta\varepsilon}\tan\delta$

$\therefore\ Q_d = \dfrac{2\omega W_e}{P_d} = \dfrac{1}{\tan\delta}$

여기서 $\displaystyle\int_0^x J_n^2(kx)\,x\,dx = \dfrac{x^2}{2}\Big[(J_n')^2(kx)$

$\qquad\qquad\qquad\qquad + \Big(1-\dfrac{n^2}{k^2 x^2}\Big)J_n^2(kx)\Big]$

7.13　식 (6-34)로부터

$\qquad f_0 = 7.521\,\text{GHz}$

7.14　$f_0 = 145\,\text{MHz}$

$\qquad Q_u = \omega_0 RC = 10.95$

$\qquad Q_{\text{ext}} = \dfrac{R_L}{\omega_0 L} = \dfrac{R_L}{R}\,Q_u = 21.9$

식 (6-18b)로부터

$\qquad Q_l = \dfrac{1}{\dfrac{1}{Q_u}+\dfrac{1}{Q_{\text{ext}}}} = 7.27$

7.15　$l = \lambda/4$인 개방선로는 $\omega = \omega_0$에서 $l = \lambda/2$인 단락선로에 의한 공진회로와 등가이므로

$\qquad \beta l = \dfrac{\omega_0 l}{v_p}+\dfrac{\Delta\omega l}{v_p} = \dfrac{\pi}{2}\Big(1+\dfrac{\Delta\omega}{\omega_0}\Big)$

라고 놓으면

$\qquad Z_{\text{in}} = Z_0\dfrac{1+j\tan\beta l\tanh\alpha l}{\tanh\alpha l + j\tan\beta l}$

$\qquad \cong Z_0\dfrac{1-j\dfrac{2\omega_0\alpha l}{\pi\Delta\omega}}{\alpha l - j\dfrac{2\omega_0}{\pi\Delta\omega}} \cong Z_0\Big(\alpha l + j\dfrac{\pi\Delta\omega}{2\omega_0}\Big)$

$\qquad = R + j2L\Delta\omega$

$\qquad \therefore\ R = Z_0\alpha l,\quad L = \dfrac{\pi Z_0}{4\omega_0}$

$$\therefore\ Q = \frac{\omega_0 L}{R} = \frac{\pi}{4\alpha l} = \frac{\beta}{2\alpha}$$

$$\left(\because\ \text{공진시}\ \ l = \lambda/4 = \frac{\pi}{2\beta}\right)$$

**7.16** (1) $C = 0.365\ \text{pF}$

(2) $L = 1.93\ \text{nH}$,

$Q = \omega RC = 138$

# 8 장

**8.1** $[Z] = \begin{bmatrix} Z_{11} & Z_{12} \\ Z_{21} & Z_{22} \end{bmatrix}$ 라 놓으면

$P_{\text{in}} = \frac{1}{2}\,[I]_t\,[Z]_t\,[I]^* = 0$ 을 만족하는 $Z_{ij}$를 구할 수 있는지를 밝히면 된다. 이 경우 모든 $Z_{ij}$는 순수한 허수가 아니다.

**8.2** 출력개방 임피던스 및 출력단락 어드미턴스의 정의식을 사용하면 쉽게 구할 수 있다.

**8.3** 식 (8-20)으로부터

$$V_1^+ = a_1\sqrt{Z_{01}} = (1/2)\,[10 + 50\,(0.1\,\underline{/40°}\,)]$$
$$= 7.1\,\underline{/13°}$$

$$V_1^- = b_1\sqrt{Z_{01}} = (1/2)\,[10 - 50\,(0.1\,\underline{/40°}\,)]$$
$$= 3.45\,\underline{/-28°}$$

$$V_2^+ = a_2\sqrt{Z_{02}}$$
$$= (1/2)\,[12\,\underline{/30°} + 50\,(0.15\,\underline{/100°}\,)]$$
$$= 8.1\,\underline{/56°}$$

$$V_2^- = b_2\sqrt{Z_{02}}$$
$$= (1/2)\,[12\,\underline{/30°} - 50\,(0.15\,\underline{/100°}\,)]$$
$$= 5.9\,\underline{/-7°}$$

**8.4** $S_{11} = S_{22} = 0$,

$$\therefore\ S_{12} = S_{21} = \frac{V_2^-}{V_1^+}\bigg|_{V_2^-=0}$$

$$= \frac{b_2}{a_1}\bigg|_{a_2=0} = e^{-j\beta l}$$

즉,

$$[S] = \begin{bmatrix} 0 & e^{-j\beta l} \\ e^{-j\beta l} & 0 \end{bmatrix}$$

**8.5** 무손실, 수동, 가역성 2-포트 회로망의 산란행렬 $[S]$는 단일성이므로 $|S_{11}|^2 + |S_{21}|^2 = 1$ 또

는 $|S_{21}|^2 = 1 - |S_{11}|^2$

**8.6** 정합된 가역성 3-포트 회로망의 산란행렬 $[S]$는 다음과 같이 주어진다.

$$[S] = \begin{bmatrix} 0 & S_{12} & S_{13} \\ S_{12} & 0 & S_{23} \\ S_{13} & S_{23} & 0 \end{bmatrix}$$

무손실인 경우 $[S]$는 단일성이 성립해야 한다. 이와 같은 관계로부터 모순을 구하면 답을 얻을 수 있다.

**8.7** (1) 무손실인 경우 $[S]$는 단일성을 만족해야 한다. 즉,

$$|S_{11}|^2 + |S_{12}|^2 + |S_{13}|^2 + |S_{14}|^2 \neq 1$$

그러므로 주어진 회로는 무손실이 아니다.

(2) 가역성이 성립하기 위해서는 $[S]$가 대칭성이어야 한다. 그러나 $S_{13} \neq S_{31}$

(3) 모든 다른 포트가 정합이 되면 $\Gamma = S_{11}$이므로

$$RL = -20\log|\Gamma|$$
$$= -20\log\,(0.1) = 20\ \text{dB}$$

(4) $IL = -20\log\,(1/\sqrt{2}) = 3\ \text{dB}$

(5) $a_2 = a_4 = 0$, $a_3 = -b_3$

$$b_1 = S_{11}a_1 + S_{13}a_3 = S_{11}a_1 - S_{13}b_3$$

$$b_3 = S_{31}a_1 + S_{33}a_3$$

$$= S_{31}a_1 - S_{33}b_3 = \frac{S_{31}a_1}{1 + S_{33}}$$

그러므로 $\Gamma = \dfrac{b_1}{a_1} = S_{11} - \dfrac{S_{13}S_{31}}{1 + S_{33}}$

$$= 0.5\,\underline{/167°}$$

**8.8** $T = \dfrac{b_2}{a_1} = \dfrac{S_{41}S_{23}\,e^{-j100}}{1 - S_{33}S_{44}\,e^{-j200}}$

$$= 0.625\,\underline{/-170°}$$

$IL = -20\log\,(0.625) = 4.08\ \text{dB}$

**8.9** 식 (8-23)에 의하면

$$S_{11} = \frac{Z_{02} - Z_{01}}{Z_{02} + Z_{01}},\qquad S_{12} = \frac{2Z_{01}}{Z_{01} + Z_{02}}$$

$$S_{21} = \frac{2Z_{02}}{Z_{01} + Z_{02}},\qquad S_{22} = \frac{Z_{01} - Z_{02}}{Z_{01} + Z_{02}}$$

**8.10** $ABCD$ 파라미터의 정의를 적용하면 쉽게 증명할 수 있다.

**8.11** 표 8-1을 참고하면

$$\begin{bmatrix} A & B \\ C & D \end{bmatrix} = \begin{bmatrix} 1 & 40+j30 \\ 0 & 1 \end{bmatrix} \times \begin{bmatrix} 3 & 0 \\ 0 & 1/3 \end{bmatrix}$$

$$\times \begin{bmatrix} -0.5 & j65 \\ j0.00115 & -0.5 \end{bmatrix}$$

$$= \begin{bmatrix} -1.61+j0.153 & -6.68+j190 \\ j3.83\times10^{-3} & -0.167 \end{bmatrix}$$

$$V_1 = AV_2 + BI_2 = (A+B/60)\,V_2$$

$$I_1 = CV_2 + DI_2 = (C+D/60)\,V_2$$

$$\therefore Z_{1n} = \frac{V_1}{I_1} = \frac{(A+B/60)}{(C+D/60)}$$

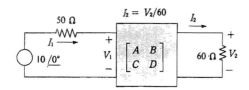

$$V_L = V_2 = \frac{V_1}{A+B/60}$$

$$= \frac{10Z_{1n}}{(A+B/60)(Z_{1n}+50)}$$

$$= 2.52\,\underline{/-118^\circ}$$

**8.12** (1) $Z_L = 50\,\Omega$인 경우

$$G_a = |S_{21}|^2 = 1/2, \quad G_t = |S_{21}|^2 = 1/2,$$

$$G = |S_{21}|^2 = 1/2$$

(2) $Z_L = 25\,\Omega$인 경우

$$G_a = |S_{21}|^2 = 0.5, \quad G_t = 0.444,$$

$$G = 0.457$$

# 9 장

**9.1**  $c_L = 2.56\,\underline{/28^\circ}, \qquad r_L = 1.37,$

$c_s = 3.77\,\underline{/174^\circ}, \qquad r_s = 2.53$

식 (9-7a)로부터

$K = 1.35 > 1, \quad |\Delta| = 0.117 < 1$

∴ 주어진 트랜지스터는 무조건 안정하다.

**9.2**  예제 9-2 참고

**9.3**  예제 9-3 참고

**9.4**  예제 9-7 참고

**9.5**  예제 9-11 참고

**9.6**  (1) 식 (9-73)로부터 등가잡음온도는

$$T_e = \frac{P_n}{kB} = 72.5\,^\circ K$$

(2) 식 (9-42)로부터 증폭기의 잡음지수는

$$F = 1 + \frac{T_e}{T_0} = 1.62 = 2.1\,dB$$

(여기서 $T_0 = 290$)

(3) 전송선로의 잡음지수는 식 (9-55)로부터

$$F = 1 + (L-1)\frac{T}{T_0}$$

$$= 1 + (1.41-1)\left(\frac{300}{290}\right) = 1.43$$

여기서 $L = 1.5\,dB = 1.41$

(4) 그러므로 전체 잡음지수는

$$F_{cas} = F_1 + \frac{1}{G_1}(F_2-1)$$

$$= 1.43 + (1.41)(1.62-1) = 2.30$$

$$= 3.6\,dB$$

이다. 전체 잡음전력 $N_o$는 식 (9-40)으로부터

$$F = \frac{S_i/N_i}{S_o/N_o} = \frac{S_i/kT_eB}{GS_i/N_o} = \frac{N_o}{GkT_eB}$$

이므로

$$N_0 = GFkT_eB = GkB(F-1)\,T_0$$

$$= (10^{10.5/10})(1.38\times10^{-23})(10^9)$$

$$\times (2.30-1)(290)$$

$$= 5.84\times10^{-11}\,W$$

잡음원에 의한 출력은

$$P_s = -90\,dBm - 1.5\,dB + 12\,dB$$

$$= -79.5\,dBm = 1.12\times10^{-11}\,W$$

그러므로 전체 잡음전력은

$$P_n = 7\times10^{-11}\,W = -72.0\,dBm$$

# 10 장

**10.1**  그림 10.6 으로부터

$s/b = 0.075 \quad \therefore\ s = 0.24\,mm$

$W/b = 0.67 \quad \therefore\ W = 2.1\,mm$

**10.2**  $W/h = 1,\ s/h = 0.4$ 그림 10.7 로부터

$Z_{0e} = 61\,\Omega,\ Z_{0o} = 35\,\Omega$

**10.3** 식 (10-23)로부터

$Z_{0e} = 104.1\ \Omega,\ Z_{0e} = 34.6\ \Omega$

그림 10.7로부터

$s/b = 0.015 \quad \therefore\ s = 0.048\ \text{mm}$

$W/b = 0.39 \quad \therefore\ W = 1.25\ \text{mm}$

**10.4** $RL = -20\log |s_{11}|$

$\qquad = 26.0\ \text{dB}$

$C = 10\log (P_1/P_3) = -20\log |s_{13}/s_{14}|$

$\qquad = 20.0\ \text{dB}$

$D = 10\log (P_3/P_4) = 20\log |s_{13}/s_{14}|$

$\qquad = 6.0\ \text{dB}$

$I = 10\log (P_1/P_4) = -20\log |s_{14}|$

$\qquad = 26.0\ \text{dB}$

**10.5** $P_1 = 49.5\ \text{dBm} = 90\ \text{W}$

$P_2 = P_1 - IL = 49.0\ \text{dBm}$

$\qquad = 80.2\ \text{W}\ (IL = -10\log (P_2/P_1)$

$P_3 = P_1 - C = 29.5\ \text{dBm} = 0.90\ \text{W}$

$P_4 = P_3 - D = -5.5\ \text{dBm} = 0.3\ \text{mW}$

**10.6** 식 (10-54)와 (10-55)로부터

$K^2 = P_3/P_2 = 1/3 \quad \therefore\ K = 0.577$

$Z_{03} = 131.7\ \Omega,\ Z_{02} = 43.9\ \Omega,\ R = 115.5\ \Omega$

출력 임피던스는

$R_2 = Z_0 K = 28.9\ \Omega,\quad R_3 = Z_0/K = 86.7\ \Omega$

**10.7** 180° 하이브리드 (3 dB)의 산란행렬은

식 (10-43)으로부터

$$[S] = \frac{-j}{\sqrt{2}}\begin{bmatrix} 0 & 1 & 0 & -1 \\ 1 & 0 & 1 & 0 \\ 0 & 1 & 0 & 1 \\ -1 & 0 & 1 & 0 \end{bmatrix}$$

그러므로 출력전압은 다음과 같다.

$$\begin{bmatrix} V_{r1} \\ V_{r2} \\ V_{r3} \\ V_{r4} \end{bmatrix} = \frac{-j}{\sqrt{2}}\begin{bmatrix} 0 & 1 & 0 & -1 \\ 1 & 0 & 1 & 0 \\ 0 & 1 & 0 & 1 \\ -1 & 0 & 1 & 0 \end{bmatrix}\begin{bmatrix} 3\,\underline{/80°} \\ 0 \\ 0 \\ 2\,\underline{/150°} \end{bmatrix}$$

**10.8** $V_1^- = 0,\ V_2^- = V_5^- = 0.707\,\underline{/-90°},$

$V_3^- = V_4^- = 0$

## 11 장

**11.1** (1) $H_0 = M_0 = 0$ ;

$$[\mu] = \begin{bmatrix} \mu_0 & 0 & 0 \\ 0 & \mu_0 & 0 \\ 0 & 0 & \mu_0 \end{bmatrix}$$

(2) $H_0 = 1000\ \text{Oe}$

$$[\mu] = \mu_0\begin{bmatrix} 0.849 & -j0.540 & 0 \\ j0.540 & 0.849 & 0 \\ 0 & 0 & 1 \end{bmatrix}$$

**11.2** $\mu = \mu_0\left[1 + \dfrac{\omega_0\,\omega_m}{\omega_0^2 - \omega^2}\right] = 0.924\,\mu_0$

$K = \mu_0\,\dfrac{\omega\omega_m}{\omega_0^2 - \omega^2} = -0.433\,\mu_0$

$\beta^+ = 371.4\ \text{m}^{-1},\quad \beta^- = -617.4/\text{m}^{-1}$

$\Delta\beta = \beta^+ + \beta^- = -246.0/\text{m}^{-1}$

그러므로 위상차는

$\phi = -[(\beta^+ - \beta^-)z]/2$

$\therefore\ z = 12.8\ \text{mm}$

여기서 $f = \omega/2\pi = 8\ \text{GHz}$,

$\qquad f_0 = \omega_0/2\pi$

$\qquad\quad = (2.8\ \text{MHz/Oe})\,(500\ \text{Oe})$

$\qquad\quad = 1.4\ \text{GHz}$

$\qquad f_m = \omega_m/2\pi$

$\qquad\quad = (2.8\ \text{MHz/Oe})\,(1200\ \text{Oe})$

$\qquad\quad = 3.36\ \text{GHz},$

$\qquad k_0 = 167.6\ \text{m}^{-1}$

# 찾 아 보 기

# 마이크로파 공학의 기초

1998년 1월 10일 1판 1쇄 펴냄 | 2020년 7월 31일 1판 16쇄 펴냄
**지은이** 진년강
**펴낸이** 류원식 | **펴낸곳 교문사**

**편집팀장** 모은영

**주소** (10881) 경기도 파주시 문발로 116(문발동 536-2)
**전화** 1644-0965(대표) | **팩스** 070-8650-0965
**등록** 1968. 10. 28. 제406-2006-000035호
**홈페이지** www.cheongmoon.com | E-mail genie@cheongmoon.com
ISBN 978-89-7088-673-2 (93560)
**값** 22,000원